科学是永无止境的，它是一个永恒之迷。

——爱因斯坦

《“中国制造2025”出版工程》
编　委　会

“十三五”国家重点出版物
出版规划项目

“中国制造2025”
出版工程

网络化分布式系统预测控制

李少远　郑 毅　薛斌强　著

化学工业出版社
·北 京·

本书主要针对网络化分布式系统中，如何设计预测控制的估计器、控制器、协调策略等方面问题进行讲解。内容包括：网络化滚动时域状态估计，网络化预测控制的设计与分析以及以保证状态估计性能的滚动时域调度策略；典型的基于Nash优化、局部性能指标、全局性能指标、作用域优化的分布式预测控制设计方法和系统综合；网络化分布式系统预测控制在冶金过程中的典型应用实例。

本书主要面向预测控制、网络控制、信息物理系统等方向的研究人员、本科以上学生，以及流程工业、电力、冶金等行业的控制工程师。

图书在版编目（CIP）数据

网络化分布式系统预测控制/李少远，郑毅，薛斌强著. —北京：化学工业出版社，2018.12

“中国制造2025”出版工程

ISBN 978-7-122-33080-2

Ⅰ. ①网… Ⅱ. ①李…②郑…③薛… Ⅲ. ①预测控制 Ⅳ. ①TP273

中国版本图书馆CIP数据核字（2018）第220943号

责任编辑：宋　辉　　加工编辑：徐卿华

责任校对：边　涛　　装帧设计：尹琳琳

出版发行：化学工业出版社（北京市东城区青年湖南街13号　邮政编码100011）

印　　装：三河市延风印装有限公司

710mm×1000mm　1/16　印张17¼　字数322千字　2019年2月北京第1版第1次印刷

购书咨询：010-64518888　　售后服务：010-64518899

网　　址：http://www.cip.com.cn

凡购买本书，如有缺损质量问题，本社销售中心负责调换。

定　　价：78.00元

序

制造业是国民经济的主体，是立国之本、兴国之器、强国之基。近十年来，我国制造业持续快速发展，综合实力不断增强，国际地位得到大幅提升，已成为世界制造业规模最大的国家。但我国仍处于工业化进程中，大而不强的问题突出，与先进国家相比还有较大差距。为解决制造业大而不强、自主创新能力弱、关键核心技术与高端装备对外依存度高等制约我国发展的问题，国务院于 2015 年 5 月 8 日发布了“中国制造 2025”国家规划。随后，工信部发布了“中国制造 2025”规划，提出了我国制造业“三步走”的强国发展战略及 2025 年的奋斗目标、指导方针和战略路线，制定了九大战略任务、十大重点发展领域。2016 年 8 月 19 日，工信部、国家发展改革委、科技部、财政部四部委联合发布了“中国制造 2025”制造业创新中心、工业强基、绿色制造、智能制造和高端装备创新五大工程实施指南。

为了响应党中央、国务院做出的建设制造强国的重大战略部署，各地政府、企业、科研部门都在进行积极的探索和部署。加快推动新一代信息技术与制造技术融合发展，推动我国制造模式从“中国制造”向“中国智造”转变，加快实现我国制造业由大变强，正成为我们新的历史使命。当前，信息革命进程持续快速演进，物联网、云计算、大数据、人工智能等技术广泛渗透于经济社会各个领域，信息经济繁荣程度成为国家实力的重要标志。增材制造（3D 打印）、机器人与智能制造、控制和信息技术、人工智能等领域技术不断取得重大突破，推动传统工业体系分化变革，并将重塑制造业国际分工格局。制造技术与互联网等信息技术融合发展，成为新一轮科技革命和产业变革的重大趋势和主要特征。在这种中国制造业大发展、大变革背景之下，化学工业出版社主动顺应技术和产业发展趋势，组织出版《“中国制造 2025”出版工程》丛书可谓勇于引领、恰逢其时。

《“中国制造 2025”出版工程》丛书是紧紧围绕国务院发布的实施制造强国战略的第一个十年的行动纲领——“中国制造 2025”的一套高水平、原创性强的学术专著。丛书立足智能制造及装备、控制及信息技术两大领域，涵盖了物联网、大数据、3D 打印、机器人、智能装备、工业网络安全、知识自动化、人工智能等一系列核心技术。丛书的选题策划紧密结合“中国制造 2025”规划及 11 个配套实施指南、行动计划或专项规划，每个分册针对各个领域的一些核心技术组织内容，集中体现了国内制造业领域的技术发展成果，旨在加强先进技术的研发、推广和应用，为“中国制造 2025”行动纲领的落地生根提供了有针对性的方向引导和系统性的技术参考。

这套书集中体现以下几大特点：

首先，丛书内容都力求原创，以网络化、智能化技术为核心，汇集了许多前沿科技，反映了国内外最新的一些技术成果，尤其使国内的相关原创性科技成果得到了体现。这些图书中，包含了获得国家与省部级诸多科技奖励的许多新技术，因此，图书的出版对新技术的推广应用很有帮助！这些内容不仅为技术人员解决实际问题，也为研究提供新方向、拓展新思路。

其次，丛书各分册在介绍相应专业领域的新技术、新理论和新方法的同时，优先介绍有应用前景的新技术及其推广应用的范例，以促进优秀科研成果向产业的转化。

丛书由我国控制工程专家孙优贤院士牵头并担任编委会主任，吴澄、王天然、郑南宁等多位院士参与策划组织工作，众多长江学者、杰青、优青等中青年学者参与具体的编写工作，具有较高的学术水平与编写质量。

相信本套丛书的出版对推动“中国制造 2025”国家重要战略规划的实施具有积极的意义，可以有效促进我国智能制造技术的研发和创新，推动装备制造业的技术转型和升级，提高产品的设计能力和技术水平，从而多角度地提升中国制造业的核心竞争力。

中国工程院院士 潘云鹤

前言

随着通信、网络技术的快速发展，工程领域内广泛存在的一类由空间上分布且相互关联耦合的子系统组成的分布式系统（如大型石化、冶金过程，城市给排水、电力系统等）的控制方式正在由集中式向网络化的分布式控制方式转变。分布式预测控制兼具分布式控制结构容错性高、结构灵活性强和预测控制优化性能好、抑制干扰、显示处理约束的优点，已成为网络化分布式系统的主流优化控制方法。因此，从促进科学实践、培养人才方面出发，有必要撰写一部关于分布式系统预测控制的专著。

本书主要内容来源于作者多年来关于网络化分布式系统预测控制状态估计、协调策略、系统综合等分布式系统预测控制关键环节和重要问题的系统性研究成果的归纳与总结。国际上分布式预测控制基础理论和应用方面的论文自 2002 年开始出现并逐渐丰富，2012 年后呈现爆发式增长。很多文章发表在 IEEE TAC、IFAC 会刊等主流控制期刊上。分布式预测控制的优点使其在应用方面扩展到了流程工业、电力系统、冶金行业等多个领域、正处于方兴未艾的阶段，系统地介绍网络化分布式系统预测控制的书籍将对促进我国控制理论研究和工业应用都具有重要意义。

分布式系统预测控制是在 2001 年由本书第一作者李少远和席裕庚教授与卡耐基梅隆大学 Krough 教授同一时间在 ACC 会议上明确提出的。自此本书作者一直从事分布式预测控制的研究工作，曾出版英文专著《Distributed Model Predictive Control for Plant-Wide Systems》（John Wiley & Son 出版社），该书主要针对工业过程的全流程优化展开，而本书主要针对网络化分布式系统如何设计预测控制的估计器、控制器、协调策略等方面展开。本书将是国内第一本系统介绍分布式系统预测控制方面的书籍。

本书第 1 章介绍了网络化分布式系统的研究现状；第 2～4 章针对网络化分布式系统随机丢包、延时等问题，介绍了网络化滚动时域状态估计，网络化预测控制的设计与分析以及以保证状态估计性能的滚动时域调度策略；第 5～7 章主要以如何提高系统全局性能的协调策略为主线，介绍了作者提出的典型的基于 Nash 优化、局部性能指标、全局性能指标、作用域优化的分布式预测控制设计方法和系统综合；第 8 章介绍了网络化分布式系统预测控制在冶金过程中的典型应用实例。

本书主要面向对预测控制、网络控制、信息物理系统等方向感兴趣的学者和从事该方面工作的研究人员、本科以上学生，以及从事流程工业、电力、冶金等行业的控制工程师，可以使读者系统了解分布式系统预测控制的基本原理、算法、理论和应用技术，为科研和工程技术人员从事深入的理论研究、开展高水平的工业应用和推广提供有益的参考。

本书得到了国家自然科学基金委重大项目（61590924）、杰出青年科学基金（60825302）及重点和面上基金（61233004、61833012、61673273）等项目的资助。本书出版之时，作者要特别感谢国家自然科学基金委员会长期以来的资助，同时也要感谢国内外学术界和工业界的同行们，正是与他们的有益交流，使作者对分布式系统预测控制的理解不断深入，并获得启发。

由于作者水平有限，书中疏漏之处在所难免，恳请广大读者批评指正。

著 者

目录

中国制造
2025

第1章

网络化分布式系统的研究现状

1.1 背景

工业领域内广泛存在一类系统，如大型石油、化工过程、城市给排水系统、分布式发电系统等，这些系统本质上都是由一些子系统按照生产工艺连接起来的，子系统间通过能量、物料传递等相互耦合。过去，虽然这些系统在结构上是分布式的，但在控制模式上因受到信息传输模式的限制而采用集中控制模式，如采用仪表和中央控制室，把所有信息集中起来，进行全局系统设计与计算后，再把每个子系统的控制量通过电缆点对点地发送到现场执行。

随着现代技术的不断发展，系统复杂程度和通信技术的不断提高，这类系统的控制方式正在由集中式控制方式向分布式控制方式转变。这是因为集中式控制对故障的容错能力低，当系统某一传感器或执行机构出现故障时，会影响整个系统的运行；系统维数的增加导致集中式控制计算量加大，在线实时应用困难（模型预测控制等基于非线性约束优化的控制方法尤为突出）；当系统局部发生变化，或新增或删除子系统时，集中式控制需要重新修改控制算法，结构不够灵活，维护困难。另一方面，随着电子技术、计算机技术和通信技术的发展，具有通信和计算功能的智能仪表、传感器、执行机构的造价也越来越低，并易于安装，现场总线技术已普遍应用，使得控制器与控制器之间、传感器之间、不同传感器与控制器之间形成网络并可以有效地进行通信，使得通过有效协调达到提高系统整体性能的分布式控制方法[1～3]得以发展，实现了系统的分层递阶到分布式系统的转变[2,4]。

分布式控制在控制系统的信息结构与控制算法上与集中式模式下的MIMO系统相比有很大差别，出现了一些新的具有挑战性的问题有待探讨。分布式控制系统的示意如图 1-1 所示，由多个相互连接单元组成的被控系统在逻辑上被划分为多个相互关联的子系统，每个子系统由一个独立的局部控制器控制，控制器之间通过网络相互连接，可根据实际情况相互交换数据。分布式控制应具有以下特点：①各局部控制器对等，可单独设计并自主控制，可通过有效的协调提高系统整体性能；②系统容错性强，当某一控制器失效时，系统仍能正常工作。

由此可见，分布式控制在信息结构和控制器的设计方面与集中式控制有很大不同，出现了一些新的具有挑战性问题有待探讨。

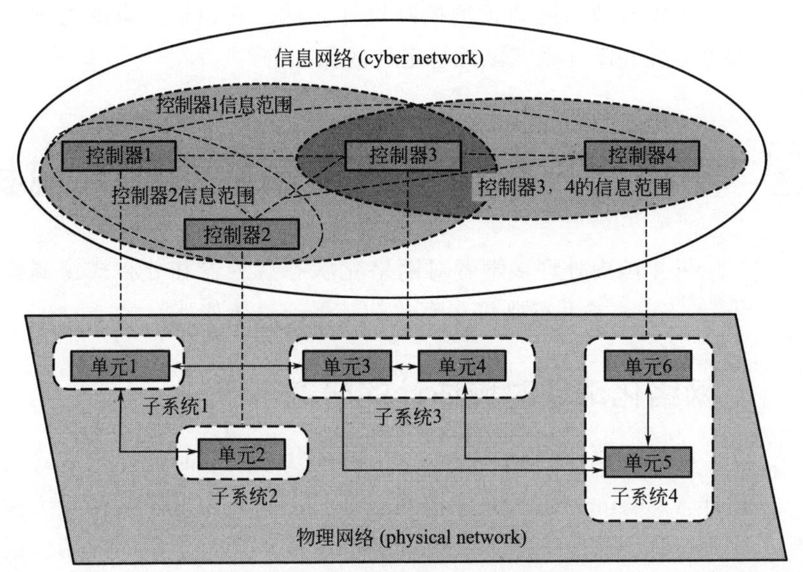

图 1-1　分布式控制系统示意图

另外，由于模型预测控制可以预测系统的状态演化，可以在实时计算当前子系统执行机构的控制作用时考虑其它系统的执行机构的动作，具有良好的动态性能[5～11]，因此，模型预测控制很自然地被用于设计分布式系统的协调控制并引起学术界的广泛关注[2,4,12]，取得了不断的发展。国际著名的学术期刊如 IEEE Trans. Automatic Control、Automatica 等主流期刊均有很多关于分布式预测控制理论和应用方面的文章[13～19]。由此可见，在预测控制框架下，研究分布式系统的协调控制问题无论是在理论研究还是在工业应用中都具有重要意义。

① 预测控制目前研究结果多数假设状态已知，事实上状态观测器是预测控制不可或缺的重要组成部分，传统的 DMC 算法中的反馈矫正部分本质上也是状态观测器[11,20～22]。在网络环境中，由于延时、丢包等现象的存在，以及系统的物理约束因素，给系统的状态观测的精度保证和算法收敛性带来了新的困难，需要为网络环境下的带约束的状态观测器提供新的设计方法。

② 由于分布式预测控制与集中式预测控制相比，其性能还无法达到集中式预测控制的优化性能，因此，如何设计协调策略，并通过该策略有效协调各子系统，达到提高系统全局优化性能，同时兼顾网络连通度和计算复杂度的目的是分布式预测控制的一个关键问题。而目前协调策

略在各个方面所表现出的优点各不相同，因此，需要针对不同的设计需求，提供有效的协调预测控制设计方法。它包括约束的处理、优化问题的可行性和闭环系统渐近稳定性的保证等[23]。

1.2 网络化分布式系统预测控制研究现状

近年国内外许多学者对网络化状态观测器和分布式预测控制进行了研究[18,24～29]并得到许多有益的结果，具体如下。

1.2.1 网络化滚动时域估计的研究现状

随着预测控制的不断发展，同样基于滚动时域优化策略的滚动时域估计（Moving Horizon Estimation，MHE）引起学者的极大关注，并在化工过程、故障检测、系统辨识等领域得到了广泛的应用。这种估计方法将系统约束直接嵌入优化问题，通过在线滚动优化使之动态满足，从而利用那些以约束形式出现的关于系统状态和噪声的已知信息来提高估计的合理性和准确性。因其滚动优化机制及处理复杂约束的巨大潜力，滚动时域估计的理论研究取得了突飞猛进的发展[30～45]。

在早期的理论研究中，学者们考虑线性系统 MHE 的稳定性问题，以及探索 MHE 设计参数与系统性能之间的定量关系。Alessandri 等人研究了滚动时域估计器的收敛性和无偏性[30]，并讨论了目标函数中权系数和优化时域对估计误差的影响。文献［31］给出了一种同时估计系统状态与未知噪声的 MHE 方法。约束系统到达代价函数的计算比较困难，可能不存在解析表达式，于是不少文献[32～34]利用无约束系统的到达代价函数近似约束系统的到达代价函数。

近年来，学术界改变了 MHE 理论的研究思路，从已有算法的定量研究转变为新算法的综合设计，带有奇异性、不确定性、非线性和网络化的 MHE 稳定性分析与设计取得了不少成果。Boulkroune 等人推导出无约束线性奇异系统 MHE 的解析表达式[35]，并得出在一些假设条件下滚动时域估计等同于卡尔曼滤波的结论。Zhao 等人针对参数不确定的线性系统，研究了部分测量输出失效的状态估计问题[36]。基于文献［30］，文献［37～39］进一步研究了非线性系统的滚动时域估计问题。文献［40，41］研究了数据包丢失过程满足 Bernoulli 随机分布时，网络化系统的状态估计问题。其中，基于所建网络化系统随机模型，该文设计出含有网络特征参数的滚动时域估计器，并给出保证估计性能收敛性的充分条件。考虑到系统含有不等式约束形式的噪声和数据包丢失问题，Liu 等人基于 LOQO 内点算法，设计了约束滚动时域估计器以及给出了保证估计误差范数有界的充分条件[42]。随后，Liu 等人扩展到具有量化和随机丢包的网络化系统[43]，建立了量化密度和丢包概率与估计性能之间的关系。此外，Zeng 等人研究了分布式滚动时域估计方法[44]，Vercammen 等人将 MHE 用于代谢反应网络[45]。

纵观滚动时域估计的发展历程，尽管其取得了丰硕的研究成果，但是绝大多数文献研究传统控制系统的 MHE，其定性理论也主要集中于保证和提高算法的稳定性方面，而充分考虑滚动时域估计的约束处理和不确定性解决能力并将滚动时域估计结果扩展到网络化约束系统，给出 MHE“为什么好？好在哪里？好多少？”的结果几乎没有。总体来说，国内外学术界对网络化约束系统滚动时域估计问题的研究尚处于起步阶段。

1.2.2 分布式预测控制的研究现状及分类

分布式预测控制的研究早已成为国际上的热点问题，最早是在 2001 年[46,47] 在 ACC 上发表论文明确提出了分布式预测控制概念。随后，到 2006 年开始对分布式预测控制的协调策略的研究、分布式预测控制稳定性理论、针对不同系统的分布式预测控制以及在各领域中的应用等方面逐渐得到丰富。例如，文献 [48] 提出了 Nash 优化的分布式预测控制；文献 [49] 提出了作用域优化的分布式预测控制；文献 [50] 提出了基于 agent negotiation 的分布式预测控制；文献 [51，52] 提出了基于全局性能指标的分布式预测控制；文献 [19] 给出了分布式预测控制的综合方法；文献 [53，54] 给出了作用域优化的分布式预测控制的综合方法；文献 [55，56] 给出了迭代的全局性能指标 DMPC 的保证稳定性设计方法。另外，文献 [57，58] 等从大规模优化算法分解的角度研究分布式预测控制的求解问题；文献 [18] 等针对网络系统研究了保证稳定性的 DMPC 算法。在 DMPC 应用方面涵盖了化工系统[59]、冶金工业[60]、水网系统[61] 等，尤其近年来在电力系统应用方面的文章呈爆发式增长[62~64]。

已有的分布式预测控制算法，总体来说可按以下不同的方式进行分类。按每个控制周期内控制器之间交换信息的次数分类，可分为迭代算法和非迭代算法；按网络连通度分类，可分为全连通算法和非全连通算法；按系统的性能指标进行分类可分为基于全局性能指标、基于局部性能指标和基于邻域（作用域）性能指标的分布式预测控制方法。一般情况下采用迭代算法，全系统的优化性能要好于非迭代算法，而非迭代方法通信次数和优化问题求解次数少，计算效率相对较高。非全连通方法获取的信息范围小，不利于协调策略提高系统整体优化性能，但该方法相对全连通算法容错性、灵活性高，更符合分布式控制的特点。

由于本文重点讨论分布式预测控制的协调策略，因此，这里按各子系统 MPC 的性能指标的分类方式进行介绍。

（1）基于局部性能指标的 DMPC[46～48]（Local Cost Optimization based DMPC：LCO-DMPC）

$$J_{i,k}=\|\boldsymbol{x}_{i,k+N}\|_{\boldsymbol{P}_i}^2+\sum_{l=0}^{N-1}(\|\boldsymbol{x}_{i,k+l}\|_{\boldsymbol{Q}_i}^2+\|\boldsymbol{u}_{i,k+l}\|_{\boldsymbol{R}_i}^2) \tag{1-1}$$

每个子控制器利用上游子系统提供的未来状态序列和子系统模型，预测当前子系统的状态演化，通过优化求得控制器最优解，使得自身的局部性能指标最小[24]。文献［48］采用 Nash 优化求取子系统控制率。这种方法实施方便简单，对信息要求低，但其性能与集中式预测控制相比存在一定偏差，由于各子系统控制器采用局部性能指标作为优化目标，也称为非协调分布式预测控制。

文献［19］给出了非迭代求解方式下的非线性系统稳定化控制器的设计方法；文献［1］给出了带有输入约束的线性系统的保证稳定性的基于局部性能指标的设计方法。文献［65］进一步给出了带有输入和状态约束时，保稳定性控制器的设计方法，该方法通过固定参考轨迹和滚动窗口代替算法更新时的状态估计轨迹。且文献［19］指出，分布式预测控制器的稳定性设计相对于集中式预测控制的方法来讲，其难点在于设计可行性约束和稳定性约束，使得相邻系统的输入的变化在一个界内。

（2）基于全局性能指标的协调 DMPC（Cooperative DMPC：CDMPC）

子系统控制器 C_i 与所有子系统控制器进行信息交换，获得其它子系统前一次计算得到的输入序列，利用全系统动态模型预测未来状态序列，优化全局性能指标[51～53,66]：

$$\tilde{J}_{i,k}=\sum_{j\in P}J_{j,k}, \tag{1-2}$$

这种协调策略，每个子系统需要得到全系统的信息，子系统之间必须相互连通。相对基于局部性能指标的 DMPC，该类方法对网络的可靠性要求高，灵活性和容错性降低。优点是能够得到较好的全局最优性。当采用迭代方法求解时，如果满足收敛性条件，所得到的解为帕累托最优。

然而，这种协调策略提高系统性能的前提是每个子系统需要获得全局信息，网络可靠性要求高，牺牲了分布式控制方法容错性、灵活性好的优点。考虑到一方面分布式控制系统容错性好，当个别子系统发生故障时，对整体系统的影响不大，是分布式控制结构的一个非常突出的优点，另一方面，许多实际系统中，受一定局限每个局部控制器不能获得全局信息，越来越多的学者专注于研究不依赖于全局信息的协调方法。

对于该协调策略下稳定化控制器的设计方法，文献［1，52］利用基于全局性能指标的迭代分布式预测控制的收敛性，分析了采用全局性能指标的迭代分布式预测控制的稳定性，同时给出了保证稳定性的控制器设计方法。文献［1］给出了基于全局性能指标的含输入约束的非迭代分布式预测控制的保证稳定性的设计方法。该方法通过加入一致性约束和稳定性约束结合终端不变集和双模预测控制使得闭环系统渐近稳定。

(3) 基于作用域性能指标的 DMPC（Impacted-region Cost Optimization based DMPC：ICO-DMPC）

考虑到子系统的控制量不仅对其本身的性能产生影响，而且对其下游子系统的优化性能产生影响。因此，文献［53，54，60］给出了一种协调策略，其中每个子系统控制器的性能指标中不仅包含其相应子系统的性能，而且包含其直接影响的子系统的性能，称为邻域优化或作用域优化。优化目标函数为

$$\overline{J}_{i,k}=\sum_{j\in P_i} J_{j,k} \tag{1-3}$$

其中，$P_i=\{j:j\in P_{-i}$ 或 $j=i\}$是子系统 S_i 的下游子系统，即受 S_i 影响的子系统，下标集合。这种控制算法也称为基于作用域优化的 DMPC。它可以实现比第一种算法更好的性能，同时通信负载又比第二种算法小得多。

文献［49］给出在每个局部子系统的优化指标中加入其它子系统的状态来协调分布式预测控制时，不同协调度（性能指标中所涉及的子系统的范数）的统一形式，并指出不同的协调度可以导致不同的系统性能[67]。显然，第三种协调策略[3,49,53,54,68] 是实现通信负载和全局性能权衡的一个有效手段。然而，目前的协调方法主要是通过在局部控制器的性能指标上加入相关联系统的状态来改善系统的全局优化性能[67]。但同时也增加了局部控制器在网络中获得的信息量，给系统的容错性带来负面影响。为解决这个问题，文献［3］在作用域优化的基础上，提出了结合敏感度函数和前一时刻邻域系统的预估状态来计算邻域的状态序列的预测值，能提高 DMPC 协同度同时又不增加网络连通性的方法。

对于非全局信息模式下，基于优化多个子系统性能指标的协调分布式预测控制，由于其结构相比非协调分布式预测控制复杂，给设计可行性约束和稳定性约束带来更多的困难。文献［3，49，54］设计了该协调策略下保证稳定性的分布式预测控制的一致性约束条件和稳定性条件。

由以上分析可知，在如何提高系统的全局性能方法上，目前的研究成果十分丰富，已经相对成熟，初步形成了系统化的理论成果[69]。

1.3 本书的主要内容

本书作者及其课题组对于网络环境下分布式系统的预测控制理论方法及其应用的研究，从 2001 年开始，对目前主流的协调方法——通过在局部控制器的性能指标上加入相关联系统的性能指标来改善系统的全局优化性能这类分布式预测控制，以及系统性能分析及综合方法方面积累了丰富的系统性结果。因此，在分布式系统预测控制这一国际热点问题方兴未艾，正大步发展之际，觉得有必要总结以往研究成果，系统地介绍分布式预测控制相关理论和方法。本书的主要内容如下。

第 2 章针对前向通道与反馈通道存在数据包随机丢失的通信情况，介绍了能够充分利用滚动窗口内系统输入输出信息的滚动时域状态估计，并给出了保证估计性能收敛的充分条件。第 3 章针对控制量经由共享网络从控制器传输至执行器时发生数据包有界丢失或数据量化的通信情况，介绍了基于滚动时域优化策略的网络预测控制，以及给出了保证系统渐近稳定且具有一定控制性能的充分条件。第 4 章针对每一采样时刻只有部分测量数据通过共享网络传输到远程估计器的通信情况，介绍了基于二次型调度指标的滚动时域调度，以保证估计器仍具有良好的估计性能。第 5 章主要介绍基于局部性能指标的分布式预测控制，包括能够得到 Nash 均衡的分布式预测控制，以及非迭代分布式预测控制的保证稳定性的设计方法。第 6 章主要介绍了基于全局性能指标的协调分布式预测控制，包括无约束协调分布式预测控制的解析解、闭环稳定性条件；含输入约束的协调分布式预测控制的保证稳定性的设计方法。第 7 章主要介绍了基于作用域性能指标的协调分布式预测控制，包括无约束基于作用域优化的分布式预测控制的解析解、闭环稳定性条件，以及含输入约束的基于作用域优化的分布式预测控制的保证稳定性的设计方法。第 8 章以上海某钢厂中厚板加速冷却过程为例，介绍了分布式预测控制在冶金过程中的应用的典型实例。

参考文献

[1] Li Shaoyuan, Zheng Yi. Distributed Model Predictive Control for Plant-Wide Systems. Singapore: John Wiley & Sons, Singapore Pte. Ltd., 2015.

[2] Scattolini R. Architectures for Distributed and Hierarchical Model Predictive Control-A Review. Journal of Process Control, 2009, 19(5): 723-731.

[3] 郑毅，李少远. 网络信息模式下分布式系统协调预测控制. 自动化学报，2013，39(11)：1778-1786.

[4] Christofides P D, et al. Distributed Model Predictive Control: A Tutorial Review and Future Research Directions. Computers & Chemical Engineering, 2013, 51: 21-41.

[5] Richalet J, et al. Algorithmic Control of Industrial Processes. in Proceedings of the 4th IFAC Symposium on Identification and System Parameter Estimation. Tbilisi: URSS September, 1976.

[6] Richalet J, et al. Model Predictive Heuristic Control: Applications to Industrial Processes. Automatica, 1978, 14(5): 413-428.

[7] Cutler C R, Ramaker B L. Dynamic Matrix Control-A Computer Control Algorithm. in Proceedings of the Joint Automatic Control Conference. Piscataway, NJ: American Automatic Control Council 1980.

[8] Cutler C, Morshedi A, Haydel J. An In Dustrial Perspective on Advanced Control. AIChE Annual Meeting. 1983.

[9] Maciejowski J M, Predictive Control with Constraints. 2000.

[10] Joe Qin S. Control Performance Monitoring—A Review and Assessment. Computers and Chemical Engineering, 1998, 23(2): 173-186.

[11] 席裕庚. 预测控制. 北京：国防工业出版社，1993.

[12] Giselsson P, Rantzer A. On Feasibility, Stability and Performance in Distributed Model Predictive Control. arXiv preprint arXiv: 1302. 1974, 2013.

[13] Camponogara E, de Lima M L. Distributed Optimization for MPC of Linear Networks with Uncertain Dynamics. Automatic Control, IEEE Transactions on, 2012, 57(3): 804-809.

[14] Hours J H, Jones C N. A Parametric Nonconvex Decomposition Algorithm for Real-Time and Distributed NMPC. Automatic Control, IEEE Transactions on, 2016, 61(2): 287-302.

[15] Kyoung-Dae K, Kumar P R. An MPC-Based Approach to Provable System-Wide Safety and Liveness of Autonomous Ground Traffic. Automatic Control, IEEE Transactions on, 2014, 59(12): 3341-3356.

[16] de Lima M L, et al. Distributed Satisficing MPC with Guarantee of Stability. Automatic Control, IEEE Transactions on, 2016, 61(2): 532-537.

[17] Dai L, et al. Cooperative Distributed Stochastic MPC for Systems with State Esti-

mation and Coupled Probabilistic Constraints. Automatica, 2015. 61: p. 89-96.

[18] Liu J, Muñoz de la Peña D, Christofides P D, Distributed Model Predictive Control of Nonlinear Systems Subject to Asynchronous and Delayed Measurements. Automatica, 2010, 46 (1): 52-61.

[19] Dunbar W B. Distributed Receding Horizon Control of Dynamically Coupled Nonlinear Systems. IEEE Transactions on Automatic Control, 2007, 52 (7): 1249-1263.

[20] 丁宝苍. 预测控制的理论与方法. 北京：机械工业出版社，2008.

[21] 李少远. 全局工况系统预测控制及其应用. 北京：科学出版社，2008.

[22] 钱积新，赵均，徐祖华. 预测控制. 北京：化学工业出版社，2007.

[23] Pontus G. On Feasibility, Stability and Performance in Distributed Model Predictive Control. IEEE Transactions on Automatic Control, 2012.

[24] Camponogara E, et al. Distributed Model Predictive Control. IEEE Control Systems, 2002, 22 (1): 44-52.

[25] Vadigepalli R, Doyle Ⅲ F J. A Distributed State Estimation and Control Algorithm for Plantwide Processes. IEEE Transactions on Control Systems Technology, 2003, 11 (1): 119-127.

[26] Wang Chen, C-J Ong. Distributed Model Predictive Control of Dynamically Decoupled Systems with Coupled Cost. Automatica, 2010, 46 (12): 2053-2058.

[27] Al-Gherwi W, Budman H, Elkamel A. A Robust Distributed Model Predictive Control Algorithm. Journal of Process Control, 2011, 21 (8): 1127-1137.

[28] Alvarado I, et al. A Comparative Analysis of Distributed MPC Techniques Applied to the HD-MPC Four-Tank Benchmark. Journal of Process Control, 2011, 21 (5): 800-815.

[29] Camponogara E, de Lima M L. Distributed Optimization for MPC of Linear Networks with Uncertain Dynamics. IEEE Transactions on Automatic Control, 2012, 57 (3): 804-809.

[30] Alessandri A, Baglietto M, Battistelli G. Receding-Horizon State Estimation for Discrete-Time Linear Systems. IEEE Transactions on Automatic Control, 2003, 48 (3): 473-478.

[31] Rao C V, Rawlings J B, Lee J H. Constrained Linear State Estimation-a Moving Horizon Approach. Automatica, 2001, 37 (10): 1619-1628.

[32] Muske K R, Rawlings J B, Lee J H. Receding Horiozn Recursive State Estimation. American Control Conference. 1999.

[33] Rao C V. Moving Horizon Strategies for the Constrained Monitoring and Control of Nonlinear Discrete-Time Systems. PhD thesis, University of Wisconsin-Madison, 2000.

[34] Rao C V, Rawlings J B, Lee J H. Stability of Constrained Linear Moving Horizon Estimation. American Control Conference. 1999.

[35] Boulkroune B, Darouach M, Zasadzinski M. Moving Horizon State Estimation for Linear Discrete-Time Singular Systems. IET Control Theory and Applications, 2010, 4 (3): 339-350.

[36] Zhao Haiyan, Chen Hong, Ma Yan. Robust Moving Horzion Estimation for System with Uncertain Measurement Output, in Proceedings of the 48th IEEE Conference on Decision and Control and 28th Chinese Control Con-

ference. Shanghai: IEEE, 2009.

[37] Alessandri A, Baglietto M, Battistelli G. Moving-Horizon State Estimation for Nonlinear Discrete-Timesystems: New Stability Results and Approximation Schemes. Automatica, 2008, 44 (7): 1753-1765.

[38] Guo Yafeng, Huang Biao. Moving Horizon Estimation for Switching Nonlinear Systems. Automatica, 2013, 49 (11): 3270-3281.

[39] Fagiano L, Novara C. A Combined Moving Horizon and Direct Virtual Sensor Approach for Constrained Nonlinear Estimation. Automatica, 2013, 49 (1): 193-199.

[40] Xue Binqiang, Li Shaoyuan, Zhu Quanmin. Moving Horizon State Estimation for Networked Control Systems with Multiple Packet Dropouts. IEEE Transaction on Automatic Control, 2012, 57 (9): 2360-2366.

[41] Xue Binqiang, et al. Moving Horizon Scheduling for Networked Control Systems with Communication Constraints. IEEE Transaction on Industrial Electronics, 2013, 60 (8): 3318-3327.

[42] Liu Andong, Yu Li, Zhang Wen-an. Moving Horizon Estimation for Networked Systems with Multiple Packet Dropouts. Journal of Process Control, 2012, 22 (9): 1593-1608.

[43] Liu Andong, Yu Li, Zhang Wen-an. Moving Horizon Estimation for Networked Systems with Quantized Measurements and Packet Dropouts. IEEE Transactions on Circuits and Systems I: Regular paper, 2013, 60 (7): 1823-1834.

[44] Zeng Jing, Liu Jinfeng, Distributed Moving Horizon State Estimation: Simultaneously Handling Communicaiton Delays and Data Losses. Systems & Control Letters, 2015, 75 (1): 56-68.

[45] Vercammen D, Logist F, Van Impe J. Online Moving Horizon Estimation of Fluxes in Metabolic Reaction Networks. Journal of Process Control, 2016, 37 (1): 1-20.

[46] Du Xiaoning, Xi Yugeng, Li Shaoyuan. Distributed Model Predictive Control for Large-Scale Systems. in American Control Conference, 2001. Proceedings of the 2001. IEEE, 2001.

[47] Jia D. Krogh B H. Distributed Model Predictive Control. in American Control Conference, 2001. Proceedings of the 2001. IEEE, 2001.

[48] Li Shaoyuan, Zhang Yan, Zhu Quanmin, Nash-Optimization Enhanced Distributed Model Predictive Control Applied to the Shell Benchmark Problem. Information Sciences, 2005, 170 (2-4): 329-349.

[49] Li Shaoyuan, Zheng Yi, Ling Zongli. Impacted-Region Optimization for Distributed Model Predictive Control Systems with Constraints. Automation Science and Engineering, IEEE Transactions on, 2015, 12 (4): 1447-1460.

[50] Maestre J M, et al. Distributed Model Predictive Control Based on Agent Negotiation. Journal of Process Control, 2011, 21 (5): 685-697.

[51] Zheng Yi. Li Shaoyuan, Qiu Hai. Networked Coordination-Based Distributed Model Predictive Control for Large-Scale System. Control Systems Technology, IEEE Transactions on, 2013, 21 (3): 991-998.

[52] Venkat A N, et al. Distributed MPC Strategies with Application to Power System

Automatic Generation Control. IEEE Transactions on Control Systems Technology, 2008, 16(6): 1192-1206.

[53] Zheng Yi, Li Shaoyuan, Li Ning. Distributed Model Predictive Control Over Network Information Exchange for Large-Scale Systems. Control Engineering Practice, 2011, 19(7): 757-769.

[54] Zheng Yi, Li Shaoyuan, et al. Stabilized Neighborhood Optimization based Distributed Model Predictive Control for Distributed System. in Control Conference (CCC), 2012 31st Chinese. IEEE, 2012.

[55] Stewart B T, et al. Cooperative Distributed Model Predictive Control. Systems & Control Letters, 2010, 59(8): 460-469.

[56] Giselsson P, et al. Accelerated Gradient Methods and Dual Decomposition in Distributed Model Predictive Control. Automatica, 2013, 49(3): 829-833.

[57] Doan M D, Keviczky T, De Schutter B. An Iterative Scheme for Distributed Model Predictive Control Using Fenchel's Duality. Journal of Process Control, 2011, 21(5): 746-755.

[58] Al-Gherwi W, Budman H, Elkamel A. A Robust Distributed Model Predictive Control Based on a Dual-Mode Approach. Computers & Chemical Engineering, 2013, 50(9): 130-138.

[59] Xu Shichao, Bao Jie. Distributed Control of Plantwide Chemical Processes. Journal of Process Control, 2009, 19(10): 1671-1687.

[60] Zheng Yi, Li Shaoyuan, Wang Xiaobo. Distributed Model Predictive Control for Plant-Wide Hot-Rolled Strip Laminar Cooling Process. Journal of Process Control, 2009, 19(9): 1427-1437.

[61] Negenborn R R, et al. Distributed Model Predictive Control of Irrigation Canals. NHM, 2009, 4(2): 359-380.

[62] Moradzadeh M, Boel R, Vandevelde L. Voltage Coordination in Multi-Area Power Systems via Distributed Model Predictive Control. Power Systems, IEEE Transactions on, 2013, 28(1): 513-521.

[63] del Real A J, Arce A, Bordons C. An Integrated Framework for Distributed Model Predictive Control of Large-Scale Power Networks. Industrial Informatics, IEEE Transactions on, 2014, 10(1): 197-209.

[64] del Real A J, Arce A, Bordons C. Combined Environmental and Economic Dispatch of Smart Grids Using Distributed Model Predictive Control. International Journal of Electrical Power & Energy Systems, 2014, 54: 65-76.

[65] Farina M, Scattolini R. Distributed Predictive Control: a Non-Cooperative Algorithm with Neighbor-to-Neighbor Communication for Linear Systems. Automatica, 2012, 48(6): 1088-1096.

[66] 陈庆，李少远，席裕庚. 基于全局最优的生产全过程分布式预测控制. 上海交通大学学报，2005，39(3)：349-352.

[67] Al-Gherwi W, Budman H, Elkamel A. Selection of Control Structure for Distributed Model Predictive Control in the Presence of Model Errors. Journal of Process Control, 2010, 20(3): 270-284.

[68] Zheng Yi, Li Ning, Li Shaoyuan. Hot-Rolled Strip Laminar Cooling Process Plant-Wide Temperature Monitoring and Control. Control Engineering Practice, 2013, 21(1): 23-30.

[69] Li Shaoyuan. Towards to Dynamic Optimal Control for Large-Scale Distributed Systems [J]. Control Theory & Technology, 2017, 15(2): 158-160.

第2章

具有随机丢包的网络化系统的滚动时域状态估计

2.1 概述

网络化控制系统（Networked Control Systems，NCSs）是通过共享网络在传感器与控制器之间、控制器与被控对象之间传输数据，实现空间分布设备的连接，完成控制目标。与传统的点对点控制模式相比，网络化控制系统具有资源共享、远程控制、低成本以及易于安装、诊断、维护和扩展等优点，增加了系统的灵活性和可靠性。然而，由于共享网络的承载能力和通信带宽有限，数据在传输过程中不可避免地会产生诱导时滞、时序错乱、数据包丢失以及量化失真等问题。这些问题将导致系统性能下降，甚至引起系统不稳定，从而使得网络化控制系统的分析与设计变得复杂多样。这就给系统的分析和研究提出了新的挑战，需要建立与网络化控制系统相适应的控制理论与控制方法。

由于实际控制系统的状态往往不可测，网络化控制系统亦如此。同时，共享网络的特点决定了网络化控制系统的估计问题比一般控制系统更为复杂。近年来，具有数据包丢失的状态估计问题已成为研究热点之一，并已取得了显著的研究成果[1~12]。Sinopoli 等人假定测量数据包丢失过程满足独立同一分布，证明了存在一个测量数据到达概率的临界值，使得时变 Kalman 滤波估计误差协方差有界的情况[1]。随后作者将单通道数据包丢失的状态估计问题推广到双通道数据包丢失的闭环控制问题[2]。文献［3］基于多数据包丢失的线性随机模型，给出了最优线性估计器的设计方法（包括滤波器、预估器和平滑器）。文献［4］假定数据包丢失过程满足两状态 Marovian 链，提出了误差协方差峰值的概念，并给出了与跳变率相关的系统稳定性条件。遵循文献［1］的思想，文献［5］针对反馈通道和前向通道同时存在数据包丢失的情况，设计了最优 H_2 滤波器。文献［6］以误差协方差矩阵小于等于某个设定矩阵的概率为估计性能指标，给出了一种 Kalman 滤波器的设计方法。文献［7］基于正交原理，设计了一种线性最小方差滤波器，但没有考虑数据包到达的实际状态。

综上所述，研究成果不断涌现，但是研究工作仍具有一定的局限性和扩展空间。例如，多数研究工作都是基于一个理想的假设条件，即系统噪声和过程噪声均是满足高斯概率分布的白噪声，得出类似 Kalman 滤波形式的最优线性估计器。然而，这个假设条件很难成立，因为在实际的工业过程中，噪声并不是简单地满足高斯分布特性的白噪声，而是一些能量有限的信源。再者，在实际的系统中，各种约束普遍存在，如化学组分浓度和液体的泄漏量总是大于零以及干扰在某个给定范围内波动等，而 H-infinity 滤波、Kalman 滤波等方法却无法处理这些约束。若忽略掉实际系统中这些现实存在的有用信息，必然降低估计精度及估计性能。同时，当系统发生数据包丢失时，现有的估计方法常采用保持原有输入策略[7~9]或者输入直接置零策略[10~12]，这样也会降低估计精度。

为此，在本章中将介绍一种基于滚动时域优化策略的网络化状态估计方法，充分利用滚动窗口内系统信息以及以不等式约束形式出现的关于噪声、状态和输入输出的额外信息来克服数据包丢失对估计性能的影响。本章内容安排如下：第二节描述反馈通道具有随机丢包的网络化控制系统的滚动时域状态估计方法；第三节描述反馈通道和前向通道同时具有随机丢包的网络化控制系统的滚动时域状态估计方法，并通过分析滚动时域估计器的估计性能，给出保证估计性能收敛的充分条件；第四节对本章内容作一个小结。

2.2 具有反馈通道丢包的网络化系统的滚动时域状态估计

2.2.1 问题描述

本小节针对反馈通道存在数据包丢失的情况，研究远程被控对象状态无法测得时的状态估计问题。由于传感器到控制器之间的数据包是经过一个不可靠的共享网络进行传输，所以不可避免地存在数据包丢失现象。为了这一研究目标，建立一个典型网络化控制系统，如图 2-1 所示。其中，这个网络化控制系统是由传感器、不可靠共享网络、估计器、控制器和被控对象构成。首先，考虑如下离散时间线性时不变系统：

$$\begin{aligned}&\boldsymbol{x}(k+1)=\boldsymbol{A}\boldsymbol{x}(k)+\boldsymbol{B}\boldsymbol{u}(k)+\boldsymbol{w}(k)\\&\tilde{\boldsymbol{y}}(k)=\boldsymbol{C}\boldsymbol{x}(k)+\boldsymbol{v}(k)\\&\boldsymbol{x}(k)\in\boldsymbol{X},\boldsymbol{u}(k)\in\boldsymbol{U},\boldsymbol{w}(k)\in\boldsymbol{W},\boldsymbol{v}(k)\in\boldsymbol{V}\end{aligned}\tag{2-1}$$

其中，$\boldsymbol{x}(k)\in\boldsymbol{R}^n$、$\boldsymbol{u}(k)\in\boldsymbol{R}^m$ 和 $\tilde{\boldsymbol{y}}(k)\in\boldsymbol{R}^p$ 分别为系统状态、控制输入和系统输出，以及 $\boldsymbol{w}(k)\in\boldsymbol{W}\subset\boldsymbol{R}^n$ 和 $\boldsymbol{v}(k)\in\boldsymbol{V}\subset\boldsymbol{R}^p$ 分别是系统噪声和测量噪声；$\boldsymbol{A}$、$\boldsymbol{B}$ 和 $\boldsymbol{C}$ 为系统的系数矩阵。集合 $\boldsymbol{X}$、$\boldsymbol{U}$、$\boldsymbol{W}$、$\boldsymbol{V}$ 都是凸多面体集并且满足 $\boldsymbol{X}=\{\boldsymbol{x}:\boldsymbol{D}\boldsymbol{x}\leqslant\boldsymbol{d}\}$，$\boldsymbol{U}=\{\boldsymbol{u}:\|\boldsymbol{u}\|\leqslant u_{\max}\}$，$\boldsymbol{W}=\{\boldsymbol{w}:\|\boldsymbol{w}\|\leqslant\eta_w\}$ 与 $\boldsymbol{V}=\{\boldsymbol{v}:\|\boldsymbol{v}\|\leqslant\eta_v\}$。此外，这里假定系统噪声和测

量噪声不是高斯噪声，而是把噪声看作未知有界的确定性变量，以及假设矩阵对（$\boldsymbol{A},\boldsymbol{B}$）是可控的和（$\boldsymbol{A},\boldsymbol{C}$）是可测的。

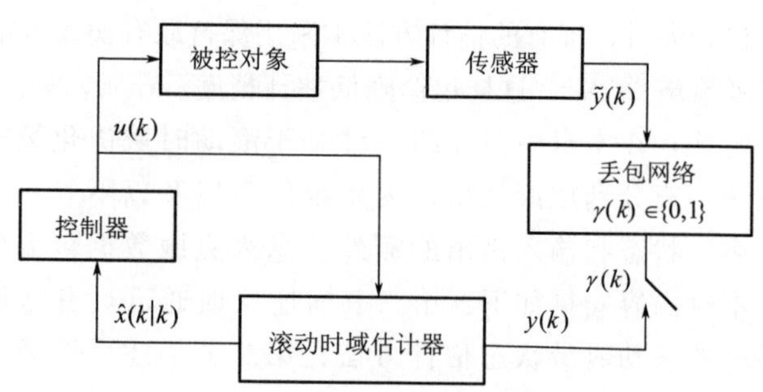

图 2-1 具有丢包的网络化控制系统

如图 2-1 所示，传感器在每一采样时刻测量系统输出并通过不可靠共享网络将其传送至远程估计器。然而，在数据包传输过程中，不可避免地存在数据包丢失现象，这里仅考虑传感器与估计器之间的数据包丢失而没有考虑控制器与被控对象之间的数据包丢失。不失一般性，不可靠共享网络可以看作一个在随机模式下闭合和断开的开关[7]，其中开关闭合表示通道没有丢包，以及开关断开表示通道存在丢包。这样，在任意 k 时刻，当系统输出 $\tilde{\boldsymbol{y}}(k)$ 成功传输到远程估计器时，则有 $\boldsymbol{y}(k)=\tilde{\boldsymbol{y}}(k)$。反之，当数据包丢失时，估计器采用零阶保持器（Zero Order Holder，ZOH），保持前一时刻的数据，即 $\boldsymbol{y}(k)=\boldsymbol{y}(k-1)$。由上所述，得到下列具有随机丢包的网络化控制系统模型：

$$\begin{aligned}\boldsymbol{x}(k+1)&=\boldsymbol{A}\boldsymbol{x}(k)+\boldsymbol{B}\boldsymbol{u}(k)+\boldsymbol{w}(k)\\ \boldsymbol{y}(k)&=\gamma(k)\tilde{\boldsymbol{y}}(k)+[1-\gamma(k)]\boldsymbol{y}(k-1)\end{aligned}\tag{2-2}$$

其中，随机变量 $\gamma(k)$ 表征由不可靠共享网络传输数据时数据包的到达状态，并且满足在 0 与 1 间取值的 Bernoulli 分布，从而有

$$\begin{aligned}P\{\gamma(k)=1\}&=E\{\gamma(k)=1\}=\gamma\\ P\{\gamma(k)=0\}&=E\{\gamma(k)=0\}=1-\gamma\end{aligned}\tag{2-3}$$

其中，γ 表示数据包的到达概率，$\gamma(k)=1$ 表示 k 时刻无丢包，而 $\gamma(k)=0$ 表示 k 时刻有丢包；$E\{\cdot\}$ 表示期望算子。此外，假设随机变量 $\gamma(k)$ 与噪声、系统状态以及系统输入输出之间相互独立。显然，在 k 时刻估计器已知传感器的数据包是否发生丢失，也就是说，估计器已知 k 时刻数据包的到达状态 $\gamma(k)$［通过比较 $\boldsymbol{y}(k)$ 与 $\boldsymbol{y}(k-1)$ 的值可知到达状态 $\gamma(k)$］。

备注 2.1　在文献［1，6］中，Kalman 滤波器的更新模型依赖于是否得到当前 k 时刻的数据包，而没有考虑数据包发生丢失时测量数据的补偿问题，且给出了一个相对简单的丢包模型。然而，这里所描述的丢包模型（2-2）考虑了数据包丢失的补偿策略，即当 k 时刻的数据包发生丢失时采用 $k-1$ 时刻的观测数据 $\boldsymbol{y}(k-1)$ 作为当前观测数据 $\boldsymbol{y}(k)$ 以补偿丢包带来的影响，这样显得更加合理。这种策略可以由零阶保持器实现。此外，如果该模型（2-2）用于文献［1，6］，那么将不能得到相关的结论。

综合公式(2-1) 与公式(2-2)，得到了具有随机丢包的网络化控制系统模型，下面将基于此模型研究具有随机丢包的 NCSs 的状态估计问题。由于本小节没有考虑控制器的设计，因此为了分析估计误差的稳定性，假定对于任意噪声 $\{\boldsymbol{w}(k)\}$ 与 $\{\boldsymbol{v}(k)\}$ 存在一个初始状态 $\boldsymbol{x}(0)$ 和控制序列 $\{\boldsymbol{u}(k)\}$，使得状态轨迹 $\{\boldsymbol{x}(k)\}$ 保持在一个紧凸集 $\boldsymbol{X}$ 里。

备注 2.2　对于满足 Bernoulli 分布的随机变量 $\gamma(k)$，其具有以下一些性质：$\mathrm{var}[\gamma(k)]=\gamma(1-\gamma), E[\gamma^2(k)]=\gamma, E\{[1-\gamma(k)]^2\}=1-\gamma, E\{\gamma(k)[1-\gamma(t)]\}=\gamma(1-\gamma), k\neq t$ 等。

2.2.2　网络化滚动时域状态估计器设计

为了克服数据包丢失带给网络化控制系统的不确定性影响，本节介绍了一种新颖的状态估计方法，即基于滚动时域优化策略的网络化滚动时域状态估计（MHE）[13]。不同于其它估计方法，滚动时域状态估计是基于滚动窗口内一段最新输入输出数据的优化问题，而非仅利用当前时刻输入输出数据，如图 2-2 所示。

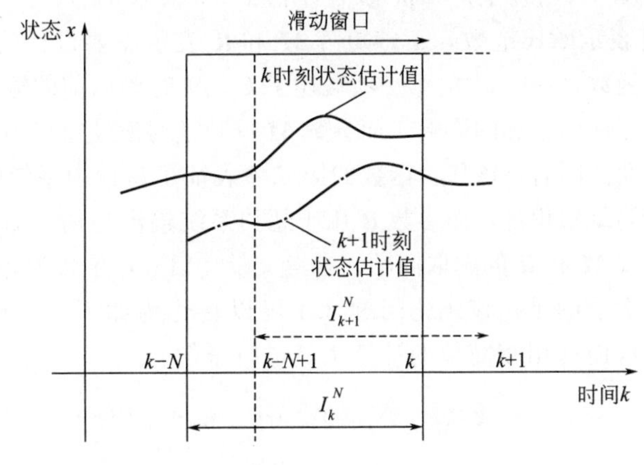

图 2-2　滚动时域状态估计策略

由于数据包丢失的存在，对于估计器实际有用的输入输出数据为 $I_k^N \triangleq \{\boldsymbol{y}(k),\cdots,\boldsymbol{y}(k-N),\boldsymbol{u}(k-1),\cdots,\boldsymbol{u}(k-N)\}$，$k=N,N+1,\cdots$ 其中，$N+1$ 表示窗口内从 $k-N$ 时刻到 k 时刻的数据长度，即所用输入输出数据的数目。此外，滚动时域 N 的选取需要在估计精度与计算时间之间权衡。简单地说，MHE 优化问题是基于滚动窗口内的最新数据 $\boldsymbol{I}_k^N$ 和状态 $\boldsymbol{x}(k-N)$ 的预估值 $\overline{\boldsymbol{x}}(k-N)$，估计窗口内的状态序列 $\boldsymbol{x}(k-N)$，$\boldsymbol{x}(k-N+1),\cdots,\boldsymbol{x}(k)$。其中，$\hat{\boldsymbol{x}}(k-N|k),\cdots,\hat{\boldsymbol{x}}(k|k)$分别表示在 k 时刻对状态 $\boldsymbol{x}(k-N),\cdots,\boldsymbol{x}(k)$的估计；预估状态 $\overline{\boldsymbol{x}}(k-N)$[即$\hat{\boldsymbol{x}}(k-N|k-1)$]可由公式 $\overline{\boldsymbol{x}}(k-N)=\boldsymbol{A}\hat{\boldsymbol{x}}(k-N-1|k-1)+\boldsymbol{B}\boldsymbol{u}(k-N-1)$，$k=N+1,N+2,\cdots$求出。由于$\hat{\boldsymbol{x}}(k-N-1|k-1)$是在 $k-1$ 时刻求解 MHE 优化问题得到，所以在 k 时刻其是已知量。总之，具有数据包丢失的网络化控制系统的滚动时域状态估计问题，可描述为如下的优化问题。

问题 2.1 在 k 时刻，根据已知信息[$I_k^N,\overline{x}(k-N)$]，极小化代价函数（即性能指标）

$$J(k)=\left\|\hat{\boldsymbol{x}}(k-N|k)-\overline{\boldsymbol{x}}(k-N)\right\|_{\boldsymbol{M}}^2+\sum_{i=k-N}^{k}\left\|\boldsymbol{y}(i)-\hat{\boldsymbol{y}}(i|k)\right\|_{\boldsymbol{R}}^2 \tag{2-4}$$

以及满足如下约束条件：

$$\begin{aligned}&\hat{\boldsymbol{x}}(i+1|k)=\boldsymbol{A}\hat{\boldsymbol{x}}(i|k)+\boldsymbol{B}\boldsymbol{u}(i)\\&\hat{\boldsymbol{y}}(i|k)=\gamma(i)\boldsymbol{C}\hat{\boldsymbol{x}}(i|k)+[1-\gamma(i)]\boldsymbol{y}(i-1)\\&\hat{\boldsymbol{x}}(i|k)\in\boldsymbol{X}=\{\boldsymbol{x}:\boldsymbol{D}\boldsymbol{x}\leqslant\boldsymbol{d}\},i=k-N,\cdots,k\end{aligned} \tag{2-5}$$

的情况下，得到最优状态估计值$\hat{\boldsymbol{x}}^*(k-N|k),\cdots,\hat{\boldsymbol{x}}^*(k|k)$。其中，$\|\cdot\|$表示欧氏范数，正定矩阵 $\boldsymbol{M}$ 和 $\boldsymbol{R}$ 表示需要设计的参数矩阵。此外，代价函数（2-4）中的第一项概述了 $k-N$ 时刻以前的输入输出信息对代价函数即性能指标的影响，而参数 $\boldsymbol{M}$ 反映了对滚动窗口内初始状态估计的置信程度。同时，该代价函数的第二项表征了窗口内系统输出与估计输出之间的偏差累积量，而参数 $\boldsymbol{R}$ 用于惩罚系统输出与估计输出之间的偏差。至于参数 $\boldsymbol{M}$ 和 $\boldsymbol{R}$ 的选取问题，参考文献［14］作了较为详细的论述。

幸运的是，该优化问题 2.1 可以转化为如下一个标准的二次规划问题，从而使用较简单的计算工具进行求解：

$$\begin{aligned}&\hat{\boldsymbol{x}}^*(k-N|k)\triangleq\arg\min_{\hat{\boldsymbol{x}}(k-N|k)}J(k)\\&\text{s.t. }\boldsymbol{D}_N[\widetilde{\boldsymbol{F}}_N\hat{\boldsymbol{x}}(k-N|k)+\widetilde{\boldsymbol{G}}_N\boldsymbol{U}_N]\leqslant\boldsymbol{d}_N\end{aligned} \tag{2-6}$$

其中

$$
\begin{aligned}
J(k)=&\hat{\boldsymbol{x}}^{\mathrm{T}}(k-N\,|\,k)[\boldsymbol{M}+\boldsymbol{F}_N^{\mathrm{T}}\boldsymbol{S}(k)\boldsymbol{R}_N\boldsymbol{S}(k)\boldsymbol{F}_N]\hat{\boldsymbol{x}}(k-N\,|\,k)+\\
&2[\boldsymbol{U}^{\mathrm{T}}(k)\boldsymbol{G}_N^{\mathrm{T}}\boldsymbol{S}(k)\boldsymbol{R}_N\boldsymbol{S}(k)\boldsymbol{F}_N-\overline{\boldsymbol{x}}^{\mathrm{T}}(k-N)\boldsymbol{M}-\\
&\boldsymbol{Y}^{\mathrm{T}}(k)\boldsymbol{R}_N\boldsymbol{S}(k)\boldsymbol{F}_N]\hat{\boldsymbol{x}}(k-N\,|\,k)+\overline{\boldsymbol{x}}^{\mathrm{T}}(k-N)\boldsymbol{M}\overline{\boldsymbol{x}}(k-N)+\\
&\boldsymbol{U}^{\mathrm{T}}(k)\boldsymbol{G}_N^{\mathrm{T}}\boldsymbol{S}(k)\boldsymbol{R}_N\boldsymbol{S}(k)\boldsymbol{G}_N\boldsymbol{U}(k)-2\boldsymbol{U}^{\mathrm{T}}(k)\boldsymbol{G}_N^{\mathrm{T}}\boldsymbol{S}(k)\boldsymbol{R}_N\boldsymbol{Y}(k)+\\
&\boldsymbol{Y}^{\mathrm{T}}(k)\boldsymbol{R}_N\boldsymbol{Y}(k)
\end{aligned}
$$

$$
\boldsymbol{Y}(k)=\begin{bmatrix}\boldsymbol{y}(k-N)\\ \boldsymbol{y}(k-N+1)\\ \vdots\\ \boldsymbol{y}(k)\end{bmatrix},\boldsymbol{U}(k)=\begin{bmatrix}\boldsymbol{u}(k-N)\\ \boldsymbol{u}(k-N+1)\\ \vdots\\ \boldsymbol{u}(k-1)\end{bmatrix},
$$

$$
\boldsymbol{F}_N=\begin{bmatrix}\boldsymbol{C}\\ \boldsymbol{CA}\\ \vdots\\ \boldsymbol{CA}^N\end{bmatrix},\widetilde{F}_N=\begin{bmatrix}\boldsymbol{I}\\ \boldsymbol{A}\\ \vdots\\ \boldsymbol{A}^N\end{bmatrix},\boldsymbol{d}_N=\begin{bmatrix}\boldsymbol{d}\\ \boldsymbol{d}\\ \vdots\\ \boldsymbol{d}\end{bmatrix}_{(N+1)n\times 1}
$$

$$
\boldsymbol{D}_N=\underbrace{\begin{bmatrix}D & & & \\ & D & & \\ & & \ddots & \\ & & & D\end{bmatrix}}_{N+1},S(k)=\underbrace{\begin{bmatrix}\gamma(k-N)I & & & \\ & \gamma(k-N+1)I & & \\ & & \ddots & \\ & & & \gamma(k)I\end{bmatrix}}_{N+1},
$$

$$
\boldsymbol{R}_N=\underbrace{\begin{bmatrix}\boldsymbol{R} & & & \\ & \boldsymbol{R} & & \\ & & \ddots & \\ & & & \boldsymbol{R}\end{bmatrix}}_{N+1},\widetilde{\boldsymbol{G}}_N=\begin{bmatrix}\boldsymbol{0} & \boldsymbol{0} & \cdots & \boldsymbol{0} & \boldsymbol{0}\\ \boldsymbol{B} & \boldsymbol{0} & \cdots & \boldsymbol{0} & \boldsymbol{0}\\ \boldsymbol{AB} & \boldsymbol{B} & \cdots & \boldsymbol{0} & \boldsymbol{0}\\ \vdots & \vdots & \cdots & \vdots & \vdots\\ \boldsymbol{A}^{N-1}\boldsymbol{B} & \boldsymbol{A}^{N-2}\boldsymbol{B} & \cdots & \boldsymbol{AB} & \boldsymbol{B}\end{bmatrix},
$$

$$
\boldsymbol{G}_N=\begin{bmatrix}\boldsymbol{0} & \boldsymbol{0} & \cdots & \boldsymbol{0} & \boldsymbol{0}\\ \boldsymbol{CB} & \boldsymbol{0} & \cdots & \boldsymbol{0} & \boldsymbol{0}\\ \boldsymbol{CAB} & \boldsymbol{CB} & \cdots & \boldsymbol{0} & \boldsymbol{0}\\ \vdots & \vdots & \cdots & \vdots & \vdots\\ \boldsymbol{CA}^{N-1}\boldsymbol{B} & \boldsymbol{CA}^{N-2}\boldsymbol{B} & \cdots & \boldsymbol{CAB} & \boldsymbol{CB}\end{bmatrix}
$$

在 k 时刻，通过求解优化问题 2.1，可以得到最优状态估计值 $\hat{\boldsymbol{x}}^*(k-N\,|\,k)$，而窗口内其它最优状态估计值 $\hat{\boldsymbol{x}}^*(k-N+j\,|\,k)$ 可由公式(2-7)得出：

$$\hat{\boldsymbol{x}}^*(k-N+j\,|\,k)=\boldsymbol{A}^j\hat{\boldsymbol{x}}^*(k-N\,|\,k)+\sum_{i=0}^{j-1}\boldsymbol{A}^{j-i-1}\boldsymbol{B}\boldsymbol{u}(k-N+i),j=1,2,\cdots,N \tag{2-7}$$

显然，当 $k+1$ 时刻的系统输出经由不可靠网络传输时，已知信息从基于 k 时刻所对应的数据窗口滚动到基于 $k+1$ 时刻所对应的数据窗口，即由 $[\boldsymbol{I}_k^N,\overline{\boldsymbol{x}}(k-N)]$ 过渡到 $[\boldsymbol{I}_{k+1}^N,\overline{\boldsymbol{x}}(k+1-N)]$，其中 $k+1$ 时刻的预估状态 $\overline{\boldsymbol{x}}(k+1-N)$ 可由 k 时刻求出的最优状态估计值 $\hat{\boldsymbol{x}}^*(k-N\,|\,k)$ 与预估公式 $\overline{\boldsymbol{x}}(k+1-N)=\boldsymbol{A}\hat{\boldsymbol{x}}^*(k-N\,|\,k)+\boldsymbol{B}\boldsymbol{u}(k-N)$ 计算得到，那么通过重新求解优化问题 2.1 可以求出 $k+1$ 时刻的最优状态估计值 $\hat{\boldsymbol{x}}^*(k+1-N\,|\,k+1)$ 以及窗口内的其它状态估计值。

备注 2.3 在性能指标（2-4）中，权矩阵 $\boldsymbol{M}$ 和 $\boldsymbol{R}$ 可以看作文献［14］中标量 μ 的扩展。另外，权矩阵 $\boldsymbol{M}$ 和 $\boldsymbol{R}$ 的引入给估计器设计带来了更多的自由度，能够更好地补偿数据包丢失而产生的不确定性影响。与其它估计方法相比，其独特之处在于：当数据包发生丢失时，它能够利用滚动窗口内一段最新输入输出数据而非前一个时刻的数据[17]或直接置为零[1,6]，参与估计器的设计。

备注 2.4 为了便于分析，本小节只考虑了数据包的到达概率 γ 为常数的情况，即 γ 不随时间的变化而变化。由公式(2-6) 可以看出：数据包丢失影响了优化问题 2.1 的优化变量，即最优状态估计值，并使得估计性能变差；不过，通过合理调节权矩阵 $\boldsymbol{M}$ 和 $\boldsymbol{R}$，该滚动时域估计方法能够克服系统噪声和测量噪声以及补偿数据包丢失带来的不确定性。

下面将具体分析数据包的到达概率 γ 对估计性能的影响，以及通过求解一个线性矩阵不等式得出合适的惩罚权矩阵 $\boldsymbol{M}$ 和 $\boldsymbol{R}$，以保证估计器具有良好的估计性能。

2.2.3 估计器的性能分析

本小节主要讨论数据包丢失情况下的网络化控制系统的估计性能。首先定义 $k-N$ 时刻的估计误差：

$$\boldsymbol{e}(k-N)\triangleq\boldsymbol{x}(k-N)-\hat{\boldsymbol{x}}^*(k-N\,|\,k) \tag{2-8}$$

正如公式(2-6) 所述，估计误差的动态是一个关于随机变量 $\gamma(k)$ 的随机过程，因此定理 2.1 将给出一个估计误差欧氏范数平方期望的结论。

定理 2.1 考虑上述系统（2-2）以及由公式(2-8) 所表示的估计误差，如果代价函数（2-4）中的惩罚权矩阵 $\boldsymbol{M}$ 和 $\boldsymbol{R}$ 使得不等式(2-9) 成立：

$$a=8f^{-1}\rho<1 \tag{2-9}$$

那么估计误差欧氏范数平方期望的极限 $\lim\limits_{k\to\infty}E\{\|\boldsymbol{e}(k-N)\|^2\}\leqslant b/(1-a)$，其中

$$E\{\|\boldsymbol{e}(k-N)\|^2\}\leqslant\widetilde{\boldsymbol{e}}(k-N),k=N,N+1,\cdots \tag{2-10}$$

上界函数具有如下形式：

$$\widetilde{\boldsymbol{e}}(k)=a\widetilde{\boldsymbol{e}}(k-1)+b,\widetilde{\boldsymbol{e}}(0)=b_0 \tag{2-11}$$

以及

$$\rho\triangleq\lambda_{\max}(\boldsymbol{A}^{\mathrm{T}}\boldsymbol{M}\boldsymbol{A}),m\triangleq\lambda_{\max}(\boldsymbol{M}),r_N\triangleq\|\boldsymbol{R}_N\|,$$

$$\eta_w\triangleq\max\|\boldsymbol{w}(k)\|,\eta_v\triangleq\max\|\boldsymbol{v}(k)\|,h_N\triangleq\|\boldsymbol{H}_N\|$$

$$f\triangleq\lambda_{\min}(\boldsymbol{M}+\gamma\boldsymbol{F}_N^{\mathrm{T}}\boldsymbol{R}_N\boldsymbol{F}_N),a\triangleq 8f^{-1}\rho,b\triangleq 4f^{-1}[2m\eta_w^2+r_N(\sqrt{N+1}\,\eta_w h_N+\sqrt{N}\eta_v)^2]$$

$$b_0\triangleq 4f^{-1}[md_0^2+r_N(\sqrt{N+1}\,\eta_w h_N+\sqrt{N}\eta_v)^2],d_0\triangleq\max_{\boldsymbol{x}(0),\overline{\boldsymbol{x}}(0)\in\boldsymbol{X}}\|\boldsymbol{x}(0)-\overline{\boldsymbol{x}}(0)\|$$

$$\boldsymbol{H}_N=\begin{bmatrix}\boldsymbol{0}&\boldsymbol{0}&\cdots&\boldsymbol{0}&\boldsymbol{0}\\ \boldsymbol{C}&\boldsymbol{0}&\cdots&\boldsymbol{0}&\boldsymbol{0}\\ \boldsymbol{C}\boldsymbol{A}&\boldsymbol{C}&\cdots&\boldsymbol{0}&\boldsymbol{0}\\ \vdots&\vdots&\cdots&\vdots&\vdots\\ \boldsymbol{C}\boldsymbol{A}^{N-1}&\boldsymbol{C}\boldsymbol{A}^{N-2}&\cdots&\boldsymbol{C}\boldsymbol{A}&\boldsymbol{C}\end{bmatrix},\boldsymbol{W}(k)=\begin{bmatrix}\boldsymbol{w}(k-N)\\ \boldsymbol{w}(k-N+1)\\ \vdots\\ \boldsymbol{w}(k-1)\end{bmatrix},$$

$$\boldsymbol{V}(k)=\begin{bmatrix}\boldsymbol{v}(k-N)\\ \boldsymbol{v}(k-N+1)\\ \vdots\\ \boldsymbol{v}(k)\end{bmatrix}$$

证明 证明该定理的关键在于寻求性能指标最小值 $J^*(k)$ 的上界与下界。

首先，考虑性能指标最小值 $J^*(k)$ 的上界问题。显然，根据 $\hat{\boldsymbol{x}}^*(k-N|k)$的最优性原理，可以得出

$$J^*(k)\leqslant\left\{\left\|\hat{\boldsymbol{x}}^*(k-N|k)-\overline{\boldsymbol{x}}(k-N)\right\|_{\boldsymbol{M}}^2+\sum_{i=k-N}^{k}\left\|\boldsymbol{y}(i)-\hat{\boldsymbol{y}}(i|k)\right\|_{\boldsymbol{R}}^2\right\}_{\hat{\boldsymbol{x}}^*(k-N|k)=\boldsymbol{x}(k-N)} \tag{2-12}$$

公式(2-12) 右侧的第二项可以简化为

$$\left\{\sum_{i=k-N}^{k}\left\|\boldsymbol{y}(i)-\hat{\boldsymbol{y}}(i|k)\right\|_{\boldsymbol{R}}^2\right\}_{\hat{\boldsymbol{x}}^*(k-N|k)=\boldsymbol{x}(k-N)}=$$

$$\left\|\widetilde{\boldsymbol{Y}}(k)-[\boldsymbol{F}_N\boldsymbol{x}(k-N)+\boldsymbol{G}_N\boldsymbol{U}(k)]\right\|_{\boldsymbol{S}(k)\boldsymbol{R}_N\boldsymbol{S}(k)}^2 \tag{2-13}$$

其中，$\widetilde{\boldsymbol{Y}}(k)=[\widetilde{\boldsymbol{y}}^{\mathrm{T}}(k-N),\cdots,\widetilde{\boldsymbol{y}}^{\mathrm{T}}(k)]^{\mathrm{T}}$ 以及 $\widetilde{\boldsymbol{Y}}(k)=\boldsymbol{F}_N\boldsymbol{x}(k-N)+\boldsymbol{G}_N\boldsymbol{U}(k)+\boldsymbol{H}_N W(k)+\boldsymbol{V}(k)$，则公式(2-13) 简化成

$$\left\{\sum_{i=k-N}^{k}\left\|\boldsymbol{y}(i)-\hat{\boldsymbol{y}}(i\mid k)\right\|_{\boldsymbol{R}}^{2}\right\}_{\hat{\boldsymbol{x}}^{*}(k-N\mid k)=\boldsymbol{x}(k-N)}=\left\|\boldsymbol{H}_{N}\boldsymbol{W}(k)+\boldsymbol{V}(k)\right\|_{\boldsymbol{S}(k)\boldsymbol{R}_{N}\boldsymbol{S}(k)}^{2} \tag{2-14}$$

因此，性能指标最小值 $J^{*}(k)$ 的一个上界为

$$J^{*}(k)\leqslant\left\|\boldsymbol{x}(k-N)-\overline{\boldsymbol{x}}(k-N)\right\|_{\boldsymbol{M}}^{2}+\left\|\boldsymbol{H}_{N}\boldsymbol{W}(k)+\boldsymbol{V}(k)\right\|_{\boldsymbol{S}(k)\boldsymbol{R}_{N}\boldsymbol{S}(k)}^{2} \tag{2-15}$$

其次，考虑性能指标最小值 $J^{*}(k)$ 的下界问题。注意到公式(2-4)右侧的第二项可以转化为如下一种形式：

$$\sum_{i=k-N}^{k}\left\|\boldsymbol{y}(i)-\hat{\boldsymbol{y}}(i\mid k)\right\|_{\boldsymbol{R}}^{2}=\left\|\widetilde{\boldsymbol{Y}}(k)-\left[\boldsymbol{F}_{N}\hat{\boldsymbol{x}}^{*}(k-N\mid k)+\boldsymbol{G}_{N}\boldsymbol{U}(k)\right]\right\|_{\boldsymbol{S}(k)\boldsymbol{R}_{N}\boldsymbol{S}(k)}^{2} \tag{2-16}$$

由于公式(2-16)满足如下形式：

$$\begin{aligned}&\left\|\boldsymbol{F}_{N}\boldsymbol{x}(k-N)-\boldsymbol{F}_{N}\hat{\boldsymbol{x}}^{*}(k-N\mid k)\right\|_{\boldsymbol{S}(k)\boldsymbol{R}_{N}\boldsymbol{S}(k)}^{2}\\&=\left\|\{\widetilde{\boldsymbol{Y}}(k)-\left[\boldsymbol{F}_{N}\hat{\boldsymbol{x}}^{*}(k-N\mid k)+\boldsymbol{G}_{N}\boldsymbol{U}(k)\right]\}-\right.\\&\left.\quad\{\widetilde{\boldsymbol{Y}}(k)-\left[\boldsymbol{F}_{N}\boldsymbol{x}(k-N)+\boldsymbol{G}_{N}\boldsymbol{U}(k)\right]\}\right\|_{\boldsymbol{S}(k)\boldsymbol{R}_{N}\boldsymbol{S}(k)}^{2}\end{aligned} \tag{2-17}$$

那么可以推得

$$\begin{aligned}&\left\|\boldsymbol{F}_{N}\boldsymbol{x}(k-N)-\boldsymbol{F}_{N}\hat{\boldsymbol{x}}^{*}(k-N\mid k)\right\|_{\boldsymbol{S}(k)\boldsymbol{R}_{N}\boldsymbol{S}(k)}^{2}\leqslant\\&2\left\|\widetilde{\boldsymbol{Y}}(k)-\left[\boldsymbol{F}_{N}\hat{\boldsymbol{x}}^{*}(k-N\mid k)+\boldsymbol{G}_{N}\boldsymbol{U}(k)\right]\right\|_{\boldsymbol{S}(k)\boldsymbol{R}_{N}\boldsymbol{S}(k)}^{2}+\\&2\left\|\widetilde{\boldsymbol{Y}}(k)-\left[\boldsymbol{F}_{N}\boldsymbol{x}(k-N)+\boldsymbol{G}_{N}\boldsymbol{U}(k)\right]\right\|_{\boldsymbol{S}(k)\boldsymbol{R}_{N}\boldsymbol{S}(k)}^{2}\end{aligned} \tag{2-18}$$

其中，公式(2-18)可以进一步转化为

$$\begin{aligned}&\left\|\widetilde{\boldsymbol{Y}}(k)-\left[\boldsymbol{F}_{N}\hat{\boldsymbol{x}}^{*}(k-N\mid k)+\boldsymbol{G}_{N}\boldsymbol{U}(k)\right]\right\|_{\boldsymbol{S}(k)\boldsymbol{R}_{N}\boldsymbol{S}(k)}^{2}\geqslant\\&0.5\left\|\boldsymbol{F}_{N}\boldsymbol{x}(k-N)-\boldsymbol{F}_{N}\hat{\boldsymbol{x}}^{*}(k-N\mid k)\right\|_{\boldsymbol{S}(k)\boldsymbol{R}_{N}\boldsymbol{S}(k)}^{2}-\\&\left\|\widetilde{\boldsymbol{Y}}(k)-\left[\boldsymbol{F}_{N}\boldsymbol{x}(k-N)+\boldsymbol{G}_{N}\boldsymbol{U}(k)\right]\right\|_{\boldsymbol{S}(k)\boldsymbol{R}_{N}\boldsymbol{S}(k)}^{2}\end{aligned} \tag{2-19}$$

综合公式(2-13)、公式(2-16)与公式(2-19)，可得

$$\sum_{i=k-N}^{k}\left\|\boldsymbol{y}(i)-\hat{\boldsymbol{y}}(i\mid k)\right\|_{R}^{2} \geqslant \frac{1}{2}\left\|\boldsymbol{F}_{N}\boldsymbol{x}(k-N)-\boldsymbol{F}_{N}\hat{\boldsymbol{x}}^{*}(k-N\mid k)\right\|_{\boldsymbol{S}(k)\boldsymbol{R}_{N}\boldsymbol{S}(k)}^{2}-\left\|\boldsymbol{H}_{N}\boldsymbol{W}(k)+\boldsymbol{V}(k)\right\|_{\boldsymbol{S}(k)\boldsymbol{R}_{N}\boldsymbol{S}(k)}^{2} \tag{2-20}$$

由于公式(2-4) 右侧的第一项可以转化为

$$\left\|\boldsymbol{x}(k-N)-\hat{\boldsymbol{x}}^{*}(k-N\mid k)\right\|_{\boldsymbol{M}}^{2}=\left\|[\boldsymbol{x}(k-N)-\overline{\boldsymbol{x}}(k-N)]+[\overline{\boldsymbol{x}}(k-N)-\hat{\boldsymbol{x}}^{*}(k-N\mid k)\right\|_{\boldsymbol{M}}^{2}\leqslant 2\|\boldsymbol{x}(k-N)-\overline{\boldsymbol{x}}(k-N)\|_{\boldsymbol{M}}^{2}+2\left\|\overline{\boldsymbol{x}}(k-N)-\hat{\boldsymbol{x}}^{*}(k-N\mid k)\right\|_{\boldsymbol{M}}^{2} \tag{2-21}$$

并进一步给出

$$\left\|\hat{\boldsymbol{x}}^{*}(k-N\mid k)-\overline{\boldsymbol{x}}(k-N)\right\|_{\boldsymbol{M}}^{2}\geqslant 0.5\left\|\boldsymbol{x}(k-N)-\hat{\boldsymbol{x}}^{*}(k-N\mid k)\right\|_{\boldsymbol{M}}^{2}-\|\boldsymbol{x}(k-N)-\overline{\boldsymbol{x}}(k-N)\|_{\boldsymbol{M}}^{2} \tag{2-22}$$

结合公式(2-8)、公式(2-20) 与公式(2-22)，整理可得

$$J^{*}(k)\geqslant 0.5\left\|\boldsymbol{e}(k-N)\right\|_{\boldsymbol{M}}^{2}-\left\|\boldsymbol{x}(k-N)-\overline{\boldsymbol{x}}(k-N)\right\|_{\boldsymbol{M}}^{2}+0.5\left\|\boldsymbol{F}_{N}\boldsymbol{e}(k-N)\right\|_{\boldsymbol{S}(k)\boldsymbol{R}_{N}\boldsymbol{S}(k)}^{2}-\left\|\boldsymbol{H}_{N}\boldsymbol{W}(k)+\boldsymbol{V}(k)\right\|_{\boldsymbol{S}(k)\boldsymbol{R}_{N}\boldsymbol{S}(k)}^{2} \tag{2-23}$$

最后，综合性能指标最小值 $J^{*}(k)$ 的上界与下界并给出估计误差范数意义下的期望特性。具体地说，联合公式(2-15) 与公式(2-23)，可得

$$\|\boldsymbol{e}(k-N)\|_{\boldsymbol{M}}^{2}+\left\|\boldsymbol{F}_{N}\boldsymbol{e}(k-N)\right\|_{\boldsymbol{S}(k)\boldsymbol{R}_{N}\boldsymbol{S}(k)}^{2}\leqslant 4\left\|\boldsymbol{x}(k-N)-\overline{\boldsymbol{x}}(k-N)\right\|_{\boldsymbol{M}}^{2}+4\left\|\boldsymbol{H}_{N}\boldsymbol{W}(k)+\boldsymbol{V}(k)\right\|_{\boldsymbol{S}(k)\boldsymbol{R}_{N}\boldsymbol{S}(k)}^{2} \tag{2-24}$$

考虑到公式(2-24) 右侧的第二项，则有

$$\left\|\boldsymbol{H}_{N}\boldsymbol{W}(k)+\boldsymbol{V}(k)\right\|_{\boldsymbol{S}(k)\boldsymbol{R}_{N}\boldsymbol{S}(k)}^{2}\leqslant\|\boldsymbol{R}_{N}\|(\|\boldsymbol{H}_{N}\|\|\boldsymbol{W}(k)\|+\|\boldsymbol{V}(k)\|)^{2}\leqslant r_{N}(\sqrt{N+1}\,\eta_{w}h_{N}+\sqrt{N}\,\eta_{v})^{2} \tag{2-25}$$

于是，公式(2-24) 可转化为如下形式：

$$\left\|\boldsymbol{e}(k-N)\right\|_{\boldsymbol{M}}^{2}+\left\|\boldsymbol{F}_{N}\boldsymbol{e}(k-N)\right\|_{\boldsymbol{S}(k)\boldsymbol{R}_{N}\boldsymbol{S}(k)}^{2}\leqslant 4\left\|\boldsymbol{x}(k-N)-\overline{\boldsymbol{x}}(k-N)\right\|_{\boldsymbol{M}}^{2}+4r_{N}(\sqrt{N+1}\,\eta_{w}h_{N}+\sqrt{N}\,\eta_{v})^{2} \tag{2-26}$$

对于公式(2-26) 右侧的第一项，可以得出：

$$\left\| \boldsymbol{x}(k-N)-\overline{\boldsymbol{x}}(k-N) \right\|_{\boldsymbol{M}}^{2}=\left\| \boldsymbol{A}\boldsymbol{e}(k-N-1)+\boldsymbol{w}(k-N-1) \right\|_{\boldsymbol{M}}^{2}$$
$$\leqslant 2\left\| \boldsymbol{A}\boldsymbol{e}(k-N-1) \right\|_{\boldsymbol{M}}^{2}+2\left\| \boldsymbol{w}(k-N-1) \right\|_{\boldsymbol{M}}^{2} \tag{2-27}$$

基于公式(2-26) 与公式(2-27)，整理可得

$$\left\| \boldsymbol{e}(k-N) \right\|_{\boldsymbol{M}}^{2}+\left\| \boldsymbol{F}_N\boldsymbol{e}(k-N) \right\|_{\boldsymbol{S}(k)\boldsymbol{R}_N\boldsymbol{S}(k)}^{2}\leqslant 8\left\| \boldsymbol{A}\boldsymbol{e}(k-N-1) \right\|_{\boldsymbol{M}}^{2}+$$
$$8\left\| \boldsymbol{w}(k-N-1) \right\|_{\boldsymbol{M}}^{2}+4r_N(\sqrt{N+1}\,\eta_w h_N+\sqrt{N}\,\eta_v)^2 \tag{2-28}$$

同时，公式(2-28) 等价于

$$\boldsymbol{e}^{\mathrm{T}}(k-N)[\boldsymbol{M}+\boldsymbol{F}_N^{\mathrm{T}}\boldsymbol{S}(k)\boldsymbol{R}_N\boldsymbol{S}(k)\boldsymbol{F}_N]\boldsymbol{e}(k-N)$$
$$\leqslant 8\boldsymbol{e}^{\mathrm{T}}(k-N-1)\boldsymbol{A}^{\mathrm{T}}\boldsymbol{M}\boldsymbol{A}\boldsymbol{e}(k-N-1)+8m\eta_w^2+4r_N(\sqrt{N+1}\,\eta_w h_N+\sqrt{N}\,\eta_v)^2 \tag{2-29}$$

由于公式(2-29) 含有随机变量 $\alpha(k)$，则对其两侧求期望，可得

$$E\{\boldsymbol{e}^{\mathrm{T}}(k-N)[\boldsymbol{M}+\boldsymbol{F}_N^{\mathrm{T}}\boldsymbol{S}(k)\boldsymbol{R}_N\boldsymbol{S}(k)\boldsymbol{F}_N]\boldsymbol{e}(k-N)\}$$
$$\leqslant E\{8\boldsymbol{e}^{\mathrm{T}}(k-N-1)\boldsymbol{A}^{\mathrm{T}}\boldsymbol{M}\boldsymbol{A}\boldsymbol{e}(k-N-1)+8m\eta_w^2+4r_N(\sqrt{N+1}\,\eta_w h_N+\sqrt{N}\,\eta_v)^2\} \tag{2-30}$$

进一步得出

$$E\{[\lambda_{\min}(\boldsymbol{M}+\boldsymbol{F}_N^{\mathrm{T}}\boldsymbol{S}(k)\boldsymbol{R}_N\boldsymbol{S}(k)\boldsymbol{F}_N)]\boldsymbol{e}^{\mathrm{T}}(k-N)\boldsymbol{e}(k-N)\}$$
$$\leqslant 8\lambda_{\max}(\boldsymbol{A}^{\mathrm{T}}\boldsymbol{M}\boldsymbol{A})E\{\|\boldsymbol{e}(k-N-1)\|^2\}+8m\eta_w^2+4r_N(\sqrt{N+1}\,\eta_w h_N+\sqrt{N}\,\eta_v)^2 \tag{2-31}$$

因为 $\lambda_{\min}(\boldsymbol{M}+\boldsymbol{F}_N^{\mathrm{T}}\boldsymbol{S}(k)\boldsymbol{R}_N\boldsymbol{S}(k)\boldsymbol{F}_N)$ 与估计误差 $\boldsymbol{e}(k-N)$ 相互独立，以及根据定理 2.1 所给出的参数定义，则有

$$f\cdot E\{\|\boldsymbol{e}(k-N)\|^2\}\leqslant 8\rho\cdot E\{\|\boldsymbol{e}(k-N-1)\|^2\}+8m\eta_w^2+$$
$$4r_N(\sqrt{N+1}\,\eta_w h_N+\sqrt{N}\,\eta_v)^2 \tag{2-32}$$

再者，由公式(2-26)，可得

$$E\{\|\boldsymbol{e}(0)\|^2\}\leqslant 4f^{-1}[md_0^2+r_N(\sqrt{N+1}\,\eta_w h_N+\sqrt{N}\,\eta_v)^2]=b_0 \tag{2-33}$$

根据上界函数 $\tilde{\boldsymbol{e}}(k-N)$ 的定义 (2-11)，则有

$$E\{\|\boldsymbol{e}(k-N)\|^2\}\leqslant\tilde{\boldsymbol{e}}(k-N),k=N,N+1,\cdots \tag{2-34}$$

最后，若不等式条件 (2-9) 成立，则很容易得到估计误差范数平方期望

的上界 $b/(1-a)$，因为 $\widetilde{e}(k)=a^k\widetilde{e}(0)+b\sum_{i=0}^{k-1}a^i$。这样，证明完毕。

由定理 2.1 可以看出：估计误差范数平方的期望特性是多个因素共同作用的结果，例如，系统的系数矩阵、惩罚权矩阵 $\boldsymbol{M}$ 和 $\boldsymbol{R}$、滚动时域 N 以及数据包的到达概率 γ。由于数据包到达概率 γ 的存在，需要调节权矩阵 $\boldsymbol{M}$ 和 $\boldsymbol{R}$ 以补偿丢包的影响，从而保证估计误差性能渐近收敛。这里考虑滚动时域 N 给定的情况，这样可以通过求解如下的线性矩阵不等式得到合适的惩罚权矩阵 $\boldsymbol{M}$ 和 $\boldsymbol{R}$，从而满足性能的要求。

$$\begin{cases} 0<\boldsymbol{M} \\ 0<\boldsymbol{R} \\ 0<f\boldsymbol{I}\leqslant\boldsymbol{M}+\gamma\boldsymbol{F}_N^{\mathrm{T}}\boldsymbol{R}_N\boldsymbol{F}_N \\ 0\leqslant\boldsymbol{A}^{\mathrm{T}}\boldsymbol{M}\boldsymbol{A}\leqslant\rho\boldsymbol{I} \\ 0\leqslant 8\rho<f \end{cases} \tag{2-35}$$

此外，值得注意的是，满足线性不等式(2-35) 的权矩阵 $\boldsymbol{M}$ 和 $\boldsymbol{R}$ 并不是唯一的，这里给出 $\boldsymbol{M}$ 和 $\boldsymbol{R}$ 的可行域。当然，为了使得估计性能的收敛极值 $b/(1-a)$ 最小，可以极小化使得条件 $a<1$ 成立的收敛常值 $b/(1-a)$，这样得到权矩阵 $\boldsymbol{M}$ 和 $\boldsymbol{R}$ 的优化解，而不是其可行域。收敛极值 $b/(1-a)$ 说明：定理 2.1 给出了估计误差欧氏范数平方期望的上确界函数，而非任意上界函数。这时，估计性能达到最好。

备注 2.5 数据包的到达状态 $\gamma(k)$ 是满足 Bernoulli 分布且均值为 γ 的随机变量，以致公式(2-10) 具有这样一个性质：如果不等式条件 (2-9) 成立，那么估计误差的范数平方 $\|\boldsymbol{e}(k-N)\|^2$ 在绝大多数时间内是有界的，即其在一个有界区域内；但是仍在极少数时间内，$\|\boldsymbol{e}(k-N)\|^2$ 要超出这个有界区域，因此这里仅要求估计误差范数平方的期望 $E\{\|\boldsymbol{e}(k-N)\|^2\}$属于一个有界区域，而非要求其真实值都在这个有界区域内。另一方面，不同于其它估计方法如 Kalman 滤波、H_∞ 滤波以及 H_2 滤波，MHE 方法不仅保证误差协方差矩阵期望的迹有界性，而且能够确保滚动窗口内估计误差和估计输出的一个二次型性能指标的最小化。尽管定理 2.1 是遵循文献［15］的研究思路，但是定理 2.1 不仅给出了一个更为具体的结论，并且将文献［15］的方法扩展到具有数据包丢失的网络化控制系统的状态估计问题。

备注 2.6 值得一提的是，定理 2.1 中的上界函数 $\{\widetilde{e}(k)\}$ 可以离线计算得到，以致获得估计性能的一个先验上界。对于滚动时域 N 的选取，可以这样简单地理解：N 的值越大，表示窗口内的数据量越多，用于估计器设计的信息量越大；但是，N 的值越大，由于估计模型 (2-5)

将导致更大的传播误差和更多的计算量，而且 N 的值越大并不意味着能够使得估计器的估计性能越好。本小节没有考虑滚动时域 N 对估计性能的影响，并预先给定一个滚动时域 N 的值。此外，由于数据包到达概率 γ 的存在，将使得满足不等式条件（2-9）的权矩阵 $\boldsymbol{M}$ 和 $\boldsymbol{R}$ 的可行域有所影响，即 γ 越大，其可行域越大；γ 越小，其可行域越小甚至于导致不等式(2-35) 没有可行解。

若不考虑系统噪声和测量噪声，即 $\eta_w=0$ 和 $\eta_v=0$，则根据定理 2.1，给出如下的一个推论：

推论 2.1 考虑上述系统（2-2）以及由公式(2-8) 所表示的估计误差，假定不存在系统噪声和测量噪声，即 $\eta_w=0$ 和 $\eta_v=0$，如果代价函数（2-4）中的惩罚权矩阵 $\boldsymbol{M}$ 和 $\boldsymbol{R}$ 使得不等式(2-36) 成立：

$$a=8f^{-1}\rho<1 \tag{2-36}$$

那么估计误差欧氏范数平方期望的极限 $\lim\limits_{k\to\infty}E\{\|\boldsymbol{e}(k-N)\|^2\}=0$，其中

$$E\{\|\boldsymbol{e}(k-N)\|^2\}\leqslant a^{k-N}b_0, k=N,N+1,\cdots \tag{2-37}$$

由推论 2.1 可以看出：如果被控对象模型（2-1）不存在噪声，则所得到的最优估计器可以看作一个指数观测器，并且条件（2-36）成立时估计误差范数平方的期望指数收敛于 0。

2.2.4 数值仿真

本小节给出一个数值仿真例子，以验证所提估计方法的有效性。考虑文献［16］中的一个离散线性系统，其状态空间模型可描述成如下形式：

$$\boldsymbol{x}(k+1)=\begin{bmatrix}0 & -2\\1 & -1\end{bmatrix}\boldsymbol{x}(k)+\begin{bmatrix}2\\1\end{bmatrix}\boldsymbol{u}(k)+\begin{bmatrix}2\\1\end{bmatrix}\boldsymbol{w}(k), \boldsymbol{y}(k)=\begin{bmatrix}1 & 0\\0 & 1\end{bmatrix}\boldsymbol{x}(k)+\boldsymbol{v}(k)$$

其中，状态约束条件为 $-5\leqslant \boldsymbol{C}\hat{\boldsymbol{x}}(i|k)\leqslant 5$。

为了便于仿真结果的比较，则考虑如下的性能指标——均方根误差（RMSE）：

$$\mathrm{RMSE}(k)=\sqrt{\frac{1}{N+1}\sum_{i=k-N}^{k}\|\boldsymbol{x}(i)-\hat{\boldsymbol{x}}(i|k)\|^2}$$

同时，给定系统的初始状态 $\boldsymbol{x}(0)=[-5\quad 2]^{\mathrm{T}}$，初始预估状态 $\bar{\boldsymbol{x}}(0)=[-5\quad 3]^{\mathrm{T}}$ 以及滚动时域 $N=4$。根据定理 2.1，当数据包到达概率为 $\gamma=0.8$ 时，通过求解线性矩阵不等式(2-35) 得出满足条件（2-9）的 $\boldsymbol{R}=10\boldsymbol{I}_2$、$\boldsymbol{M}=0.15\boldsymbol{I}_2$、$f=90.4844$、$\rho=0.7854$ 以及 $a=0.0694<1$ 和 $b=0.2483$。假定系统噪声和测量噪声均是在［-0.05，0.05］之间变化且

满足均匀分布过程的随机信源。为了仿真需要，基于文献［16］，通过求解一个标准的 LQ 控制问题，得到了一个最优的 LQ 控制律，即$\boldsymbol{K}=[0.1204\quad -0.9808]$。其中具体的求解过程可以参考文献［16］。

如图 2-3 与图 2-4 所示，尽管数据包到达概率是固定不变的，即每一采样时刻数据包到达概率相同，但是在整个仿真时间段内，每次实验成功到达的数据包序列有所不同，以致依靠每次实验数据求解得到的状态估计结果都略有不同。不过，所幸不同实验得到的估计结果均能够很好地表征实际的状态值。因此，图 2-5～图 2-10 所给出的仿真结果都是在平均意义下的结果。与文献［17］中的滚动时域方法相比，其相应的比较结果显示在图 2-5～图 2-8 中。其中，由图 2-5 和图 2-6 可知，本章节所提出的估计方法要明显优于 Rao 等人提出的估计方法[17]，并且所求出的状态估计值更逼近实际状态值。

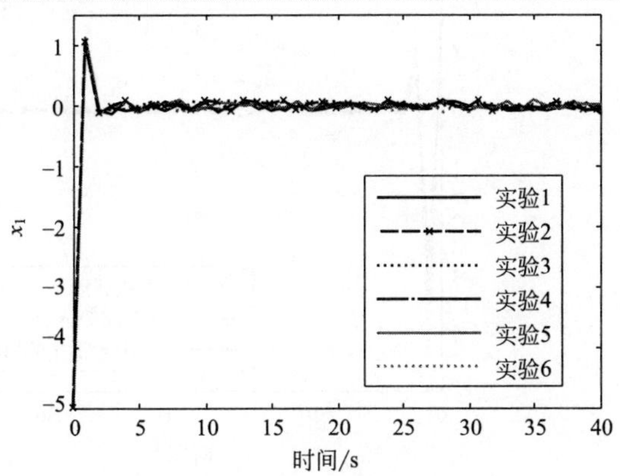

图 2-3　多次实验的状态估计 x_1

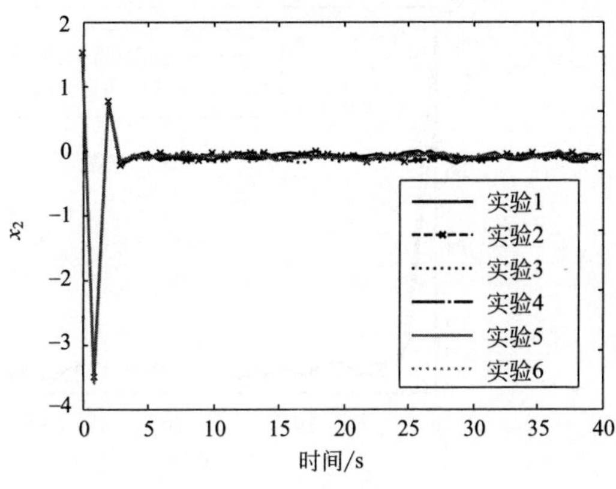

图 2-4　多次实验的状态估计 x_2

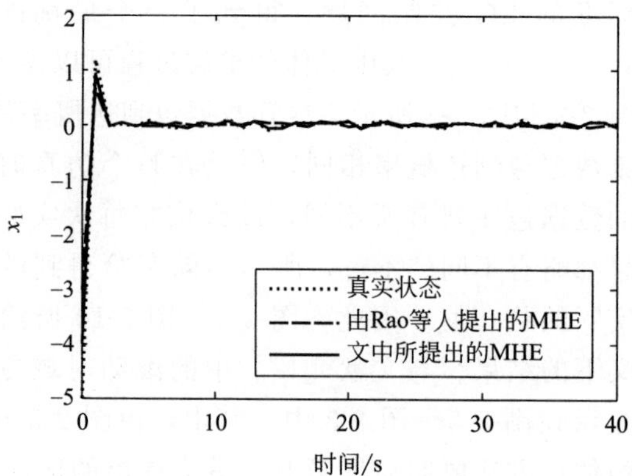

图 2-5 数据包到达概率为 0.8 的状态估计 x_1

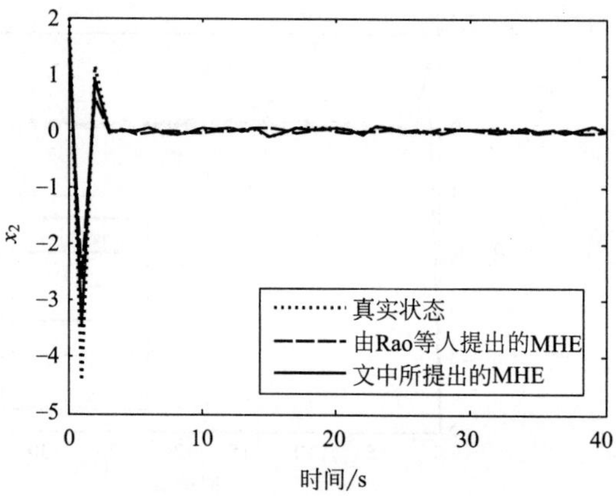

图 2-6 数据包到达概率为 0.8 的状态估计 x_2

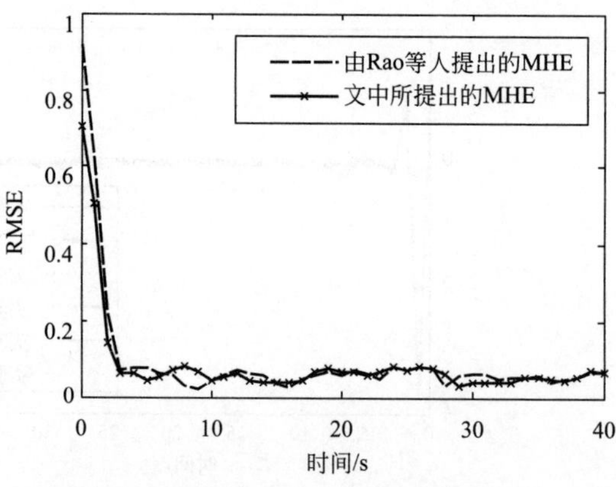

图 2-7 两种估计方法的均方根误差比较

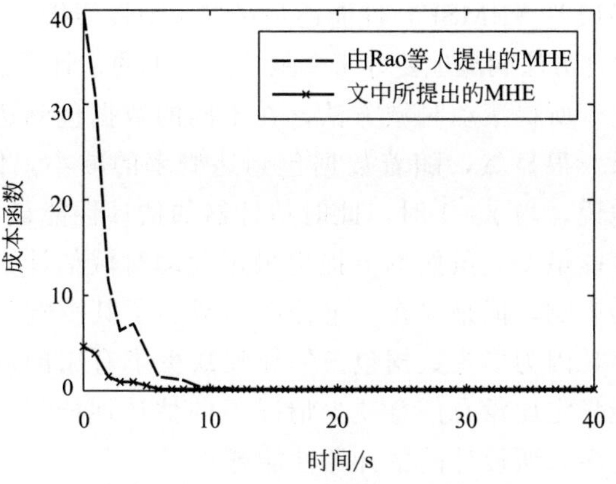

图 2-8 二次型性能指标比较

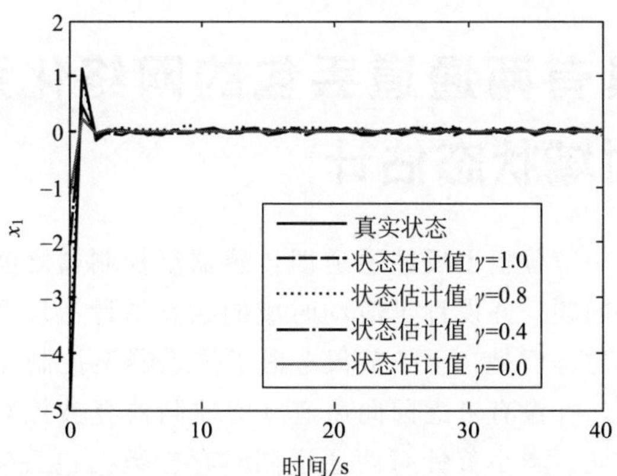

图 2-9 不同数据包到达概率的状态估计 x_1

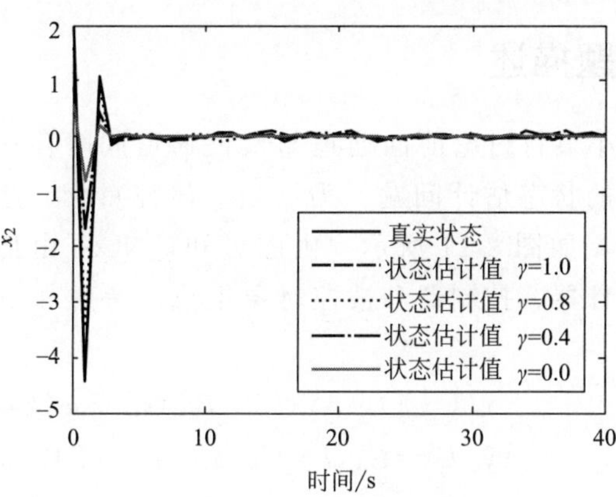

图 2-10 不同数据包到达概率的状态估计 x_2

其次，由图 2-7 与图 2-8 所示的性能指标，可以进一步看出：无论在均方根误差（RMSE）性能还是在二次型性能指标，由本节所提出的滚动时域估计方法明显地要好于文献［17］中的估计方法。图 2-9 和图 2-10 给出了基于所提滚动时域方法，在不同的数据包到达概率情况下的状态估计结果。很显然，随着数据包到达概率的减小，估计性能明显地变差。具体地说，当 $\gamma=1$ 时，此时估计器的估计性能最好，而当 $\gamma=0$ 时，其估计性能最差。虽然本节提出采用滚动时域估计方法克服数据包丢失而带来的影响，但是仅在一定程度上减弱了其影响，并不能完全消除其不确定性，因为毕竟数据包丢失导致缺少了有用的数据信息，从而使得估计性能肯定比没有信息缺少情况下的估计性能要差。简言之，有用信息丢得越多，所设计的估计器性能越差。

2.3 具有两通道丢包的网络化系统的滚动时域状态估计

上一节分析了反馈通道即传感器至控制器之间存在数据包丢失的状态估计问题，并设计了滚动时域的状态估计器以及给出了其估计性能的收敛条件。但是，上一节仅考虑了传感器至控制器之间存在数据包丢失的情况，并没有考虑前向通道（即控制器至被控对象之间）的数据包丢失。因此，本小节针对两通道同时存在数据包丢失的情况，深入研究网络化控制系统的状态估计问题。

2.3.1 问题描述

本小节将讨论前向通道与反馈通道同时存在数据包丢失的远程被控对象的状态估计问题。为了这一研究目标，建立一个典型网络化控制系统，如图 2-11 所示。由图可知，NCSs 由传感器、不可靠共享网络、估计器、控制器和被控对象组成。考虑如下离散时间线性时不变系统：

$$
\begin{aligned}
&\boldsymbol{x}(k+1)=\boldsymbol{A}\boldsymbol{x}(k)+\boldsymbol{B}\tilde{\boldsymbol{u}}(k)+\boldsymbol{w}(k)\\
&\tilde{\boldsymbol{y}}(k)=\boldsymbol{C}\boldsymbol{x}(k)+\boldsymbol{v}(k),\boldsymbol{w}(k)\in\boldsymbol{W},\boldsymbol{v}(k)\in\boldsymbol{V}
\end{aligned}
\tag{2-38}
$$

其中，$\boldsymbol{x}(k)\in\boldsymbol{R}^n$、$\tilde{\boldsymbol{u}}(k)\in\boldsymbol{R}^m$ 和 $\tilde{\boldsymbol{y}}(k)\in\boldsymbol{R}^p$ 分别为系统状态、控制输入和系统输出；$\boldsymbol{A}$、$\boldsymbol{B}$ 和 $\boldsymbol{C}$ 为系统的系数矩阵。$\boldsymbol{w}(k)\in\boldsymbol{W}\subset\boldsymbol{R}^n$ 和

$\boldsymbol{v}(k)\in\boldsymbol{V}\subset\boldsymbol{R}^{p}$ 分别是系统噪声和测量噪声，以及集合 $\boldsymbol{W}$ 和集合 $\boldsymbol{V}$ 都是包含原点在内的凸多面体集。同时，假定系统噪声和测量噪声是未知的确定性变量，以及假设$(\boldsymbol{A},\boldsymbol{B})$是可控的和$(\boldsymbol{A},\boldsymbol{C})$是可测的。

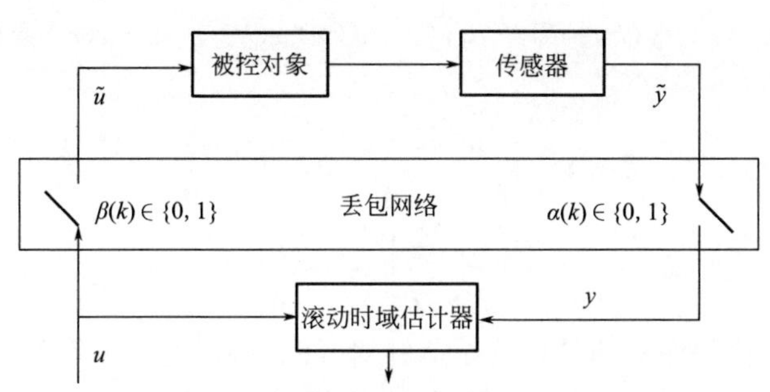

图 2-11　具有多丢包的网络化控制系统

如图 2-11 所示，传感器在每一采样时刻测量系统输出并经由不可靠共享网络将其传送至数据处理中心（即远程估计器）；与此同时，控制器也经由不可靠共享网络将控制信号传送至被控对象。在数据包传输过程中，不可避免地要发生数据包的丢失、时滞、量化等现象，这里仅考虑数据包丢失问题。不失一般性，不可靠共享网络可以看作一个在随机模式下闭合和断开的开关[7]，其中开关闭合表示通道没有丢包，开关断开表示通道存在丢包。这样，在任意 k 时刻，估计器或者成功接收到当前 k 时刻的系统输出，即 $\boldsymbol{y}(k)=\widetilde{\boldsymbol{y}}(k)$，或者当丢包时估计器采用零阶保持器（Zero Order Holder，ZOH），保持前一时刻的数据，即 $\boldsymbol{y}(k)=\boldsymbol{y}(k-1)$。同理，前向通道的丢包情况可作类似分析，当反馈通道没有数据包丢失时，则有 $\widetilde{\boldsymbol{u}}(k)=\boldsymbol{u}(k)$；当反馈通道存在数据包丢失时，则有 $\widetilde{\boldsymbol{u}}(k)=\widetilde{\boldsymbol{u}}(k-1)$。基于上述分析，可以得到如下关系式：

$$
\begin{aligned}
\boldsymbol{y}(k)&=\alpha(k)\widetilde{\boldsymbol{y}}(k)+[1-\alpha(k)]\boldsymbol{y}(k-1)\\
\widetilde{\boldsymbol{u}}(k)&=\beta(k)\boldsymbol{u}(k)+[1-\beta(k)]\widetilde{\boldsymbol{u}}(k-1)
\end{aligned}
\tag{2-39}
$$

其中，随机变量 $\alpha(k)$ 和 $\beta(k)$ 分别表征经由不可靠共享网络传输时数据包的到达状态，并且满足在 0 与 1 间取值的 Bernoulli 分布序列，进而有

$$
\begin{aligned}
&P[\alpha(k)=1]=\bar{\alpha},P[\alpha(k)=0]=1-\bar{\alpha}\\
&P[\beta(k)=1]=\bar{\beta},P[\beta(k)=0]=1-\bar{\beta}
\end{aligned}
\tag{2-40}
$$

其中，$\bar{\alpha}$ 和 $\bar{\beta}$ 分别表示数据包的到达概率；$\alpha(k)=1$[或 $\beta(k)=1$]表示 k 时刻无丢包，而 $\alpha(k)=0$ [或 $\beta(k)=0$] 表示 k 时刻有丢包。另外，

值得注意的是，随机变量 $\alpha(k)$ 和 $\beta(k)$ 相互独立，而且与噪声、系统状态和控制量之间也相互独立。最后，综合公式(2-38) 和公式(2-39)，则具有多数据包丢失的网络化控制系统模型可由如下描述：

$$
\begin{aligned}
\boldsymbol{\xi}(k+1) &= \boldsymbol{\Phi}(k)\boldsymbol{\xi}(k)+\boldsymbol{\Gamma}(k)\boldsymbol{u}(k)+\boldsymbol{\gamma}\boldsymbol{w}(k) \\
\boldsymbol{y}(k) &= \boldsymbol{T}(k)\boldsymbol{\xi}(k)+\alpha(k)\boldsymbol{v}(k)+[1-\alpha(k)]\boldsymbol{y}(k-1)
\end{aligned} \tag{2-41}
$$

其中

$$
\boldsymbol{\xi}(k)=\begin{bmatrix}\boldsymbol{x}(k)\\ \tilde{\boldsymbol{u}}(k-1)\end{bmatrix},\boldsymbol{\Phi}(k)=\begin{bmatrix}\boldsymbol{A} & [1-\beta(k)]\boldsymbol{B}\\ \boldsymbol{0} & [1-\beta(k)]\boldsymbol{I}\end{bmatrix},
$$

$$
\boldsymbol{\Gamma}(k)=\begin{bmatrix}\beta(k)\boldsymbol{B}\\ \beta(k)\boldsymbol{I}\end{bmatrix},\boldsymbol{\gamma}=\begin{bmatrix}\boldsymbol{I}\\ \boldsymbol{0}\end{bmatrix},\boldsymbol{T}(k)=\begin{bmatrix}\alpha(k)\boldsymbol{C} & \boldsymbol{0}\end{bmatrix}
$$

值得注意的是，本小节针对 TCP 协议的不可靠共享网[2]，即发送节点成功收到接收节点回复的确认数据包，研究具有多数据包丢失的网络化控制系统的状态估计问题。在公式(2-41) 所述的 NCSs 模型中，被控对象的控制输入 $\tilde{\boldsymbol{u}}(k)$ 可看作一个新的状态量。一方面，在 k 时刻，通过比较 $\boldsymbol{y}(k)$ 与 $\boldsymbol{y}(k-1)$ 的值，估计器能够确定来自传感器的数据包到达状态 $\alpha(k)$，即 $\alpha(k)=0$ 还是 $\alpha(k)=1$。另一方面，在 $k+1$ 时刻，通过一种高优先级传输数据的策略，估计器能够已知经由不可靠共享网络从控制器传输到被控对象的 k 时刻数据信息，也就是估计器已知控制数据包的到达状态 $\beta(k)$，即 $\beta(k)=0$ 还是 $\beta(k)=1$。

2.3.2 网络化滚动时域状态估计器设计

综上所述，当网络化控制系统的状态无法测得时，从系统设计的需求出发，要求对其状态进行估计。考虑到多数据包丢失对估计性能的影响，本小节介绍一种网络化滚动时域状态估计方法[13]。由图 2-2 可知，该方法是利用一个滚动窗口内的一段最新输入输出数据用于估计器的设计而非仅当前时刻的数据，以补偿数据包丢失产生的影响，从而提高估计的准确性和鲁棒性。具体来说，由于多数据包丢失，估计器实际可利用的窗口数据为 $\boldsymbol{I}_k^N \triangleq \{\boldsymbol{y}(k),\cdots,\boldsymbol{y}(k-N-1),\boldsymbol{u}(k-1),\cdots,\boldsymbol{u}(k-N)\},k=N,N+1,\cdots$ 其中 $N+1$ 表示窗口内从 $k-N$ 时刻到 k 时刻的数据长度，即表示所用输入输出数据的数目。此外，滚动时域 N 的选取需要在估计精度与计算量之间权衡。总之，MHE 优化问题是基于滚动窗口内最新数据 $\boldsymbol{I}_k^N$ 和状态 $\boldsymbol{\xi}(k-N)$ 的预估值 $\bar{\boldsymbol{\xi}}(k-N)$，估计滚动窗口内的状态序列 $\boldsymbol{\xi}(k-N),\boldsymbol{\xi}(k-N+1),\cdots,\boldsymbol{\xi}(k)$。其中，$\hat{\boldsymbol{\xi}}(k-N|k),\hat{\boldsymbol{\xi}}(k-N+1|k),\cdots,\hat{\boldsymbol{\xi}}(k|k)$ 分别表示在 k 时刻对状态 $\boldsymbol{\xi}(k-N),\boldsymbol{\xi}(k-N+1),\cdots,\boldsymbol{\xi}(k)$ 的估计；预估状态 $\bar{\boldsymbol{\xi}}(k-N)$

[即$\hat{\boldsymbol{\xi}}(k-N|k-1)$]可由网络化控制系统模型的状态方程$\bar{\boldsymbol{\xi}}(k-N)=\boldsymbol{\Phi}(k-N-1)\hat{\boldsymbol{\xi}}(k-N-1|k-1)+\boldsymbol{\Gamma}(k-N-1)\boldsymbol{u}(k-N-1),k=N+1,N+2,\cdots$求出。由于$\hat{\boldsymbol{\xi}}(k-N-1|k-1)$是在$k-1$时刻求解MHE优化问题得到，所以在$k$时刻其是已知量。基于上述分析，则具有多数据包丢失的网络化控制系统的滚动时域估计问题，可描述为如下的优化问题。

问题 2.2 在k时刻，根据已知信息[$\boldsymbol{I}_k^N,\bar{\boldsymbol{\xi}}(k-N)$]，最小化代价函数

$$J(k)=\mu\|\hat{\boldsymbol{\xi}}(k-N|k)-\bar{\boldsymbol{\xi}}(k-N)\|^2+\sum_{i=k-N}^{k}\eta\|\boldsymbol{y}(i)-\hat{\boldsymbol{y}}(i|k)\|^2 \tag{2-42}$$

以及满足如下约束条件：

$$\begin{aligned}&\hat{\boldsymbol{\xi}}(i+1|k)=\boldsymbol{\Phi}(i)\hat{\boldsymbol{\xi}}(i|k)+\boldsymbol{\Gamma}(i)u(i)\\&\hat{\boldsymbol{y}}(i|k)=\boldsymbol{T}(i)\hat{\boldsymbol{\xi}}(i|k)+[1-\alpha(i)]\boldsymbol{y}(i-1),i=k-N,\cdots,k\end{aligned} \tag{2-43}$$

的情况下，得到最优状态估计值$\hat{\boldsymbol{\xi}}(k-N|k)$，…，$\hat{\boldsymbol{\xi}}(k|k)$。其中，$\|\cdot\|$表示欧氏范数，正数$\mu$和$\eta$表示所需设计的权参数。此外，代价函数（2-42）中的第一项概述了$k-N$时刻以前的输入输出信息对代价函数的影响，而参数μ的选取反映了对滚动窗口内初始状态估计的置信程度。代价函数的第二项表征了窗口内测量输出与估计测量输出之间的偏差累积量，而参数η用于惩罚真实测量输出与估计测量输出之间的偏差。文献［14］较为详细地论述了参数μ和η的选取问题。

在最小化代价函数求解优化问题2.2时，首先需要定义如下矩阵：

$$\boldsymbol{Y}(k)=\begin{bmatrix}\boldsymbol{y}(k-N)\\\boldsymbol{y}(k-N+1)\\\vdots\\\boldsymbol{y}(k)\end{bmatrix},\boldsymbol{Y}(k-1)=\begin{bmatrix}\boldsymbol{y}(k-N-1)\\\boldsymbol{y}(k-N)\\\vdots\\\boldsymbol{y}(k-1)\end{bmatrix},$$

$$\boldsymbol{U}(k)=\begin{bmatrix}\boldsymbol{u}(k-N)\\\boldsymbol{u}(k-N+1)\\\vdots\\\boldsymbol{u}(k-1)\end{bmatrix},W(k)=\begin{bmatrix}\boldsymbol{w}(k-N)\\\boldsymbol{w}(k-N+1)\\\vdots\\\boldsymbol{w}(k-1)\end{bmatrix}$$

$$\boldsymbol{F}(k)=\begin{bmatrix}\boldsymbol{T}(k-N)\\\boldsymbol{T}(k-N+1)\boldsymbol{\Phi}(k-N)\\\vdots\\\boldsymbol{T}(k)\boldsymbol{\Phi}(k-1)\cdots\boldsymbol{\Phi}(k-N)\end{bmatrix},\boldsymbol{V}(k)=\begin{bmatrix}\boldsymbol{v}(k-N)\\\boldsymbol{v}(k-N+1)\\\vdots\\\boldsymbol{v}(k)\end{bmatrix},$$

$$\boldsymbol{L}(k)=\begin{bmatrix}\alpha(k-N)\boldsymbol{I} & \boldsymbol{0} & \boldsymbol{0}\\ \boldsymbol{0} & \ddots & \boldsymbol{0}\\ \boldsymbol{0} & \boldsymbol{0} & \alpha(k)\boldsymbol{I}\end{bmatrix}$$

$$H(k)=\begin{bmatrix}\boldsymbol{0} & \boldsymbol{0} & \cdots & \boldsymbol{0} & \boldsymbol{0}\\ \boldsymbol{T}(k-N+1)\gamma & \boldsymbol{0} & \cdots & \boldsymbol{0} & \boldsymbol{0}\\ T(k-N+2)\boldsymbol{\Phi}(k-N+1)\boldsymbol{\gamma} & \boldsymbol{T}(k-N+2)\boldsymbol{\gamma} & \cdots & \boldsymbol{0} & \boldsymbol{0}\\ \vdots & \vdots & \cdots & \vdots & \vdots\\ \boldsymbol{T}(k)\boldsymbol{\Phi}(k-1)\cdots\boldsymbol{\Phi}(k-N+1)\boldsymbol{\gamma} & \boldsymbol{P}_1 & \cdots & \boldsymbol{T}(k)\boldsymbol{\Phi}(k-1)\boldsymbol{\gamma} & \boldsymbol{T}(k)\boldsymbol{\gamma}\end{bmatrix}$$

$$\boldsymbol{G}(k)=\begin{bmatrix}\boldsymbol{0} & \boldsymbol{0} & \cdots & \boldsymbol{0} & \boldsymbol{0}\\ \boldsymbol{T}(k-N+1)\boldsymbol{\Gamma}(k-N) & \boldsymbol{0} & \cdots & \boldsymbol{0} & \boldsymbol{0}\\ \boldsymbol{T}(k-N+2)\boldsymbol{\Phi}(k-N+1)\boldsymbol{\Gamma}(k-N) & \boldsymbol{P}_2 & \cdots & \boldsymbol{0} & \boldsymbol{0}\\ \vdots & \vdots & \cdots & \vdots & \vdots\\ \boldsymbol{T}(k)\boldsymbol{\Phi}(k-1)\cdots\boldsymbol{\Phi}(k-N+1)\boldsymbol{\Gamma}(k-N) & \boldsymbol{P}_3 & \cdots & \boldsymbol{P}_4 & \boldsymbol{T}(k)\boldsymbol{\Gamma}(k-1)\end{bmatrix}$$

$\boldsymbol{P}_1=\boldsymbol{T}(k)\boldsymbol{\Phi}(k-1)\cdots\boldsymbol{\Phi}(k-N+2)\boldsymbol{\gamma}$, $\boldsymbol{P}_2=\boldsymbol{T}(k-N+2)\boldsymbol{\Gamma}(k-N+1)$,
$\boldsymbol{P}_3=\boldsymbol{T}(k)\boldsymbol{\Phi}(k-1)\cdots\boldsymbol{\Phi}(k-N+2)\boldsymbol{\Gamma}(k-N+1)$, $\boldsymbol{P}_4=\boldsymbol{T}(k)\boldsymbol{\Phi}(k-1)\boldsymbol{\Gamma}(k-2)$
基于这些矩阵，可以得到如下的结论。

命题 2.1 如果权参数 μ 和 η 预先给定，并且不考虑系统（2-38）的约束时，则由公式(2-42）所描述的优化问题 2.2 存在唯一的最优解析解，即

$$\hat{\boldsymbol{\xi}}^*(k-N\mid k)=[\mu\boldsymbol{I}+\eta\boldsymbol{F}^{\mathrm{T}}(k)\boldsymbol{F}(k)]^{-1}\{\mu\overline{\boldsymbol{\xi}}(k-N)+\eta\boldsymbol{F}^{\mathrm{T}}(k)[\boldsymbol{Y}(k)-(\boldsymbol{I}-\boldsymbol{L}(k))\boldsymbol{Y}(k-1)]-\eta\boldsymbol{F}^{\mathrm{T}}(k)\boldsymbol{G}(k)\boldsymbol{U}(k)\}\tag{2-44}$$

此外，通过定义 $k-N$ 时刻的估计误差 $\boldsymbol{e}(k-N)\triangleq\boldsymbol{\xi}(k-N)-\hat{\boldsymbol{\xi}}^*(k-N\mid k)$，则有

$$\boldsymbol{e}(k-N)=[\mu\boldsymbol{I}+\eta\boldsymbol{F}^{\mathrm{T}}(k)\boldsymbol{F}(k)]^{-1}[\mu\boldsymbol{\Phi}(k-N-1)\boldsymbol{e}(k-N-1)+\mu\boldsymbol{w}(k-N-1)-\eta\boldsymbol{F}^{\mathrm{T}}(k)\boldsymbol{H}(k)\boldsymbol{W}(k)-\eta\boldsymbol{F}^{\mathrm{T}}(k)\boldsymbol{L}(k)\boldsymbol{V}(k)]\tag{2-45}$$

证明 代价函数（2-42）存在最小值的必要条件是

$$\nabla_{\hat{\boldsymbol{\xi}}^*(k-N\mid k)}J(k)=2\mu[\hat{\boldsymbol{\xi}}^*(k-N\mid k)-\overline{\boldsymbol{\xi}}(k-N)]-2\eta\boldsymbol{F}^{\mathrm{T}}(k)\{\boldsymbol{Y}(k)-[\boldsymbol{I}-\boldsymbol{L}(k)]\boldsymbol{Y}(k-1)-\boldsymbol{F}(k)\hat{\boldsymbol{\xi}}^*(k-N\mid k)-\boldsymbol{G}(k)\boldsymbol{U}(k)\}=0\tag{2-46}$$

由公式(2-46)，可得

$$[\mu\boldsymbol{I}+\eta\boldsymbol{F}^{\mathrm{T}}(k)\boldsymbol{F}(k)]\hat{\boldsymbol{\xi}}^{*}(k-N|k)$$
$$=\mu\bar{\boldsymbol{\xi}}(k-N)+\eta\boldsymbol{F}^{\mathrm{T}}(k)\{\boldsymbol{Y}(k)-[\boldsymbol{I}-\boldsymbol{L}(k)]\boldsymbol{Y}(k-1)-\boldsymbol{G}(k)\boldsymbol{U}(k)\} \tag{2-47}$$

由于参数 μ、η 是正数且 $\boldsymbol{F}^{\mathrm{T}}(k)\boldsymbol{F}(k)$ 是半正定矩阵，这就充分确保了正定矩阵 $\mu\boldsymbol{I}+\eta\boldsymbol{F}^{\mathrm{T}}(k)\boldsymbol{F}(k)$ 的逆矩阵的存在性，从而得到唯一最优解 $\hat{\boldsymbol{\xi}}^{*}(k-N|k)$。根据公式(2-41)，很容易地得到

$$\boldsymbol{Y}(k)-[\boldsymbol{I}-\boldsymbol{L}(k)]\boldsymbol{Y}(k-1)$$
$$=\boldsymbol{F}(k)\boldsymbol{\xi}(k-N)+\boldsymbol{G}(k)\boldsymbol{U}(k)+\boldsymbol{H}(k)\boldsymbol{W}(k)+\boldsymbol{L}(k)\boldsymbol{V}(k) \tag{2-48}$$

此外，基于公式(2-47) 与公式(2-48)，有

$$[\mu\boldsymbol{I}+\eta\boldsymbol{F}^{\mathrm{T}}(k)\boldsymbol{F}(k)][\boldsymbol{\xi}(k-N)-\hat{\boldsymbol{\xi}}^{*}(k-N|k)]$$
$$=\mu[\boldsymbol{\xi}(k-N)-\bar{\boldsymbol{\xi}}(k-N)]-\eta\boldsymbol{F}^{\mathrm{T}}(k)[\boldsymbol{H}(k)\boldsymbol{W}(k)+\boldsymbol{L}(k)\boldsymbol{V}(k)] \tag{2-49}$$

将系统状态估计公式 $\bar{\boldsymbol{\xi}}(k-N)=\boldsymbol{\Phi}(k-N-1)\hat{\boldsymbol{\xi}}(k-N-1|k-1)+\boldsymbol{\Gamma}(k-N-1)\boldsymbol{u}(k-N-1)$ 与状态等式 $\boldsymbol{\xi}(k-N)=\boldsymbol{\Phi}(k-N-1)\boldsymbol{\xi}(k-N-1)+\boldsymbol{\Gamma}(k-N-1)\boldsymbol{u}(k-N-1)+\boldsymbol{\gamma}\boldsymbol{w}(k-N-1)$ 代入公式(2-49)，则可以推出公式(2-45) 成立。这样，证明完毕。

在 k 时刻，通过求解优化问题 2.2，可以得到最优状态估计值 $\hat{\boldsymbol{\xi}}^{*}(k-N|k)$，而窗口内的其它状态估计量 $\hat{\boldsymbol{\xi}}^{*}(k-N+j|k)$ 可由如下公式(2-50) 推得：

$$\hat{\boldsymbol{\xi}}^{*}(k-N+j|k)=\prod_{l=0}^{j-1}\boldsymbol{\Phi}(k-N+l)\hat{\boldsymbol{\xi}}^{*}(k-N|k)+$$
$$\sum_{i=0}^{j-1}\prod_{l=0}^{j-i-1}\boldsymbol{\Phi}(k-N+l)\boldsymbol{\Gamma}(k-N+i)\boldsymbol{u}(k-N+i),j=1,2,\cdots,N \tag{2-50}$$

明显地，当 $k+1$ 时刻的系统输出经由不可靠网络传输时，已知信息从基于 k 时刻所对应的窗口滚动到基于 $k+1$ 时刻所对应的窗口，即由$[\boldsymbol{I}_{k}^{N},\bar{\boldsymbol{\xi}}(k-N)]$过渡到$[\boldsymbol{I}_{k+1}^{N},\bar{\boldsymbol{\xi}}(k-N+1)]$，其中 $k+1$ 时刻的预估状态 $\bar{\boldsymbol{\xi}}(k-N+1)$可由 k 时刻所得的状态估计值$\hat{\boldsymbol{\xi}}^{*}(k-N|k)$与预估公式 $\bar{\boldsymbol{\xi}}(k-N+1)=\boldsymbol{\Phi}(k-N)\hat{\boldsymbol{\xi}}^{*}(k-N|k)+\boldsymbol{\Gamma}(k-N)\boldsymbol{u}(k-N)$求出，那么重新求解优化问题 2.2 可以得到 $k+1$ 时刻的最优状态估计值$\hat{\boldsymbol{\xi}}^{*}(k-N+$

$1|k+1)$。

为了便于分析，本小节仅考虑数据包的到达概率 $\bar{\alpha}$、$\bar{\beta}$ 是常数，即不随时间的变化而改变。由公式(2-44) 可以看出：多数据包丢失影响了最优状态估计值，并使得估计性能变差；通过合理调节权参数 μ、η，滚动时域估计方法能够在一定程度上克服系统噪声和测量噪声以及补偿多数据包丢失带来的不确定性。

不过，由于参数 $\alpha(k)$ 和 $\beta(k)$ 的随机性，使得公式(2-45) 所描述的估计误差的动态在事实上是一个存在随机参数的动态过程，因此有必要分析估计误差期望的特性。

2.3.3 估计器的性能分析

为了便于分析估计器的收敛性，首先需要定义 $k-N$（其中，$N=1$）时刻包含随机变量 $\alpha(i)$ 与 $\beta(j)$ 在内的估计误差的期望 $E\{\boldsymbol{e}(k-N)\}$，并定义相关矩阵 $\boldsymbol{\Phi}(k)\triangleq\boldsymbol{\Phi}_1-\beta(k)\boldsymbol{\Phi}_2$, $\tilde{\boldsymbol{\Phi}}=\boldsymbol{\Phi}_1-\boldsymbol{\Phi}_2$, $\boldsymbol{\Gamma}(k)\triangleq\beta(k)\tilde{\boldsymbol{\Gamma}}$, $\boldsymbol{T}(k)\triangleq\alpha(k)\tilde{\boldsymbol{T}}$，以及 $\boldsymbol{\Phi}_1=\begin{bmatrix}\boldsymbol{A} & \boldsymbol{B}\\ \boldsymbol{0} & \boldsymbol{I}\end{bmatrix}$, $\boldsymbol{\Phi}_2=\begin{bmatrix}\boldsymbol{0} & \boldsymbol{B}\\ \boldsymbol{0} & \boldsymbol{I}\end{bmatrix}$, $\tilde{\boldsymbol{\Gamma}}=\begin{bmatrix}\boldsymbol{B}\\ \boldsymbol{I}\end{bmatrix}$, $\tilde{\boldsymbol{T}}=[\boldsymbol{C}\quad \boldsymbol{0}]$。

基于公式(2-45) 和参考文献 [7]，可以推导得出如下公式：

$$\begin{aligned}E\{\boldsymbol{e}(k-N)\}=&E\{[\mu\boldsymbol{I}+\eta\boldsymbol{F}^{\mathrm{T}}(k)\boldsymbol{F}(k)]^{-1}[\mu\boldsymbol{\Phi}(k-N-1)\boldsymbol{e}(k-N-1)+\\&\mu\boldsymbol{w}(k-N-1)-\eta\boldsymbol{F}^{\mathrm{T}}(k)H(k)\boldsymbol{W}(k)-\eta\boldsymbol{F}^{\mathrm{T}}(k)\boldsymbol{L}(k)\boldsymbol{V}(k)]\}\\=&\mu[(1-\bar{\beta})\boldsymbol{S}_1+\bar{\beta}\boldsymbol{S}_2](\boldsymbol{\Phi}_1-\bar{\beta}\boldsymbol{\Phi}_2)E\{\boldsymbol{e}(k-N-1)\}+\\&\mu[(1-\bar{\beta})\boldsymbol{S}_1+\bar{\beta}\boldsymbol{S}_2]\boldsymbol{w}(k-N-1)-\eta[(1-\bar{\beta})\boldsymbol{S}_3+\bar{\beta}\boldsymbol{S}_4]\\&(HW_{k-N}^{k-1}+V_{k-N}^{k})\end{aligned}\tag{2-51}$$

其中

$$\begin{aligned}\boldsymbol{S}_1=&\bar{\alpha}^2(\mu\boldsymbol{I}+\eta\boldsymbol{F}_{11}^{\mathrm{T}}\boldsymbol{F}_{11})^{-1}+\bar{\alpha}(1-\bar{\alpha})(\mu\boldsymbol{I}+\eta\boldsymbol{F}_{12}^{\mathrm{T}}\boldsymbol{F}_{12})^{-1}+\\&\bar{\alpha}(1-\bar{\alpha})(\mu\boldsymbol{I}+\eta\boldsymbol{F}_{13}^{\mathrm{T}}\boldsymbol{F}_{13})^{-1}+(1-\bar{\alpha})^2\mu^{-1}\boldsymbol{I}\\\boldsymbol{S}_2=&\bar{\alpha}^2(\mu\boldsymbol{I}+\eta\boldsymbol{F}_{21}^{\mathrm{T}}\boldsymbol{F}_{21})^{-1}+\bar{\alpha}(1-\bar{\alpha})(\mu\boldsymbol{I}+\eta\boldsymbol{F}_{22}^{\mathrm{T}}\boldsymbol{F}_{22})^{-1}+\\&\bar{\alpha}(1-\bar{\alpha})(\mu\boldsymbol{I}+\eta\boldsymbol{F}_{23}^{\mathrm{T}}\boldsymbol{F}_{23})^{-1}+(1-\bar{\alpha})^2\mu^{-1}\boldsymbol{I}\end{aligned}$$

$$\begin{aligned}\boldsymbol{S}_3=&\bar{\alpha}^2(\mu\boldsymbol{I}+\eta\boldsymbol{F}_{11}^{\mathrm{T}}\boldsymbol{F}_{11})^{-1}\boldsymbol{F}_{11}^{\mathrm{T}}+\bar{\alpha}(1-\bar{\alpha})(\mu\boldsymbol{I}+\eta\boldsymbol{F}_{12}^{\mathrm{T}}\boldsymbol{F}_{12})^{-1}\boldsymbol{F}_{12}^{\mathrm{T}}+\\&\bar{\alpha}(1-\bar{\alpha})(\mu\boldsymbol{I}+\eta\boldsymbol{F}_{13}^{\mathrm{T}}\boldsymbol{F}_{13})^{-1}\boldsymbol{F}_{13}^{\mathrm{T}}\\\boldsymbol{S}_4=&\bar{\alpha}^2(\mu\boldsymbol{I}+\eta\boldsymbol{F}_{21}^{\mathrm{T}}\boldsymbol{F}_{21})^{-1}\boldsymbol{F}_{21}^{\mathrm{T}}+\bar{\alpha}(1-\bar{\alpha})(\mu\boldsymbol{I}+\eta\boldsymbol{F}_{22}^{\mathrm{T}}\boldsymbol{F}_{22})^{-1}\boldsymbol{F}_{22}^{\mathrm{T}}+\\&\bar{\alpha}(1-\bar{\alpha})(\mu\boldsymbol{I}+\eta\boldsymbol{F}_{23}^{\mathrm{T}}\boldsymbol{F}_{23})^{-1}\boldsymbol{F}_{23}^{\mathrm{T}}\end{aligned}$$

$$\boldsymbol{H}=\begin{bmatrix}\boldsymbol{0}\\ \tilde{\boldsymbol{T}}\boldsymbol{\gamma}\end{bmatrix},\boldsymbol{F}_{11}=\begin{bmatrix}\tilde{\boldsymbol{T}}\\ \tilde{\boldsymbol{T}}\boldsymbol{\Phi}_1\end{bmatrix},\boldsymbol{F}_{12}=\begin{bmatrix}\boldsymbol{0}\\ \tilde{\boldsymbol{T}}\boldsymbol{\Phi}_1\end{bmatrix},\boldsymbol{F}_{13}=\begin{bmatrix}\tilde{\boldsymbol{T}}\\ \boldsymbol{0}\end{bmatrix},$$

$$\boldsymbol{F}_{21}=\begin{bmatrix}\widetilde{\boldsymbol{T}}\\ \widetilde{\boldsymbol{T}}(\boldsymbol{\Phi}_1-\boldsymbol{\Phi}_2)\end{bmatrix},\boldsymbol{F}_{22}=\begin{bmatrix}\boldsymbol{0}\\ \widetilde{\boldsymbol{T}}(\boldsymbol{\Phi}_1-\boldsymbol{\Phi}_2)\end{bmatrix},\boldsymbol{F}_{23}=\boldsymbol{F}_{13}$$

众所周知，估计器的估计性能直接影响到控制系统的品质，因此这里将对上节所设计的估计器的性能进行分析。值得注意的是，公式(2-51)中的矩阵 $\boldsymbol{F}(k)$ 含有 $2N+1$ 个随机变量［包含 $\alpha(i)$ 与 $\beta(j)$ 在内］且每个变量取 0 或 1，这样使得矩阵 $\boldsymbol{F}(k)$ 具有 2^{2N+1} 种情况。此外，由公式(2-51)还可以看出：$E\{\boldsymbol{e}(k-N)\}$的表达式只能利用全概率公式推导得到。这样，当滚动时域 $N>1$ 时，估计误差的期望公式(2-51)将变得很复杂且很难写出其表达式，不利于分析估计器的性能。因此，这里选取滚动时域 $N=1$。另外，由于公式(2-51)所描述的估计误差期望的动态依赖于诸多因素如系统的系数矩阵、系统噪声、测量噪声、滚动时域 N 以及权参数 μ 与 η，很难定性分析数据包到达概率 $\bar{\alpha}$、$\bar{\beta}$ 对估计性能的影响。于是，下面将定量讨论数据包到达概率 $\bar{\alpha}$、$\bar{\beta}$ 对估计性能的影响，并由此给出范数意义下估计误差期望的稳定性条件。

定理 2.2 考虑上述系统（2-41）以及由公式(2-51)所表示的估计误差期望，如果代价函数（2-42）中的惩罚权参数 μ 和 η 使得不等式(2-52)成立：

$$a=(\phi_1+\bar{\beta}\phi_2)(\mu+\eta f)^{-1}[\mu+(1-\bar{\alpha})^2\eta f]<1 \tag{2-52}$$

那么估计误差期望的欧氏范数的极限 $\lim\limits_{k\to\infty}\|E\{\boldsymbol{e}(k-N)\}\|\leqslant b/(1-a)$，其中

$$\|E\{\boldsymbol{e}(k-N)\}\|\leqslant\widetilde{e}(k-N),k=N,N+1,\cdots \tag{2-53}$$

上界函数具有如下形式：

$$\widetilde{e}(k-N)=a\widetilde{e}(k-N-1)+b,\widetilde{e}(0)=\|E\{\boldsymbol{e}(0)\}\| \tag{2-54}$$

以及

$\phi_1\triangleq\|\boldsymbol{\Phi}_1\|,\phi_2\triangleq\|\boldsymbol{\Phi}_2\|,r_w\triangleq\max\|\boldsymbol{w}(k)\|,r_v\triangleq\max\|\boldsymbol{v}(k)\|,h\triangleq\|\boldsymbol{H}\|,$

$\bar{f}_{11}\triangleq\|\boldsymbol{F}_{11}\|,\bar{f}_{12}\triangleq\|\boldsymbol{F}_{12}\|,\bar{f}_{13}\triangleq\|\boldsymbol{F}_{13}\|,\bar{f}_{21}\triangleq\|\boldsymbol{F}_{21}\|,\bar{f}_{22}\triangleq\|\boldsymbol{F}_{22}\|,$

$\bar{f}_{23}\triangleq\|\boldsymbol{F}_{23}\|,f_{11}\triangleq\|\boldsymbol{F}_{11}^{\mathrm{T}}\boldsymbol{F}_{11}\|,f_{12}\triangleq\|\boldsymbol{F}_{12}^{\mathrm{T}}\boldsymbol{F}_{12}\|,f_{13}\triangleq\|\boldsymbol{F}_{13}^{\mathrm{T}}\boldsymbol{F}_{13}\|,$

$f_{21}\triangleq\|\boldsymbol{F}_{21}^{\mathrm{T}}\boldsymbol{F}_{21}\|,f_{22}\triangleq\|\boldsymbol{F}_{22}^{\mathrm{T}}\boldsymbol{F}_{22}\|,f_{23}\triangleq\|\boldsymbol{F}_{23}^{\mathrm{T}}\boldsymbol{F}_{23}\|,$

$f\triangleq\min\{f_{11},f_{12},f_{13},f_{21},f_{22},f_{23}\}$

$s_1\triangleq\bar{\alpha}^2(\mu+\eta f_{11})^{-1}+\bar{\alpha}(1-\bar{\alpha})(\mu+\eta f_{12})^{-1}+\bar{\alpha}(1-\bar{\alpha})(\mu+\eta f_{13})^{-1}+(1-\bar{\alpha})^2\mu^{-1}$

$s_2\triangleq\bar{\alpha}^2(\mu+\eta f_{21})^{-1}+\bar{\alpha}(1-\bar{\alpha})(\mu+\eta f_{22})^{-1}+\bar{\alpha}(1-\bar{\alpha})(\mu+\eta f_{23})^{-1}+(1-\bar{\alpha})^2\mu^{-1}$

$s_3\triangleq(\mu+\eta f)^{-1}[\bar{\alpha}^2\bar{f}_{11}+\bar{\alpha}(1-\bar{\alpha})\bar{f}_{12}+\bar{\alpha}(1-\bar{\alpha})\bar{f}_{13}]$

$s_4\triangleq(\mu+\eta f)^{-1}[\bar{\alpha}^2\bar{f}_{21}+\bar{\alpha}(1-\bar{\alpha})\bar{f}_{22}+\bar{\alpha}(1-\bar{\alpha})\bar{f}_{23}]$

$$a \triangleq (\phi_1+\bar{\beta}\phi_2)(\mu+\eta f)^{-1}[\mu+(1-\bar{\alpha})^2\eta f]$$

$$b \triangleq (\mu+\eta f)^{-1}[\mu+(1-\bar{\alpha})^2\eta f]r_w+\eta[(1-\bar{\beta})s_3+\bar{\beta}s_4](h\sqrt{N}r_w+\sqrt{N+1}r_v)$$

证明 由于 $\boldsymbol{F}_{ij}^{\mathrm{T}}\boldsymbol{F}_{ij}$（其中，$i=1,2$ 和 $j=1,2,3$）都是半正定矩阵，则由对角化变换可得

$$\|\mu \boldsymbol{I}+\eta \boldsymbol{F}_{ij}^{\mathrm{T}}\boldsymbol{F}_{ij}\|=\mu+\eta f_{ij} \tag{2-55}$$

根据误差公式(2-45) 和公式(2-51)，可进一步整理得到其范数形式：

$$\|E\{\boldsymbol{e}(k-N)\}\| \leqslant \mu(\phi_1+\bar{\beta}\phi_2)[(1-\bar{\beta})s_1+\bar{\beta}s_2]\|E\{\boldsymbol{e}(k-N-1)\}\|+ \mu[(1-\bar{\beta})s_1+\bar{\beta}s_2]r_w+\eta\|(1-\bar{\beta})S_3+\bar{\beta}S_4\|(h\sqrt{N}r_w+\sqrt{N+1}r_v) \tag{2-56}$$

考虑到 $f=\min\{f_{11},f_{12},f_{13},f_{21},f_{22},f_{23}\}$，则上式简化为

$$\|E\{\boldsymbol{e}(k-N)\}\| \leqslant (\phi_1+\bar{\beta}\phi_2)(\mu+\eta f)^{-1}[\mu+(1-\bar{\alpha})^2\eta f]\|E\{\boldsymbol{e}(k-N-1)\}\|+ \eta[(1-\bar{\beta})s_3+\bar{\beta}s_4](h\sqrt{N}r_w+\sqrt{N+1}r_v)+(\mu+\eta f)^{-1}[\mu+(1-\bar{\alpha})^2\eta f]r_w \tag{2-57}$$

由公式(2-54) 所述的函数序列$\tilde{\boldsymbol{e}}(k-N)$，可以很容易地推出公式(2-53)。此外，如果条件 $a<1$ 成立，则由公式 $\tilde{e}(k)=a^k\tilde{e}(0)+b\sum_{i=0}^{k-1}a^i$ 进一步得到$\tilde{e}(k)$的上界即 $b/(1-a)$。这样，证明完毕。

由公式(2-52) 可看出：数据包的到达概率 $\bar{\alpha}$、$\bar{\beta}$ 影响了权参数 μ 和 η 的取值范围。具体来说，如果想使得$\|E\{\boldsymbol{e}(k-N)\}\|<\|E\{\boldsymbol{e}(k-N-1)\}\|$成立，只要满足条件 $a<1$ 即可。也就是说，在给定数据包到达概率 $\bar{\alpha}$、$\bar{\beta}$ 的情况下，如果存在权参数 μ 和 η 使得公式(2-52) 成立，那么有 $\lim\limits_{k\to\infty}E\{\boldsymbol{e}(k-N)\}=b/(1-a)$。因此，代价函数中权参数 μ 和 η 的选取是设计滚动时域估计器的一个关键点。这样，首先需要讨论使得公式(2-52) 成立的条件。其中，公式(2-52) 可进一步转化为如下形式：

$$\mu\eta^{-1}(\phi_1+\bar{\beta}\phi_2-1)<f[1-(1-\bar{\alpha})^2(\phi_1+\bar{\beta}\phi_2)] \tag{2-58}$$

一方面，如果给定的数据包到达概率 $\bar{\beta}$ 满足：

$$\phi_1+\bar{\beta}\phi_2-1\leqslant 0,\text{即 } 0\leqslant\bar{\beta}\leqslant\phi_2^{-1}(1-\phi_1) \tag{2-59}$$

并且存在权参数 μ 和 η 使得公式(2-52) 或者公式(2-58) 成立，那么无论 $\bar{\alpha}$ 取何值，估计误差期望的范数 (2-51) 都将收敛于一个常值 $b/(1-a)$。另一方面，如果给定的数据包到达概率 $\bar{\beta}$ 满足：

$$\phi_1+\bar{\beta}\phi_2-1>0,\text{即 } \phi_2^{-1}(1-\phi_1)<\bar{\beta}\leqslant 1 \tag{2-60}$$

那么要使得条件 (2-58) 成立，权参数 μ 和 η 需满足如下条件：

$$0<\mu\eta^{-1}<(\phi_1+\bar{\beta}\phi_2-1)^{-1}f[1-(1-\bar{\alpha})^2(\phi_1+\bar{\beta}\phi_2)] \tag{2-61}$$

其中公式(2-61) 意味着

$$1-(1-\bar{\alpha})^2(\phi_1+\bar{\beta}\phi_2)>0,\text{即 } 1-\sqrt{(\phi_1+\bar{\beta}\phi_2)^{-1}}<\bar{\alpha}\leqslant 1 \quad (2\text{-}62)$$

也就是说，如果给定的数据包到达概率 $\bar{\alpha}$ 满足：

$$0\leqslant\bar{\alpha}\leqslant 1-\sqrt{(\phi_1+\bar{\beta}\phi_2)^{-1}} \quad (2\text{-}63)$$

以及 $\bar{\beta}$ 满足公式(2-60) 时，那么不存在任意权参数 μ 和 η 使得公式(2-58) 成立，从而使得估计误差期望的范数趋于无穷。简言之，如果公式(2-59) 成立，或者公式(2-60) 与公式(2-62) 同时成立，那么总存在权参数 μ 和 η 使得估计误差期望的范数收敛于一个常数 $b/(1-a)$。另外，如果给定的数据包到达概率 $\bar{\alpha}$、$\bar{\beta}$ 满足公式(2-59) 与公式(2-63)，以及存在权参数 μ 和 η 使得不等式 $\mu\eta^{-1}>(\phi_1+\bar{\beta}\phi_2-1)^{-1}f[1-(1-\bar{\alpha})^2(\phi_1+\bar{\beta}\phi_2)]$，那么估计误差期望的范数收敛于常数 $b/(1-a)$。

此外，由定理 2.2 可看出：如果不存在系统噪声和测量噪声，以及不等式条件 (2-52) 成立，那么估计误差期望的范数指数收敛于零。而且，当给定 $\bar{\alpha}$、$\bar{\beta}$ 使得公式(2-52) 成立时，则估计误差期望的上界函数 $\tilde{e}(k-N)$的收敛速度将随着 $\mu\eta^{-1}$ 的减小而增快。换句话说，$\mu\eta^{-1}$ 越小，估计性能越好。此外，对于滚动时域 N 的选取问题，可以这样认为：滚动时域 N 越大表示窗口内可利用的数据量越多，但是反而带来更大的传播误差和计算量。因此，滚动时域 N 的选取要在估计性能与计算量之间权衡，这里选取 $N=1$。如果选取滚动时域 $N>1$，那么估计误差的期望公式(2-51) 将发生很大的变化，从而难以得到一个很好的收敛性结论 [公式(2-52)～公式(2-54)]。

备注 2.7 值得注意的是，满足线性不等式(2-52) 的权矩阵 μ 和 η 并不是唯一的，这里给出 μ 和 η 的可行域。当然，为了使得估计性能的收敛常值 $b/(1-a)$最小，可以极小化使得条件 $a<1$ 成立的收敛常值 $b/(1-a)$，这样得到权矩阵 μ、η 的优化解，而不是其可行域。收敛常值 $b/(1-a)$的最小说明：定理 2.2 给出了估计误差欧氏范数平方期望的上确界函数，而非任意上界函数。这时，估计性能达到最好。

备注 2.8 在随机丢包过程中，如果在一段很长的时间内（即从时刻 $t=k+1$ 到时刻 $t=k+n_1$），数据包一直丢下去，这时数据包的连续丢包数为 n_1，那么这种丢包事件发生的概率为

$$\begin{aligned}
&P[\alpha(k+1)=0,\beta(k+1)=0,\cdots,\alpha(k+n_1)=0,\beta(k+n_1)=0|t=k+1,\cdots,t=k+n_1]\\
&=\prod_{i=1}^{n_1}P[\alpha(k+i)=0|t=k+i]\cdot P[\beta(k+i)=0|t=k+i]\\
&=(1-\bar{\alpha})^{n_1}(1-\bar{\beta})^{n_1},0<\bar{\alpha}<1,0<\bar{\beta}<1 \quad (2\text{-}64)
\end{aligned}$$

由公式(2-64)可以看出：随着 n_1 越大，此事件发生的概率就越小，属于小概率事件。再者，估计器的设计没有考虑连续丢包数 n_1 与滚动时域 N 之间的关联。如误差公式(2-45)所示，当连续丢包数 n_1 大于滚动时域 N 时，这时估计误差的收敛性问题只与系统矩阵有关，即此时估计误差公式简化为

$$\boldsymbol{e}(k-N)=\boldsymbol{\Phi}(k-N-1)\boldsymbol{e}(k-N-1)+\mu\boldsymbol{w}(k-N-1) \tag{2-65}$$

由此可知，这时估计误差可能会逐渐发散若 $\boldsymbol{\Phi}(k-N-1)$ 的特征值在单位圆外。然而，在估计器的性能分析中，如公式(2-51)～公式(2-54)所示，本章节考虑了估计误差期望的统计特性，即估计误差期望范数的收敛性问题，并不是针对某种具体丢包事件的估计误差收敛性问题，如连续丢包数很大的收敛性问题。此外，连续丢包数很大的丢包情况属于小概率事件，对估计误差期望范数的收敛性影响不大。只要存在权参数和使得不等式(2-52)成立，那么估计误差期望的欧氏范数就收敛于常值。

2.3.4 数值仿真

为了验证本节所提出的滚动时域估计方法的有效性，给出了在真实网络环境下具有多数据包丢失的网络化控制系统，并在此基础上搭建了一个实时仿真实验平台。其中，实验平台由计算机、被控对象和两个如图 2-12 所示的 ARM 9 嵌入式模块组成。这两个模块分别用于控制器端与被控对象端，并且通过一个 IP 网络与它们连接，其中通信协议采用 UDP 协议。有关 ARM 9 嵌入式模块的具体描述可以参考文献［18］。首先，考虑如下由状态空间描述的被控对象，其中采样时刻为 0.1s，以及

$$x(k+1)=\begin{bmatrix}1.7240 & -0.7788\\ 1 & 0\end{bmatrix}x(k)+\begin{bmatrix}1\\1\end{bmatrix}u(k)+w(k),$$

$$y(k)=[0.0286 \quad 0.0264]x(k)+v(k)。$$

如图 2-13 所示，这个实时仿真实验是在计算机 Matlab/Simulink 环境下实现。其结构框架可分为控制器部分与被控对象部分。其中，模块 Netsend 和模块 Netrecv 分别表示基于 UDP 协议的发送器和接收器，用于发送和接收数据包。系统输出信号与控制器输出信号分别经由两个 IP 地址为 192.168.0.201 和 192.168.0.202 的校园内网进行数据的传输。总之，整个实时仿真实验的步骤可由如下描述：第一，安装与 ARM 9 嵌入式模块相对应的软件以及连接相关的硬件设备；第二，基于仿真实验结构图 2-13，在 Matlab/Simulink 环境下搭建相应的 Simulink 模块图（如图 2-14 所示），并加以调试及运行；最后，在一个人机交互界面上监测实时数据，并收集和处理所需要的数据（如图 2-15 所示）。

图 2-12 ARM 9 嵌入式模块

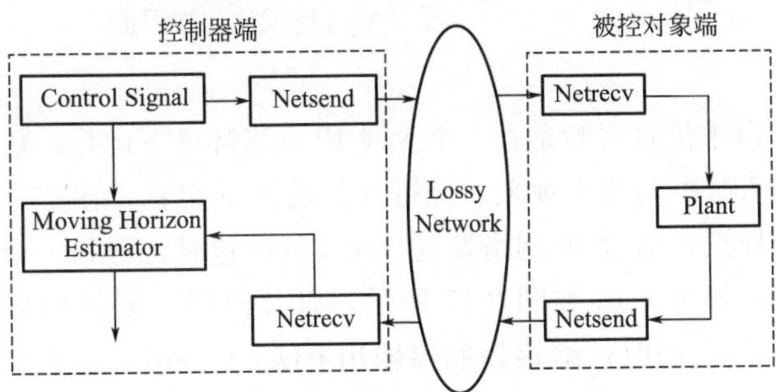

图 2-13 仿真实验的结构图

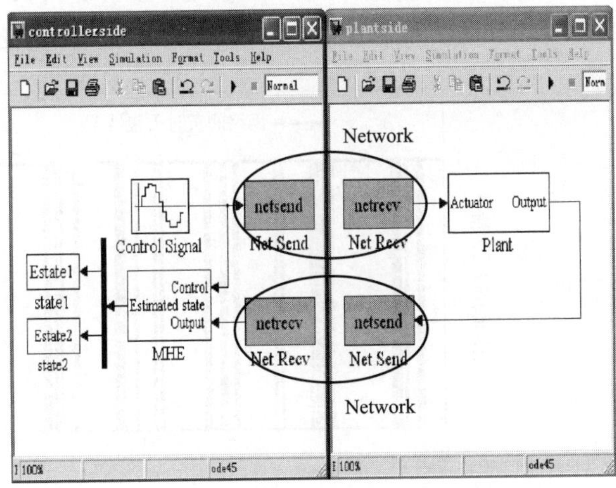

图 2-14 仿真实验的 Simulink 模块

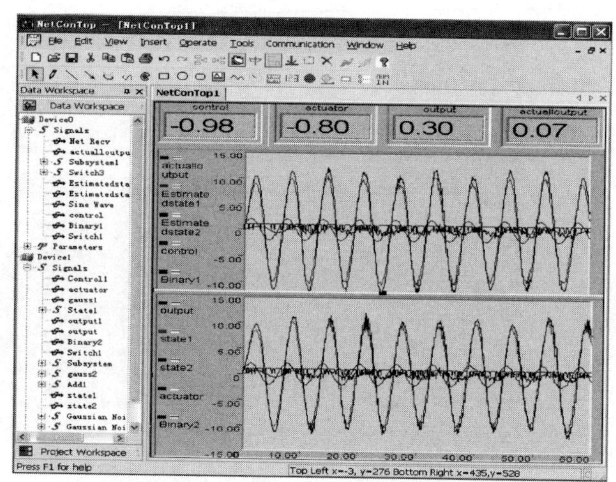

图 2-15 可视化监控界面

由于仿真实验是在一个无线 IP 网络环境下运行，数据的传输不可避免地引入数据包丢失现象。经过反复的测试实验，在 15 个时间步长内（150 个采样点）通过 IP 网络发送与接收数据包时，得到一个平均的数据包到达情况，如图 2-16 和图 2-17 所示，以及得到数据包到达概率的近似值 $\bar{\alpha}=\bar{\beta}=0.85$。同时，给定控制器输出 $\boldsymbol{u}(k)=2\sin k$，滚动时域 $N=1$，根据公式(2-52)～公式(2-54) 求出 $\phi_1=2.5771$，$\phi_2=1.7321$，并选取合适的权参数 $\mu\eta^{-1}=3\times10^{-4}$，得出 $f=0.0015$，$a=0.6750<1$，$b=6.2186$。此外，假定系统噪声和测量噪声分别是在 $[-0.1,\ 0.1]$ 之间变化并满足均匀分布

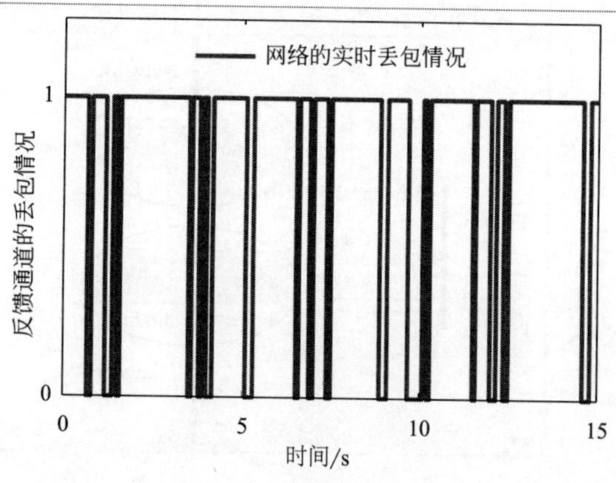

图 2-16 反馈通道的丢包状况

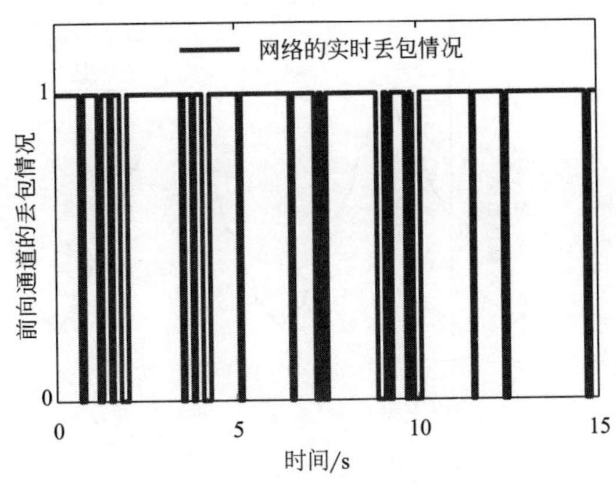

图 2-17 前向通道的丢包状况

过程的信源。为了便于分析，建立如下的性能指标——渐近均方根误差：

$$ARMSE(k)=\frac{1}{N+1}\sum_{l=1}^{L}\sum_{i=k-N}^{k}\sqrt{L^{-1}\|\boldsymbol{\xi}(l,i)-\hat{\boldsymbol{\xi}}(l,i|k)\|^{2}}$$

其中，$\hat{\boldsymbol{\xi}}(l,i|k)$表示在第 l 次仿真中，k 时刻对状态$\boldsymbol{\xi}(l,i)$的估计，L 表示仿真实验的次数。

在仿真实验中，相关的实验结果如下所述。其中，传感器测量输出 $\tilde{\boldsymbol{y}}(k)$、估计器所用的有效数据 $\boldsymbol{y}(k)$以及控制器输出 $\boldsymbol{u}(k)$ 和系统的控制输入 $\tilde{\boldsymbol{u}}(k)$ 分别显示在图 2-18 和图 2-19 上。通过与文献［1］所提出的 Kalman 滤波器方法相比，图 2-20 与图 2-21 给出了两种网络化最优状态估计算法的比较结果。如图所示，在存在多数据包丢失的情况下，基于本章节提出的滚动时域方法所得到的估计结果要明显地优于采用 Kalman 滤波器得到的结果，其主要原因在于滚动时域估计方法有多个自由度(即权参数 μ 和 η) 可以调节，使得估计器具有良好的鲁棒性，从而可以得到较好的估计性能，而 Kalman 滤波器方法不具备这样的条件。同时，一个增广的状态量即系统控制输入的估计结果显示在图 2-22 中。与实际控制输入信号相比，采用滚动时域估计方法能够准确地估计出该状态量，表明该估计算法是有效的。此外，由图 2-23 可以看出：通过比较上述渐近均方根误差的性能指标，则采用滚动时域估计所得到的估计偏差明显小于采用 Kalman 滤波器方法所得到的结果。尽管数据包存在丢失，但是估计器仍具有一定的估计性能。

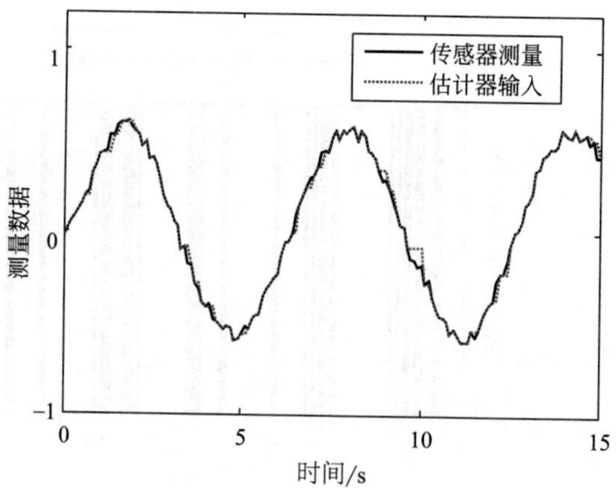

图 2-18 丢包对测量数据的影响

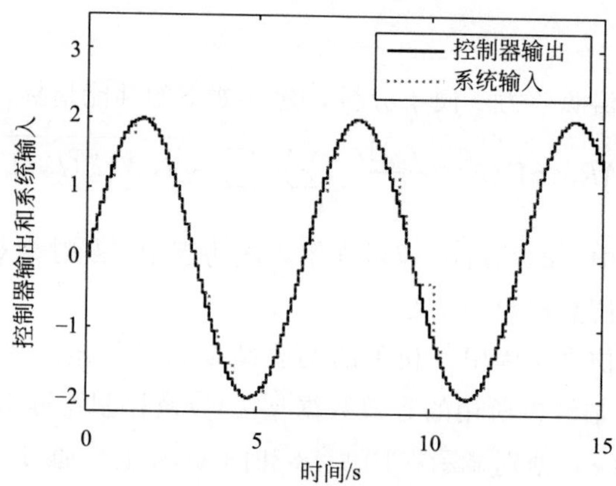

图 2-19 丢包对控制信号的影响

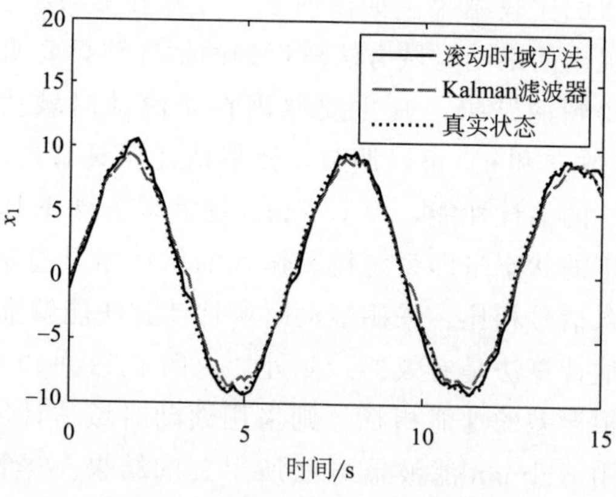

图 2-20 关于状态 x_1 的方法比较

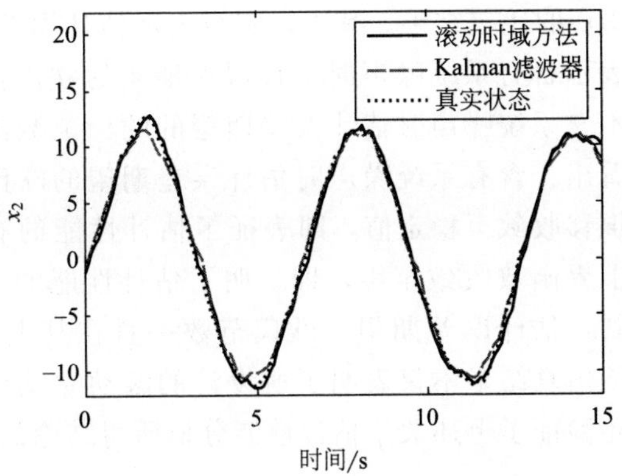

图 2-21 关于状态 x_2 的方法比较

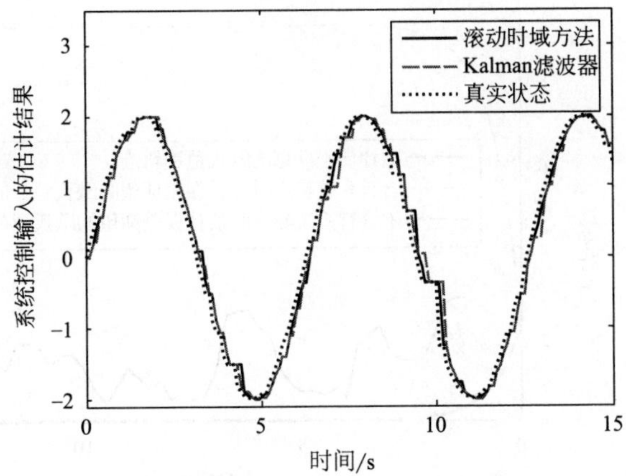

图 2-22 关于控制输入的方法比较

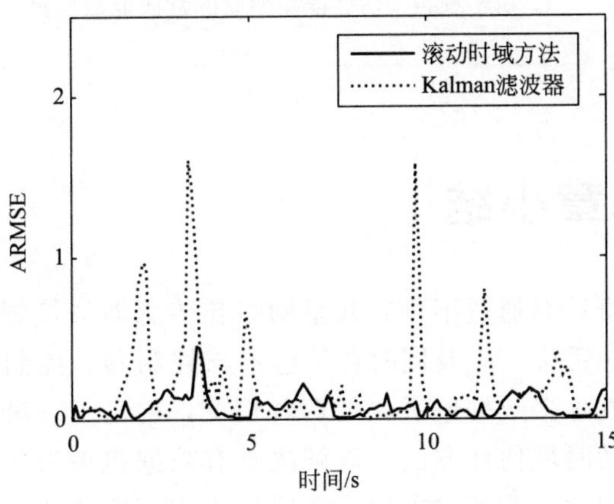

图 2-23 关于 ARMSE 的方法比较

最后，图 2-24 给出了状态估计误差期望的欧氏范数与其上界函数（2-53）的比较结果，其中，实线表示估计误差期望的欧氏范数轨迹，点画线表示含有系统噪声时估计误差期望的欧氏范数的上界函数，而虚线表示不含系统噪声时估计误差期望的欧氏范数的上界函数。同时，由图可以看出：含有系统噪声时估计误差期望的欧氏范数的上界函数随着时间的推移收敛至稳定值，即表征了估计性能的有界性，而不含系统噪声时其上界函数收敛至零，即说明了估计性能的无偏性。另外，从图还可以看到：估计误差期望的欧氏范数一直在其上界函数的范围内变化。这样，该仿真结果不仅表明了所设计的滚动时域估计器具有良好的估计性能，还验证了上述关于估计性能分析所得结论的正确性。

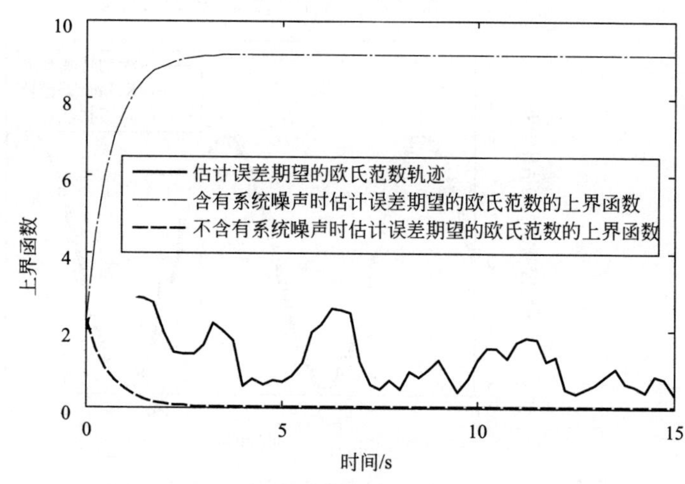

图 2-24 估计误差期望的欧氏范数与其上界函数

2.4 本章小结

本章针对通过不可靠共享网络在传感器与控制器之间传输数据而发生数据包丢失，以及同时在传感器与控制器、控制器与执行器之间传输数据而发生多数据包丢失的两种情况，提出了一种基于滚动时域优化策略的滚动时域估计方法，以解决具有数据包丢失的网络化控制系统的状态估计问题，并通过求解一个线性矩阵不等式所得到的权矩阵克服了数据包丢失对估计性能的影响。这种估计方法充分利用那些以不等式约束形式出现的关于噪声、状态和输入输出的额外信息，提高了估计的准确性和合理性。同时，不同于其它估计方法，这种估计方法的一个显著特点在于：如果当前数据包发生丢失，那么滚动窗口内的一段最新数据而非仅前一个时刻数据或直接置为零，用于估计器设计。最后，通过分析该估计器的性能，给出了保证估计性能收敛的充分条件。

参考文献

[1] Sinopoli B, et al. Kalman Filtering with Intermittent Observations. IEEE Transactions on Automatic Control, 2004, 49 (9): 1453-1464.

[2] Schenato L, et al. Foundations of Control and Estimation over Lossy Networks. Proceedings of the IEEE, 2007, 95 (1): 163-187.

[3] Liu Xiangheng, Goldsmith A. Kalman Filtering with Partial Observation Losses. Proceedings of the 43rd IEEE Conference on Decision and Control, Nassau, Bahamas, 2004.

[4] Huang Minyi, Dey S. Stability of Kalman Filtering with Markovian Packet Losses. Automatica, 2007, 43 (4): 598-607.

[5] Mo Y, Sinopoli B. Kalman Filtering with Intermittent Observations: Tail Distribution and Critical Value. IEEE Transactions on Automatic Control, 2012, 57 (3): 677-689.

[6] Shi L, Epstein M, Murray R M. Kalman Filtering over a Packet-Dropping Networked: A Probabilistic Perspective. IEEE Transactions on Automatic Control, 2010, 55 (3): 594-604.

[7] Liang Yan, Chen Tongwen, Pan Quan. Optimal Linear State Estimator with Multiple Packet Dropouts. IEEE Transactions on Automatic Control, 2010, 55 (6): 1428-1433.

[8] Sahebsara M, Chen T, Shah S L. Optimal H-2 Filtering in Networked Control Systems with Multiple Packet Dropout. IEEE Transactions on Automatic Control, 2007, 52 (8): 1508-1513.

[9] Sahebsara M, Chen T, Shah S L. Optimal H-inf Filtering in Networked Control Systems with Multiple Packet Dropouts. Systems & Control Letters, 2008, 57 (9): 696-702.

[10] Epstein M, et al. Probabilistic Performance of State Estimation across a Lossy Network. Automatica, 2008, 44 (12): 3046-3053.

[11] Wang Zidong, Yang Fuwen, Ho D WC. Robust H-inf Filtering for Stochastic Time-Delay Systems with Missing Measurements. IEEE Transactions on Signal Processing, 2006, 54 (7): 2579-2587.

[12] Yang Ruini, Shi Peng, Liu Guoping, Filtering for Discrete-Time Networked Nonlinear Systems with Mixed Random

Delays and Packet Dropouts. IEEE Transactions on Automatic Control, 2011, 56(11): 2655-2660.

[13] Xue Binqiang, Li Shaoyuan, Zhu Quanmin. Moving Horizon State Estimation for Networked Control Systems with Multiple Packet Dropouts. IEEE Transaction on Automatic Control, 2012, 57(9): 2360-2366.

[14] Alessandri A, Baglietto M, Battistelli G. Receding-Horizon State Estimation for Discrete-Time Linear Systems. IEEE Transactions on Automatic Control, 2003, 48(3): 473-478.

[15] Alessandri A, Baglietto M, Battistelli G. Moving-Horizon State Estimation for Nonlinear Discrete-Time Systems: New Stability Results and Approximation Schemes. Automatica, 2008, 44(7): 1753-1765.

[16] Gupta V, Hassibi B, Murray R M. Optimal LQG Control across Packet-Dropping Links. Systems & Control Letters, 2007, 56(6): 439-446.

[17] Rao C V, Rawlings J B, Lee J H. Constrained Linear State Estimation-a Moving Horizon Approach. Automatica, 2001, 37(10): 1619-1628.

[18] Hu Wenshan, Liu Guoping, Rees David. Event-Driven Networked Predictive Control. IEEE Transactions on Industrial Electronics, 2007, 54(3): 1603-1613.

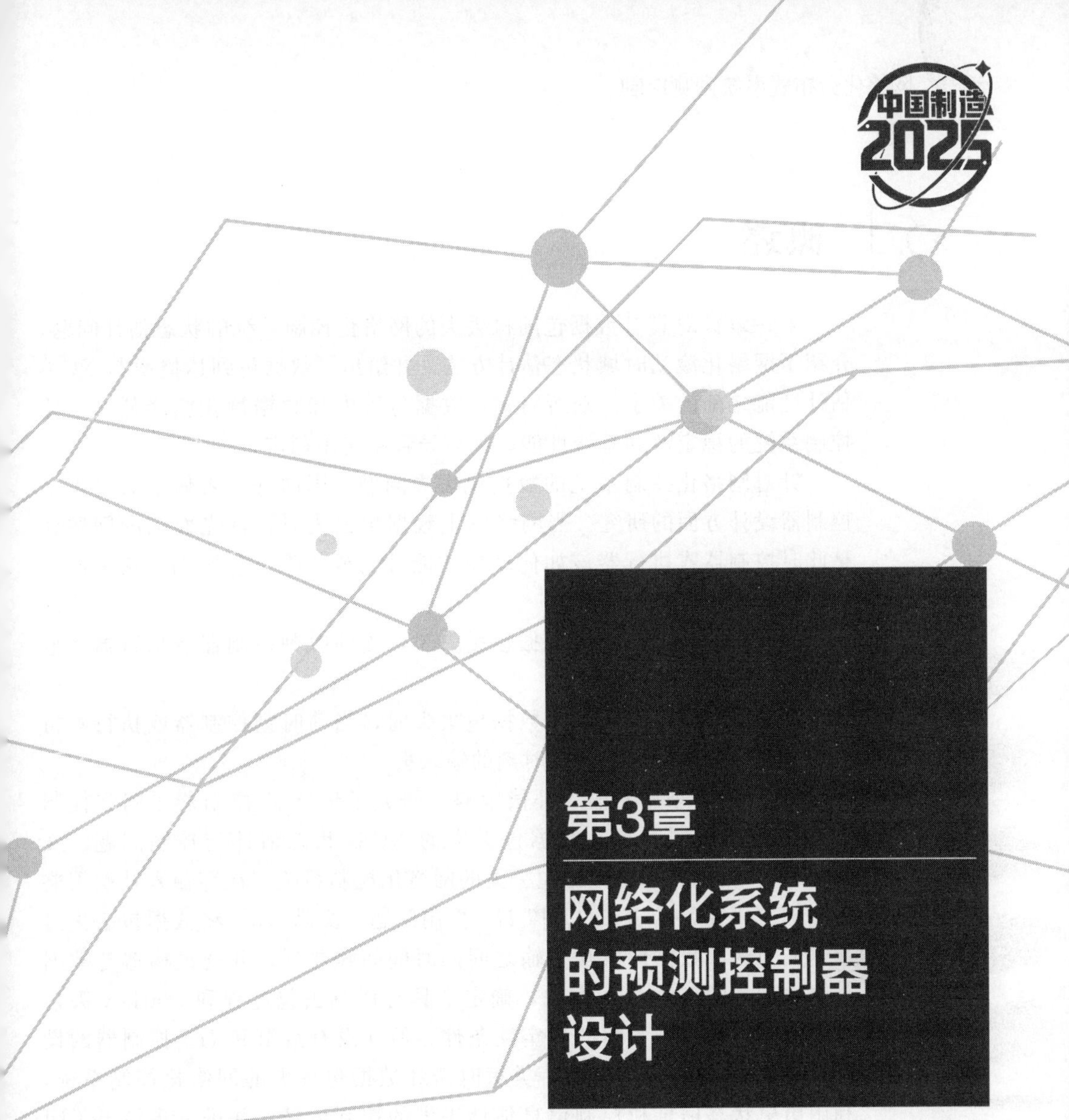

第3章

网络化系统的预测控制器设计

3.1 概述

上一章针对具有数据包随机丢失的网络化控制系统的状态估计问题，介绍了网络化滚动时域状态估计方法，并给出了数据包到达概率与NCSs估计性能之间的关系。众所周知，数据包丢失和数据量化会降低网络化控制系统的稳定性和系统性能，甚至导致系统不稳定。

针对网络化控制系统的数据包丢失问题，国内外学者做了大量关于控制器设计方面的研究。当网络发生数据包丢失时，首先面临的问题就是此时控制器或执行器该如何动作才能减弱或消除丢包影响。通常所采用的补偿策略有如下两种。

① 零输入策略[1,2]：数据包丢失时，当前时刻控制器或执行器将输入量看作零。

② 保持输入策略[3,4]：数据包丢失时，当前时刻控制器或执行器将上一时刻的输入量作为当前时刻的输入量。

文献［1］采用零输入补偿策略，研究了传感器-控制器之间和控制器-执行器之间同时存在数据包丢失的NCSs状态估计与控制问题。文献［2］针对具有随机数据包丢失的网络化控制系统，在零输入补偿策略的基础上研究了NCSs的鲁棒H_∞控制问题。文献［3］将数据包丢失过程定义为两次数据包成功传输之间的时间间隔序列，并通过构造与数据包丢失相关的Lapunov方法，确定了具有任意丢包过程和Markov丢包过程的网络化控制系统的稳定性条件，但并没有给出其H_∞控制器的设计方法。而文献［4］针对一类短时滞和数据包丢失的网络化控制系统，利用历史状态信息和控制信息估计丢失的控制信号，并进一步给出了闭环控制系统的最优控制律。

然而，这两种补偿策略简单直观，计算量小，会产生比较保守的补偿效果。此外，上述补偿策略忽视网络传输所具有的一个重要特性，即网络通信是以一个个数据包形式进行数据传输。数据包不仅可以包含当前时刻的数据信息，还能够囊括过去和未来的数据信息，这是传统控制系统所不能做到的。根据网络传输的这一特性，Liu等[5]针对反馈通道存在网络时延的情况，设计出新颖的网络化预测控制器以补偿网络时延和数据包丢失带来的影响，并分别给出了具有定常时延和随机有界时延的闭环NCSs稳定的充分条件。与文献［5］中无穷时域二次型性能指标相比，文献［6］基于含有终端代价函数的有限时域二次型性能指标，研究了前向通道具有数据包丢失的网络化预测控制补偿方法。

另外，在网络通信中，由于通信信道的传输能力受限，使得数据在传输之前首先要进行量化，降低数据包的大小，然后进行传输。事实上，量化过程可以看作一个编码的过程，是通过量化器来实现的。其中，量化器可以看作一种装置，能够把一个连续的信号映射到一个在有限集合内取值的分段常数信号。虽然量化器的种类很多，但是，通常采用的量化器有以下两类。

① 无记忆的静态量化器　如对数量化器[7~9]和均匀量化器[10]。这类量化器的优点在于解码和编码过程简单，其缺点是需要无穷的量化级数来保证系统的渐近稳定性[7~9]。文献［7］研究了一类离散单输入单输出线性时不变系统的量化反馈控制问题，并证明：对于一个二次可镇定的系统，对数量化器是最优的静态量化器。文献［8］基于扇形有界方法，将文献［7］的结论扩展到多输入多输出系统。

② 有记忆的动态时变量化器　通过调节量化参数使得吸引域增大而稳态极限环变小，然而，这样做使得控制器的设计变得更加复杂，从而不利于系统的分析与综合[11]。文献［12］针对网络诱导时延、数据包丢失和量化误差同时存在的情况，设计了具有一定 H_∞ 性能的量化状态反馈控制器。文献［13］研究带宽受限网络化控制系统的广义 H_2 滤波问题。

因此，本章将首先介绍具有有界丢包的网络化预测控制方法，并给出保证 NCSs 渐近稳定且具有一定性能水平的网络化预测控制器存在的充分条件，以及建立最大连续丢包数与 NCSs 控制性能之间的关系。其次，针对具有控制输入量化的网络化控制系统，还基于扇形有界方法介绍一种网络化鲁棒预测控制算法，并在保证系统稳定性和控制性能的前提下，给出一种求解最粗糙量化密度的锥补线性化方法。

3.2 具有有界丢包的网络化控制系统的预测控制

针对具有有界丢包的网络化控制系统的控制，将建立新颖的 NCSs 模型并基于此模型介绍一种能够提前预测系统未来控制动作的网络化预测控制策略[14]。网络化预测控制器设计的基本思想是：数据包发生丢失时，控制器采用保持输入策略，而执行器将从缓存器存储的最新数据包中选择合适的预测控制量，并作用于被控对象。此外，本节还将给出保证网络化控制系统渐近稳定且具有一定性能水平的网络化预测控制器存在的充分条件，以及建立最大连续丢包数与NCSs性能之间的关系。

3.2.1 网络化控制系统的建模

首先，考虑如图3-1所示的具有有界丢包的网络化控制系统结构。有界丢包是指最大连续丢包数有界且丢包过程不满足某种随机分布，而连续丢包数指在两次数据包成功传输之间发生的持续丢包数目。网络化控制系统由传感器、不可靠通信网络、预测控制器、缓存器以及被控对象（包括执行器在内）构成。被控对象可由下列离散时间状态空间模型描述：

$$\boldsymbol{x}(k+1)=\boldsymbol{A}\boldsymbol{x}(k)+\boldsymbol{B}\boldsymbol{u}(k) \tag{3-1}$$

其中，$\boldsymbol{x}(k)\in\boldsymbol{R}^n$ 和 $\boldsymbol{u}(k)\in\boldsymbol{R}^m$ 分别是系统状态和控制输入，$\boldsymbol{A}$ 和 $\boldsymbol{B}$ 是具有适当维数的常数矩阵，假设系统的状态完全可测且（$\boldsymbol{A}$，$\boldsymbol{B}$）是可镇定的。不失一般性，假设系统的输入约束为

$$\|\boldsymbol{u}(k)\|\leqslant u_{\max} \tag{3-2}$$

如图3-1所示，传感器、控制器和执行器均采用时间驱动模式，而且传感器和控制器在每个采样时刻以数据包形式进行数据传输。两个开关分别描述传感器-控制器通道和控制器-执行器通道的丢包情况。缓存器用于接收和保存来自控制器的数据，并发送数据至执行器。此外，控制器采用保持输入策略，缓存器存储由预测控制策略求出的最新预测控制序列，而执行器从缓存器中选取合适的预测控制量并作用到被控对象。

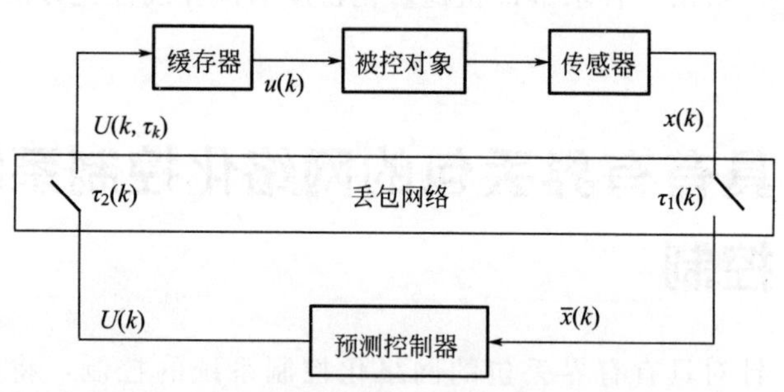

图3-1 具有有界丢包的网络化控制系统

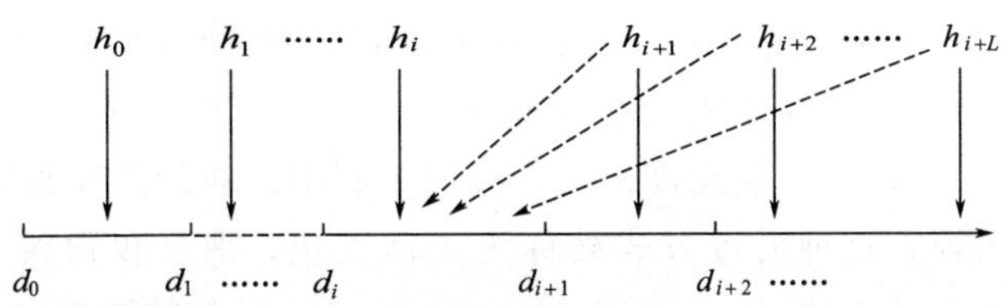

图 3-2 数据包成功传输时刻

如图 3-2 所示，数据包由传感器-控制通道进行传输时，假设只有 $d_0, d_1, \cdots, d_i, d_{i+1}, d_{i+2}, \cdots (d_i < d_{i+1})$ 时刻的数据包能够从传感器成功传送至控制器，则在时间$[d_i, d_{i+1}]$内的连续丢包数为 $\tau_1(d_i, d_{i+1}) = d_{i+1} - d_i - 1$ 且满足 $0 \leqslant \tau_1(d_i, d_{i+1}) \leqslant N_d$；数据包由控制器-执行器通道进行传输时，只有 $h_0, h_1, \cdots, h_i, h_{i+1}, h_{i+2}, \cdots (h_i < h_{i+1})$ 时刻的数据包能够从控制器成功传送至缓存器，则在时间$[h_i, h_{i+1}]$内的连续丢包数为 $\tau_2(h_i, h_{i+1}) = h_{i+1} - h_i - 1$ 且满足 $0 \leqslant \tau_2(h_i, h_{i+1}) \leqslant N_h$。显然，初始成功传输时刻满足约束条件 $d_0 \leqslant h_0$（因为控制器只有先得到传感器的数据包，才有可能在未来某时刻发生丢包）。如图所示，下面以时间$[d_i, h_{i+1})$且成功传输时刻满足 $d_i \leqslant h_i$ 为例具体分析数据包丢失过程，那么 h_i 时刻从控制器成功传送到缓存器的最优预测控制序列为 $\boldsymbol{U}^*(d_i) = [\boldsymbol{u}^*(d_i | d_i), \boldsymbol{u}^*(d_i + 1 | d_i), \cdots, \boldsymbol{u}^*(h_i | d_i), \cdots, \boldsymbol{u}^*(h_{i+1} - 1 | d_i), \boldsymbol{u}^*(h_{i+1} | d_i), \cdots, \boldsymbol{u}^*(d_i + N - 1 | d_i)]$。其中，$\boldsymbol{u}^*(d_i + l | d_i), l = 0, 1, \cdots, N-1$ 表示基于 d_i 时刻系统状态 $\boldsymbol{x}(d_i)$ 对 $d_i + l$ 时刻控制输入的最优预测值，N 表示预测时域并满足约束 $N_d + N_h < N$。如果只有成功传输时刻 h_i 落在时间$[d_i, d_{i+1})$内而其它成功传输时刻 h_{i+j} 不在此区间内，那么缓存器中的预测控制序列 $\boldsymbol{U}^*(d_i)$ 将在未来时间$[h_i, h_{i+1} - 1]$内一直作用于被控对象，即预测控制量 $\boldsymbol{u}^*(h_i + j | d_i), j = 0, 1, \cdots, h_{i+L} - h_i - 1$ 施加在对象上，并且其作用时间满足 $h_{i+1} - h_i \leqslant N_h$。然而，如果多个成功传输时刻 $h_i, h_{i+1}, \cdots, h_{i+L} (d_i \leqslant h_i < h_{i+1} < \cdots < h_{i+L} \leqslant d_{i+1})$ 均落在时间$[d_i, d_{i+1})$内，则表明分别在 $h_i, h_{i+1}, \cdots, h_{i+L}$ 时刻到达缓存器的预测控制序列是同一个序列 $\boldsymbol{U}^*(d_i)$，因为在时间$[d_i, d_{i+1})$内只有一个系统状态 $\boldsymbol{x}(d_i)$ 成功到达控制器并在此基础上计算得到预测控制序列，因此成功传输时刻 $h_{i+1}, \cdots, h_{i+L}$ 可认为是丢包时刻，即在时间$[h_{i+1}, h_{i+L}]$内，从控制器发送到缓存器的数据包是否丢失对缓存器没有任何影响，其存储的数据依然是 $\boldsymbol{U}^*(d_i)$，进而成功传输时刻 h_{i+L+1} 改为 h_{i+1}

时刻，以此类推。所以，缓存器中的预测控制序列$\boldsymbol{U}^*(d_i)$将在时间$[h_i, h_{i+1}-1]$内一直作用于被控对象，并且其作用时间满足$h_{i+1}-h_i \leqslant N_h$。同理，若有多个成功传输时刻$d_{i+1}$，$d_{i+2}$，…，$d_{i+j}$落在时间$[h_i, h_{i+1})$内，从控制角度出发，倾向于利用最新的采样数据，而把旧的数据包丢掉，这种丢包方式被称为主动丢包，那么仅保留d_{i+j}时刻的数据包，主动丢掉d_{i+1}，d_{i+2}，…，d_{i+j-1}时刻的数据包，并将d_{i+j}时刻改为d_{i+1}时刻。总之，无论在时间$[d_i, d_{i+1})$内还是在时间$[h_i, h_{i+1})$内，均仅有一个成功传输时刻h_i或d_{i+1}在时间$[d_i, d_{i+1})$或$[h_i, h_{i+1})$内。

基于上述分析，本节所介绍的网络化预测控制器的具体实施策略是：在时间$[d_i, h_{i+1})$内，如果基于d_i时刻系统状态$\boldsymbol{x}(d_i)$所求出的最优预测控制序列$\boldsymbol{U}^*(d_i)$没有到达缓存器，则执行器从缓存器中依次选取d_{i-1}时刻所计算得到的最优预测控制序列$\boldsymbol{U}^*(d_{i-1})$中的预测控制量$\boldsymbol{u}^*(h_i+j \mid d_{i-1}), j=d_i-h_i, d_i-h_i+1, \cdots, -1$，并将其施加于被控对象，即$\boldsymbol{u}(h_i+j)=\boldsymbol{u}^*(h_i+j \mid d_{i-1})$；如果最优预测控制序列$\boldsymbol{U}^*(d_i)$到达缓存器，则执行器从缓存器中依次选取预测控制量$\boldsymbol{u}^*(h_i+j \mid d_i), j=0, 1, \cdots, h_{i+1}-h_i-1$，并将其施加于被控对象，即$\boldsymbol{u}(h_i+j)=\boldsymbol{u}^*(h_i+j \mid d_i)$。

因此，当数据包的成功传输时刻满足$d_i \leqslant h_i$时，则可以建立在时间$[d_i, h_{i+1})$内的网络化控制系统模型

$$\boldsymbol{x}(k+1)=\boldsymbol{A}\boldsymbol{x}(k)+\boldsymbol{B}\boldsymbol{u}(k), k \in [d_i, h_{i+1}-1] \tag{3-3}$$

其中

$$\boldsymbol{u}(k)=\begin{cases}\boldsymbol{u}(k \mid d_{i-1}), k \in [d_i, h_i-1] \\ \boldsymbol{u}(k \mid d_i), k \in [h_i, h_{i+1}-1]\end{cases}$$

d_i表示第$i(i=1,2,\cdots)$个数据包成功到达控制器的时刻，h_i表示第i $(i=1,2,\cdots)$个数据包成功到达执行器的时刻，并且满足$h_{i+1}-d_i-1 \leqslant N_h+N_d<N$（$N_h$、$N_d$、$N$均为正整数）。此外，在时间$[d_i, h_{i+1}-1]$内传感器-控制通道的总丢包数为$\tau_1(d_i, h_{i+1}-1)=h_{i+1}-d_i-1$并满足$0 \leqslant \tau_1(d_i, h_{i+1}-1) \leqslant N_d+N_h<N$，以及在此时间内控制器-执行器通道的总丢包数为$\tau_2(d_i, h_{i+1}-1)=h_{i+1}-d_i-1$并满足$0 \leqslant \tau_2(d_i, h_{i+1}-1) \leqslant N_d+N_h<N$。因此，在时间$[d_i, h_{i+1}-1]$内，传感器-控制通道和控制器-执行器通道发生数据包丢失的总数为$\tau(d_i, h_{i+1}-1)=\tau_1(d_i, h_{i+1}-1)+\tau_2(d_i, h_{i+1}-1)$并满足$0 \leqslant \tau(d_i)<2N$。假设初始时刻$d_0$满足约束条件$d_0<h_0$时，在初始时间$[d_0, h_0-$

1]内，由于尚无数据包（即预测控制序列）成功传输到缓存器，那么在此时间$[d_0, h_0-1]$内施加在被控对象上的控制量为$\boldsymbol{u}(d_0+l)=\boldsymbol{u}(0), l=0,1,\cdots,h_0-d_0-1$。

备注 3.1 不同于已有文献的丢包描述，即 Bernoulli 过程或 Markov 过程描述数据包丢失过程，本节仅考虑有界丢包，并不要求丢包过程满足某种特定的概率分布，因而更具有数据丢包过程的一般性。此外，由于每个数据包均带有时间戳[5]，所以对于控制器来说，传感器-控制器通道的连续丢包数是已知的，而控制器-执行器通道的连续丢包数是未知的；对于执行器来说，不论传感器-控制器通道的连续丢包数还是控制器-执行器通道的连续丢包数，都是已知量。

3.2.2 基于终端凸集约束的网络化预测控制器设计

基于上述数据包丢失过程描述和 NCSs 建模分析，本小节将给出网络化控制系统（3-3）的网络化预测控制器设计方法，使得闭环 NCSs 渐近稳定且具有一定的控制性能。在此之前，首先给出如下引理。

引理 3.1 如果矩阵 $\boldsymbol{A}_1$ 的谱半径小于等于 1，则对于任意正定矩阵 $\boldsymbol{S}$，都有下面不等式成立：

$$\boldsymbol{A}_1^{\mathrm{T}}\boldsymbol{S}\boldsymbol{A}_1 \leqslant \boldsymbol{S} \tag{3-4}$$

证明 假设 λ 为矩阵 $\boldsymbol{A}_1$ 的任一特征值，而 z 是与特征值 λ 相对应的任一非零特征向量，即 $\boldsymbol{A}_1\boldsymbol{z}=\lambda\boldsymbol{z}$，则有

$$\boldsymbol{z}^{\mathrm{T}}\boldsymbol{A}_1\boldsymbol{S}\boldsymbol{A}_1 z=\lambda^2\boldsymbol{z}^{\mathrm{T}}\boldsymbol{S}\boldsymbol{z} \tag{3-5}$$

由 $\lambda^2\leqslant 1$，可得

$$\boldsymbol{z}^{\mathrm{T}}\boldsymbol{A}_1\boldsymbol{S}\boldsymbol{A}_1\boldsymbol{z}=\boldsymbol{\lambda}^2 z^{\mathrm{T}}\boldsymbol{S}z\leqslant \boldsymbol{z}^{\mathrm{T}}\boldsymbol{S}z \tag{3-6}$$

上式等价于

$$\boldsymbol{z}^{\mathrm{T}}(\boldsymbol{A}_1\boldsymbol{S}\boldsymbol{A}_1-\boldsymbol{S})\boldsymbol{z}\leqslant 0 \tag{3-7}$$

因为不等式(3-7) 恒成立，则可以推出式(3-4) 恒成立。证明完毕。

针对具有有界丢包的 NCSs (3-3)，本节介绍一种带终端状态约束集和终端代价函数的约束预测控制器设计方法。由于这种方法仅将终端状态驱动到一个不变集里即可，不同于文献 [5] 中的 MPC 方法（将终端状态驱动到零状态即平衡点）。下面将具体讨论约束 MPC 算法的设计框架，其中包括离线部分与在线优化部分。然而，数据包丢失导致系统状态间断到达控制器，这样使得控制器只在系统状态成功到达时刻 $k=d_i$，$i=1,2,\cdots$计算预测控制序列并将其通过网络传输至执行器，而在其它时刻控制器并不进行计算，只是将最近一次计算得到的预测控制序列依次

通过网络传输至执行器。所以，下面给出控制器在成功传输时刻 $k=d_i$，$i=1,2,\cdots$ 计算预测控制序列的具体算法。首先考虑如下形式的优化问题：

$$\min_{U(d_i)} J(d_i)=\sum_{l=0}^{N-1}\left[\left\|\boldsymbol{x}(d_i+l\mid d_i)\right\|_{\boldsymbol{Q}}^2+\left\|\boldsymbol{u}(d_i+l\mid d_i)\right\|_{\boldsymbol{R}}^2\right]+\left\|\boldsymbol{x}(d_i+N\mid d_i)\right\|_{\boldsymbol{\Psi}}^2$$

$$\begin{aligned}\text{s. t. }&\boldsymbol{x}(d_i+l+1\mid d_i)=\boldsymbol{A}\boldsymbol{x}(d_i+l\mid d_i)+\boldsymbol{B}\boldsymbol{u}(d_i+l\mid d_i)\\&\|\boldsymbol{u}(d_i+l\mid d_i)\|\leqslant\boldsymbol{u}_{\max},u(d_i+l\mid d_i)\in\boldsymbol{U}(d_i)\\&\boldsymbol{U}(d_i)=[\boldsymbol{u}(d_i\mid d_i),\boldsymbol{u}(d_i+1\mid d_i),\cdots,\boldsymbol{u}(d_i+N-1\mid d_i)]\\&\boldsymbol{x}(d_i+N\mid d_i)\in\boldsymbol{X}_{\mathrm{T}}\end{aligned}\tag{3-8}$$

其中，$\boldsymbol{u}(d_i+i\mid d_i)$表示基于 d_i 时刻系统状态 $\boldsymbol{x}(d_i)$ 对 d_i+i 时刻控制输入的预测值，也是优化问题（3-8）中的优化变量。$\boldsymbol{x}(d_i+i\mid d_i)$ 表示基于 d_i 时刻系统状态信息 $\boldsymbol{x}(d_i)$对 d_i+i 时刻系统状态的预估值，并且满足 $\boldsymbol{x}(d_i\mid d_i)=\boldsymbol{x}(d_i)$。此外，$\boldsymbol{Q}>0$ 和 $\boldsymbol{R}>0$ 分别是状态和输入的加权矩阵，N 是预测时域，正定对称矩阵 $\boldsymbol{\Psi}$ 是需要设计的终端加权矩阵，而凸集 $\boldsymbol{X}_{\mathrm{T}}$ 是如下所定义的终端状态约束集：

$$\boldsymbol{X}_{\mathrm{T}}=\{\boldsymbol{x}(d_i+N\mid d_i)\in\boldsymbol{R}^n\mid\boldsymbol{x}^{\mathrm{T}}(d_i+N\mid d_i)\boldsymbol{\Psi}\boldsymbol{x}(d_i+N\mid d_i)\leqslant1\}\tag{3-9}$$

其中，$\boldsymbol{\Psi}$ 是满足如下条件的正定对称矩阵[15]：

$$(\boldsymbol{A}+\boldsymbol{B}\boldsymbol{F})^{\mathrm{T}}\boldsymbol{\Psi}(\boldsymbol{A}+\boldsymbol{B}\boldsymbol{F})-\boldsymbol{\Psi}+\boldsymbol{Q}+\boldsymbol{F}^{\mathrm{T}}\boldsymbol{R}\boldsymbol{F}<0\tag{3-10}$$

$$u_{\max}^2\boldsymbol{I}-\boldsymbol{F}\boldsymbol{\Psi}^{-1}\boldsymbol{F}^{\mathrm{T}}\geqslant0\tag{3-11}$$

要使得公式(3-10）和公式(3-11）成立当且仅当如下约束条件成立即可：

$$\begin{bmatrix}\boldsymbol{M}&*&*&*\\\boldsymbol{A}\boldsymbol{M}+\boldsymbol{B}\boldsymbol{W}&\boldsymbol{M}&*&*\\\boldsymbol{Q}^{\frac{1}{2}}\boldsymbol{M}&\boldsymbol{0}&\boldsymbol{I}&*\\\boldsymbol{R}^{\frac{1}{2}}\boldsymbol{W}&\boldsymbol{0}&\boldsymbol{0}&\boldsymbol{I}\end{bmatrix}\geqslant0\tag{3-12}$$

$$\begin{bmatrix}u_{\max}^2\boldsymbol{I}&*\\\boldsymbol{W}^{\mathrm{T}}&\boldsymbol{M}\end{bmatrix}\geqslant0\tag{3-13}$$

因此，通过离线求解如下的 LMI 优化问题：

$$\begin{cases}\min\limits_{\boldsymbol{M}>0,\boldsymbol{W}}&-\lg\det(\boldsymbol{M})\\\text{s. t. }(3\text{-}12),(3\text{-}13)\end{cases}\tag{3-14}$$

可以得到终端加权矩阵 $\boldsymbol{\Psi}=\boldsymbol{M}^{-1}$ 和局部镇定控制律 $\boldsymbol{F}=\boldsymbol{W}\boldsymbol{M}^{-1}$，以及终

端状态约束集

$$\boldsymbol{X}_{\mathrm{T}}=\{\boldsymbol{x}:\boldsymbol{x}^{\mathrm{T}}\boldsymbol{\Psi}x\leqslant 1,\boldsymbol{\Psi}=\boldsymbol{M}^{-1}\} \tag{3-15}$$

备注 3.2 公式(3-14)是离线求解终端加权矩阵 $\boldsymbol{\Psi}$、局部反馈控制律 $\boldsymbol{F}$ 和终端约束集 $\boldsymbol{X}_{\mathrm{T}}$ 的优化问题，而公式(3-8)本质上是一个带有终端状态约束集 $\boldsymbol{X}_{\mathrm{T}}$ 的有限时域优化问题。在实际应用中，总是希望终端状态约束集 $\boldsymbol{X}_{\mathrm{T}}$ 尽可能大，这样系统初始可行域就越大。目前，已有文献主要基于两种方法扩大系统的终端约束集：一种是计算量较小的离线设计终端约束集算法，这种算法一般比较保守；另一种是在线优化终端约束集算法，不过该算法常常导致在线计算负担过重。这里仅从离线优化的角度得到终端约束集。

备注 3.3 对于传统预测控制[15]，每个采样时刻均需要在线求解优化问题（3-8），得到最优预测控制序列并将该序列中的第一个元素作用于被控对象。然而，本节考虑了具有有界丢包的网络化控制系统（3-3），所以并不是每个采样时刻都需要在线求解优化问题（3-8）得到最优预测控制序列。也就是说，由于控制器断断续续地接收到来自传感器的数据包即系统状态，则控制器只需基于该状态间断地在线求解优化问题（3-8）得出最优预测控制序列。

总之，在线求解优化问题（3-8）时，最优预测控制序列 $\boldsymbol{U}^{*}(d_i)$ 是基于 d_i 时刻的状态信息 $\boldsymbol{x}(d_i)$ 求解得到并在 h_i 时刻到达缓存器，随后在时间 $[h_i,\ h_{i+1}-1]$ 内一直作用于被控对象。由此可知，在 h_i 时刻之前的时间 $[d_i,\ h_i-1]$ 内，施加在被控对象上的控制量为

$$\boldsymbol{u}(h_i+j)=\boldsymbol{u}^{*}(h_i+j\,|\,d_{i-1}),j=d_i-h_i,d_i-h_i+1,\cdots,-1 \tag{3-16}$$

由于在 d_i 时刻求解优化问题（3-8）时控制量 $\boldsymbol{u}(h_i+j),j=d_i-h_i,d_i-h_i+1,\cdots,-1$ 未知，所以 $\boldsymbol{u}(h_i+j\,|\,d_i),j=d_i-h_i,d_i-h_i+1,\cdots,-1$ 依然是优化问题（3-8）中的优化变量。但是，求解得到的预测控制量 $\boldsymbol{u}^{*}(h_i+j\,|\,d_i),j=d_i-h_i,d_i-h_i+1,\cdots,-1$ 并没有在时间 $[d_i,h_i-1]$ 内作用于被控对象。另外，不难得出如下预测状态的表达式：

$$\boldsymbol{x}(d_i+l\,|\,d_i)=\boldsymbol{A}^{l}\boldsymbol{x}(d_i\,|\,d_i)+\sum_{j=0}^{l-1}\boldsymbol{A}^{j}\boldsymbol{B}\boldsymbol{u}(d_i+l-1-j\,|\,d_i),l=1,2,\cdots,N \tag{3-17}$$

当离线求解线性不等式(LMI)优化问题（3-14）得到局部镇定控制律 $\boldsymbol{F}$、终端状态约束集 $\boldsymbol{X}_{\mathrm{T}}$ 和终端加权矩阵 $\boldsymbol{\Psi}$ 后，在线实时控制时只需求解优化问题（3-8）。根据公式(3-17)，N 步的状态预估值可以通过如下公式计算得出：

$$\begin{bmatrix} \boldsymbol{x}(d_i+1|d_i) \\ \vdots \\ \boldsymbol{x}(d_i+N|d_i) \end{bmatrix} = \begin{bmatrix} \boldsymbol{A} \\ \vdots \\ \boldsymbol{A}^N \end{bmatrix} x(d_i|d_i) + \begin{bmatrix} \boldsymbol{B} & \boldsymbol{0} & \boldsymbol{0} \\ \vdots & \ddots & \boldsymbol{0} \\ \boldsymbol{A}^{N-1}\boldsymbol{B} & \cdots & \boldsymbol{B} \end{bmatrix} \begin{bmatrix} \boldsymbol{u}(d_i|d_i) \\ \vdots \\ \boldsymbol{u}(d_i+N-1|d_i) \end{bmatrix} \tag{3-18}$$

或者等价于

$$\begin{bmatrix} \widetilde{\boldsymbol{x}}(d_i+1, d_i+N-1) \\ \boldsymbol{x}(d_i+N|d_i) \end{bmatrix} = \begin{bmatrix} \widetilde{\boldsymbol{A}} \\ \boldsymbol{A}^N \end{bmatrix} x(d_i|d_i) + \begin{bmatrix} \widetilde{\boldsymbol{B}} \\ \boldsymbol{B}_N \end{bmatrix} \boldsymbol{U}(d_i) \tag{3-19}$$

根据上式，公式(3-8) 中的性能指标可以转换为如下形式：

$$\begin{aligned} J(d_i) = & \left\| \boldsymbol{x}(d_i|d_i) \right\|_Q^2 + \left\| \widetilde{\boldsymbol{A}} x(d_i|d_i) + \widetilde{\boldsymbol{B}} \boldsymbol{U}(d_i) \right\|_{\widetilde{Q}}^2 + \\ & \left\| \boldsymbol{U}(d_i) \right\|_{\widetilde{R}}^2 + \left\| \boldsymbol{A}^N \boldsymbol{x}(d_i|d_i) + \boldsymbol{B}_N \boldsymbol{U}(d_i) \right\|_{\boldsymbol{\Psi}}^2 \end{aligned} \tag{3-20}$$

其中，$\widetilde{\boldsymbol{Q}}$ 与 $\widetilde{\boldsymbol{R}}$ 分别是对角元素为 $\boldsymbol{Q}$ 与 $\boldsymbol{R}$ 的对角矩阵。由于 $\left\| \boldsymbol{x}(d_i|d_i) \right\|_Q^2$ 项是已知量，不影响优化问题（3-8）的优化求解。因此，针对具有有界丢包的网络化控制系统（3-3），其带有终端状态约束集的有限时域预测控制的在线优化问题（3-8）可由下面的线性不等式(LMI) 替代：

$$\min_{\boldsymbol{U}(d_i), \gamma(d_i)} \gamma(d_i) \tag{3-21}$$

并满足如下约束条件：

$$\begin{bmatrix} \gamma(d_i) & * & * & * \\ \widetilde{\boldsymbol{A}} \boldsymbol{x}(d_i|d_i) + \widetilde{\boldsymbol{B}} \boldsymbol{U}(d_i) & \widetilde{\boldsymbol{Q}}^{-1} & * & * \\ \boldsymbol{U}(d_i) & \boldsymbol{0} & \widetilde{\boldsymbol{R}}^{-1} & * \\ \boldsymbol{A}^N \boldsymbol{x}(d_i|d_i) + \boldsymbol{B}_N \boldsymbol{U}(d_i) & \boldsymbol{0} & 0 & \boldsymbol{\Psi}^{-1} \end{bmatrix} \geqslant 0 \tag{3-22}$$

$$\begin{bmatrix} 1 & * \\ \boldsymbol{A}^N x(d_i|d_i) + \boldsymbol{B}_N \boldsymbol{U}(d_i) & \boldsymbol{\Psi}^{-1} \end{bmatrix} \geqslant 0 \tag{3-23}$$

$$\begin{bmatrix} u_{\max}^2 & * \\ \boldsymbol{U}(d_i) & \boldsymbol{I} \end{bmatrix} \geqslant 0 \tag{3-24}$$

其中，式(3-22) 中的 $*$ 表示对称矩阵的相应元素，式(3-23) 满足终端状态约束集，式(3-24) 满足系统控制输入约束（3-2），这样求出 $J(d_i)$ 的最小值 $\gamma(d_i)$。此外，当 d_i 时刻优化问题（3-21）存在最优解 $\boldsymbol{U}^*(d_i) = [\boldsymbol{u}^*(d_i|d_i), \boldsymbol{u}^*(d_i+1|d_i), \cdots, \boldsymbol{u}^*(h_i|d_i), \cdots, \boldsymbol{u}^*(h_{i+1}-1$

$|d_i), \boldsymbol{u}^*(h_{i+1}|d_i), \cdots, \boldsymbol{u}^*(d_i+N-1|d_i)]$时，则 d_{i+1} 时刻优化问题(3-21)的一个可行解可以选择为如下形式表示：$\widetilde{\boldsymbol{U}}(d_{i+1})=[\boldsymbol{u}^*(d_{i+1}|d_i), \cdots, \boldsymbol{u}^*(d_i+N-1|d_i), \boldsymbol{F}x^*(d_i+N|d_i), \cdots, \boldsymbol{F}x(d_{i+1}+N-1|d_i)]$。其中，$\boldsymbol{x}(d_i+N+j|d_i)=(\boldsymbol{A}+\boldsymbol{BF})^j\boldsymbol{x}^*(d_i+N|d_i), j=1, 2, \cdots, d_{i+1}-d_i-1$。

基于以上网络化预测控制算法的描述（包括离线优化部分与在线优化部分），下面给出实现这种网络化预测控制补偿策略的具体步骤。

步骤 1：通过离线求解 LMI 优化问题（3-14），得到局部镇定控制律 $\boldsymbol{F}$、终端状态约束集 $\boldsymbol{X}_{\mathrm{T}}$ 和终端加权矩阵 $\boldsymbol{\Psi}$。

步骤 2：当初始成功传输时刻 d_0 满足条件 $d_0<h_0$ 时，在初始时间 $[d_0, h_0-1]$ 内，由于尚无数据包（即最优预测控制序列）成功传输到缓存器，则在此时间内施加在被控对象上的控制量为 $\boldsymbol{u}(d_0+l)=\boldsymbol{u}(0)$，$l=0,1,\cdots,h_0-d_0-1$。

步骤 3：在 d_i 采样时刻，根据已知状态信息 $\boldsymbol{x}(d_i)=\boldsymbol{x}(d_i|d_i)$，在线求解优化问题（3-21），得到最优预测控制序列 $\boldsymbol{U}^*(d_i)$。在时间$[d_i, h_{i+1})$内，如果$\boldsymbol{U}^*(d_i)$没有到达缓存器，则执行器从缓存器中依次选取 d_{i-1} 时刻求出的最优预测控制序列 $\boldsymbol{U}^*(d_{i-1})$ 中的预测控制量 $\boldsymbol{u}^*(h_i+j|d_{i-1}), j=d_i-h_i, d_i-h_i+1, \cdots, -1$，并将其作用于对象，即$\boldsymbol{u}(h_i+j)=\boldsymbol{u}^*(h_i+j|d_{i-1})$；如果该序列$\boldsymbol{U}^*(d_i)$在 h_i 时刻到达缓存器，则执行器从缓存器中依次选取预测控制量 $\boldsymbol{u}^*(h_i+j|d_i)$，$j=0,1,\cdots,h_{i+1}-h_i-1$，并将其作用于被控对象，即 $\boldsymbol{u}(h_i+j)=\boldsymbol{u}^*(h_i+j|d_i)$。

步骤 4：在 d_{i+1} 采样时刻，令 $d_i=d_{i+1}$，重复步骤 3。

3.2.3 网络化预测控制器的可行性与稳定性分析

在网络化预测控制器设计中，可行性常常与稳定性证明密切相关，并且是稳定性分析的基础。有时预测控制的稳定性条件可以直接从可行性条件中推导得出。因此，可以得出如下结论。

定理 3.1 对于具有有界丢包的网络化控制系统（3-3），选取预测时域 N 大于丢包上界 N_d+N_h，即 $N_d+N_h<N$。如果存在矩阵 $\boldsymbol{M}>0$，$\boldsymbol{W}$ 使得优化问题（3-14）成立，以及在此基础上存在 $\boldsymbol{U}^*(d_i), \gamma^*(d_i)$使得优化问题(3-21)～(3-24）成立，那么在时间［d_i，h_{i+1}）内，当该序列 $\boldsymbol{U}^*(d_i)$ 没有到达缓存器时，执行器就从缓存器中依次选取之前最优预测控制序列 $\boldsymbol{U}^*(d_{i-1})$ 中的预测控制量 $\boldsymbol{u}^*(h_i+j|d_{i-1}), j=d_i-h_i$，

$d_i-h_i+1,\cdots,-1$，并将其施加于被控对象；当该序列 $\boldsymbol{U}^*(d_i)$ 在 h_i 时刻到达缓存器时，执行器就从缓存器中依次选取预测控制量$\boldsymbol{u}^*(h_i+j|d_i),j=0,1,\cdots,h_{i+1}-h_i-1$，并将其施加于被控对象。这种网络化预测控制策略将使得网络化控制系统（3.3）渐近稳定。

证明 不失一般性，假定 d_i，d_{i+1}，d_{i+2}（$d_i<d_{i+1}<d_{i+2}$，$d_{i+1}-d_i\leqslant N_d$，$d_{i+2}-d_{i+1}\leqslant N_d$）时刻的数据包能够从传感器成功传送到控制器，而 d_i，d_{i+1}，d_{i+2} 时刻之间的数据包均发生丢失现象；同理，假定 h_i，h_{i+1}，h_{i+2}（$h_i<h_{i+1}<h_{i+2}$，$h_{i+1}-h_i\leqslant N_h$，$h_{i+2}-h_{i+2}\leqslant N_h$）时刻的数据包能够从控制器成功传送到缓存器，而 h_i，h_{i+1}，h_{i+2} 时刻之间的数据包均发生丢失现象。如果离线优化问题（3-14）以及在线优化问题（3-21）～(3-24）均存在最优解，那么可以得到如下形式的最优性能指标：

$$J^*(d_i)=\sum_{l=0}^{N-1}\left[\left\|\boldsymbol{x}^*(d_i+l|d_i)\right\|_{\boldsymbol{Q}}^2+\left\|\boldsymbol{u}^*(d_i+l|d_i)\right\|_{\boldsymbol{R}}^2\right]+\left\|\boldsymbol{x}^*(d_i+N|d_i)\right\|_{\boldsymbol{\Psi}}^2 \tag{3-25}$$

以及最优预测控制序列与最优状态序列：

$$\begin{aligned}\boldsymbol{U}^*(d_i)&=[\boldsymbol{u}^*(d_i|d_i)\ \boldsymbol{u}^*(d_i+1|d_i)\ \cdots\ \boldsymbol{u}^*(h_i|d_i)\ \boldsymbol{u}^*(h_i+1|d_i)\ \cdots\ \boldsymbol{u}^*(d_i+N-1|d_i)]\\ \boldsymbol{X}^*(d_i)&=[\boldsymbol{x}^*(d_i|d_i)\ \boldsymbol{x}^*(d_i+1|d_i)\ \cdots\ \boldsymbol{x}^*(h_i|d_i)\ \boldsymbol{x}^*(h_i+1|d_i)\ \cdots\ \boldsymbol{x}^*(d_i+N|d_i)]\end{aligned} \tag{3-26}$$

根据所给出的网络化预测控制方法，当 h_i 与 h_{i+1} 之间发生丢包时，则在时间 $[h_i,h_{i+1}-1]$ 内将预测控制序列$[\boldsymbol{u}^*(h_i|d_i),\boldsymbol{u}^*(h_i+1|d_i),\cdots,\boldsymbol{u}^*(h_{i+1}-1|d_i)]$依次作用到被控对象。因为 $\boldsymbol{x}^*(d_i+N|d_i)\in\boldsymbol{X}_{\mathrm{T}}$ 并且 $\boldsymbol{X}_{\mathrm{T}}$ 是不变集，所以在 d_{i+1} 时刻，将存在优化问题（3-21）～(3-24）的一个可行解，即

$$\begin{aligned}\widetilde{\boldsymbol{U}}(d_{i+1})=[&\boldsymbol{u}^*(d_{i+1}|d_i),\cdots,\boldsymbol{u}^*(d_i+N-1|d_i),\\ &\boldsymbol{Fx}^*(d_i+N|d_i),\cdots,\boldsymbol{Fx}(d_{i+1}+N-1|d_i)]\end{aligned}$$

其中

$$\boldsymbol{x}(d_i+N+j|d_i)=(\boldsymbol{A}+\boldsymbol{BF})^j\boldsymbol{x}^*(d_i+N|d_i),j=1,2,\cdots,d_{i+1}-d_i-1 \tag{3-27}$$

由于网络化控制系统（3-3）没有存在不确定性以及外界干扰，所以在可行控制序列 $\widetilde{\boldsymbol{U}}(d_{i+1})$ 的作用下，必然有

$$\boldsymbol{x}(d_{i+1}+l|d_{i+1})=\boldsymbol{x}^*(d_{i+1}+l|d_i),l=0,1,\cdots,d_i+N-d_{i+1} \tag{3-28}$$

以及

$$\boldsymbol{x}(d_i+N+L\mid d_{i+1})=(\boldsymbol{A}+\boldsymbol{BF})^L\boldsymbol{x}^*(d_i+N\mid d_i), L=1,2,\cdots,d_{i+1}-d_i \tag{3-29}$$

此时相应的状态序列为

$$[\boldsymbol{x}^*(d_{i+1}\mid d_i),\cdots,\boldsymbol{x}^*(d_i+N\mid d_i),(\boldsymbol{A}+\boldsymbol{BF})\boldsymbol{x}^*(d_i+N\mid d_i),\cdots,\\ (\boldsymbol{A}+\boldsymbol{BF})^{d_{i+1}-d_i}\boldsymbol{x}^*(d_i+N\mid d_i)] \tag{3-30}$$

因为终端状态 $\boldsymbol{x}^*(d_i+N\mid d_i)\in\boldsymbol{X}_{\mathrm{T}}$，所以只需要证明在控制序列 $[\boldsymbol{Fx}^*(d_i+N\mid d_i),\cdots,\boldsymbol{Fx}^*(d_{i+1}+N-1\mid d_i)]$的作用下，系统的终端状态 $x(d_{i+1}+N\mid d_{i+1})$仍然满足终端状态约束集 $\boldsymbol{X}_{\mathrm{T}}$ 即可。

如果存在局部镇定控制律 $\boldsymbol{F}$ 使得离线优化问题（3-14）成立，那么将使得矩阵 $\boldsymbol{A}+\boldsymbol{BF}$ 的特征值均在单位圆内。由此，基于引理 3.1，可得

$$(\boldsymbol{A}+\boldsymbol{BF})^{\mathrm{T}}\boldsymbol{M}^{-1}(\boldsymbol{A}+\boldsymbol{BF})\leqslant\boldsymbol{M}^{-1} \tag{3-31}$$

进一步，由 $d_{i+1}-d_i\geqslant1$，很容易得出

$$[(\boldsymbol{A}+\boldsymbol{BF})^{d_{i+1}-d_i}]^{\mathrm{T}}\boldsymbol{M}^{-1}(\boldsymbol{A}+\boldsymbol{BF})^{d_{i+1}-d_i}\leqslant(\boldsymbol{A}+\boldsymbol{BF})^{\mathrm{T}}\boldsymbol{M}^{-1}(\boldsymbol{A}+\boldsymbol{BF})\leqslant\boldsymbol{M}^{-1} \tag{3-32}$$

再者，由于

$$\begin{aligned}&\boldsymbol{x}^{\mathrm{T}}(d_{i+1}+N\mid d_{i+1})\boldsymbol{M}^{-1}\boldsymbol{x}(d_{i+1}+N\mid d_{i+1})\\ =&[\boldsymbol{x}^*(d_i+N\mid d_i)]^{\mathrm{T}}[(\boldsymbol{A}+\boldsymbol{BF})^{d_{i+1}-d_i}]^{\mathrm{T}}\boldsymbol{M}^{-1}(\boldsymbol{A}+\boldsymbol{BF})^{d_{i+1}-d_i}\boldsymbol{x}^*(d_i+N\mid d_i)\\ \leqslant&[\boldsymbol{x}^*(d_i+N\mid d_i)]^{\mathrm{T}}\boldsymbol{M}^{-1}\boldsymbol{x}^*(d_i+N\mid d_i)\end{aligned} \tag{3-33}$$

这说明在 d_{i+1} 时刻，以 $\boldsymbol{x}^*(d_{i+1}\mid d_i)$为初始状态，在控制序列$\widetilde{\boldsymbol{U}}(d_{i+1})$的作用下，$\boldsymbol{x}(d_{i+1}+N\mid d_{i+1})$依然属于终端状态约束集 $\boldsymbol{X}_{\mathrm{T}}$，即 $\boldsymbol{x}(d_{i+1}+N\mid d_{i+1})\in\boldsymbol{X}_{\mathrm{T}}$。

另一方面，由公式(3-32）和公式(3-33）可以看出，$\boldsymbol{WM}^{-1}\boldsymbol{x}^*(d_i+N+j\mid d_i), j=0,1,\cdots,d_{i+1}-d_i-1$ 满足（3-2）的控制输入约束条件。因此，$\widetilde{\boldsymbol{U}}(d_{i+1})$ 是公式(3-22)、公式(3-23）和公式(3-24）的一个可行解。

下面对上小节所提算法的稳定性进行分析。设 $J^*(d_i)$ 和 $J^*(d_{i+1})$ 分别对应 d_i 时刻和 d_{i+1} 时刻性能指标的最优值，而 $J(d_{i+1})$ 是可行控制序列 $\widetilde{\boldsymbol{U}}(d_{i+1})$ ［非最优解 $\boldsymbol{U}^*(d_{i+1})$ ］所对应的性能指标，由下式表示：

$$J(d_{i+1})=\sum_{l=d_{i+1}-d_i}^{N-1}\left[\left\|\boldsymbol{x}^*(d_i+l\,|\,d_i)\right\|_{\boldsymbol{Q}}^2+\left\|\boldsymbol{u}^*(d_i+l\,|\,d_i)\right\|_{\boldsymbol{R}}^2\right]+$$
$$\sum_{l=0}^{d_{i+1}-d_i-1}\left[\left\|\boldsymbol{x}^*(d_i+N+l\,|\,d_i)\right\|_{\boldsymbol{Q}}^2+\left\|\boldsymbol{Fx}^*(d_i+N+l\,|\,d_i)\right\|_{\boldsymbol{R}}^2\right]+$$
$$\left\|\boldsymbol{x}^*(d_{i+1}+N\,|\,d_i)\right\|_{\boldsymbol{\Psi}}^2 \tag{3-34}$$

根据公式(3-10)，对于 $0\leqslant l\leqslant d_{i+1}-d_i-1$，有

$$\left\|\boldsymbol{x}^*(d_i+N+l\,|\,d_i)\right\|_{\boldsymbol{Q}}^2+\left\|\boldsymbol{Fx}^*(d_i+N+l\,|\,d_i)\right\|_{\boldsymbol{R}}^2$$
$$\leqslant\left\|\boldsymbol{x}^*(d_i+N+l\,|\,d_i)\right\|_{\boldsymbol{\Psi}}^2-\left\|\boldsymbol{x}^*(d_i+N+l+1\,|\,d_i)\right\|_{\boldsymbol{\Psi}}^2 \tag{3-35}$$

将上式两边从 $l=0$ 到 $l=d_{i+1}-d_i-1$ 进行叠加，可得

$$\sum_{l=0}^{d_{i+1}-d_i-1}\left\{\left\|\boldsymbol{x}^*(d_i+N+l\,|\,d_i)\right\|_{\boldsymbol{Q}}^2+\left\|\boldsymbol{Fx}^*(d_i+N+l\,|\,d_i)\right\|_{\boldsymbol{R}}^2\right\}$$
$$\leqslant\sum_{l=0}^{d_{i+1}-d_i-1}\left\{\left\|\boldsymbol{x}^*(d_i+N+l\,|\,d_i)\right\|_{\boldsymbol{\Psi}}^2-\left\|\boldsymbol{x}^*(d_i+N+l+1\,|\,d_i)\right\|_{\boldsymbol{\Psi}}^2\right\}$$
$$=\left\|\boldsymbol{x}^*(d_i+N\,|\,d_i)\right\|_{\boldsymbol{\Psi}}^2-\left\|\boldsymbol{x}^*(d_{i+1}+N\,|\,d_i)\right\|_{\boldsymbol{\Psi}}^2 \tag{3-36}$$

由公式(3-34) 与公式(3-36) 可得

$$J(d_{i+1})\leqslant\sum_{l=d_{i+1}-d_i}^{N-1}\left[\left\|\boldsymbol{x}^*(d_i+l\,|\,d_i)\right\|_{\boldsymbol{Q}}^2+\left\|\boldsymbol{u}^*(d_i+l\,|\,d_i)\right\|_{\boldsymbol{R}}^2\right]+$$
$$\left\|\boldsymbol{x}^*(d_i+N\,|\,d_i)\right\|_{\boldsymbol{\Psi}}^2\leqslant J^*(d_i) \tag{3-37}$$

根据最优原理，可得

$$J^*(d_{i+1})\leqslant J(d_{i+1})\leqslant J^*(d_i) \tag{3-38}$$

由于选取性能指标函数的最优值为 Lyapunov 函数，则闭环系统渐近稳定。证明完毕。

备注 3.4 由于考虑了具有多数据包丢失的网络化控制系统的预测控制问题，所以分析网络化预测控制器算法的可行性和稳定性不同于传统预测控制算法。具体来说，在多数据包丢失的情况下，选取的 Lyapunov 函数是每一成功传输时刻 d_i，d_{i+1}，… 性能指标的最优值 $J^*(d_i)$，$J^*(d_{i+1})$，…，且保证 $J^*(d_{i+1})\leqslant J^*(d_i)$成立，并非保证每一 k 采样时刻的性能指标满足 $J^*(k+1)\leqslant J^*(k)$。不过，如果每一成功传输时刻

d_i，d_{i+1}，…性能指标的最优值满足 $J^*(d_{i+1}) \leqslant J^*(d_i)$，则使得在时间$[d_i, d_{i+1}]$内，每一采样时刻性能指标的最优值均满足 $J^*(l+1) \leqslant J^*(l)$，$l = d_i, d_i+1, \cdots, d_{i+1}-1$。

备注 3.5 只有被控对象是精确的离散线性时不变模型且不含有噪声，才能得出定理 3.1 这样的结论。然而，在实际应用中，由于系统非线性，模型失配以及外界干扰的存在，很难建立被控对象的精确数学模型。因此，若被控对象时变，或模型具有不确定性，或含有噪声，则定理 3.1 将不再成立。

3.2.4 数值仿真

本小节针对线性标称被控对象模型，介绍一种基于终端状态约束集的网络化预测控制方法以补偿数据包丢失产生的影响。为了验证该网络化预测控制算法的有效性，考虑如下一个倒立摆系统的控制问题[16]（见图 3-3），并将该算法与 Gao 等人[16,17] 的算法进行比较。

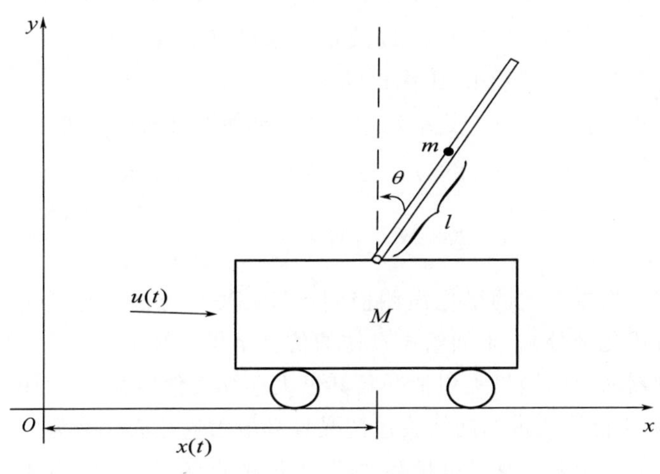

图 3-3 倒立摆系统

在如图 3-3 所示的倒立摆系统中，M 和 m 分别表示车和摆的质量；l 是摆的旋转点到摆重心的距离；x 是车的位置；u 是沿 x 方向施加到小车上的力；θ 是摆偏离垂直方向的角度。另外假设摆是一根细杆，并且其表面光滑而没有摩擦力。于是，通过采用牛顿第二定律，得到如下的运动学模型：

$$
\begin{aligned}
&(M+m)\ddot{x}+ml\ddot{\theta}\cos\theta-ml\dot{\theta}^2\sin\theta=u\\
&ml\ddot{x}\cos\theta+4/3ml^2\ddot{\theta}-mgl\sin\theta=0
\end{aligned}
\tag{3-39}
$$

其中，g 是重力加速度。选择系统的状态变量 $\boldsymbol{z}=[z_1 \quad z_2]^{\mathrm{T}}=[\theta \quad \dot{\theta}]^{\mathrm{T}}$，并在平衡点处 $\boldsymbol{z}=[0 \quad 0]^{\mathrm{T}}$ 线性化运动学模型（3-39），可以得到如下状态空间模型：

$$
\dot{\boldsymbol{z}}(t)=\begin{bmatrix}0 & 1\\ 3(M+m)g/l(4M+m) & 0\end{bmatrix}\boldsymbol{z}(t)+\begin{bmatrix}0\\ -3/l(4M+m)\end{bmatrix}\boldsymbol{u}(t)
\tag{3-40}
$$

其中，系统参数分别为 $M=8.0\mathrm{kg}$，$m=2.0\mathrm{kg}$，$l=0.5\mathrm{m}$，$g=9.8\mathrm{m/s^2}$。以采样周期为 $T_{\mathrm{s}}=0.03\mathrm{s}$ 离散化系统模型（3-40），得到如下离散时间系统模型：

$$
\boldsymbol{x}(k+1)=\begin{bmatrix}1.0078 & 0.0301\\ 0.5202 & 1.0078\end{bmatrix}\boldsymbol{x}(k)+\begin{bmatrix}-0.0001\\ -0.0053\end{bmatrix}\boldsymbol{u}(k)
\tag{3-41}
$$

由系统模型可知，系统的极点分别是 1.1329 和 0.8827，所以此系统是不稳定的。给定性能指标中的状态和输入的加权矩阵分别为 $\boldsymbol{Q}=\boldsymbol{I}_2$，$R=0.1$，预测时域 $N=14$ 以及初始系统状态 $\boldsymbol{x}(0)=[0.5 \quad -0.3]^{\mathrm{T}}$。将上述参数代入离线 LMI 优化问题（3-14）并进行计算，可以得到如下的局部镇定控制律 $\boldsymbol{F}$、终端约束集 $\boldsymbol{X}_{\mathrm{T}}$ 和终端加权矩阵 $\boldsymbol{\Psi}$：

$$
\boldsymbol{F}=[221.8937 \quad 53.4029],\boldsymbol{X}_{\mathrm{T}}=\{\boldsymbol{x}\in\boldsymbol{R}^n \mid \boldsymbol{x}^{\mathrm{T}}\boldsymbol{M}^{-1}\boldsymbol{x}\leqslant 1\},
$$

$$
\boldsymbol{\Psi}=\boldsymbol{M}^{-1},\boldsymbol{M}=\begin{bmatrix}0.0075 & -0.0309\\ -0.0309 & 0.1292\end{bmatrix}
$$

根据上述网络化预测控制（NMPC）方法（包括离线优化部分与在线优化部分），下面给出具体的仿真结果。其中，图 3-4 给出了传感器-控制器通道的网络丢包情况且其最大连续丢包数为 7，而图 3-5 给出了控制器-执行器通道的网络丢包情况且其最大连续丢包数为 7。此外，在图 3-4 和图 3-5 中，数据包状态“1”表征数据包成功到达接收端，而数据包状态“0”表征数据包未成功到达接收端，即数据包在传输中丢失。图 3-6 和图 3-7 给出了倒立摆系统状态轨迹的比较结果，其中，实线表示由本文提出的网络化预测控制方法所得到的状态轨迹，而虚线表示文献［16］所提出的控制方法所得到的状态轨迹。从图 3-6 和图 3-7 可以看出：在数据包有界丢失的情况下，所设计的网络化预测控制方法能够使得被控对象渐近稳定，并且得到较好的系统性能。然而，采用文献［16］所提出的控制方法并不能成功地镇定被控对象（系统状态处于振荡发散情况），也就是说这种控制方法不能很好地补偿数据包丢失带来的影响。图 3-8 给出了图 3-6 和图 3-7 所对应的控制输入轨迹，其中根据文献［16］所求出的控制输入在仿真时间段内始终存在，而根据 NMPC 所求出的控制输入在仿真时间段内逐渐趋于零。这些结果表明了本文所设计的网络化预测控制方法比文献［16］的控制方法要有效得多。

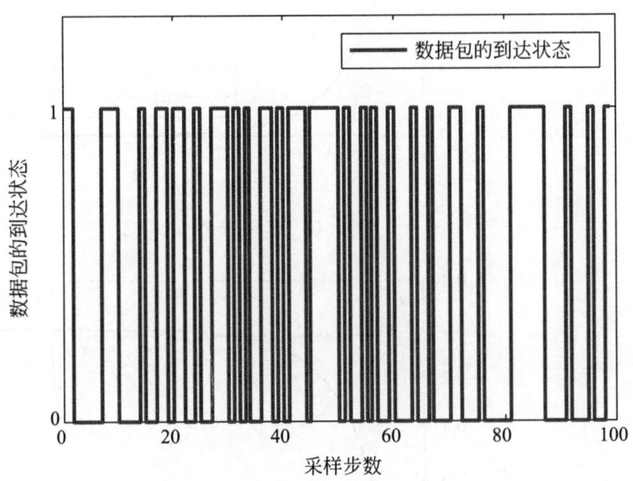

图 3-4 传感器-控制器通道的丢包状况

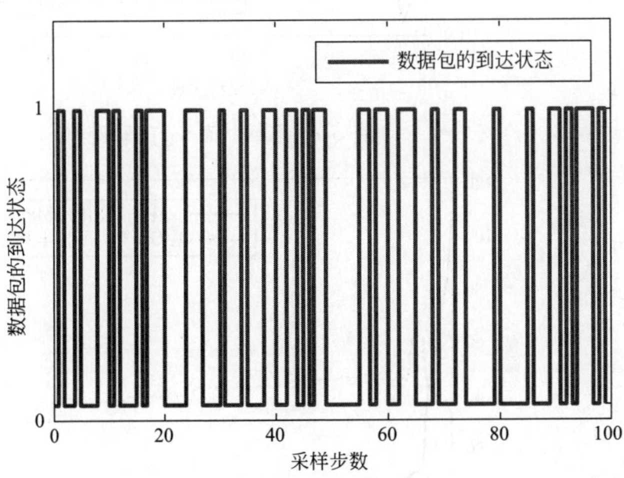

图 3-5 控制器-执行器通道的丢包状况

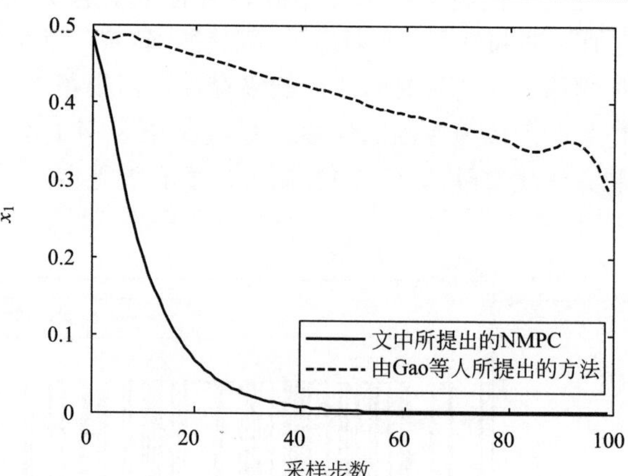

图 3-6 系统状态 x_1 的轨迹

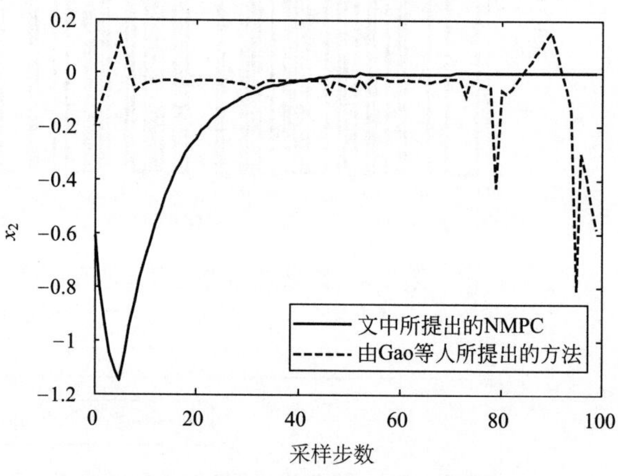

图 3-7 系统状态 x_2 的轨迹

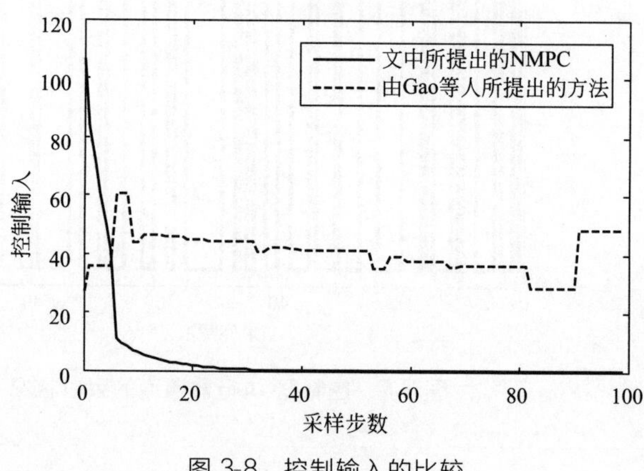

图 3-8 控制输入的比较

为了进一步验证该网络化预测控制方法的有效性，将其与文献［16，17］中的方法比较，具体的比较结果显示在表 3-1 中。从表 3-1 可以看出，与已有结果[16,17] 相比，所设计的网络化预测控制方法能够容忍更多的连续数据包丢失，即更大的连续丢包数目。也就是说，当丢包上界 $N_d+N_h=14$ 时，所提出的网络化预测控制方法仍能使得倒立摆系统稳定，而文献［16，17］中的方法并不能成功地镇定倒立摆系统。

表 3-1　基于不同方法所得到的数据包丢失上界

丢包上界	文献[16]方法	文献[17]方法	网络预测控制算法
N_d+N_h	7	9	14

3.3 具有控制输入量化的网络化控制系统的鲁棒预测控制

在 NCSs 中，控制器与被控对象是通过不可靠共享网络进行数据传输。由于网络带宽受限，使得数据在传输之前必须先进行量化，降低数据包的大小，然后再传输，这样不可避免地对系统的稳定性和性能产生影响。本节针对前向通道具有控制输入量化的情况，将介绍一种网络化控制系统的鲁棒预测控制方法。

3.3.1 网络化控制系统的建模

考虑如图 3-9 所示的网络化控制系统结构。这个网络化控制系统是由传感器、控制器、编码器、不可靠网络、解码器以及被控对象构成。其中，被控对象可由如下离散线性时不变状态空间模型描述：

$$\boldsymbol{x}(k+1)=\boldsymbol{A}\boldsymbol{x}(k)+\boldsymbol{B}\boldsymbol{v}(k) \tag{3-42}$$

其中，$\boldsymbol{x}(k)\in\boldsymbol{R}^n$，$\boldsymbol{v}(k)\in\boldsymbol{R}^m$ 分别为系统状态和控制输入，$\boldsymbol{A}$ 与 $\boldsymbol{B}$ 分别为适当维数的系统矩阵。假设系统矩阵 $\boldsymbol{A}$ 是不稳定矩阵，($\boldsymbol{A}$，$\boldsymbol{B}$) 是可控的。

考虑到不可靠网络的量化作用，系统模型（3-42）可进一步描述为

$$\boldsymbol{v}(k)=f(\boldsymbol{x}(k)) \tag{3-43}$$

$$f(\boldsymbol{u}(k))=[f_1(\boldsymbol{u}_1(k))\quad f_2(\boldsymbol{u}_2(k))\quad\cdots\quad f_m(\boldsymbol{u}_m(k))]^{\mathrm{T}} \tag{3-44}$$

$$\boldsymbol{u}(k)=g(\boldsymbol{x}(k)) \tag{3-45}$$

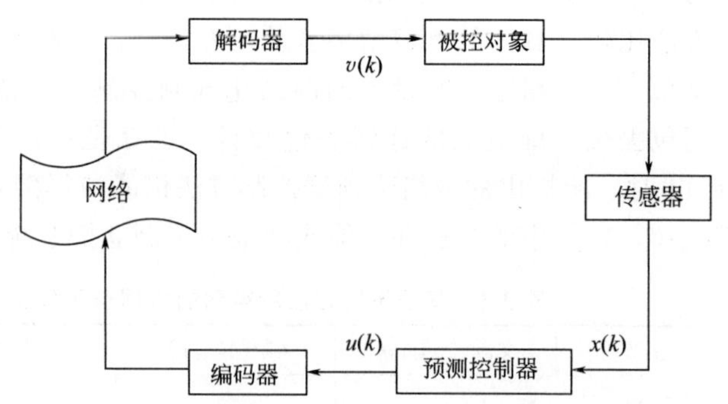

图 3-9 具有控制输入量化的网络化控制系统

其中，$g(\cdot)$ 表示非量化的反馈控制律，$u_j(k)$ 表示控制器输出 u 的第 j 个分量，$f_j(\cdot)$ 表示第 j 个对称量化器，即 $f(-u_j(k))=-f(u_j(k)),j=1,\cdots,m$。这里所采用的量化器是一类结构简单的静态时不变量化器，即对数量化器[8,9]。首先，了解一下对数量化器的定义及其主要特性。

定义 3.1 一个量化器被称为对数量化器，如果它的量化级数集合可表示为如下形式：

$$V=\{\pm v_i,v_i=\rho^i v_0,i=\pm 1,\pm 2,\cdots\}\cup\{\pm v_0\}\cup\{0\},0<\rho<1,\quad v_0>0 \tag{3-46}$$

其中，每一量化级数 v_i 对应一个可行区域，并且每一量化器 $f_j(\cdot)$ 将每一可行区域映射为一个量化级数。这些可行区域构成了整个控制输入的可行域 $\overline{\boldsymbol{R}}$，并且成为可行域 $\overline{\boldsymbol{R}}$ 的一个分割，即这些可行区域没有交集且其合集为整个控制输入的可行域 $\overline{\boldsymbol{R}}$。映射关系 $f_j(\cdot)$ 可定义为

$$f_j(u_j)=\begin{cases} v_i^{(j)} & \dfrac{1}{1+\delta_j}v_i^{(j)}<u_j\leqslant\dfrac{1}{1-\delta_j}v_i^{(j)},u_j>0 \\ 0 & u_j=0 \\ -f_j(-u_j) & u_j<0 \end{cases} \tag{3-47}$$

其中

$$\delta_j=\frac{1-\rho_j}{1+\rho_j},\delta=\mathrm{diag}\{\delta_1\quad\delta_2\quad\cdots\quad\delta_m\},j=1,\cdots,m \tag{3-48}$$

根据文献［8］所述，对数量化器 $u(k|k)$ 的量化密度表示为

$$n_j = \lim \sup_{\varepsilon \to 0} \frac{\# g_j[\varepsilon]}{-\ln\varepsilon} \tag{3-49}$$

其中，$\# g_j[\varepsilon]$ 表示式(3-46) 中的量化级数在区间 $[\varepsilon, 1/\varepsilon]$ 内的数目。显然，根据上述定义，量化密度 n_j 随着区间 $[\varepsilon, 1/\varepsilon]$ 的增长呈对数形式增长。若量化级数的数目有限，由 n_j 的定义公式(3-49) 可以得到 $n_j=0$。当 n_j 减小时，量化级数减少，此时量化器越“粗糙”。从文献［8］可以看出，对于对数量化器而言，式(3-49) 所述的量化密度可以简化成 $n_j=2[\ln(\rho_j^{-1})]^{-1}$。该式反映：$\rho_j$ 的值越小，量化密度越小。本章节将 ρ_j 看作量化器 $f_j(\cdot)$ 的量化密度，其中对数量化器可由图 3-10 表示。

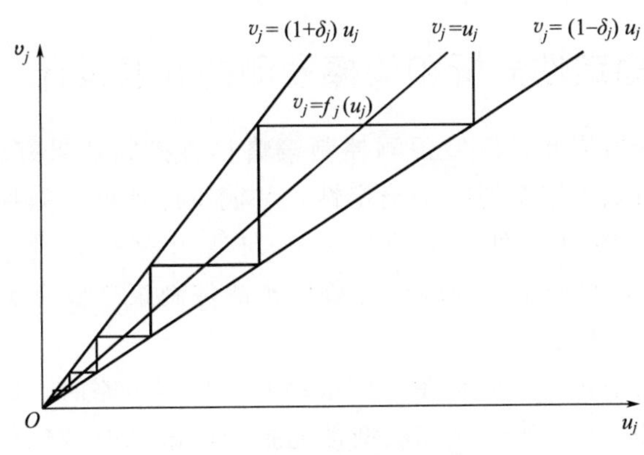

图 3-10 对数量化器

备注 3.6 在通信网络中，数据的量化过程是必然存在的。一方面，网络中的控制器大部分都是数字控制器，并且 A/D 和 D/A 转换器的存在使得数据传输只能以有限的精度进行。另一方面，通信网络的带宽受限使得网络传输能力有限。因此，为了减少有限带宽的占用，数据通过网络传输之前必须进行量化。文献［7］证明：使得一个离散线性时不变系统二次镇定的最粗糙或密度最小的静态量化器是对数量化器，而且最粗糙量化密度与系统的不稳定极点有关。因此，本章采用对数量化器。

根据文献［8］所提出的扇形有界方法，那么控制输入与控制器输出的关系可以表示成

$$\boldsymbol{v}(k) = f(\boldsymbol{u}(k)) = (\boldsymbol{I} + \boldsymbol{\Delta}(k))\boldsymbol{u}(k) \tag{3-50}$$

基于公式(3-42) 和公式(3-50)，具有控制输入量化的网络化控制系统模

型可以描述为

$$\boldsymbol{x}(k+1)=\boldsymbol{A}\boldsymbol{x}(k)+\boldsymbol{B}\boldsymbol{v}(k)=\boldsymbol{A}\boldsymbol{x}(k)+\boldsymbol{B}(\boldsymbol{I}+\boldsymbol{\Delta}(k))\boldsymbol{u}(k) \tag{3-51}$$

其中

$$\boldsymbol{\Delta}(k)=\mathrm{diag}\{\boldsymbol{\Delta}_1(k),\boldsymbol{\Delta}_2(k),\cdots,\boldsymbol{\Delta}_m(k)\},|\boldsymbol{\Delta}_j(k)|\leqslant\delta_j,\boldsymbol{\Delta}(k)\in[-\boldsymbol{\delta},\boldsymbol{\delta}] \tag{3-52}$$

由文献［8］可知，公式(3-51）和公式(3-52）所描述的系统等价于公式(3-42)～公式(3-45）描述的系统。这样，具有控制输入量化的网络化控制系统就转化为具有结构不确定的线性系统。因此，本章节将针对公式(3-51）所描述的不确定系统，在给定量化密度的情况下设计使得系统渐近稳定的鲁棒预测控制器，以及在保证系统稳定性和一定控制性能的基础上，进一步得到最粗糙的量化密度。下一小节将具体介绍网络化鲁棒预测控制器的设计方法，以克服控制输入量化带来的不确定性。

3.3.2 稳定性分析和鲁棒预测控制器设计

众所周知，模型预测控制策略具有控制效果好、鲁棒性强等优点，可以有效克服系统的不确定性，并能很好地处理被控变量和操作变量中的各种约束条件。本节针对前向通道存在量化的网络化控制系统(3-51)，将介绍一种网络化鲁棒预测控制策略以克服控制输入量化带来的不确定性。

网络化预测控制在实施滚动时域控制策略时，通常是基于一个预测模型和一个无穷时域二次型性能指标的滚动时域优化算法。首先，其预测模型可由下式表示：

$$\begin{aligned}\boldsymbol{x}(k+l+1|k)&=\boldsymbol{A}\boldsymbol{x}(k+l|k)+\boldsymbol{B}\boldsymbol{v}(k+l|k)\\&=\boldsymbol{A}\boldsymbol{x}(k+l|k)+\boldsymbol{B}(\boldsymbol{I}+\boldsymbol{\Delta}(k))\boldsymbol{u}(k+l|k),l\geqslant 0\end{aligned} \tag{3-53}$$

其中，$\boldsymbol{x}(k+l|k)$表示基于 k 时刻的已知信息预估 $k+l$ 时刻的系统状态，$\boldsymbol{u}(k+l|k)$表示基于 k 时刻的已知信息预测 $k+l$ 时刻的控制器输出，则控制器的预测输出序列 $\boldsymbol{U}_0^\infty$ 可以由下式表示：

$$\begin{aligned}\boldsymbol{U}_0^\infty(k)=[\boldsymbol{u}(k|k),\ \ \boldsymbol{U}_1^\infty(k)],\boldsymbol{U}_1^\infty(k)=\{\boldsymbol{u}(k+l|k)\in\boldsymbol{R}^m:\\ \boldsymbol{u}(k+l|k)=\boldsymbol{K}(k)\boldsymbol{x}(k+l|k),l\geqslant 1\}\end{aligned} \tag{3-54}$$

其中，$\boldsymbol{u}(k|k)$是预测输出序列 $\boldsymbol{U}_0^\infty$ 中的第一个元素且满足 $\boldsymbol{u}(k)=\boldsymbol{u}(k|k)$，并且在 k 时刻通过具有量化作用的共享网络传输至解码器，而 $\boldsymbol{U}_0^\infty$ 中其它的预测输出量 $\boldsymbol{u}(k+l|k)(l\geqslant 1)$可由 k 时刻的反馈控制律 $\boldsymbol{K}(k)$ 计算得到。于是，基于无穷时域的二次型性能指标 $J(k)$，在 k 时刻求解预测输出序列 $\boldsymbol{U}_0^\infty$ 的网络化鲁棒预测控制问题可以转化为下面的

在线优化问题：

$$\min_{U_0^\infty}\max_{\boldsymbol{\Delta}(k)} J(k)=\min_{U_0^\infty}\max_{\boldsymbol{\Delta}(k)}\sum_{l=0}^{\infty}\left[\left\|\boldsymbol{x}(k+l|k)\right\|_{\boldsymbol{Q}}^2+\left\|(\boldsymbol{I}+\boldsymbol{\Delta}(k))\boldsymbol{u}(k+l|k)\right\|_{\boldsymbol{R}}^2\right]$$
$$=\min_{U_0^\infty}\max_{\boldsymbol{\Delta}(k)}\left[J_0(k)+J_1(k)\right] \tag{3-55}$$

以及

$$J_0(k)=\boldsymbol{x}^{\mathrm{T}}(k|k)\boldsymbol{Q}\boldsymbol{x}(k|k)+[(\boldsymbol{I}+\boldsymbol{\Delta}(k))\boldsymbol{u}(k|k)]^{\mathrm{T}}\boldsymbol{R}[(\boldsymbol{I}+\boldsymbol{\Delta}(k))\boldsymbol{u}(k|k)]$$

$$J_1(k)=\sum_{l=1}^{\infty}\{\boldsymbol{x}^{\mathrm{T}}(k+l|k)\boldsymbol{Q}\boldsymbol{x}(k+l|k)+[(\boldsymbol{I}+\boldsymbol{\Delta}(k))\boldsymbol{u}(k+l|k)]^{\mathrm{T}}$$
$$\boldsymbol{R}[(\boldsymbol{I}+\boldsymbol{\Delta}(k))\boldsymbol{u}(k+l|k)]\}$$

其中，对称正定矩阵 $\boldsymbol{Q}=\boldsymbol{Q}^{\mathrm{T}}>0$，$\boldsymbol{R}=\boldsymbol{R}^{\mathrm{T}}>0$ 是状态和输入加权矩阵，$u(k|k)$是目标函数中的优化变量。假设系统的状态 $\boldsymbol{x}(k)=\boldsymbol{x}(k|k)$在每个 k 时刻都可测，控制目标是调节系统的初始状态 $\boldsymbol{x}(0)$ 到原点。为了简化算法，这里没有考虑系统输入输出的硬约束条件。

总之，上述优化问题（3-55）是一个具有无穷多个优化变量的 Min-Max 优化问题，且采用一个线性状态反馈控制策略得到控制器的预测输出，即 $\boldsymbol{u}(k+l|k)=\boldsymbol{K}(k)\boldsymbol{x}(k+l|k), l\geqslant 1$。为了使优化问题简单并保证系统的渐近稳定性，构造了性能指标 $J(k)$ 的一个上界以及强制性地添加了一个不等式约束条件，从而很容易地求出性能指标 $J(k)$ 的上界和控制器输出 $u(k|k)$。具体来说，首先定义如下所示的二次型函数：

$$V(\boldsymbol{x}(k+l|k))=\boldsymbol{x}^{\mathrm{T}}(k+l|k)\boldsymbol{P}(k)\boldsymbol{x}(k+l|k),\quad \boldsymbol{P}>0,\quad l\geqslant 1 \tag{3-56}$$

并满足下列的鲁棒稳定性约束条件：

$$V(k+l+1|k)-V(k+l|k)<-\left(\left\|\boldsymbol{x}(k+l|k)\right\|_{\boldsymbol{Q}}^2+\left\|(\boldsymbol{I}+\boldsymbol{\Delta}(k))\boldsymbol{u}(k+l|k)\right\|_{\boldsymbol{R}}^2\right) \tag{3-57}$$

在系统（3-51）渐近稳定的情况下，则有 $\boldsymbol{x}(\infty|k)=0$ 与 $V(\infty|k)=0$。基于上述分析，将式(3-57) 从 $l=1$ 到 $l=\infty$求和，可得

$$\max_{\boldsymbol{\Delta}(k)} J_1(k)<V(\boldsymbol{x}(k+1|k)) \tag{3-58}$$

令 $\gamma(k)$ 为 $J_0(k)+V(\boldsymbol{x}(k+1|k))$的上界，那么关于系统（3-51）的鲁棒预测控制的优化问题可以进一步描述为

$$\min_{\boldsymbol{u}(k|k),\boldsymbol{K}(k),\boldsymbol{P}(k)} \gamma(k) \tag{3-59}$$

以及满足约束条件（3-57）和强制性约束

$$\max_{\boldsymbol{\Delta}(k)}\{\boldsymbol{x}^{\mathrm{T}}(k|k)\boldsymbol{Q}\boldsymbol{x}(k|k)+[(\boldsymbol{I}+\boldsymbol{\Delta}(k))\boldsymbol{u}(k|k)]^{\mathrm{T}}\boldsymbol{R}[(\boldsymbol{I}+\boldsymbol{\Delta}(k))\boldsymbol{u}(k|k)]+$$
$$\boldsymbol{x}^{\mathrm{T}}(k+1|k)\boldsymbol{P}(k)\boldsymbol{x}(k+1|k)\}<\gamma(k),\qquad \boldsymbol{\Delta}(k)\in[-\boldsymbol{\delta},\boldsymbol{\delta}] \tag{3-60}$$

备注 3.7 不等式(3-57) 成立意味着 $V(k+l+1|k)-V(k+l|k)<0$，并且保证系统 (3-51) 的鲁棒稳定性；该式与不等式(3-60) 保证系统具有一定的性能上界，即 $\max\limits_{\boldsymbol{\Delta}(k)}[J_0(k)+J_1(k)]<\gamma(k)$。值得注意的是，经由共享网络进行传输的数据是控制器的输出 $\boldsymbol{u}(k|k)$ 而非控制器的预测输出序列 $\boldsymbol{U}_0^{\infty}$。

本小节的目的在于：通过求解优化问题 (3-57)、(3-59) 和 (3-60)，设计网络化鲁棒预测控制器，使得网络化控制系统 (3-51) 在控制输入量化的影响下渐近稳定，并使得二次型性能指标最小化。

3.3.2.1 稳定性分析

本小节将分析网络化控制系统 (3-51) 的稳定性条件。在主要结果的推导过程中，需要用到如下引理：

引理 3.2[18] $\boldsymbol{D}$、$\boldsymbol{E}$ 是具有适当维数的实矩阵，$\boldsymbol{F}$ 是对称矩阵，$\boldsymbol{R}$ 是正定对称矩阵并且满足 $\boldsymbol{F}^{\mathrm{T}}\boldsymbol{F}\leqslant\boldsymbol{R}$，则存在一个标量 $\varepsilon>0$，使得下列不等式成立：

$$\boldsymbol{DFE}+\boldsymbol{E}^{\mathrm{T}}\boldsymbol{F}^{\mathrm{T}}\boldsymbol{D}^{\mathrm{T}}\leqslant\varepsilon\boldsymbol{DD}^{\mathrm{T}}+\varepsilon^{-1}\boldsymbol{ERE}^{\mathrm{T}} \tag{3-61}$$

基于引理 3.2，定理 3.2 将给出保证网络化控制系统 (3-51) 渐近稳定且具有一定控制性能的充分条件。

定理 3.2 假定网络化控制系统 (3-51) 的状态可测。对于给定对数量化器的量化密度 $\boldsymbol{\delta}$，矩阵 $\boldsymbol{K}(k)$ 以及控制器输出 $\boldsymbol{u}(k|k)$，如果存在恰当维数的矩阵 $\boldsymbol{M}(k)>0$，$\boldsymbol{S}(k)>0$，$\boldsymbol{P}(k)>0$ 和标量 $\gamma(k)>0$ 使得无穷时域性能指标 $J(k)$ 具有最小上界，即

$$\min_{\boldsymbol{M}(k),\boldsymbol{S}(k),\boldsymbol{P}(k)}\gamma(k) \tag{3-62}$$

并满足如下约束条件：

$$\begin{bmatrix}-\boldsymbol{P}(k)+\boldsymbol{Q}+\boldsymbol{\delta}\boldsymbol{K}^{\mathrm{T}}(k)\boldsymbol{M}(k)\boldsymbol{\delta}\boldsymbol{K}(k) & * & * & * \\ \boldsymbol{P}(k)[\boldsymbol{A}+\boldsymbol{BK}(k)] & -\boldsymbol{P}(k) & * & * \\ \boldsymbol{K}(k) & \boldsymbol{0} & -\boldsymbol{R}^{-1} & * \\ \boldsymbol{0} & \boldsymbol{B}^{\mathrm{T}}\boldsymbol{P}(k) & \boldsymbol{I} & -\boldsymbol{M}(k)\end{bmatrix}<0 \tag{3-63}$$

$$\begin{bmatrix} -\gamma(k)+\boldsymbol{u}^{\mathrm{T}}(k\mid k)\boldsymbol{\delta S}(k)\boldsymbol{\delta u}(k\mid k) & * & * & * & * \\ \boldsymbol{P}(k)[\boldsymbol{A}x(k\mid k)+\boldsymbol{Bu}(k\mid k)] & -\boldsymbol{P}(k) & * & * & * \\ \boldsymbol{Q}^{1/2}\boldsymbol{x}(k\mid k) & \boldsymbol{0} & -\boldsymbol{I} & * & * \\ \boldsymbol{R}^{1/2}\boldsymbol{u}(k\mid k) & \boldsymbol{0} & \boldsymbol{0} & -\boldsymbol{I} & * \\ 0 & \boldsymbol{B}^{\mathrm{T}}\boldsymbol{P}(k) & \boldsymbol{0} & \boldsymbol{R}^{1/2} & -\boldsymbol{S}(k) \end{bmatrix}<0 \tag{3-64}$$

那么具有控制输入量化的网络化控制系统（3-51）渐近稳定且具有一定的控制性能 $\gamma(k)$。

证明 定义 $\boldsymbol{\Delta}^*(k)$ 为 $\boldsymbol{\Delta}^*(k):=\arg\max\limits_{\boldsymbol{\Delta}(k)\in[-\boldsymbol{\delta},\boldsymbol{\delta}]}[J_0(k)+J_1(k)]$。首先证明不等式(3-63）的成立，它是网络化控制系统（3-51）鲁棒稳定性的一个充分条件。由式(3-53)、式(3-56）和式(3-57）可以推得

$$\begin{aligned}&\boldsymbol{x}^{\mathrm{T}}(k+l\mid k)[\boldsymbol{A}+\boldsymbol{B}(\boldsymbol{I}+\boldsymbol{\Delta}(k))\boldsymbol{K}(k)]^{\mathrm{T}}\boldsymbol{P}(k)[\boldsymbol{A}+\boldsymbol{B}(\boldsymbol{I}+\boldsymbol{\Delta}(k))\boldsymbol{K}(k)]\\&\boldsymbol{x}(k+l\mid k)-\boldsymbol{x}^{\mathrm{T}}(k+l\mid k)\boldsymbol{P}(k)\boldsymbol{x}(k+l\mid k)+\\&\left(\left\|\boldsymbol{x}(k+l\mid k)\right\|_{\boldsymbol{Q}}^{2}+\left\|(\boldsymbol{I}+\Delta(k))\boldsymbol{K}(k)\boldsymbol{x}(k+l\mid k)\right\|_{\boldsymbol{R}}^{2}\right)<0\end{aligned} \tag{3-65}$$

应用 Schur 补引理，不等式(3-65）可以变换为

$$\begin{bmatrix} -\boldsymbol{P}(k)+\boldsymbol{Q} & * & * \\ \boldsymbol{P}(k)[\boldsymbol{A}+\boldsymbol{B}(\boldsymbol{I}+\boldsymbol{\Delta}(k))\boldsymbol{K}(k)] & -\boldsymbol{P}(k) & * \\ (\boldsymbol{I}+\boldsymbol{\Delta}(k))\boldsymbol{K}(k) & \boldsymbol{0} & -\boldsymbol{R}^{-1} \end{bmatrix}<0 \tag{3-66}$$

此外，不等式(3-66）可分解为

$$\begin{aligned}&\begin{bmatrix} -\boldsymbol{P}(k)+\boldsymbol{Q} & * & * \\ \boldsymbol{P}(k)[\boldsymbol{A}+\boldsymbol{BK}(k)] & -\boldsymbol{P}(k) & * \\ \boldsymbol{K}(k) & \boldsymbol{0} & -\boldsymbol{R}^{-1} \end{bmatrix}+\\&\begin{bmatrix} \boldsymbol{0} \\ \boldsymbol{P}(k)\boldsymbol{B} \\ \boldsymbol{I} \end{bmatrix}\boldsymbol{\Delta}(k)\begin{bmatrix}\boldsymbol{K}(k) & \boldsymbol{0} & \boldsymbol{0}\end{bmatrix}+\begin{bmatrix} \boldsymbol{K}^{\mathrm{T}}(k) \\ \boldsymbol{0} \\ \boldsymbol{0} \end{bmatrix}\boldsymbol{\Delta}(k)\begin{bmatrix}\boldsymbol{0} & \boldsymbol{B}^{\mathrm{T}}\boldsymbol{P}(k) & \boldsymbol{I}\end{bmatrix}<0\end{aligned} \tag{3-67}$$

由于 $\boldsymbol{\Delta}(k)\leqslant\boldsymbol{\delta}$，则应用引理 3.2 可以得到

$$\begin{bmatrix} \mathbf{0} \\ \boldsymbol{P}(k)\boldsymbol{B} \\ I \end{bmatrix} \boldsymbol{\Delta}(k) [\boldsymbol{K}(k) \quad \mathbf{0} \quad \mathbf{0}] + \begin{bmatrix} \boldsymbol{K}^{\mathrm{T}}(k) \\ \mathbf{0} \\ \mathbf{0} \end{bmatrix} \boldsymbol{\Delta}(k) [\mathbf{0} \quad \boldsymbol{B}^{\mathrm{T}}\boldsymbol{P}(k) \quad \boldsymbol{I}] \leqslant$$

$$\begin{bmatrix} \boldsymbol{K}^{\mathrm{T}}(k) \\ \mathbf{0} \\ \mathbf{0} \end{bmatrix} \delta \boldsymbol{M}(k) \boldsymbol{\delta} [\boldsymbol{K}(k) \quad \mathbf{0} \quad \mathbf{0}] + \begin{bmatrix} \mathbf{0} \\ \boldsymbol{P}(k)\boldsymbol{B} \\ \boldsymbol{I} \end{bmatrix} \boldsymbol{M}^{-1}(k) [\mathbf{0} \quad \boldsymbol{B}^{\mathrm{T}}\boldsymbol{P}(k) \quad \boldsymbol{I}] \tag{3-68}$$

其中，矩阵 $\boldsymbol{M}(k)$ 既是对称正定矩阵也是对角矩阵。如果下列不等式成立：

$$\begin{bmatrix} -\boldsymbol{P}(k)+\boldsymbol{Q} & * & * \\ \boldsymbol{P}(k)[\boldsymbol{A}+\boldsymbol{B}\boldsymbol{K}(k)] & -\boldsymbol{P}(k) & * \\ \boldsymbol{K}(k) & \mathbf{0} & -\boldsymbol{R}^{-1} \end{bmatrix} + \begin{bmatrix} \boldsymbol{K}^{\mathrm{T}}(k) \\ \mathbf{0} \\ \mathbf{0} \end{bmatrix} \boldsymbol{\delta M}(k) \boldsymbol{\delta} [\boldsymbol{K}(k) \quad \mathbf{0} \quad \mathbf{0}] +$$

$$\begin{bmatrix} \mathbf{0} \\ \boldsymbol{P}(k)\boldsymbol{B} \\ \boldsymbol{I} \end{bmatrix} \boldsymbol{M}^{-1}(k) [\mathbf{0} \quad \boldsymbol{B}^{\mathrm{T}}\boldsymbol{P}(k) \quad \boldsymbol{I}] < 0 \tag{3-69}$$

那么不等式(3-67）也成立。基于 Schur 补引理，很容易得出：不等式(3-69）等价于约束条件（3-63）。

其次，证明不等式(3-64）成立，并使得系统（3-51）具有一定的控制性能。根据公式(3-53)，公式(3-60）可变换为如下形式：

$$\boldsymbol{x}^{\mathrm{T}}(k|k)\boldsymbol{Q}\boldsymbol{x}(k|k) + [(\boldsymbol{I}+\boldsymbol{\Delta}^{*}(k))\boldsymbol{u}(k|k)]^{\mathrm{T}}\boldsymbol{R}[(\boldsymbol{I}+\boldsymbol{\Delta}^{*}(k))\boldsymbol{u}(k|k)] +$$
$$[\boldsymbol{A}\boldsymbol{x}(k|k) + \boldsymbol{B}(\boldsymbol{I}+\boldsymbol{\Delta}^{*}(k))\boldsymbol{u}(k|k)]^{\mathrm{T}}\boldsymbol{P}(k)[\boldsymbol{A}\boldsymbol{x}(k|k) +$$
$$\boldsymbol{B}(\boldsymbol{I}+\boldsymbol{\Delta}^{*}(k))\boldsymbol{u}(k|k)] < \gamma(k) \tag{3-70}$$

应用 Schur 补引理，可得

$$\begin{bmatrix} -\gamma(k) & * & * & * \\ \boldsymbol{P}(k)[\boldsymbol{A}\boldsymbol{x}(k|k)+\boldsymbol{B}\boldsymbol{u}(k|k)] & -\boldsymbol{P}(k) & * & * \\ \boldsymbol{Q}^{1/2}\boldsymbol{x}(k|k) & \mathbf{0} & -\boldsymbol{I} & * \\ \boldsymbol{R}^{1/2}\boldsymbol{u}(k|k) & \mathbf{0} & \mathbf{0} & -\boldsymbol{I} \end{bmatrix} +$$

$$\begin{bmatrix} \mathbf{0} & * & * & * \\ \boldsymbol{P}(k)\boldsymbol{B}\boldsymbol{\Delta}^{*}(k)\boldsymbol{u}(k|k) & \mathbf{0} & * & * \\ \mathbf{0} & \mathbf{0} & \mathbf{0} & * \\ \boldsymbol{R}^{1/2}\boldsymbol{\Delta}^{*}(k)\boldsymbol{u}(k|k) & \mathbf{0} & \mathbf{0} & \mathbf{0} \end{bmatrix} < 0 \tag{3-71}$$

公式(3-71）可分解为如下形式：

$$
\begin{bmatrix}
-\gamma(k) & * & * & * \\
\boldsymbol{P}(k)[\boldsymbol{A}\boldsymbol{x}(k|k)+\boldsymbol{B}\boldsymbol{u}(k|k)] & -\boldsymbol{P}(k) & * & * \\
\boldsymbol{Q}^{1/2}\boldsymbol{x}(k|k) & \boldsymbol{0} & -I & * \\
\boldsymbol{R}^{1/2}\boldsymbol{u}(k|k) & \boldsymbol{0} & \boldsymbol{0} & -I
\end{bmatrix}+
\begin{bmatrix} \boldsymbol{0} \\ \boldsymbol{P}(k)\boldsymbol{B} \\ \boldsymbol{0} \\ \boldsymbol{R}^{1/2} \end{bmatrix}
\boldsymbol{\Delta}^{*}(k)[\boldsymbol{u}(k|k) \quad \boldsymbol{0} \quad \boldsymbol{0} \quad \boldsymbol{0}]+
\begin{bmatrix} \boldsymbol{u}^{\mathrm{T}}(k|k) \\ \boldsymbol{0} \\ \boldsymbol{0} \\ \boldsymbol{0} \end{bmatrix}
\boldsymbol{\Delta}^{*}(k)[\boldsymbol{0} \quad \boldsymbol{B}^{\mathrm{T}}\boldsymbol{P}(k) \quad \boldsymbol{0} \quad \boldsymbol{R}^{1/2}]<0 \tag{3-72}
$$

由于 $\boldsymbol{\Delta}^{*}(k)\leqslant\delta$，并应用引理 3.2，则有

$$
\begin{aligned}
&\begin{bmatrix} \boldsymbol{0} \\ \boldsymbol{P}(k)\boldsymbol{B} \\ \boldsymbol{0} \\ \boldsymbol{R}^{1/2} \end{bmatrix}
\boldsymbol{\Delta}^{*}(k)[\boldsymbol{u}(k|k) \quad \boldsymbol{0} \quad \boldsymbol{0} \quad \boldsymbol{0}]+
\begin{bmatrix} \boldsymbol{u}^{\mathrm{T}}(k|k) \\ \boldsymbol{0} \\ \boldsymbol{0} \\ \boldsymbol{0} \end{bmatrix}
\boldsymbol{\Delta}^{*}(k)[\boldsymbol{0} \quad \boldsymbol{B}^{\mathrm{T}}\boldsymbol{P}(k) \quad \boldsymbol{0} \quad \boldsymbol{R}^{1/2}] \\
&\leqslant \begin{bmatrix} \boldsymbol{u}^{\mathrm{T}}(k|k) \\ \boldsymbol{0} \\ \boldsymbol{0} \\ \boldsymbol{0} \end{bmatrix}
\delta\boldsymbol{S}(k)\boldsymbol{\delta}[\boldsymbol{u}(k|k) \quad \boldsymbol{0} \quad \boldsymbol{0} \quad \boldsymbol{0}]+
\begin{bmatrix} \boldsymbol{0} \\ \boldsymbol{P}(k)\boldsymbol{B} \\ \boldsymbol{0} \\ \boldsymbol{R}^{1/2} \end{bmatrix}
\boldsymbol{S}^{-1}(k)[\boldsymbol{0} \quad \boldsymbol{B}^{\mathrm{T}}\boldsymbol{P}(k) \quad \boldsymbol{0} \quad \boldsymbol{R}^{1/2}]
\end{aligned} \tag{3-73}
$$

其中，$\boldsymbol{S}(k)$ 是对称正定矩阵。如果式(3-74) 成立：

$$\begin{bmatrix} -\gamma(k) & * & * & * \\ \boldsymbol{P}(k)[\boldsymbol{A}\boldsymbol{x}(k|k)+\boldsymbol{B}\boldsymbol{u}(k|k)] & -\boldsymbol{P}(k) & * & * \\ \boldsymbol{Q}^{1/2}\boldsymbol{x}(k|k) & \boldsymbol{0} & -\boldsymbol{I} & * \\ \boldsymbol{R}^{1/2}\boldsymbol{u}(k|k) & \boldsymbol{0} & \boldsymbol{0} & -\boldsymbol{I} \end{bmatrix}+$$

$$\begin{bmatrix} \boldsymbol{u}^{\mathrm{T}}(k|k) \\ \boldsymbol{0} \\ \boldsymbol{0} \\ \boldsymbol{0} \end{bmatrix}\delta\boldsymbol{S}(k)\boldsymbol{\delta}[\boldsymbol{u}(k|k) \quad \boldsymbol{0} \quad \boldsymbol{0} \quad \boldsymbol{0}]+$$

$$\begin{bmatrix} \boldsymbol{0} \\ \boldsymbol{P}(k)\boldsymbol{B} \\ \boldsymbol{0} \\ \boldsymbol{R}^{1/2} \end{bmatrix}\boldsymbol{S}^{-1}(k)[\boldsymbol{0} \quad \boldsymbol{B}^{\mathrm{T}}\boldsymbol{P}(k) \quad \boldsymbol{0} \quad \boldsymbol{R}^{1/2}]<0 \tag{3-74}$$

则不等式(3-72) 也成立。基于 Schur 补引理，很容易得出：式(3-74) 等价于约束条件 (3-64)。综合上述，证明完毕。

由定理 3.2 可以看出：不等式(3-63) 是保证系统 (3-51) 渐近稳定的一个充分条件，而不等式(3-64) 确保系统 (3-51) 具有一定的控制性能。需要强调的是，在系统的稳定性分析中，与其它鲁棒控制方法相比，这里不仅需要已知反馈控制增益 $\boldsymbol{K}(k)$，还需要已知每一时刻控制器的输出量 $\boldsymbol{u}(k|k)$。

3.3.2.2 鲁棒预测控制器设计

基于定理 3.2，设计网络化鲁棒预测控制器 (3-54) 使得网络化控制系统 (3-51) 渐近稳定并具有一定的控制性能。定理 3.3 将给出网络化鲁棒预测控制器的设计方法。

定理 3.3 假定网络化控制系统 (3-51) 的状态可测，以及给定对数量化器的量化密度 δ。如果存在矩阵 $\boldsymbol{M}(k)>0$，$\boldsymbol{S}(k)>0$，$\boldsymbol{X}(k)>0$，$\boldsymbol{Y}(k)$，控制器输出 $\boldsymbol{u}(k|k)$与标量 $\gamma(k)$使得无穷时域性能指标 $J(k)$具有最小上界，即

$$\min_{\boldsymbol{M}(k),\boldsymbol{S}(k),\boldsymbol{X}(k),\boldsymbol{Y}(k),\boldsymbol{u}(k|k)} \gamma(k) \tag{3-75}$$

并满足如下约束条件：

$$\begin{bmatrix} -\boldsymbol{X}(k) & * & * & * & * \\ \boldsymbol{AX}(k)+\boldsymbol{BY}(k) & -\boldsymbol{X}(k)+\boldsymbol{B}\delta\boldsymbol{M}(k)\delta B^{\mathrm{T}} & * & * & * \\ \boldsymbol{Y}(k) & \delta\boldsymbol{M}(k)\delta\boldsymbol{B}^{\mathrm{T}} & -\boldsymbol{R}^{-1}+\delta\boldsymbol{M}(k)\delta & * & * \\ \boldsymbol{Y}(k) & \mathbf{0} & \mathbf{0} & -\boldsymbol{M}(k) & * \\ \boldsymbol{Q}^{1/2}\boldsymbol{X}(k) & \mathbf{0} & \mathbf{0} & \mathbf{0} & -\boldsymbol{I} \end{bmatrix}<0 \tag{3-76}$$

$$\begin{bmatrix} -\gamma(k) & * & * & * & * \\ \boldsymbol{Ax}(k|k)+\boldsymbol{Bu}(k|k) & -\boldsymbol{X}(k)+\boldsymbol{B\delta S}(k)\boldsymbol{\delta B}^{\mathrm{T}} & * & * & * \\ \boldsymbol{Q}^{1/2}\boldsymbol{x}(k|k) & \mathbf{0} & -\boldsymbol{I} & * & * \\ \boldsymbol{R}^{1/2}\boldsymbol{u}(k|k) & \boldsymbol{R}^{1/2}\boldsymbol{\delta S}(k)\boldsymbol{\delta B}^{\mathrm{T}} & \mathbf{0} & -\boldsymbol{I}+\boldsymbol{R}^{1/2}\delta\boldsymbol{S}(k)\delta\boldsymbol{R}^{1/2} & * \\ \boldsymbol{u}(k|k) & \mathbf{0} & \mathbf{0} & \mathbf{0} & -\boldsymbol{S}(k) \end{bmatrix}<0 \tag{3-77}$$

那么网络化控制系统（3-51）在量化控制器 $\boldsymbol{v}(k)=f(\boldsymbol{u}(k|k))=(\boldsymbol{I}+\boldsymbol{\Delta}(k))\boldsymbol{u}(k|k)$ 作用下渐近稳定，并且使得该系统具有一定的控制性能 $\gamma(k)$。其中，反馈控制增益 $\boldsymbol{K}(k)$ 可由下面公式求出：

$$\boldsymbol{K}(k)=\boldsymbol{Y}(k)\boldsymbol{X}^{-1}(k) \quad \boldsymbol{P}(k)=\boldsymbol{X}^{-1}(k) \tag{3-78}$$

证明 定义 $\boldsymbol{\Delta}^{*}(k)$ 为 $\boldsymbol{\Delta}^{*}(k):=\arg\max\limits_{\boldsymbol{\Delta}(k)\in[-\boldsymbol{\delta},\boldsymbol{\delta}]}[J_0(k)+J_1(k)]$。首先证明不等式(3-76) 成立，它是网络化系统（3-51）鲁棒稳定性的一个充分条件。令 $\boldsymbol{P}(k)=\boldsymbol{X}^{-1}(k)$ 并对不等式(3-65) 应用 Schur 补原理，可得

$$\begin{bmatrix} -\boldsymbol{P}(k)+\boldsymbol{Q} & * & * \\ \boldsymbol{A}+\boldsymbol{B}(\boldsymbol{I}+\boldsymbol{\Delta}(k))\boldsymbol{K}(k) & -\boldsymbol{P}^{-1}(k) & * \\ (\boldsymbol{I}+\boldsymbol{\Delta}(k))\boldsymbol{K}(k) & \mathbf{0} & -\boldsymbol{R}^{-1} \end{bmatrix}<0 \tag{3-79}$$

其中，矩阵 $\boldsymbol{P}(k)$ 是非奇异矩阵。不等式(3-79) 应用合同变换（congruence transformation），即左右两侧同乘以对角矩阵 $\mathrm{diag}\{\boldsymbol{P}^{-1}(k),\boldsymbol{I},\boldsymbol{I}\}$，并利用等式(3-78)，则有

$$\begin{bmatrix} -\boldsymbol{X}(k)+\boldsymbol{X}(k)\boldsymbol{QX}(k) & * & * \\ \boldsymbol{AX}(k)+\boldsymbol{B}(\boldsymbol{I}+\boldsymbol{\Delta}(k))\boldsymbol{Y}(k) & -\boldsymbol{X}(k) & * \\ (\boldsymbol{I}+\boldsymbol{\Delta}(k))\boldsymbol{Y}(k) & \mathbf{0} & -\boldsymbol{R}^{-1} \end{bmatrix}<0 \tag{3-80}$$

不等式(3-80) 可分解成如下形式：

$$\begin{bmatrix} -\boldsymbol{X}(k)+\boldsymbol{X}(k)\boldsymbol{Q}X(k) & * & * \\ \boldsymbol{AX}(k)+\boldsymbol{BY}(k) & -\boldsymbol{X}(k) & * \\ \boldsymbol{Y}(k) & \boldsymbol{0} & -\boldsymbol{R}^{-1} \end{bmatrix}+$$

$$\begin{bmatrix} \boldsymbol{0} \\ \boldsymbol{B} \\ \boldsymbol{I} \end{bmatrix}\boldsymbol{\Delta}(k)\begin{bmatrix} \boldsymbol{Y}(k) & \boldsymbol{0} & \boldsymbol{0} \end{bmatrix}+\begin{bmatrix} \boldsymbol{Y}^{\mathrm{T}}(k) \\ \boldsymbol{0} \\ \boldsymbol{0} \end{bmatrix}\boldsymbol{\Delta}(k)\begin{bmatrix} \boldsymbol{0} & \boldsymbol{B}^{\mathrm{T}} & \boldsymbol{I} \end{bmatrix}<0 \tag{3-81}$$

由于 $\boldsymbol{\Delta}(k)\leqslant\boldsymbol{\delta}$，并应用引理 3.2，则给出

$$\begin{aligned} &\begin{bmatrix} \boldsymbol{0} \\ \boldsymbol{B} \\ \boldsymbol{I} \end{bmatrix}\boldsymbol{\Delta}(k)\begin{bmatrix} \boldsymbol{Y}(k) & \boldsymbol{0} & \boldsymbol{0} \end{bmatrix}+\begin{bmatrix} \boldsymbol{Y}^{\mathrm{T}}(k) \\ \boldsymbol{0} \\ \boldsymbol{0} \end{bmatrix}\boldsymbol{\Delta}(k)\begin{bmatrix} \boldsymbol{0} & \boldsymbol{B}^{\mathrm{T}} & \boldsymbol{I} \end{bmatrix} \\ \leqslant &\begin{bmatrix} \boldsymbol{0} \\ \boldsymbol{B} \\ \boldsymbol{I} \end{bmatrix}\delta\boldsymbol{M}(k)\boldsymbol{\delta}\begin{bmatrix} \boldsymbol{0} & \boldsymbol{B}^{\mathrm{T}} & \boldsymbol{I} \end{bmatrix}+\begin{bmatrix} \boldsymbol{Y}^{\mathrm{T}}(k) \\ \boldsymbol{0} \\ \boldsymbol{0} \end{bmatrix}\boldsymbol{M}^{-1}(k)\begin{bmatrix} \boldsymbol{Y}(k) & \boldsymbol{0} & \boldsymbol{0} \end{bmatrix} \end{aligned} \tag{3-82}$$

其中，矩阵 $\boldsymbol{M}(k)$ 既是对称正定矩阵也是对角矩阵。如果下列不等式成立：

$$\begin{bmatrix} -\boldsymbol{X}(k)+\boldsymbol{X}(k)\boldsymbol{QX}(k) & * & * \\ \boldsymbol{AX}(k)+\boldsymbol{BY}(k) & -\boldsymbol{X}(k) & * \\ \boldsymbol{Y}(k) & \boldsymbol{0} & -\boldsymbol{R}^{-1} \end{bmatrix}+$$

$$\begin{bmatrix} \boldsymbol{0} \\ \boldsymbol{B} \\ \boldsymbol{I} \end{bmatrix}\delta\boldsymbol{M}(k)\delta\begin{bmatrix} \boldsymbol{0} & \boldsymbol{B}^{\mathrm{T}} & \boldsymbol{I} \end{bmatrix}+\begin{bmatrix} \boldsymbol{Y}^{\mathrm{T}}(k) \\ \boldsymbol{0} \\ \boldsymbol{0} \end{bmatrix}\boldsymbol{M}^{-1}(k)\begin{bmatrix} \boldsymbol{Y}(k) & \boldsymbol{0} & \boldsymbol{0} \end{bmatrix}<0 \tag{3-83}$$

那么不等式(3-81) 也成立。基于 Schur 补引理，很容易得出不等式(3-83) 等价于约束条件 (3-76)。

其次，证明不等式(3-77) 成立。根据不等式(3-70) 以及 Schur 补引理，则有

$$\begin{bmatrix} -\gamma(k) & * & * & * \\ \boldsymbol{Ax}(k|k)+\boldsymbol{Bu}(k|k) & -\boldsymbol{X}(k) & * & * \\ \boldsymbol{Q}^{1/2}\boldsymbol{x}(k|k) & \boldsymbol{0} & -\boldsymbol{I} & * \\ \boldsymbol{R}^{1/2}\boldsymbol{u}(k|k) & \boldsymbol{0} & \boldsymbol{0} & -\boldsymbol{I} \end{bmatrix}+\begin{bmatrix} \boldsymbol{0} & * & * & * \\ \boldsymbol{B\Delta}^{*}(k)\boldsymbol{u}(k|k) & \boldsymbol{0} & * & * \\ \boldsymbol{0} & \boldsymbol{0} & \boldsymbol{0} & * \\ \boldsymbol{R}^{1/2}\boldsymbol{\Delta}^{*}(k)\boldsymbol{u}(k|k) & \boldsymbol{0} & \boldsymbol{0} & \boldsymbol{0} \end{bmatrix}<0 \tag{3-84}$$

不等式(3-84) 可分解为如下形式：

$$\begin{bmatrix} -\gamma(k) & * & * & * \\ \boldsymbol{A}\boldsymbol{x}(k|k)+\boldsymbol{B}\boldsymbol{u}(k|k) & -\boldsymbol{X}(k) & * & * \\ \boldsymbol{Q}^{1/2}\boldsymbol{x}(k|k) & \boldsymbol{0} & -\boldsymbol{I} & * \\ \boldsymbol{R}^{1/2}\boldsymbol{u}(k|k) & \boldsymbol{0} & \boldsymbol{0} & -\boldsymbol{I} \end{bmatrix}+$$

$$\begin{bmatrix} \boldsymbol{0} \\ \boldsymbol{B} \\ \boldsymbol{0} \\ \boldsymbol{R}^{1/2} \end{bmatrix}\boldsymbol{\Delta}^{*}(k)\begin{bmatrix}\boldsymbol{u}(k|k) & \boldsymbol{0} & \boldsymbol{0} & \boldsymbol{0}\end{bmatrix}+\begin{bmatrix} \boldsymbol{u}^{\mathrm{T}}(k|k) \\ \boldsymbol{0} \\ \boldsymbol{0} \\ \boldsymbol{0} \end{bmatrix}\boldsymbol{\Delta}^{*}(k)\begin{bmatrix}\boldsymbol{0} & \boldsymbol{B}^{\mathrm{T}} & \boldsymbol{0} & \boldsymbol{R}^{1/2}\end{bmatrix}<0 \tag{3-85}$$

由于$\boldsymbol{\Delta}^{*}(k)\leqslant\delta$，应用引理3.2可得

$$\begin{bmatrix} \boldsymbol{0} \\ \boldsymbol{B} \\ \boldsymbol{0} \\ \boldsymbol{R}^{1/2} \end{bmatrix}\boldsymbol{\Delta}^{*}(k)\begin{bmatrix}\boldsymbol{u}(k|k) & \boldsymbol{0} & \boldsymbol{0} & \boldsymbol{0}\end{bmatrix}+\begin{bmatrix} \boldsymbol{u}^{\mathrm{T}}(k|k) \\ \boldsymbol{0} \\ \boldsymbol{0} \\ \boldsymbol{0} \end{bmatrix}\boldsymbol{\Delta}^{*}(k)\begin{bmatrix}\boldsymbol{0} & \boldsymbol{B}^{\mathrm{T}} & \boldsymbol{0} & \boldsymbol{R}^{1/2}\end{bmatrix}$$

$$\leqslant\begin{bmatrix} \boldsymbol{0} \\ \boldsymbol{B} \\ \boldsymbol{0} \\ \boldsymbol{R}^{1/2} \end{bmatrix}\delta\boldsymbol{S}(k)\boldsymbol{\delta}\begin{bmatrix}\boldsymbol{0} & \boldsymbol{B}^{\mathrm{T}} & \boldsymbol{0} & \boldsymbol{R}^{1/2}\end{bmatrix}+\begin{bmatrix} \boldsymbol{u}^{\mathrm{T}}(k|k) \\ \boldsymbol{0} \\ \boldsymbol{0} \\ \boldsymbol{0} \end{bmatrix}\boldsymbol{S}^{-1}(k)\begin{bmatrix}\boldsymbol{u}(k|k) & \boldsymbol{0} & \boldsymbol{0} & \boldsymbol{0}\end{bmatrix} \tag{3-86}$$

其中，$\boldsymbol{S}(k)$既是对称正定矩阵也是对角矩阵。如果下列不等式成立：

$$\begin{bmatrix} -\gamma(k) & * & * & * \\ \boldsymbol{A}x(k|k)+\boldsymbol{B}\boldsymbol{u}(k|k) & -\boldsymbol{X}(k) & * & * \\ \boldsymbol{Q}^{1/2}\boldsymbol{x}(k|k) & \boldsymbol{0} & -\boldsymbol{I} & * \\ \boldsymbol{R}^{1/2}\boldsymbol{u}(k|k) & \boldsymbol{0} & \boldsymbol{0} & -\boldsymbol{I} \end{bmatrix}+$$

$$\begin{bmatrix} \boldsymbol{0} \\ \boldsymbol{B} \\ \boldsymbol{0} \\ \boldsymbol{R}^{1/2} \end{bmatrix}\delta\boldsymbol{S}(k)\boldsymbol{\delta}\begin{bmatrix}\boldsymbol{0} & \boldsymbol{B}^{\mathrm{T}} & \boldsymbol{0} & \boldsymbol{R}^{1/2}\end{bmatrix}+\begin{bmatrix} \boldsymbol{u}^{\mathrm{T}}(k|k) \\ \boldsymbol{0} \\ \boldsymbol{0} \\ \boldsymbol{0} \end{bmatrix}\boldsymbol{S}^{-1}(k)\begin{bmatrix}\boldsymbol{u}(k|k) & \boldsymbol{0} & \boldsymbol{0} & \boldsymbol{0}\end{bmatrix}<0 \tag{3-87}$$

则不等式(3-85)也成立。应用Schur补引理，可以推出不等式(3-87)等价于约束条件(3-77)。综合上述，证明完毕。

备注3.8 从定理3.3不难看出，不等式(3-76)表征了网络化控制系统(3-51)的鲁棒稳定性条件，即如果存在矩阵$\boldsymbol{M}(k)>0, \boldsymbol{S}(k)>0$，

$\boldsymbol{X}(k)>0$ 和 $\boldsymbol{Y}(k)$ 使得不等式(3-76) 成立，那么闭环网络化控制系统 (3-51) 渐近稳定。另一方面，不等式(3-77) 是保证闭环系统具有一定控制性能的约束条件。此外，不同于其它鲁棒控制方法[8,9]，其控制器的输出量 $\boldsymbol{u}(k)$ 和反馈控制律 $\boldsymbol{K}(k)$ 的求取还依赖于当前时刻的状态量 $\boldsymbol{x}(k|k)$。

接下来，定理 3.4 通过引入一个辅助变量矩阵即自由权矩阵，降低了定理 3.3 的保守性，从而获得更好的控制性能。

定理 3.4 假定网络化控制系统 (3-51) 的状态可测，以及给定对数量化器的量化密度 δ。如果存在矩阵 $\boldsymbol{M}(k)>0$，$\boldsymbol{S}(k)>0$，$\boldsymbol{X}(k)>0$，$\boldsymbol{G}(k)$，$\boldsymbol{Z}(k)$和控制器输出 $\boldsymbol{u}(k|k)$以及标量 $\gamma(k)>0$ 使得无穷时域性能指标 $J(k)$ 具有最小上界，即

$$\min_{\boldsymbol{G}(k),\boldsymbol{M}(k),\boldsymbol{S}(k),\boldsymbol{X}(k),\boldsymbol{Z}(k),\boldsymbol{u}(k|k)} \gamma(k) \tag{3-88}$$

并满足不等式(3-77) 和如下约束条件：

$$\begin{bmatrix} -\boldsymbol{G}(k)-\boldsymbol{G}^{\mathrm{T}}(k)+\boldsymbol{X}(k) & * & * & * & * \\ \boldsymbol{A}\boldsymbol{G}(k)+\boldsymbol{B}\boldsymbol{Z}(k) & -\boldsymbol{X}(k)+\boldsymbol{B}\boldsymbol{\delta}\boldsymbol{M}(k)\boldsymbol{\delta}\boldsymbol{B}^{\mathrm{T}} & * & * & * \\ \boldsymbol{Z}(k) & \delta\boldsymbol{M}(k)\boldsymbol{\delta}\boldsymbol{B}^{\mathrm{T}} & -\boldsymbol{R}^{-1}+\boldsymbol{\delta}\boldsymbol{M}(k)\boldsymbol{\delta} & * & * \\ \boldsymbol{Z}(k) & \boldsymbol{0} & \boldsymbol{0} & -\boldsymbol{M}(k) & * \\ \boldsymbol{Q}^{1/2}\boldsymbol{G}(k) & \boldsymbol{0} & \boldsymbol{0} & \boldsymbol{0} & -\boldsymbol{I} \end{bmatrix}<0 \tag{3-89}$$

那么网络化控制系统 (3-51) 在量化控制器 $\boldsymbol{v}(k)=f(\boldsymbol{u}(k|k))=(\boldsymbol{I}+\boldsymbol{\Delta}(k))\boldsymbol{u}(k|k)$作用下渐近稳定，并且使得该系统具有一定的控制性能 $\gamma(k)$。其中，反馈控制增益 $\boldsymbol{K}(k)$ 可由下面公式求出：

$$\boldsymbol{K}(k)=\boldsymbol{Z}(k)\boldsymbol{G}^{-1}(k),\boldsymbol{P}(k)=\boldsymbol{X}^{-1}(k) \tag{3-90}$$

证明 这里只需要证明式(3-89) 满足条件即可。由于 $\boldsymbol{X}(k)>0$，很容易得到$[\boldsymbol{G}(k)-\boldsymbol{X}(k)]^{\mathrm{T}}[-\boldsymbol{X}(k)]^{-1}[\boldsymbol{G}(k)-\boldsymbol{X}(k)]\leqslant 0$，进而有

$$-\boldsymbol{G}^{\mathrm{T}}(k)\boldsymbol{X}^{-1}(k)\boldsymbol{G}(k)\leqslant -\boldsymbol{G}(k)-\boldsymbol{G}^{\mathrm{T}}(k)+\boldsymbol{X}(k) \tag{3-91}$$

其中，矩阵 $G(k)$ 是非奇异矩阵。由不等式(3-91) 可知，如果不等式(3-89) 成立，那么下列结论也成立：

$$\begin{bmatrix} -\boldsymbol{G}^{\mathrm{T}}(k)\boldsymbol{X}^{-1}(k)\boldsymbol{G}(k) & * & * & * & * \\ \boldsymbol{A}\boldsymbol{G}(k)+\boldsymbol{B}\boldsymbol{Z}(k) & -\boldsymbol{X}(k)+\boldsymbol{B}\boldsymbol{\delta}\boldsymbol{M}(k)\boldsymbol{\delta}\boldsymbol{B}^{\mathrm{T}} & * & * & * \\ \boldsymbol{Z}(k) & \delta\boldsymbol{M}(k)\boldsymbol{\delta}\boldsymbol{B}^{\mathrm{T}} & -\boldsymbol{R}^{-1}+\delta\boldsymbol{M}(k)\delta & * & * \\ \boldsymbol{Z}(k) & \boldsymbol{0} & \boldsymbol{0} & -\boldsymbol{M}(k) & * \\ \boldsymbol{Q}^{1/2}\boldsymbol{G}(k) & \boldsymbol{0} & \boldsymbol{0} & \boldsymbol{0} & -\boldsymbol{I} \end{bmatrix}<0 \tag{3-92}$$

对上式进行合同变换（congruence transformation），即不等式(3-92）左侧乘以对角矩阵 diag$\{\boldsymbol{X}(k)\boldsymbol{G}^{-\mathrm{T}}(k),\boldsymbol{I},\boldsymbol{I},\boldsymbol{I},\boldsymbol{I}\}$而右侧乘以对角矩阵 diag$\{\boldsymbol{G}^{-1}(k)\boldsymbol{X}(k),\boldsymbol{I},\boldsymbol{I},\boldsymbol{I},\boldsymbol{I}\}$，则有

$$\begin{bmatrix} -\boldsymbol{X}(k) & * & * & * & * \\ \boldsymbol{AX}(k)+\boldsymbol{BK}(k)\boldsymbol{X}(k) & -\boldsymbol{X}(k)+\boldsymbol{B\delta M}(k)\boldsymbol{\delta B}^{\mathrm{T}} & * & * & * \\ \boldsymbol{K}(k)\boldsymbol{X}(k) & \delta\boldsymbol{M}(k)\delta\boldsymbol{B}^{\mathrm{T}} & -\boldsymbol{R}^{-1}+\delta\boldsymbol{M}(k)\boldsymbol{\delta} & * & * \\ \boldsymbol{K}(k)\boldsymbol{X}(k) & \boldsymbol{0} & \boldsymbol{0} & -\boldsymbol{M}(k) & * \\ \boldsymbol{Q}^{1/2}\boldsymbol{X}(k) & \boldsymbol{0} & \boldsymbol{0} & \boldsymbol{0} & -\boldsymbol{I} \end{bmatrix}<0 \tag{3-93}$$

通过定义$\boldsymbol{Y}(k)=\boldsymbol{K}(k)\boldsymbol{X}(k)$，很容易得出不等式(3-93）等价于约束条件(3-76)。总之，约束条件（3-89）是约束条件（3-76）的一个充分条件。因此，根据定理 3.4，网络化控制系统（3-51）是渐近稳定的。

备注 3.9 引入了一个额外的辅助变量$\boldsymbol{G}(k)$，使得满足不等式(3-89）的可行解范围明显大于满足不等式(3-76）的可行解范围，因此定理 3.4 降低了定理 3.3 的保守性。此外，当对数量化器的量化密度 δ 已知时，定理 3.3 与定理 3.4 的约束条件是关于某些优化变量的线性矩阵不等式形式，则由定理 3.2 与定理 3.3 很容易求解出控制器输出$\boldsymbol{u}(k)$和辅助反馈控制律$\boldsymbol{K}(k)$。然而，如果要得到量化密度 δ 的最粗糙值，那么 δ 将作为优化变量存在于不等式约束条件。倘若这样，定理 3.2 与定理 3.3 中的约束条件将不再是线性矩阵不等式形式，以致不能简单地求出优化变量。不过，基于文献［9］中的方法，即采用一种线性搜索方法迭代地求解得到次优解，并获得最粗糙的量化密度值 $\delta_{\max}$。

下面，定理 3.5 将基于一种以牺牲控制性能为代价的改进算法求出最粗糙的量化密度值 $\delta_{\max}$，并且在一定程度上降低了算法的保守性。

定理 3.5 假定网络化控制系统（3-51）的状态可测。如果存在矩阵 $M(k)>0$，$N(k)>0$，$S(k)>0$，$T(k)>0$，$X(k)>0$，$G(k)$，$Z(k)$，控制器输出 $u(k|k)$，对角矩阵 $0<\delta(k)<I$ 以及标量 $\gamma(k)>0$ 使得无穷时域性能指标 $J(k)$具有最小上界，即

$$\min_{\boldsymbol{G}(k),\boldsymbol{M}(k),\boldsymbol{N}(k),\boldsymbol{S}(k),\boldsymbol{T}(k),\boldsymbol{X}(k),\boldsymbol{Z}(k),\boldsymbol{u}(k|k),\delta(k)} \gamma(k) \tag{3-94}$$

以及如下的约束条件成立：

$$\begin{bmatrix} -\boldsymbol{G}(k)-\boldsymbol{G}^{\mathrm{T}}(k)+\boldsymbol{X}(k) & * & * & * & * & * \\ \boldsymbol{A}\boldsymbol{G}(k)+\boldsymbol{B}\boldsymbol{Z}(k) & -\boldsymbol{X}(k) & * & * & * & * \\ \boldsymbol{Z}(k) & \boldsymbol{0} & -\boldsymbol{R}^{-1} & * & * & * \\ \boldsymbol{Z}(k) & \boldsymbol{0} & \boldsymbol{0} & -\boldsymbol{M}(k) & * & * \\ \boldsymbol{Q}^{1/2}\boldsymbol{G}(k) & \boldsymbol{0} & \boldsymbol{0} & \boldsymbol{0} & -\boldsymbol{I} & * \\ \boldsymbol{0} & \boldsymbol{\delta}\boldsymbol{B}^{\mathrm{T}} & \boldsymbol{\delta} & \boldsymbol{0} & \boldsymbol{0} & -\boldsymbol{N}(k) \end{bmatrix}<0 \tag{3-95}$$

$$\begin{bmatrix} -\gamma(k) & * & * & * & * & * \\ \boldsymbol{A}\boldsymbol{x}(k|k)+\boldsymbol{B}\boldsymbol{u}(k|k) & -\boldsymbol{X}(k) & * & * & * & * \\ \boldsymbol{Q}^{1/2}\boldsymbol{x}(k|k) & \boldsymbol{0} & -\boldsymbol{I} & * & * & * \\ \boldsymbol{R}^{1/2}\boldsymbol{u}(k|k) & \boldsymbol{0} & \boldsymbol{0} & -\boldsymbol{I} & * & * \\ \boldsymbol{u}(k|k) & \boldsymbol{0} & \boldsymbol{0} & \boldsymbol{0} & -\boldsymbol{S}(k) & * \\ \boldsymbol{0} & \boldsymbol{\delta}\boldsymbol{B}^{\mathrm{T}} & \boldsymbol{0} & \boldsymbol{\delta}\boldsymbol{R}^{1/2} & \boldsymbol{0} & -\boldsymbol{T}(k) \end{bmatrix}<0 \tag{3-96}$$

$$\boldsymbol{S}(k)\boldsymbol{T}(k)=\boldsymbol{I},\boldsymbol{M}(k)\boldsymbol{N}(k)=\boldsymbol{I} \tag{3-97}$$

那么网络化控制系统（3-51）在量化控制器 $\boldsymbol{v}(k)=f(\boldsymbol{u}(k|k))=(\boldsymbol{I}+\boldsymbol{\Delta}(k))\boldsymbol{u}(k|k)$作用下渐近稳定，并且使得该系统具有一定的控制性能 $\gamma(k)$。其中，反馈控制增益 $\boldsymbol{K}(k)$ 可由下面公式求出：

$$\boldsymbol{K}(k)=\boldsymbol{Z}(k)\boldsymbol{G}^{-1}(k) \quad \boldsymbol{P}(k)=\boldsymbol{X}^{-1}(k) \tag{3-98}$$

证明 由定理 3.4 可知，不等式(3-89) 可以转化成如下形式：

$$\begin{bmatrix} -\boldsymbol{G}(k)-\boldsymbol{G}^{\mathrm{T}}(k)+\boldsymbol{X}(k) & * & * & * & * \\ \boldsymbol{A}\boldsymbol{G}(k)+\boldsymbol{B}\boldsymbol{Z}(k) & -\boldsymbol{X}(k) & * & * & * \\ \boldsymbol{Z}(k) & \boldsymbol{0} & -\boldsymbol{R}^{-1} & * & * \\ \boldsymbol{Z}(k) & \boldsymbol{0} & \boldsymbol{0} & -\boldsymbol{M}(k) & * \\ \boldsymbol{Q}^{1/2}\boldsymbol{G}(k) & \boldsymbol{0} & \boldsymbol{0} & \boldsymbol{0} & -\boldsymbol{I} \end{bmatrix}+ \begin{bmatrix} \boldsymbol{0} \\ \boldsymbol{B}\boldsymbol{\delta}(k) \\ \boldsymbol{\delta}(k) \\ \boldsymbol{0} \\ \boldsymbol{0} \end{bmatrix} M \begin{bmatrix} \boldsymbol{0} & \boldsymbol{\delta}(k)\boldsymbol{B}^{\mathrm{T}} & \boldsymbol{\delta}(k) & \boldsymbol{0} & \boldsymbol{0} \end{bmatrix}<0 \tag{3-99}$$

基于 Schur 补引理，不等式(3-99) 等价于如下形式：

$$\begin{bmatrix} -\boldsymbol{G}(k)-\boldsymbol{G}^{\mathrm{T}}(k)+\boldsymbol{X}(k) & * & * & * & * & * \\ \boldsymbol{AG}(k)+\boldsymbol{BZ}(k) & -\boldsymbol{X}(k) & * & * & * & * \\ \boldsymbol{Z}(k) & \boldsymbol{0} & -\boldsymbol{R}^{-1} & * & * & * \\ \boldsymbol{Z}(k) & \boldsymbol{0} & \boldsymbol{0} & -\boldsymbol{M}(k) & * & * \\ \boldsymbol{Q}^{1/2}\boldsymbol{G}(k) & \boldsymbol{0} & \boldsymbol{0} & \boldsymbol{0} & -\boldsymbol{I} & * \\ \boldsymbol{0} & \boldsymbol{\delta B}^{\mathrm{T}} & \boldsymbol{\delta} & \boldsymbol{0} & \boldsymbol{0} & -\boldsymbol{M}^{-1}(k) \end{bmatrix} < 0 \tag{3-100}$$

通过定义 $\boldsymbol{N}(k)=\boldsymbol{M}^{-1}(k)$，很容易得出：不等式(3-100) 等价于不等式(3-95)。

其次，再由定理 3.3 可知，约束 (3-77) 可以转化为

$$\begin{bmatrix} -\gamma(k) & * & * & * & * \\ \boldsymbol{Ax}(k|k)+\boldsymbol{Bu}(k|k) & -\boldsymbol{X}(k) & * & * & * \\ \boldsymbol{Q}^{1/2}\boldsymbol{x}(k|k) & \boldsymbol{0} & -\boldsymbol{I} & * & * \\ \boldsymbol{R}^{1/2}\boldsymbol{u}(k|k) & \boldsymbol{0} & \boldsymbol{0} & -\boldsymbol{I} & * \\ \boldsymbol{u}(k|k) & \boldsymbol{0} & \boldsymbol{0} & \boldsymbol{0} & -\boldsymbol{S}(k) \end{bmatrix} + \begin{bmatrix} \boldsymbol{0} \\ \boldsymbol{B\delta} \\ \boldsymbol{0} \\ \boldsymbol{R}^{1/2}\boldsymbol{\delta} \\ \boldsymbol{0} \end{bmatrix} \boldsymbol{S}(k) \begin{bmatrix} \boldsymbol{0} & \boldsymbol{\delta B}^{\mathrm{T}} & \boldsymbol{0} & \boldsymbol{\delta R}^{1/2} & \boldsymbol{0} \end{bmatrix} < 0 \tag{3-101}$$

基于 Schur 补引理，不等式(3-101) 等价于如下形式：

$$\begin{bmatrix} -\gamma(k) & * & * & * & * & * \\ \boldsymbol{Ax}(k|k)+\boldsymbol{Bu}(k|k) & -\boldsymbol{X}(k) & * & * & * & * \\ \boldsymbol{Q}^{1/2}\boldsymbol{x}(k|k) & \boldsymbol{0} & -\boldsymbol{I} & * & * & * \\ \boldsymbol{R}^{1/2}\boldsymbol{u}(k|k) & \boldsymbol{0} & \boldsymbol{0} & -\boldsymbol{I} & * & * \\ \boldsymbol{u}(k|k) & \boldsymbol{0} & \boldsymbol{0} & \boldsymbol{0} & -\boldsymbol{S}(k) & * \\ \boldsymbol{0} & \boldsymbol{\delta B}^{\mathrm{T}} & \boldsymbol{0} & \boldsymbol{\delta R}^{1/2} & \boldsymbol{0} & -\boldsymbol{S}^{-1}(k) \end{bmatrix} < 0 \tag{3-102}$$

通过定义 $\boldsymbol{T}(k)=\boldsymbol{S}^{-1}(k)$，可以得出不等式(3-102) 等价于不等式(3-96)。

备注 3.10 定理 3.5 的优化算法能够推广到具有多维控制输入的系统，这明显优于单控制输入的优化问题[9]。其次，在定理 3.3、定理 3.4 与定理 3.5 中求解得到的反馈控制增益 $\boldsymbol{K}(k)$ 可以看作一个局部可镇定反馈控制律，不过 $\boldsymbol{K}(k)$ 没有实施到被控对象上，而仅仅是控制器设计当中所需要的一个辅助变量。

备注 3.11 由于约束条件（3-97）中的等式约束，使得定理 3.5 的优化求解过程并不再是一个凸性优化求解问题，而是非凸性问题。基于文献［19］中的方法（即一种锥补线性化方法），将原非凸性优化问题转化成一系列线性矩阵不等式形式的凸性优化问题。不过，该方法计算得到的解是次优解，并非最优解。

为了得到最粗糙的量化密度 $\boldsymbol{\delta}_{\max}$，需要求解如下的优化问题：

$$\min\ \mathrm{tr}[\boldsymbol{M}(k)\boldsymbol{N}(k)+\boldsymbol{S}(k)\boldsymbol{T}(k)] \tag{3-103}$$

并满足不等式(3-95)、不等式(3-96) 以及如下约束条件：

$$\begin{bmatrix}\boldsymbol{M}(k) & \boldsymbol{I}\\ \boldsymbol{I} & \boldsymbol{N}(k)\end{bmatrix}\geqslant 0,\begin{bmatrix}\boldsymbol{S}(k) & \boldsymbol{I}\\ \boldsymbol{I} & \boldsymbol{T}(k)\end{bmatrix}\geqslant 0 \tag{3-104}$$

尽管该优化算法求出的解是定理 3.5 中优化问题的次优解，但是它更容易求解这个非凸性优化问题，即基于这种锥补线性化方法，很容易求得保性能的次优解，以及最粗糙的量化密度 $\boldsymbol{\delta}_{\max}$。总之，这个优化问题的求解过程可以概括为以下几个步骤。

步骤 1： 给定一个充分大小的初始性能上界 γ_0，然后通过求解优化问题（3-95）、（3-96）、（3-103）与（3-104）得到一个可行集（$\boldsymbol{G}_0,\boldsymbol{M}_0,\boldsymbol{N}_0,\boldsymbol{S}_0,\boldsymbol{T}_0,\boldsymbol{X}_0,\boldsymbol{Z}_0,\boldsymbol{u}_0,\boldsymbol{\delta}_0$），最后设定初始迭代次数 $i=0$ 和 $\gamma_{\mathrm{sub}}=\gamma_0$。

步骤 2： 对于优化变量（$\boldsymbol{G},\boldsymbol{M},\boldsymbol{N},\boldsymbol{S},\boldsymbol{T},\boldsymbol{X},\boldsymbol{Z},\boldsymbol{u},\boldsymbol{\delta}$），求解如下线性矩阵不等式(LMI) 优化问题：

$$\min\ \mathrm{tr}(\boldsymbol{M}_i\boldsymbol{N}+\boldsymbol{N}_i\boldsymbol{M}+\boldsymbol{T}_i\boldsymbol{S}+\boldsymbol{S}_i\boldsymbol{T}) \tag{3-105}$$

以及约束条件（3-95）、（3-96）和（3-104）。

步骤 3： 将步骤 2 所求得的优化变量（$\boldsymbol{G},\boldsymbol{M},\boldsymbol{N},\boldsymbol{S},\boldsymbol{T},\boldsymbol{X},\boldsymbol{Z},\boldsymbol{u},\boldsymbol{\delta}$）代入公式(3-100) 和公式(3-102)。如果约束（3-100）和（3-102）成立，则返回到步骤 1，同时，减小 γ_0；如果约束（3-100）和（3-102）不成立，则跳到步骤 4。

步骤 4： 设定 $i=i+1$，$\boldsymbol{G}_i=\boldsymbol{G}$，$\boldsymbol{X}_i=\boldsymbol{X}$，$\boldsymbol{M}_i=\boldsymbol{M}$，$\boldsymbol{N}_i=\boldsymbol{N}$，$\boldsymbol{Z}_i=\boldsymbol{Z}$，$\boldsymbol{u}_i=\boldsymbol{u}$，$\boldsymbol{\delta}_i=\boldsymbol{\delta}$；其中，$i$ 表示有限的迭代步数，然后返回到步骤 2。

步骤 5： 输出次优保性能值 γ_{sub} 和相应的反馈控制律 $\boldsymbol{K}(k)=\boldsymbol{Z}\boldsymbol{G}^{-1}$。

上述优化算法是在保证一定的控制性能指标 γ_{sub} 的情况下，求解得到控制器输出量 $\boldsymbol{u}(k)$、鲁棒预测控制器的反馈控制律 $\boldsymbol{K}(k)=\boldsymbol{Z}(k)\boldsymbol{G}^{-1}(k)$，以及最粗糙的量化密度 $\boldsymbol{\delta}_{\max}$ 即最大扇形界。

3.3.3 数值仿真

例 3.1 考虑一个单输入单输出的线性时不变系统[9]，其状态空间形式表示的系统模型如下所示：

$$\boldsymbol{A}=\begin{bmatrix}0.8 & -0.25 & 0 & 1\\ 1 & 0 & 0 & 0\\ -0.8 & 0.5 & 0.2 & -1.03\\ 0 & 0 & 1 & 0\end{bmatrix},\quad \boldsymbol{B}=\begin{bmatrix}0\\0\\1\\0\end{bmatrix}$$

由给定的系统模型可以得到 $\boldsymbol{A}$ 的特征值 $\text{eig}(A)=0.4277\pm1.1389\text{i}$，$-0.338$，$0.4835$，则开环系统是不稳定的。不过，由于 $(\boldsymbol{A},\boldsymbol{B})$ 是可控的，所以闭环系统是可镇定的。假定系统的初始状态为 $\boldsymbol{x}(0)=[5\quad 3\quad -5\quad -3]^{\mathrm{T}}$，加权矩阵分别等于 $\boldsymbol{Q}=0.0001I_4$ 和 $R=0.001$，所采用的量化器是对数量化器。本章节的研究目标是设计一个网络化鲁棒预测控制器，使得网络化控制系统（3-51）在控制输入量化的影响下仍然渐近稳定且具有良好的控制性能，以及在保证系统渐近稳定和一定的控制性能基础上，得到最大扇形界 $\boldsymbol{\delta}_{\max}$ 即最粗糙的量化密度。于是，根据定理 3.4 中的优化算法求解得到性能指标上界 $\gamma(k)$，其中性能指标上界轨迹显示在图 3-11，系统的状态轨迹如图 3-12 所示。由图 3-11 和图 3-12 可知，基于所设计的网络化鲁棒预测控制器，系统的性能上界 $\gamma(k)$ 能够快速趋近于零，并且系统的状态也能够渐近地收敛到零平衡点。

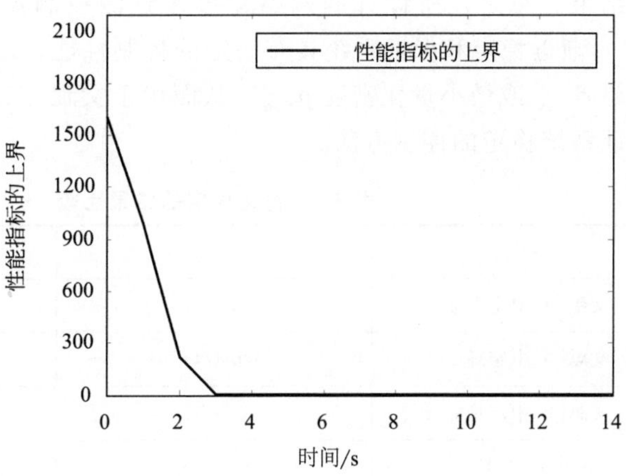

图 3-11 定理 3.4 求出的 $\gamma(k)$ 轨迹

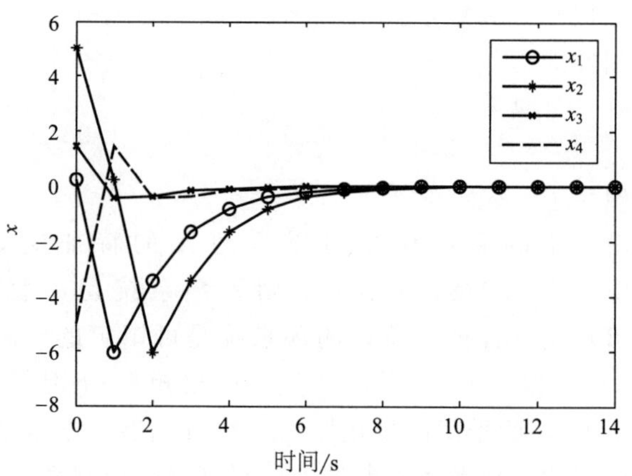

图 3-12 定理 3.4 求出的状态轨迹

将本章节所提出的鲁棒控制方法与文献［8，9］中的方法相比，其具体的比较结果显示在表 3-2 中。由表 3-2 可知，基于定理 3.3 和定理 3.4 中的优化算法所得到的最大量化扇形界 $\boldsymbol{\delta}_{\max}$ 要大于基于文献［8，9］中方法所得到的结果，要小于文献［9］中定理 3 基于锥补线性化方法所得到的结果。但是，本章定理 3.5 中的优化问题若采用相同的锥补线性化方法，则求得的最大量化扇形界 $\boldsymbol{\delta}_{\max}$ 要大于文献［9］中定理 3 所得到的结果。总之，所设计的网络化鲁棒预测控制器不仅能够保证系统 (3-51) 渐近稳定和保证系统具有一定的控制性能，还能够得到最大量化扇形界 $\boldsymbol{\delta}_{\max}$ 或最小量化密度 $\boldsymbol{\rho}_{\min}$，从而优于文献［8，9］中所提出的仅仅保证系统稳定的控制方法。

表 3-2 量化密度的结果比较

方法	$\delta_{\max}$	$\rho_{\min}$
文献[8]中定理 2	0.6747	0.1942
文献[9]中定理 2	0.6747	0.1942
文献[9]中定理 3	0.6812	0.1896
文中定理 3.3	0.6756	0.1936
文中定理 3.4	0.6756	0.1936
文中定理 3.5	0.6910	0.1827

值得注意的是，尽管采用定理 3.5 中的优化算法所得到的结果要优于定理 3.3 和定理 3.4 所求得的结果，但是定理 3.5 是以牺牲系统的控制性能为代价得到更大的量化扇形界 $\boldsymbol{\delta}_{\max}$。因此，只有在确保系统具有一定控制性能的基础上，才能进一步考虑得到更大的量化扇形界 $\boldsymbol{\delta}_{\max}$。

例 3.2 考虑如下一个不稳定且具有多输入多输出的线性系统：

$$\boldsymbol{A}=\begin{bmatrix}1.7 & 0.4 & 1.8\\ -2 & -0.8 & -3.1\\ -3.2 & -1.5 & -1.2\end{bmatrix},\quad \boldsymbol{B}=\begin{bmatrix}0.5 & 0\\ 0 & 0.5\\ 1 & 0.5\end{bmatrix}$$

假定系统的初始状态为 $\boldsymbol{x}(0)=[5 \quad -3 \quad 0]^{\mathrm{T}}$，加权矩阵分别等于 $\boldsymbol{Q}=0.0001\boldsymbol{I}_3$ 和 $\boldsymbol{R}=0.001\boldsymbol{I}_2$，采用的量化器是对数量化器。采用定理 3.4 的优化算法，当 $\boldsymbol{\delta}_{\max}=0.6254\boldsymbol{I}_2$ 时，优化问题（3-88）仍有最优解，并得到系统性能上界和系统状态的轨迹结果，如图 3-13 和图 3-14 所示。因此，在保证系统渐近稳定且具有一定控制性能的情况下，得到的最大量化密度为 $\boldsymbol{\delta}_{\max}=0.6254\boldsymbol{I}_2$。基于定理 3.3、定理 3.4 和定理 3.5 的优化算法，可以设计出一个具有控制输入量化的多输入系统的网络化鲁棒预测控制器，从而表明本章所提出的控制方法明显地优于文献［9］中的方法，即文献［9］中的方法仅仅能够解决单输入系统的控制输入量化问题。

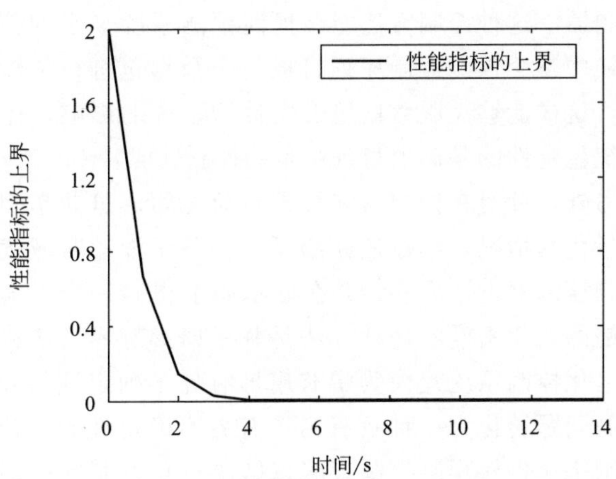

图 3-13 定理 3.3 求出的 $\gamma(k)$ 轨迹

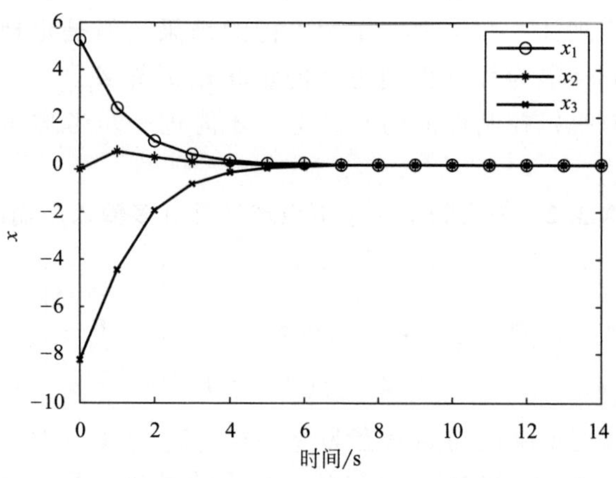

图 3-14　定理 3.3 求出的状态轨迹

3.4 本章小结

本章首先研究了具有有界丢包的网络化控制系统建模与网络化预测控制器设计问题。基于数据是以包的形式进行传输的这一特性，建立了有界数据包丢失的网络化控制系统模型，并在此基础上设计了网络化预测控制器。这种控制方法能够提前预测系统未来的控制动作，实现了数据传输中整个预测控制序列打成一个数据包进行传输而非仅传输当前控制量，这样能够克服数据包丢失带给系统的影响，还能在保证网络化控制系统稳定性的基础上得到一定的控制性能。

另外，针对在控制器与被控对象之间通过共享网络传输数据时发生数据量化的情况，本章还介绍了一种基于滚动时域优化策略的网络化鲁棒预测控制器设计方法，并在此基础上得到一个最大的量化扇形界，即最粗糙的量化密度。这种方法是基于扇形有界方法将具有控制输入量化的网络化控制系统建模为带有扇形有界不确定性的线性系统，从而将量化控制问题转化为一种具有扇形有界不确定性的鲁棒控制问题，并采用一种网络化鲁棒预测控制策略以解决量化控制问题即解决具有结构不确定性的鲁棒控制问题，以及在稳定性分析的基础上给出了使得闭环系统镇定的充分条件。其次，在保证系统稳定性和得到一定控制性能的前提下，采用一种锥补线性化方法，得到了最粗糙的量化密度。

参考文献

[1] Schenato L, et al. Foundations of Control and Estimation over Lossy Networks. Proceedings of the IEEE, 2007, 95(1): 163-187.

[2] Wang Zidong, Yang Fuwen, Ho D W C. Robust H_∞ Control for Networked Systems with Random Packet Losses. IEEE Transactions on Systems, Man, and Cybernetics, Part B: Cybernetics, 2007, 37(4): 916-924.

[3] Xiong Junlin, Lam James. Stabilization of Linear Systems over Networks with Bounded Packet Loss. Automatica, 2007, 43(1): 80-87.

[4] 李海涛，唐功友，马慧. 一类具有数据包丢失的网络化控制系统的最优控制. 控制与决策，2009，24(5): 773-776.

[5] Liu Guoping, Xia Yuanqing, Rees David. Design and Stability Criteria of Networked Predictive Control Systems with Random Networked Delay in the Feedback Channel. IEEE Transactions on Systems, Man, and Cybernetics, Part C: Applications and Reviews, 2007, 37(2): 173-184.

[6] Quevedo D E, Silva E I, Goodwin G C. Packetized Predictive Control Overerasure Channels. in Proceedings of the 2007 American Control Conference. New York: IEEE, 2007.

[7] Elia N, Mitter S K. Stabilization of Linear Systems with Limited Information. Transactions on Automatic Control, 2001, 46(9): 1384-1400.

[8] Fu Minyue, Xie Lihua. The Sector Bound Approach to Quantized Feedback Control. Transaction on Automatic Control, 2005, 50(11): 1698-1711.

[9] Gao Huijun, Chen Tongwen. A New Approach to Quantized Feedback Control Systems. Automatica, 2008, 44(2): 534-542.

[10] Fagnani F, Zampieri S. Stability Analysis and Synthesis for Scalar Linear Systems with a Quantized Feedback. IEEE Transactions on Automatic Control, 2003, 48(9): 1569-1584.

[11] Nair G N, Evans R J. Exponential Stabilisability of Finite-Dimensional Linear Systems with Limited Data Rates. Automatica, 2003, 39(4): 585-593.

[12] Tian Engang, Yue Dong, Zhao Xudong. Quantised Control Design for Networked Control Systems. IET Control Theory and Applications, 2007, 1(6): 1693-1699.

[13] 张丹，俞立，张文安. 带宽受限网络化系统的广义 H2 滤波. 控制理论与应用，2007，27(3): 377-381.

[14] 薛斌强. 基于滚动时域优化策略的网络化系统的状态估计与控制器设计. 上海：上海交通大学，2013.

[15] Mayne D Q, et al. Constrained Model Predictive Control: Stability and Optimality. Automatica, 2000, 36(6): 789-813.

[16] Gao Huijun, Chen Tongwen. New Results on Stability of Discrete Time Systems with Time-Varying State Delay. IEEE Transactions on Automatic Control, 2007, 52(2): 328-334.

[17] Gao Huijun, Meng Xiangu, Chen Tongwen. Stabilization of Networked Control Systems with a New Delay Characterization. IEEE Transactions on Automatic Control, 2008, 53(9): 2142-2148.

[18] Xie Lihua. Output Feedback H_∞ Control of Systems with Parameter Uncertainty. International Journal of Control, 1996, 63(4): 741-750.

[19] Gao Huijun, Lam James, Wang Changhong. H-inf Model Reduction for Discrete Time-Delay Systems: Delay-Independent and Dependent Approaches. International Journal of Control, 2004, 77(4): 321-335.

第4章

具有通信约束的网络化系统的滚动时域调度

4.1 概述

在网络通信中，一类基本的通信约束问题主要集中在网络的介质访问约束，即每一时刻通信网络只提供有限的通信访问通道。这就意味着，当 NCSs 中的传感器或执行器数目较多时，只有受限数目的传感器或执行器被允许通过共享网络与远程控制器进行通信，这样的系统称之为具有通信约束（即带宽受限或资源受限）的 NCSs。显然，相对于一般系统能够得到全部的反馈数据，而具有这种通信约束的 NCSs 只能得到部分反馈数据即不完整反馈数据，必然会影响系统性能甚至导致系统失稳，从而增加了系统建模、分析及设计的难度。因此，在第 4 章中，将针对具有通信约束的网络化控制系统，介绍基于滚动优化策略的网络通信动态调度方法，并研究基于网络资源调度的状态估计问题。

采用合理的网络调度策略均能在一定程度上补偿或改善网络带宽受限和不确定负载对系统性能的影响，但更为有效的方法是调度与控制/估计协同设计的方法。目前，网络化系统的通信调度策略主要分为两类。

① 静态调度：事先根据某种规则确定数据包的传输次序，并在系统运行过程中保持不变，如周期型调度[1~4]。由于这类方法是静态的，操作简单，可以离线实现，适应于网络负载不变的动态环境或结构不变的控制系统。

② 动态调度：在系统实时运行过程中，根据系统运行的实际情况动态决定传输哪些数据，适应于网络负载可变的动态环境或结构剧变的控制系统[5~7]。

这两种通信调度策略各有优劣，所以必须根据网络环境与系统结构，选择合适的网络资源的调度策略。文献［2］将被控对象和控制器之间的信息传输按一定的先后顺序表示成周期为 N 的通信序列，建立增广形式的离散时间系统模型，并采用一种模拟退火（Simulated Annealing）方法求出控制器反馈增益。而 Zhang 等[3] 针对具有多通信约束的 NCSs，即传感器-控制器及执行器-控制器之间的信息传输由一对周期型通信序列控制，研究了其控制器与调度策略协同设计的方法。Ishii[4] 针对带有周期型通信序列和随机丢包的 NCSs，以线性矩阵不等式形式给出了设计 H_∞ 控制器的一个充分条件，以及分析了确保系统稳定情况下的丢包概率问题。借助于通信序列的概念，通信约束的优化问题也受到了众多学者的关注。Rehbinder 等[5] 采用带启发方法产生初始值的领域搜寻法

(neighborhood search method) 求解带有周期型通信序列的离散动态系统的 LQ 最优控制问题。此外，文献 [6] 针对一个空间分布的离散线性时不变系统，采用 LMI 方法设计一个 H_∞ 控制器，并提出了一种启发式搜索方法来求解得到一个次优的通信序列。而文献 [7] 同时考虑了系统的信息调度和控制器设计问题，并将其转化为混合整数型二次规划问题进行求解，从而协同设计出控制器与通信序列。

然而，到目前为止，网络化控制系统网络资源调度问题集中于静态调度研究，很少考虑如何合理调度有限网络资源使得系统具有更好的性能。此外，现有的状态估计方法往往基于离线设计好的调度策略进行设计估计器，而没有充分考虑调度策略与估计器协同设计的策略。为此，本章针对上述问题，从如何合理利用有限的网络资源角度出发，将介绍基于通信序列的动态调度，即滚动时域调度策略。本章内容安排如下：第二小节介绍一种基于通信成本与估计误差的二次型性能指标的滚动时域调度策略；第三小节介绍一种滚动时域状态估计方法并分析该估计器的性能；第四小节给出数值仿真和双容液位系统的物理实验以验证所提算法的有效性；最后小节是对本章内容进行总结。

4.2 网络化滚动时域调度

4.2.1 问题描述

本章节针对存在网络通信约束的情况，研究远程被控对象状态无法测得时的状态估计问题。这种具有通信约束的网络化控制系统如图 4-1 所示。其中，多个传感器通过共享网络与远程估计器连接，并且传感器、调度器、估计器、控制器以及执行器均采用时间同步驱动，采样周期为 T。

被控对象由以下离散时间线性时不变系统模型描述：

$$\begin{aligned} &\boldsymbol{x}(k+1)=\boldsymbol{A}\boldsymbol{x}(k)+\boldsymbol{B}\boldsymbol{u}(k)+\boldsymbol{w}(k)\\ &\boldsymbol{y}(k)=\boldsymbol{C}\boldsymbol{x}(k)+\boldsymbol{v}(k)\\ &\boldsymbol{x}(k)\in\boldsymbol{X},\boldsymbol{u}(k)\in\boldsymbol{U},\boldsymbol{w}(k)\in\boldsymbol{W},\boldsymbol{v}(k)\in\boldsymbol{V}\end{aligned} \tag{4-1}$$

其中，$\boldsymbol{x}(k)\in\boldsymbol{R}^n$ 是系统状态，$\boldsymbol{u}(k)\in\boldsymbol{R}^m$ 是控制输入，$\boldsymbol{w}(k)\in\boldsymbol{R}^n$ 是系统噪声，$\boldsymbol{v}(k)\in\boldsymbol{R}^p$ 是测量噪声；$\boldsymbol{y}(k)=[\boldsymbol{y}_1(k)\cdots\boldsymbol{y}_p(k)]^{\mathrm{T}}\in\boldsymbol{R}^p$ 是由 p 个传感器测量得到的系统输出。而且，系统状态、控制输入、系统

噪声和测量噪声的约束集合 $\boldsymbol{X}=\{\boldsymbol{x}:\boldsymbol{D}\boldsymbol{x}\leqslant\boldsymbol{d}\}$，$\boldsymbol{U}=\{\boldsymbol{u}:\|\boldsymbol{u}\|\leqslant u_{\max}\}$，$\boldsymbol{W}=\{\boldsymbol{w}:\|\boldsymbol{w}\|\leqslant\eta_w\}$，$\boldsymbol{V}=\{\boldsymbol{v}:\|\boldsymbol{v}\|\leqslant\eta_v\}$均是凸多面体。系统矩阵 $\boldsymbol{A}$、$\boldsymbol{B}$、$\boldsymbol{C}$ 分别是具有适当维数的常数矩阵，且矩阵对 $(\boldsymbol{A},\boldsymbol{B})$ 能控以及矩阵对 $(\boldsymbol{A},\boldsymbol{C})$ 可测。

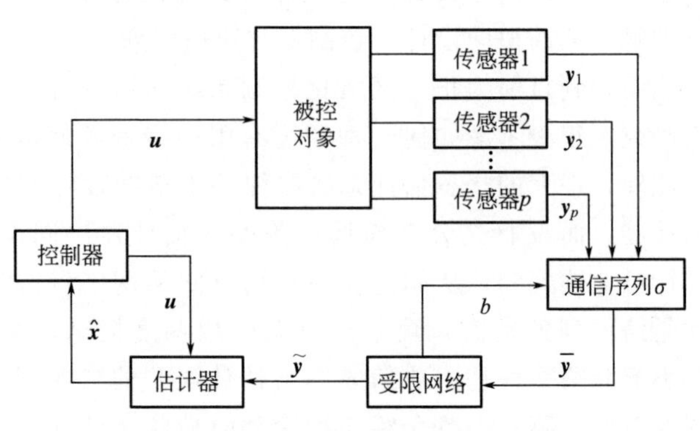

图 4-1　具有通信约束的网络化控制系统

如图 4-1 所示，传感器的测量输出通过共享网络传送至远程估计器，并且它是以数据包的形式进行数据传输。一般来说，在网络中传输的数据包大小是受限的，并随着通信协议的不同而有所差异。也就是说，网络的通信协议决定了网络传输中数据包的大小，从而决定了到底有多少传感器的测量输出可以打成一个数据包进行传输。然而，在某些特殊环境中，无线通信网络的带宽受限或资源有限的情况是存在的，例如水声网络[8] 和航天器[9]。正因为网络带宽受限，才使得每一时刻并不是所有测量输出信号都能通过共享网络传送至目的地，即只有部分测量输出信号与远程估计器进行通信。针对这一问题，本章节研究如何选取和调度这部分测量信息，使得系统仍能够获得良好的性能。基于上述分析，则对于如图 4-1 所示的 NCSs 来说，在每一采样时刻，只有 b 个系统输出分量能够通过共享网络访问远程估计器，更新估计器的输入信号，而余下的 $p-b$ 个输出分量必须等待下一时刻的调度。其中，正整数 b 满足 $1\leqslant b\leqslant p$，而且访问网络的输出分量数目 b 由不同的网络协议所决定。在本章节中，假定 b 是一个给定的常数。此外，这种影响测量输出的通信约束可用一个二值函数簇表示，其中每个二值函数 $\sigma_i(k)(i=1,\cdots,p)$ 表征了第 i 个测量输出 $y_i(k)$ 的网络传输状态：

$$\sigma_i(k)=\begin{cases}1 & \text{表示此刻能够通信}\\0 & \text{表示此刻不能通信}\end{cases}\tag{4-2}$$

其中，$\boldsymbol{\sigma}(k)=[\sigma_1(k),\cdots,\sigma_p(k)]^{\mathrm{T}}$ 被称为通信逻辑序列，表示 k 时刻传感器通过共享网络与远程估计器进行数据传输时的通信状态。总之，通信约束可以用下列等式表示：

$$\sum_{i=1}^{p}\sigma_i(k)=b \tag{4-3}$$

进而，其矩阵表示形式为

$$\boldsymbol{S}_{\boldsymbol{\sigma}}(k)=\mathrm{diag}(\boldsymbol{\sigma}(k))=\mathrm{diag}([\sigma_1(k),\cdots,\sigma_p(k)]^{\mathrm{T}}) \tag{4-4}$$

所以每一时刻通过共享网络传输至估计器的测量输出 $\overline{\boldsymbol{y}}(k)$ 可表示为

$$\overline{\boldsymbol{y}}(k)=\boldsymbol{S}_{\boldsymbol{\sigma}}(k)\boldsymbol{y}(k)=\mathrm{diag}(\boldsymbol{y}(k))\boldsymbol{\sigma}(k) \tag{4-5}$$

由于通信约束（4-3）的存在，使得每一时刻只有部分测量输出到达估计器，即每个时刻只有 b 个传感器输出分量与估计器通信，所以对于余下的 $p-b$ 个输出分量这里采用一种零阶保持的补偿方法即利用零阶保持器使其保持上一时刻的最新值，而不是简单地让其置为 0（这样做能够降低系统的性能）。于是，补偿后的估计器输入为

$$\widetilde{\boldsymbol{y}}(k)=\overline{\boldsymbol{y}}(k)+[\boldsymbol{I}_p-\boldsymbol{S}_{\boldsymbol{\sigma}}(k)]\widetilde{\boldsymbol{y}}(k-1)=\boldsymbol{S}_{\boldsymbol{\sigma}}(k)[\boldsymbol{y}(k)-\widetilde{\boldsymbol{y}}(k-1)]+\widetilde{\boldsymbol{y}}(k-1) \tag{4-6}$$

其中，$\boldsymbol{I}_p$ 表示维数为 p 的单位矩阵。综合上述等式，一个包含通信序列动态的网络化控制系统模型可表示为如下形式：

$$\begin{aligned}&\boldsymbol{x}(k+1)=\boldsymbol{A}\boldsymbol{x}(k)+\boldsymbol{B}\boldsymbol{u}(k)+\boldsymbol{w}(k)\\&\widetilde{\boldsymbol{y}}(k)=\boldsymbol{S}_{\boldsymbol{\sigma}}(k)\boldsymbol{C}\boldsymbol{x}(k)+\boldsymbol{S}_{\boldsymbol{\sigma}}(k)\boldsymbol{v}(k)+[\boldsymbol{I}_p-\boldsymbol{S}_{\boldsymbol{\sigma}}(k)]\widetilde{\boldsymbol{y}}(k-1)\\&\boldsymbol{x}(k)\in\boldsymbol{X},\boldsymbol{u}(k)\in\boldsymbol{U},\boldsymbol{w}(k)\in\boldsymbol{W},\boldsymbol{v}(k)\in\boldsymbol{V}\end{aligned} \tag{4-7}$$

由于该系统模型（4-7）包含了通信逻辑序列，所以此模型比原系统模型（4-1）具有更少的有效系统输出量。针对这种情况，本章的研究目的是设计一个动态调度算法在线调节这有限的测量输出，从而得到一个良好的系统性能。

4.2.2 滚动时域调度策略

这一小节将针对上述网络通信约束问题，提出一种基于滚动时域的调度算法在线实时确定每一时刻到底从 p 个测量输出中选取哪 b 个测量输出并通过共享网络传输至远程估计器。不同于已有的静态周期型调度[1,3] 和已有的动态调度方法[7]，这种方法是基于一个滑动窗口内的有效输入输出数据在线优化一个二次型性能指标，其中该数据不仅包含当前时刻的数据，还包含以前一段时间内的数据，并且二次型性能指标包括通信成本和估计误差。此外，假定调度器和估计器均已知被控对象的

动态特性即系统模型（4-7）。

具体来说，该滚动时域调度算法是基于已知的状态先验预估$\overline{\boldsymbol{x}}(k-N)$和窗口内输入输出信息$\boldsymbol{I}_k^N \triangleq \{\widetilde{\boldsymbol{y}}(k),\cdots,\widetilde{\boldsymbol{y}}(k-N),\boldsymbol{u}(k-1),\cdots,\boldsymbol{u}(k-N)\}$，在线优化一个二次型性能指标，得到通信序列和一个辅助优化变量$\widetilde{\boldsymbol{x}}(k-N|k)$。其中，$\overline{\boldsymbol{x}}(k-N)$表示在$k-N$时刻对状态$\boldsymbol{x}(k-N)$的预估值，$N+1$表示窗口内从$k-N$到$k$时刻的数据长度，$\widetilde{\boldsymbol{x}}(k-N|k),\cdots,\widetilde{\boldsymbol{x}}(k|k)$分别表示在$k$时刻对状态$\boldsymbol{x}(k-N)$，…，$\boldsymbol{x}(k)$的估计值。此外，预估值$\overline{\boldsymbol{x}}(k-N)$［即$\widetilde{\boldsymbol{x}}(k-N|k-1)$］可由公式$\overline{\boldsymbol{x}}(k-N)=\boldsymbol{A}\widetilde{\boldsymbol{x}}(k-N-1|k-1)+\boldsymbol{B}\boldsymbol{u}(k-N-1)$得到，其中$\widetilde{\boldsymbol{x}}(k-N|k-1)$在$k-1$时刻是已知量。为了提高估计性能和减少通信成本，该滚动时域调度算法的优化问题可以描述为如下形式。

问题 4.1 基于k时刻的已知信息［$\boldsymbol{I}_k^N,\overline{\boldsymbol{x}}(k-N)$］，通过极小化如下调度性能指标（4-8），得到通信逻辑序列$\boldsymbol{\sigma}(k)=[\sigma_1(k),\cdots,\sigma_p(k)]^{\mathrm{T}}$和辅助优化变量即状态估计$\widetilde{\boldsymbol{x}}(k-N|k)$。其中，调度性能指标的表达式为

$$J_1(k)=\left\|\boldsymbol{\sigma}(k)-\boldsymbol{\sigma}(k-1)\right\|_{\boldsymbol{Q}}^2+\left\|\widetilde{\boldsymbol{x}}(k-N|k)-\overline{\boldsymbol{x}}(k-N)\right\|_{\boldsymbol{M}}^2+\sum_{i=k-N}^{k}\left\|\widetilde{\boldsymbol{y}}(i)-\boldsymbol{C}\widetilde{\boldsymbol{x}}(i|k)\right\|_{\boldsymbol{R}}^2 \tag{4-8}$$

$$\text{s. t. } \sum_{i=1}^{p}\sigma_i(k)=b,\widetilde{\boldsymbol{x}}(i+1|k)=\boldsymbol{A}\widetilde{\boldsymbol{x}}(i|k)+\boldsymbol{B}\boldsymbol{u}(i) \qquad \boldsymbol{D}\widetilde{\boldsymbol{x}}(i|k)\leqslant d,i=k-N,\cdots,k \tag{4-9}$$

在表达式(4-8）中，正定矩阵$\boldsymbol{M}$表示对窗口内初始状态估计误差的惩罚，而正定矩阵$\boldsymbol{R}$表示对窗口内输出估计误差的惩罚。特别地，正定矩阵$\boldsymbol{Q}$表征了当前时刻与前一时刻信息切换即通信状态变化的惩罚。与其它调度方法[1,2,5,7] 相比，该性能指标（4-8）的优点在于不仅包含了第一项所述的通信成本，还囊括了后两项的估计误差，因此这个调度指标实际上是一个多目标的优化问题。

由公式(4-8）与公式(4-9）可知，该滚动时域调度问题 4.1 可以转化为一种混合整数二次规划形式的优化问题，即

$$[\boldsymbol{\sigma}^{*\mathrm{T}}(k)\widetilde{\boldsymbol{x}}^{*\mathrm{T}}(k-N|k)]^{\mathrm{T}}\triangleq\arg\min_{\boldsymbol{\sigma}(k),\widetilde{\boldsymbol{x}}(k-N|k)}J_1(k) \qquad \text{s. t. } \sum_{i=1}^{p}\sigma_i(k)=b,\ \boldsymbol{D}_N[\widetilde{\boldsymbol{F}}_N\widetilde{\boldsymbol{x}}(k-N|k)+\widetilde{\boldsymbol{G}}_N\boldsymbol{U}_N]\leqslant\boldsymbol{d}_N \tag{4-10}$$

$$J_1(k)=\begin{bmatrix}\boldsymbol{\sigma}(k)\\ \tilde{\boldsymbol{x}}(k-N|k)\end{bmatrix}^{\mathrm{T}}$$

$$\begin{bmatrix}\mathrm{diag}[\boldsymbol{y}(k)-\tilde{\boldsymbol{y}}(k-1)]\boldsymbol{R}\,\mathrm{diag}[\boldsymbol{y}(k)-\tilde{\boldsymbol{y}}(k-1)]+\boldsymbol{Q} & -\mathrm{diag}[\boldsymbol{y}(k)-\tilde{\boldsymbol{y}}(k-1)]\boldsymbol{RCA}^N\\ -(\boldsymbol{A}^N)^{\mathrm{T}}\boldsymbol{C}^{\mathrm{T}}\boldsymbol{R}\,\mathrm{diag}[\boldsymbol{y}(k)-\tilde{\boldsymbol{y}}(k-1)] & \boldsymbol{M}+\boldsymbol{F}_N^{\mathrm{T}}\boldsymbol{R}_N\boldsymbol{F}_N+(\boldsymbol{A}^N)^{\mathrm{T}}\boldsymbol{C}^{\mathrm{T}}\boldsymbol{RCA}^N\end{bmatrix}$$

$$\begin{bmatrix}\boldsymbol{\sigma}(k)\\ \tilde{\boldsymbol{x}}(k-N|k)\end{bmatrix}+2\{-\boldsymbol{\sigma}^{\mathrm{T}}(k-1)\boldsymbol{Q}+\boldsymbol{T}_1[\boldsymbol{Bu}(k-1)+\boldsymbol{B}_N\boldsymbol{U}(k-2)]^{\mathrm{T}}\boldsymbol{C}^{\mathrm{T}}\boldsymbol{RCA}^N+\boldsymbol{T}_2\}$$

$$\begin{bmatrix}\boldsymbol{\sigma}(k)\\ \tilde{\boldsymbol{x}}(k-N|k)\end{bmatrix}+\bar{\bar{\boldsymbol{x}}}(k-N)^{\mathrm{T}}\boldsymbol{M}\bar{\bar{\boldsymbol{x}}}(k-N)+\boldsymbol{\sigma}^{\mathrm{T}}(k-1)\boldsymbol{Q}\boldsymbol{\sigma}(k-1)-$$

$$2\tilde{\boldsymbol{y}}^{\mathrm{T}}(k-1)\boldsymbol{RC}[\boldsymbol{Bu}(k-1)+\boldsymbol{B}_N\boldsymbol{U}(k-2)]+$$

$$\boldsymbol{U}^{\mathrm{T}}(k-2)\boldsymbol{G}_N^{\mathrm{T}}\boldsymbol{R}_N\boldsymbol{G}_N\boldsymbol{U}(k-2)-2\boldsymbol{U}^{\mathrm{T}}(k-2)\boldsymbol{G}_N^{\mathrm{T}}\boldsymbol{R}_N\tilde{\boldsymbol{Y}}(k-1)+$$

$$\tilde{\boldsymbol{Y}}^{\mathrm{T}}(k-1)\boldsymbol{R}_N\tilde{\boldsymbol{Y}}(k-1)+\tilde{\boldsymbol{y}}^{\mathrm{T}}(k-1)\boldsymbol{R}\tilde{\boldsymbol{y}}(k-1)+$$

$$[\boldsymbol{Bu}(k-1)+\boldsymbol{B}_N\boldsymbol{U}(k-2)]^{\mathrm{T}}\boldsymbol{C}^{\mathrm{T}}\boldsymbol{RC}[\boldsymbol{Bu}(k-1)+\boldsymbol{B}_N\boldsymbol{U}(k-2)]$$

$$\boldsymbol{T}_1=\{\tilde{\boldsymbol{y}}^{\mathrm{T}}(k-1)\boldsymbol{R}-[\boldsymbol{Bu}(k-1)+\boldsymbol{B}_N\boldsymbol{U}(k-2)]^{\mathrm{T}}\boldsymbol{C}^{\mathrm{T}}\boldsymbol{R}\}\mathrm{diag}[\boldsymbol{y}(k)-\tilde{\boldsymbol{y}}(k-1)]$$

$$\boldsymbol{T}_2=-\tilde{\boldsymbol{y}}^{\mathrm{T}}(k-1)\boldsymbol{RCA}^N+\boldsymbol{U}^{\mathrm{T}}(k-2)\boldsymbol{G}_N^{\mathrm{T}}\boldsymbol{R}_N\boldsymbol{F}_N-\tilde{\boldsymbol{Y}}^{\mathrm{T}}(k-1)\boldsymbol{R}_N\boldsymbol{F}_N-$$
$$\bar{\bar{\boldsymbol{x}}}^{\mathrm{T}}(k-N)\boldsymbol{M},\boldsymbol{B}_N=[\boldsymbol{A}^{N-1}\boldsymbol{B}\cdots\boldsymbol{AB}]$$

$$\boldsymbol{d}_N=[\underbrace{\boldsymbol{d}^{\mathrm{T}}\cdots\boldsymbol{d}^{\mathrm{T}}}_{N+1}]^{\mathrm{T}},\boldsymbol{C}_N=\mathrm{diag}[\underbrace{\boldsymbol{C}\cdots\boldsymbol{C}}_{N+1}],\boldsymbol{D}_N=\mathrm{diag}[\underbrace{\boldsymbol{D}\cdots\boldsymbol{D}}_{N+1}],\boldsymbol{R}_N=\mathrm{diag}[\underbrace{\boldsymbol{R}\cdots\boldsymbol{R}}_{N}]$$

$$\boldsymbol{U}(k-2)=[\boldsymbol{u}^{\mathrm{T}}(k-N),\cdots,\boldsymbol{u}^{\mathrm{T}}(k-2)]^{\mathrm{T}},$$

$$\tilde{\boldsymbol{Y}}(k-1)=[\tilde{\boldsymbol{y}}^{\mathrm{T}}(k-N),\cdots,\tilde{\boldsymbol{y}}^{\mathrm{T}}(k-1)]^{\mathrm{T}},\tilde{\boldsymbol{F}}_N=[\boldsymbol{I}\ \boldsymbol{A}^{\mathrm{T}}\cdots(\boldsymbol{A}^N)^{\mathrm{T}}]^{\mathrm{T}}$$

$$\boldsymbol{F}_N=\boldsymbol{C}_N\tilde{\boldsymbol{F}}_N,\tilde{\boldsymbol{G}}_N=\begin{bmatrix}\boldsymbol{0}&\boldsymbol{0}&\cdots&\boldsymbol{0}&\boldsymbol{0}\\ \boldsymbol{B}&\boldsymbol{0}&\cdots&\boldsymbol{0}&\boldsymbol{0}\\ \boldsymbol{AB}&\boldsymbol{B}&\cdots&\boldsymbol{0}&\boldsymbol{0}\\ \vdots&\vdots&\cdots&\vdots&\vdots\\ \boldsymbol{A}^{N-1}\boldsymbol{B}&\boldsymbol{A}^{N-2}\boldsymbol{B}&\cdots&\boldsymbol{AB}&\boldsymbol{B}\end{bmatrix},$$

$$\boldsymbol{G}_N=\begin{bmatrix}\boldsymbol{0}&\boldsymbol{0}&\cdots&\boldsymbol{0}&\boldsymbol{0}\\ \boldsymbol{CB}&\boldsymbol{0}&\cdots&\boldsymbol{0}&\boldsymbol{0}\\ \boldsymbol{CAB}&\boldsymbol{CB}&\cdots&\boldsymbol{0}&\boldsymbol{0}\\ \vdots&\vdots&\cdots&\vdots&\vdots\\ \boldsymbol{CA}^{N-1}\boldsymbol{B}&\boldsymbol{CA}^{N-2}\boldsymbol{B}&\cdots&\boldsymbol{CAB}&\boldsymbol{CB}\end{bmatrix}$$

在 k 采样时刻，通过求解调度算法（4-10），可以得到最优动态调度序列 $\boldsymbol{\sigma}(k)=[\sigma_1(k),\cdots,\sigma_p(k)]^T$ 和辅助状态估计 $\tilde{\boldsymbol{x}}^*(k-N|k)$，以及获取窗口内的其它辅助状态估计：

$$\widetilde{\boldsymbol{x}}^*(k-N+j|k)=\boldsymbol{A}^j\widetilde{\boldsymbol{x}}^*(k-N|k)+\sum_{i=0}^{j-1}\boldsymbol{A}^{j-i-1}\boldsymbol{B}\boldsymbol{u}(k-N+i),j=1,\cdots,N \tag{4-11}$$

显然，在 $k+1$ 时刻，这个滚动时域调度问题将重新基于已知信息 $[\boldsymbol{I}_{k+1}^N,\overline{\boldsymbol{x}}(k-N+1)]$ 在线优化得到一个新的通信逻辑序列 $\boldsymbol{\sigma}(k+1)$。另外，关于混合整数二次规划问题（4-10）的求解，目前存在许多免费和商业性的求解器。总之，基于上述调度算法（4-10），可以得到如下定理。

定理 4.1 由网络化滚动时域调度算法（4-10）所求出的动态调度序列与静态周期型调度序列相比可知，该动态调度问题 4.1 所得到的调度性能指标最优值要小于等于采用周期型调度的性能指标最优值。

证明 若采用周期型调度（即 $\boldsymbol{\sigma}_k=\boldsymbol{\sigma}_{k+T}$，$T$ 为调度周期），则此时调度性能指标（4-8）中的第一项等于一个常数，即 $[\boldsymbol{\sigma}(k)-\boldsymbol{\sigma}(k-1)]^{\mathrm{T}}\boldsymbol{Q}[\boldsymbol{\sigma}(k)-\boldsymbol{\sigma}(k-1)]=$ 常数；而当采用滚动调度时，由于 $\boldsymbol{\sigma}(k)$ 是优化变量，显然，此时调度性能指标（4-8）中第一项的数值要小于等于周期型性能指标的常数值。此外，对于调度性能指标（4-8）中的其余二项而言，由于基于周期型调度的优化变量数目即仅有 $\widetilde{\boldsymbol{x}}(k-N|k)$ 要小于基于滚动调度的优化变量数目，即有 $\boldsymbol{\sigma}(k)$ 与 $\widetilde{\boldsymbol{x}}(k-N|k)$，自由度少，所以采用周期型调度时，其调度性能指标（4-8）中其余二项的最优值要大于等于采用滚动调度时所得到的最优值。综合整个性能指标可知，基于滚动时域调度策略的性能最优值要小于等于采用周期型调度所得到的性能最优值。因此，证明完毕。

值得注意的是，定理 4.1 描述了滚动时域调度算法优于静态周期型调度的特征。此外，由调度算法（4-10）可知，该滚动时域调度算法权衡了每个系统输出分量的重要性，即不同的系统输出分量在调度算法（4-10）中具有不同的作用，即作用越大越应该与远程估计器通信，而周期型调度没有考虑这点，即一视同仁，因此本小节所提出的滚动调度策略更能把握系统的动态特性，从而获取更好的系统性能。另外，如果采用周期型调度算法，则滚动时域调度算法（4.10）可以简化为一种标准的二次规划形式，优点类似于滚动时域估计[10]。

备注 4.1 对于调度算法（4-10）而言，所求得的优化变量 $\widetilde{\boldsymbol{x}}^*(k-N|k)$ 仅仅是一个辅助变量，并不是所需要的状态估计量，也没有通过共享网络传送至估计器。其次，求解调度算法（4-10）所得到的通信逻辑序列 $\boldsymbol{\sigma}(k)=[\sigma_1(k),\cdots,\sigma_p(k)]^{\mathrm{T}}$ 决定了由哪 p 个输出分量组成的输出量 $\overline{y}(k)$ 能够通过共享网络传送到估计器，而不是传输通信逻辑序列

$\boldsymbol{\sigma}(k)=[\sigma_1(k),\cdots,\sigma_p(k)]^{\mathrm{T}}$。最后，由于传感器与调度器直接连接，因此可以将它们看作一个整体，即一个智能装置。这个智能装置具有无限计算能力、处理能力和记忆能力，并且其能够通过无线网络进行通信。

接下来，基于上述所提出的滚动时域调度算法以及一段具有部分测量信息的输出数据，进一步设计网络化控制系统的状态估计器。

4.3 网络化控制系统的滚动时域状态估计

如果不考虑物理系统的变量约束，可以采用 Kalman Filter[1] 估计网络化控制系统（4-7）的状态。然而，本章节考虑了变量约束，而 Kalman Filter 并不具有处理变量约束的能力，因此设计能够处理约束能力的滚动时域状态估计器。针对具有通信约束的 NCSs，滚动时域状态估计的优化问题可以描述为如下形式：

问题 4.2 基于 k 时刻的已知信息$[\overline{\boldsymbol{I}}_k^N \triangleq \{\widetilde{\boldsymbol{y}}(k),\cdots,\widetilde{\boldsymbol{y}}(k-N),\boldsymbol{u}(k-1),\cdots,\boldsymbol{u}(k-N)\},\overline{\boldsymbol{x}}(k-N)]$，其中 $\overline{\boldsymbol{x}}(k-N)=\hat{\boldsymbol{x}}(k-N|k-1)$，通过极小化如下状态估计性能指标（4-12），求得最优状态估计值 $\hat{\boldsymbol{x}}(k-N|k)$，…，$\hat{\boldsymbol{x}}(k|k)$。其中，估计性能指标的表达式为

$$J_2(k)=\left\|\hat{\boldsymbol{x}}(k-N|k)-\overline{\boldsymbol{x}}(k-N)\right\|_{\boldsymbol{M}}^2+\sum_{i=k-N}^{k}\left\|\widetilde{\boldsymbol{y}}(i)-\hat{\boldsymbol{y}}(i|k)\right\|_{\boldsymbol{R}}^2 \tag{4-12}$$

以及满足如下约束条件：

$$\begin{aligned}&\hat{\boldsymbol{y}}(i|k)=\boldsymbol{S}_{\boldsymbol{\sigma}}(i)\boldsymbol{C}\hat{\boldsymbol{x}}(i|k)+[\boldsymbol{I}_p-\boldsymbol{S}_{\boldsymbol{\sigma}}(i)]\widetilde{\boldsymbol{y}}(i-1)\\&\hat{\boldsymbol{x}}(i+1|k)=\boldsymbol{A}\hat{\boldsymbol{x}}(i|k)+\boldsymbol{B}\boldsymbol{u}(i),\boldsymbol{D}\hat{\boldsymbol{x}}(i|k)\leqslant\boldsymbol{d},i=k-N,\cdots,k\end{aligned} \tag{4-13}$$

为了便于分析，估计指标（4-12）中的惩罚矩阵 $\boldsymbol{M}$、$\boldsymbol{R}$ 等同于调度优化指标（4-8）中的惩罚矩阵 $\boldsymbol{M}$、$\boldsymbol{R}$。不过，为了表征通信逻辑序列如何影响系统测量输出，估计性能指标 $J_2(k)$ 中的第二项不同于调度性能指标 $J_1(k)$ 的第二项。此外，优化问题 4.2 可以转化为下列标准二次规划形式进行优化求解［优化变量仅为 $\hat{x}(k-N|k)$］：

$$\begin{aligned}&\hat{\boldsymbol{x}}^*(k-N|k)\triangleq\arg\min_{\hat{\boldsymbol{x}}(k-N|k)}J_2(k)\\&\text{s. t. }\boldsymbol{D}_N[\widetilde{\boldsymbol{F}}_N\hat{\boldsymbol{x}}(k-N|k)+\widetilde{\boldsymbol{G}}_N\boldsymbol{U}_N]\leqslant\boldsymbol{d}_N\end{aligned}$$

其中

$$
\begin{aligned}
J(k)=&\hat{\boldsymbol{x}}^{\mathrm{T}}(k-N|k)[\boldsymbol{M}+\boldsymbol{F}_{N}^{\mathrm{T}}\boldsymbol{S}_s(k)\boldsymbol{R}_N\boldsymbol{S}_s(k)\boldsymbol{F}_N]\hat{\boldsymbol{x}}(k-N|k)+\\
&2[\boldsymbol{U}^{\mathrm{T}}(k)\boldsymbol{G}_N^{\mathrm{T}}\boldsymbol{S}_s(k)\boldsymbol{R}_N\boldsymbol{S}_s(k)\boldsymbol{F}_N-\overline{\boldsymbol{x}}^{\mathrm{T}}(k-N)\boldsymbol{M}-\boldsymbol{Y}^{\mathrm{T}}(k)\boldsymbol{R}_N\boldsymbol{S}_s(k)\boldsymbol{F}_N]\\
&\hat{\boldsymbol{x}}(k-N|k)+\overline{\boldsymbol{x}}^{\mathrm{T}}(k-N)\boldsymbol{M}\overline{\boldsymbol{x}}(k-N)+\boldsymbol{U}^{\mathrm{T}}(k)\boldsymbol{G}_N^{\mathrm{T}}\boldsymbol{S}_s(k)\boldsymbol{R}_N\boldsymbol{S}_s(k)\boldsymbol{G}_N\boldsymbol{U}(k)-\\
&2\boldsymbol{U}^{\mathrm{T}}(k)\boldsymbol{G}_N^{\mathrm{T}}\boldsymbol{S}_s(k)\boldsymbol{R}_N\boldsymbol{Y}(k)+\boldsymbol{Y}^{\mathrm{T}}(k)\boldsymbol{R}_N\boldsymbol{Y}(k)
\end{aligned}
$$

$$
\widetilde{\boldsymbol{Y}}(k)=\begin{bmatrix}\widetilde{\boldsymbol{y}}(k-N)\\ \widetilde{\boldsymbol{y}}(k-N+1)\\ \vdots\\ \widetilde{\boldsymbol{y}}(k)\end{bmatrix},\boldsymbol{U}(k)=\begin{bmatrix}\boldsymbol{u}(k-N)\\ \boldsymbol{u}(k-N+1)\\ \vdots\\ \boldsymbol{u}(k-1)\end{bmatrix},\boldsymbol{F}_N=\begin{bmatrix}\boldsymbol{C}\\ \boldsymbol{CA}\\ \vdots\\ \boldsymbol{CA}^N\end{bmatrix},
$$

$$
\widetilde{\boldsymbol{F}}_N=\begin{bmatrix}\boldsymbol{I}\\ \boldsymbol{A}\\ \vdots\\ \boldsymbol{A}^N\end{bmatrix},\boldsymbol{d}_N=\begin{bmatrix}\boldsymbol{d}\\ \boldsymbol{d}\\ \vdots\\ \boldsymbol{d}\end{bmatrix}_{(N+1)n\times 1}
$$

$$
\boldsymbol{D}_N=\underbrace{\begin{bmatrix}\boldsymbol{D}&&&\\&\boldsymbol{D}&&\\&&\ddots&\\&&&\boldsymbol{D}\end{bmatrix}}_{N+1},\boldsymbol{S}_s(k)=\underbrace{\begin{bmatrix}\boldsymbol{S}_{\boldsymbol{\sigma}}(k-N)&&&\\&\boldsymbol{S}_{\boldsymbol{\sigma}}(k-N+1)&&\\&&\ddots&\\&&&\boldsymbol{S}_{\boldsymbol{\sigma}}(k)\end{bmatrix}}_{N+1},
$$

$$
\boldsymbol{R}_N=\underbrace{\begin{bmatrix}\boldsymbol{R}&&&\\&\boldsymbol{R}&&\\&&\ddots&\\&&&\boldsymbol{R}\end{bmatrix}}_{N+1}\widetilde{\boldsymbol{G}}_N=\begin{bmatrix}\boldsymbol{0}&\boldsymbol{0}&\cdots&\boldsymbol{0}&\boldsymbol{0}\\ \boldsymbol{B}&\boldsymbol{0}&\cdots&\boldsymbol{0}&\boldsymbol{0}\\ \boldsymbol{AB}&\boldsymbol{B}&\cdots&\boldsymbol{0}&\boldsymbol{0}\\ \vdots&\vdots&\cdots&\vdots&\vdots\\ \boldsymbol{A}^{N-1}\boldsymbol{B}&\boldsymbol{A}^{N-2}\boldsymbol{B}&\cdots&\boldsymbol{AB}&\boldsymbol{B}\end{bmatrix},
$$

$$
G_N=\begin{bmatrix}\boldsymbol{0}&\boldsymbol{0}&\cdots&\boldsymbol{0}&\boldsymbol{0}\\ \boldsymbol{CB}&\boldsymbol{0}&\cdots&\boldsymbol{0}&\boldsymbol{0}\\ \boldsymbol{CAB}&\boldsymbol{CB}&\cdots&\boldsymbol{0}&\boldsymbol{0}\\ \vdots&\vdots&\cdots&\vdots&\vdots\\ \boldsymbol{CA}^{N-1}\boldsymbol{B}&\boldsymbol{CA}^{N-2}\boldsymbol{B}&\cdots&\boldsymbol{CAB}&\boldsymbol{CB}\end{bmatrix}
$$

在 k 时刻，通过求解优化问题 4.2，可以得到最优状态估计值 $\hat{\boldsymbol{x}}^*(k-N|k)$，而窗口内其它最优状态估计值 $\hat{\boldsymbol{x}}^*(k-N+j|k)$ 可由如下公式得出：

$$
\hat{\boldsymbol{x}}^*(k-N+j|k)=\boldsymbol{A}^j\hat{\boldsymbol{x}}^*(k-N|k)+\sum_{i=0}^{j-1}\boldsymbol{A}^{j-i-1}\boldsymbol{Bu}(k-N+i),j=1,2,\cdots,N
$$

显然，当 $k+1$ 时刻的系统输出经由不可靠网络传输时，已知信息从基于 k 时刻所对应的数据窗口滚动到基于 $k+1$ 时刻所对应的数据窗口，即由$[\bar{\boldsymbol{I}}_k^N,\bar{\boldsymbol{x}}(k-N)]$过渡到$[\bar{\boldsymbol{I}}_{k+1}^N,\bar{\boldsymbol{x}}(k+1-N)]$，其中 $k+1$ 时刻的预估状态 $\bar{\boldsymbol{x}}(k+1-N)$可由 k 时刻求出的最优状态估计值 $\hat{\boldsymbol{x}}^*(k-N|k)$ 与预估公式 $\bar{\boldsymbol{x}}(k+1-N)=\boldsymbol{A}\hat{\boldsymbol{x}}^*(k-N|k)+\boldsymbol{Bu}(k-N)$计算得到，那么通过重新求解优化问题 4.2 可以得到 $k+1$ 时刻的最优状态估计值 $\hat{\boldsymbol{x}}^*(k+1-N|k+1)$ 以及窗口内的其它状态估计值。

基于上述网络化动态调度算法与滚动时域估计算法，下面具体分析估计器的性能问题。

4.4 网络化滚动时域估计器的性能分析

估计器的性能对控制系统品质有直接的影响，因此本节将对上节所设计估计器的性能进行分析。首先，定义 $k-N$ 时刻的估计误差为

$$\boldsymbol{e}(k-N)\triangleq\boldsymbol{x}(k-N)-\hat{\boldsymbol{x}}^*(k-N|k) \tag{4-14}$$

然而，由于系统约束的存在，很难给出一个关于状态估计误差的等式表示形式。因此，定理 4.2 将给出一个关于估计误差范数的性能上界。

定理 4.2 考虑上述系统（4-7）以及由公式(4-14）所表示的估计误差，如果代价函数（4-12）中的惩罚权矩阵 $\boldsymbol{M}$ 和 $\boldsymbol{R}$ 使得不等式（4-15）成立：

$$a=8f^{-1}\rho<1 \tag{4-15}$$

那么估计误差欧氏范数平方的极限 $\lim\limits_{k\to\infty}\|\boldsymbol{e}(k-N)\|^2\leqslant b(1-a)^{-1}$，其中

$$\|\boldsymbol{e}(k-N)\|^2\leqslant\tilde{e}(k-N),k=N,N+1,\cdots \tag{4-16}$$

上界函数具有如下形式：

$$\tilde{e}(k)=a\tilde{e}(k-1)+b,\tilde{e}(0)=b_0 \tag{4-17}$$

以及

$$\boldsymbol{U}(k-1)=[\boldsymbol{U}(k-2);\boldsymbol{u}(k-1)],\boldsymbol{F}_{NN}=[\boldsymbol{F}_N;\boldsymbol{CA}^N],$$

$$\boldsymbol{S}(k)=\mathrm{diag}\{[\boldsymbol{\sigma}(k-N),\cdots,\boldsymbol{\sigma}(k)]\}$$

$$\boldsymbol{W}(k)=[\boldsymbol{w}^{\mathrm{T}}(k-N),\cdots,\boldsymbol{w}^{\mathrm{T}}(k)]^{\mathrm{T}},\boldsymbol{R}_{NN}=\mathrm{diag}\{[\boldsymbol{R}_N,\boldsymbol{R}]\},$$

$$\boldsymbol{G}_{NN}=[\boldsymbol{G}_N;\boldsymbol{CA}^{N-1}\boldsymbol{B}\ \cdots\ \boldsymbol{CB}]$$

$\eta_w \triangleq \max\|\boldsymbol{w}(k)\|, \eta_v \triangleq \max\|\boldsymbol{v}(k)\|, r_N \triangleq \|\boldsymbol{R}_{NN}\|, h_N \triangleq \|\boldsymbol{H}_N\|,$

$\rho \triangleq \lambda_{\max}(\boldsymbol{A}^{\mathrm{T}}\boldsymbol{MA}), m \triangleq \lambda_{\max}(\boldsymbol{M})$

$d_0 \triangleq \max_{\boldsymbol{x}(0),\bar{\boldsymbol{x}}(0)\in \boldsymbol{X}} \|\boldsymbol{x}(0)-\bar{\boldsymbol{x}}(0)\|, f \triangleq \lambda_{\min}[\boldsymbol{M}+\boldsymbol{F}_{NN}^{\mathrm{T}}\boldsymbol{S}(k)\boldsymbol{R}_{NN}\boldsymbol{S}(k)\boldsymbol{F}_{NN}], a \triangleq 8\rho f$

$b_0 \triangleq 4f^{-1}[md_0^2+r_N(h_N\sqrt{N+1}\eta_w+\sqrt{N}\eta_v)^2],$

$b \triangleq 4f^{-1}[2m\eta_w^2+r_N(h_N\sqrt{N+1}\eta_w+\sqrt{N}\eta_v)^2]$

$$\boldsymbol{H}_N=\begin{bmatrix} \boldsymbol{0} & \boldsymbol{0} & \cdots & \boldsymbol{0} & \boldsymbol{0} \\ \boldsymbol{C} & \boldsymbol{0} & \cdots & \boldsymbol{0} & \boldsymbol{0} \\ \boldsymbol{CA} & \boldsymbol{C} & \cdots & \boldsymbol{0} & \boldsymbol{0} \\ \vdots & \vdots & \cdots & \vdots & \vdots \\ \boldsymbol{CA}^{N-1} & \boldsymbol{CA}^{N-2} & \cdots & \boldsymbol{CA} & \boldsymbol{C} \end{bmatrix},$$

$$\boldsymbol{Y}(k)=\begin{bmatrix} \boldsymbol{y}(k-N) \\ \boldsymbol{y}(k-N+1) \\ \vdots \\ \boldsymbol{y}(k) \end{bmatrix}, \boldsymbol{V}(k)=\begin{bmatrix} \boldsymbol{v}(k-N) \\ \boldsymbol{v}(k-N+1) \\ \vdots \\ \boldsymbol{v}(k) \end{bmatrix}$$

证明 定理 4.2 的证明关键在于寻求估计性能指标最优值 $J_2^*(k)$ 的上界与下界。

首先，考虑性能指标最小值 $J_2^*(k)$ 的一个上界。显然，根据 $\hat{x}^*(k-N|k)$ 的最优性原理，可得

$$J_2^*(k)\leqslant\left\{\left\|\hat{\boldsymbol{x}}^*(k-N|k)-\bar{\boldsymbol{x}}(k-N)\right\|_{\boldsymbol{M}}^2+\sum_{i=k-N}^{k}\left\|\boldsymbol{y}(i)-\hat{\boldsymbol{y}}(i|k)\right\|_{\boldsymbol{R}}^2\right\}_{\hat{\boldsymbol{x}}^*(k-N|k)=\boldsymbol{x}(k-N)} \tag{4-18}$$

此外，不等式(4-19) 右侧的第二项可以转化为

$$\left\{\sum_{i=k-N}^{k}\left\|\boldsymbol{y}(i)-\hat{\boldsymbol{y}}(i|k)\right\|_{\boldsymbol{R}}^2\right\}_{\hat{\boldsymbol{x}}^*(k-N|k)=\boldsymbol{x}(k-N)}=\left\|\boldsymbol{Y}(k)-[\boldsymbol{F}_N\boldsymbol{x}(k-N)+\boldsymbol{G}_N\boldsymbol{U}(k)]\right\|_{\boldsymbol{S}(k)\boldsymbol{R}_{NN}\boldsymbol{S}(k)}^2 \tag{4-19}$$

其中，$\boldsymbol{Y}(k)=[\boldsymbol{y}^{\mathrm{T}}(k-N),\cdots,\boldsymbol{y}^{\mathrm{T}}(k)]^{\mathrm{T}}$ 以及 $\boldsymbol{Y}(k)=\boldsymbol{F}_N\boldsymbol{x}(k-N)+\boldsymbol{G}_N\boldsymbol{U}(k-1)+\boldsymbol{H}_N\boldsymbol{W}(k)+\boldsymbol{V}(k)$，则等式(4-19) 可简化为

$$\left\{\sum_{i=k-N}^{k}\left\|\boldsymbol{y}(i)-\hat{\boldsymbol{y}}(i|k)\right\|_{\boldsymbol{R}}^2\right\}_{\hat{\boldsymbol{x}}^*(k-N|k)=\boldsymbol{x}(k-N)}=\left\|\boldsymbol{H}_N\boldsymbol{W}(k)+\boldsymbol{V}(k)\right\|_{\boldsymbol{S}(k)\boldsymbol{R}_{NN}\boldsymbol{S}(k)}^2 \tag{4-20}$$

于是，综合公式(4-18) 与公式(4-20)，求得估计性能指标最小值 $J_2^*(k)$ 的上界

$$J_2^*(k)\leqslant\|\boldsymbol{x}(k-N)-\bar{\boldsymbol{x}}(k-N)\|_{\boldsymbol{M}}^2+\|\boldsymbol{H}_N\boldsymbol{W}(k)+\boldsymbol{V}(k)\|_{\boldsymbol{S}(k)\boldsymbol{R}_{NN}\boldsymbol{S}(k)}^2 \tag{4-21}$$

其次，考虑估计性能指标最小值 $J_2^*(k)$ 的一个下界。公式(4-12) 右侧的第二项可以转化为

$$\sum_{i=k-N}^{k}\|\boldsymbol{y}(i)-\hat{\boldsymbol{y}}(i|k)\|_{\boldsymbol{R}}^2=\|\boldsymbol{Y}(k)-[\boldsymbol{F}_N\hat{\boldsymbol{x}}^*(k-N|k)+\boldsymbol{G}_N\boldsymbol{U}(k)]\|_{\boldsymbol{S}(k)\boldsymbol{R}_{NN}\boldsymbol{S}(k)}^2 \tag{4-22}$$

由于下列等式(4-23) 成立：

$$\begin{aligned}&\left\|\boldsymbol{F}_N\boldsymbol{x}(k-N)-\boldsymbol{F}_N\hat{\boldsymbol{x}}^*(k-N|k)\right\|_{\boldsymbol{S}(k)\boldsymbol{R}_{NN}\boldsymbol{S}(k)}^2\\&=\left\|\{\boldsymbol{Y}(k)-[\boldsymbol{F}_N\hat{\boldsymbol{x}}^*(k-N|k)+\boldsymbol{G}_N\boldsymbol{U}(k)]\}-\{\boldsymbol{Y}(k)-[\boldsymbol{F}_N\boldsymbol{x}(k-N)+\boldsymbol{G}_N\boldsymbol{U}(k)]\}\right\|_{\boldsymbol{S}(k)\boldsymbol{R}_{NN}\boldsymbol{S}(k)}^2\end{aligned} \tag{4-23}$$

所以不等式(4-24) 也成立：

$$\begin{aligned}&\|\boldsymbol{F}_N\boldsymbol{x}(k-N)-\boldsymbol{F}_N\hat{\boldsymbol{x}}^*(k-N|k)\|_{\boldsymbol{S}(k)\boldsymbol{R}_{NN}\boldsymbol{S}(k)}^2\leqslant 2\|\boldsymbol{Y}(k)-[\boldsymbol{F}_N\hat{\boldsymbol{x}}^*(k-N|k)+\\&\boldsymbol{G}_N\boldsymbol{U}(k)]\|_{\boldsymbol{S}(k)\boldsymbol{R}_{NN}\boldsymbol{S}(k)}^2+2\|\boldsymbol{Y}(k)-[\boldsymbol{F}_N\boldsymbol{x}(k-N)+\boldsymbol{G}_N\boldsymbol{U}(k)]\|_{\boldsymbol{S}(k)\boldsymbol{R}_{NN}\boldsymbol{S}(k)}^2\end{aligned} \tag{4-24}$$

不等式(4-24) 可进一步转化为

$$\begin{aligned}&\left\|\boldsymbol{Y}(k)-[\boldsymbol{F}_N\hat{\boldsymbol{x}}^*(k-N|k)+\boldsymbol{G}_N\boldsymbol{U}(k)]\right\|_{\boldsymbol{S}(k)\boldsymbol{R}_{NN}\boldsymbol{S}(k)}^2\\&\geqslant 0.5\left\|\boldsymbol{F}_N\boldsymbol{x}(k-N)-\boldsymbol{F}_N\hat{\boldsymbol{x}}^*(k-N|k)\right\|_{\boldsymbol{S}(k)\boldsymbol{R}_{NN}\boldsymbol{S}(k)}^2\\&-\|\boldsymbol{Y}(k)-[\boldsymbol{F}_N\boldsymbol{x}(k-N)+\boldsymbol{G}_N\boldsymbol{U}(k)]\|_{\boldsymbol{S}(k)\boldsymbol{R}_{NN}\boldsymbol{S}(k)}^2\end{aligned} \tag{4-25}$$

结合式(4-22) 与式(4-25)，可得

$$\begin{aligned}&\sum_{i=k-N}^{k}\left\|\boldsymbol{y}(i)-\hat{\boldsymbol{y}}(i|k)\right\|_{\boldsymbol{R}}^2\geqslant 0.5\left\|\boldsymbol{F}_N\boldsymbol{x}(k-N)-\boldsymbol{F}_N\hat{\boldsymbol{x}}^*(k-N|k)\right\|_{\boldsymbol{S}(k)\boldsymbol{R}_{NN}\boldsymbol{S}(k)}^2-\\&\|\boldsymbol{H}_N\boldsymbol{W}(k)+\boldsymbol{V}(k)\|_{\boldsymbol{S}(k)\boldsymbol{R}_{NN}\boldsymbol{S}(k)}^2\end{aligned} \tag{4-26}$$

此外，由公式(4-12) 右侧的第一项可得

$$\begin{aligned}&\left\|\boldsymbol{x}(k-N)-\hat{\boldsymbol{x}}^*(k-N|k)\right\|_{\boldsymbol{M}}^2\\&=\left\|[\boldsymbol{x}(k-N)-\overline{\boldsymbol{x}}(k-N)]+[\overline{\boldsymbol{x}}(k-N)-\hat{\boldsymbol{x}}^*(k-N|k)\right\|_{\boldsymbol{M}}^2\\&\leqslant 2\left\|\boldsymbol{x}(k-N)-\overline{\boldsymbol{x}}(k-N)\right\|_{\boldsymbol{M}}^2+2\left\|\overline{\boldsymbol{x}}(k-N)-\hat{\boldsymbol{x}}^*(k-N|k)\right\|_{\boldsymbol{M}}^2\end{aligned} \tag{4-27}$$

并进一步给出

$$\left\|\hat{\boldsymbol{x}}^*(k-N|k)-\overline{\boldsymbol{x}}(k-N)\right\|_{\boldsymbol{M}}^2$$
$$\geqslant 0.5\left\|\boldsymbol{x}(k-N)-\hat{\boldsymbol{x}}^*(k-N|k)\right\|_{\boldsymbol{M}}^2-\left\|\boldsymbol{x}(k-N)-\overline{\boldsymbol{x}}(k-N)\right\|_{\boldsymbol{M}}^2 \tag{4-28}$$

结合公式(4-26) 与公式(4-28)，整理可得

$$J_2^*(k)\geqslant 0.5\|\boldsymbol{e}(k-N)\|_{\boldsymbol{M}}^2-\|\boldsymbol{x}(k-N)-\overline{\boldsymbol{x}}(k-N)\|_{\boldsymbol{M}}^2+$$
$$0.5\|\boldsymbol{F}_N\boldsymbol{e}(k-N)\|_{\boldsymbol{S}(k)\boldsymbol{R}_{NN}\boldsymbol{S}(k)}^2-\|\boldsymbol{H}_N\boldsymbol{W}(k)+\boldsymbol{V}(k)\|_{\boldsymbol{S}(k)\boldsymbol{R}_{NN}\boldsymbol{S}(k)}^2 \tag{4-29}$$

最后，综合估计性能指标最小值 $J^*(k)$ 的上界与下界，并给出关于估计误差范数意义下的描述。具体地说，由公式(4-21) 与公式(4-29)，可得

$$\|\boldsymbol{e}(k-N)\|_{\boldsymbol{M}}^2+\|\boldsymbol{F}_N\boldsymbol{e}(k-N)\|_{\boldsymbol{S}(k)\boldsymbol{R}_{NN}\boldsymbol{S}(k)}^2$$
$$\leqslant 4\|\boldsymbol{x}(k-N)-\overline{\boldsymbol{x}}(k-N)\|_{\boldsymbol{M}}^2+4\|\boldsymbol{H}_N\boldsymbol{W}(k)+V(k)\|_{\boldsymbol{S}(k)\boldsymbol{R}_{NN}\boldsymbol{S}(k)}^2 \tag{4-30}$$

考虑到公式(4-30) 右侧的第二项，则有

$$\left\|\boldsymbol{H}_N\boldsymbol{W}(k)+\boldsymbol{V}(k)\right\|_{\boldsymbol{S}(k)\boldsymbol{R}_{NN}\boldsymbol{S}(k)}^2\leqslant\|\boldsymbol{R}_{NN}\|(\|\boldsymbol{H}_N\|\|\boldsymbol{W}(k)\|+\|\boldsymbol{V}(k)\|)^2$$
$$\leqslant r_N(\sqrt{N+1}\,\eta_w h_N+\sqrt{N}\,\eta_v)^2 \tag{4-31}$$

于是，公式(4-30) 可转化为如下形式：

$$\left\|\boldsymbol{e}(k-N)\right\|_{\boldsymbol{M}}^2+\left\|\boldsymbol{F}_N\boldsymbol{e}(k-N)\right\|_{\boldsymbol{S}(k)\boldsymbol{R}_{NN}\boldsymbol{S}(k)}^2$$
$$\leqslant 4\left\|\boldsymbol{x}(k-N)-\overline{\boldsymbol{x}}(k-N)\right\|_{\boldsymbol{M}}^2+4r_N(\sqrt{N+1}\,\eta_w h_N+\sqrt{N}\,\eta_v)^2 \tag{4-32}$$

对于公式(4-32) 右侧的第一项，则有

$$\left\|\boldsymbol{x}(k-N)-\overline{\boldsymbol{x}}(k-N)\right\|_{\boldsymbol{M}}^2=\left\|\boldsymbol{A}\boldsymbol{e}(k-N-1)+\boldsymbol{w}(k-N-1)\right\|_{\boldsymbol{M}}^2$$
$$\leqslant 2\left\|\boldsymbol{A}\boldsymbol{e}(k-N-1)\right\|_{\boldsymbol{M}}^2+2\left\|\boldsymbol{w}(k-N-1)\right\|_{\boldsymbol{M}}^2 \tag{4-33}$$

基于公式(4-32) 与公式(4-33)，可得

$$\left\| e(k-N) \right\|_M^2 + \| F_N e(k-N) \|_{S(k) R_{NN} S(k)}^2 \leqslant 8 \left\| A e(k-N-1) \right\|_M^2 + 8 \left\| w e(k-N-1) \right\|_M^2 + 4 r_N (\sqrt{N+1}\, \eta_w h_N + \sqrt{N}\, \eta_v)^2 \tag{4-34}$$

由于 $f\boldsymbol{I} \leqslant \boldsymbol{M} + \boldsymbol{F}_{NN}^T \boldsymbol{S}(k) \boldsymbol{R}_{NN} \boldsymbol{S}(k) \boldsymbol{F}_{NN}$，$\boldsymbol{A}^{\mathrm{T}} \boldsymbol{M} \boldsymbol{A} \leqslant \rho \boldsymbol{I}$，则有

$$f \| e(k-N) \|^2 \leqslant 8\rho \| e_{k-N-1} \|^2 + 8m\eta_w^2 + 4r_N (h_{NN} \sqrt{N+1}\, \eta_w + \sqrt{N}\, \eta_v)^2 \tag{4-35}$$

此外，由公式(4-27)，可得

$$\| e(0) \|^2 \leqslant \frac{4}{f} [m d_0^2 + r_N (h_{NN} \sqrt{N+1}\, \eta_w + \sqrt{N}\, \eta_v)^2] = b_0 \tag{4-36}$$

根据公式(4-17) 所定义的时变函数 $\widetilde{e}(k-N)$，则有如下不等式成立：

$$\| e(k-N) \|^2 \leqslant \widetilde{e}(k-N), k = N, N+1, \cdots \tag{4-37}$$

如果不等式 $a<1$ 成立，则很容易得到 $\lim\limits_{k\to\infty} \widetilde{e}(k) = \lim\limits_{k\to\infty} \left(a^k \widetilde{e}(0) + b \sum\limits_{i=0}^{k-1} a^i \right) = b(1-a)^{-1}$ 以及估计误差范数平方的上界 $b/(1-a)$。这样，证明完毕。

由定理 4.2 可知，估计误差范数平方的动态行为依赖于多个因素，比如，系统系数矩阵、加权矩阵 $\boldsymbol{M}$ 和 $\boldsymbol{R}$、滚动时域 N 以及通信序列矩阵 $\boldsymbol{S}(k)$。如果这些参数能够使得不等式 $a<1$ 成立，那么函数序列 $\{\widetilde{e}(k)\}$ 将收敛至 $b(1-a)^{-1}$。本章节假定滚动时域 N，通过求解得到合适的加权矩阵 $\boldsymbol{M}$ 和 $\boldsymbol{R}$ 补偿通信序列矩阵 $\boldsymbol{S}(k)$ 对估计误差范数平方的影响。然而，由于通信序列矩阵 $\boldsymbol{S}(k)$ 的存在，使得加权矩阵 $\boldsymbol{M}$ 和 $\boldsymbol{R}$ 的可行域变小甚至可能不存在。总之，如果存在正定矩阵 $\boldsymbol{M}$ 和 $\boldsymbol{R}$，使得如下线性矩阵不等式(4-38) 成立，则估计误差的范数平方收敛。

$$\begin{cases} 0 < \boldsymbol{M}, 0 < \boldsymbol{R} \\ 0 \leqslant 8\rho < f \\ 0 \leqslant \boldsymbol{A}^{\mathrm{T}} \boldsymbol{M} \boldsymbol{A} \leqslant \rho \boldsymbol{I} \\ 0 < f\boldsymbol{I} \leqslant \boldsymbol{M} + \boldsymbol{F}_{NN}^{\mathrm{T}} \boldsymbol{S}(k) \boldsymbol{R}_{NN} \boldsymbol{S}(k) \boldsymbol{F}_{NN} \end{cases} \tag{4-38}$$

备注 4.2 时变函数序列$\{\widetilde{e}(k)\}$的上界是通过离线计算得到，以至于给出了滚动时域状态估计器的先验保性能上界。由于通信序列矩阵 $\boldsymbol{S}(k)$ 仅存在有限个不同的矩阵值（这里假设系统维数有限），则可以通过离线计算多个线性不等式(4-38) 得到加权矩阵 $\boldsymbol{M}$ 和 $\boldsymbol{R}$。然而，当系统维数增加时，通信序列矩阵 $\boldsymbol{S}(k)$ 的个数增多，导致不等式(4-38) 的求解变得复杂，因此该方法具有一定的保守性。

无偏性是衡量和评价状态估计性能的一个重要标准，推论 4.1 给出

了 NCSs 滚动时域状态估计的无偏性结论。

推论 4.1 考虑上述系统（4-7）以及由公式(4-14）所表示的估计误差，假定系统不存在噪声即 $\boldsymbol{w}(k)=0$，$\boldsymbol{v}(k)=0$，$k=0,1,\cdots$，如果代价函数（4-12）中的惩罚权矩阵 $\boldsymbol{M}$ 和 $\boldsymbol{R}$ 使得不等式 $a<1$ 成立，那么估计误差范数平方的极限 $\lim\limits_{k\to\infty}\|\boldsymbol{e}(k-N)\|^2=0$，$k=N,N+1,\cdots$ 其中

$$\|\boldsymbol{e}(k-N)\|^2\leqslant a^{k-N}b_0,k=N,N+1,\cdots \tag{4-39}$$

参数 a，b_0 定义在定理 4.2。

根据推论 4.1 可知：当不存在噪声即 $\boldsymbol{w}(k)=0$，$\boldsymbol{v}(k)=0$，$k=0,1,\cdots$ 时，若不等式 $a<1$ 成立，则估计误差将指数收敛于零并且该估计器也是一个指数观测器。另外，通过比较式(4-16）与式(4-39)，可以看出：时变函数序列 $\{\widetilde{\boldsymbol{e}}(k)\}$ 的上界与噪声 $\boldsymbol{w}(k)$、$\boldsymbol{v}(k)$ 有关。

4.5 数值仿真与物理实验

本小节通过两个例子来验证所提方法的有效性。其中，一个是简单的数值仿真例子，而另外一个是双容液位控制系统实例。

4.5.1 数值仿真

首先考虑一个两输入两输出的线性时不变系统，其状态空间模型描述如下：

$$\boldsymbol{x}(k+1)=\begin{bmatrix}1 & 0.1 & 0 & 0\\ 0.1 & 1.25 & 0 & 0\\ 1 & 0.1 & 1/6 & 1/2\\ 0 & 0 & 0 & 1.25\end{bmatrix}\boldsymbol{x}(k)+\begin{bmatrix}0 & 0\\ 1 & 0\\ 0 & 0\\ 0 & 1\end{bmatrix}\boldsymbol{u}(k)+\boldsymbol{w}(k)$$

$$\boldsymbol{y}(k)=\begin{bmatrix}1 & 1 & 0 & 0\\ 0 & 0 & 1 & 1\end{bmatrix}\boldsymbol{x}(k)+\boldsymbol{v}(k) \tag{4-40}$$

由于系统（4-40）的四个状态均无法测量得到，则需要设计状态估计器来估计系统的状态。然而共享网络具有带宽受限的特性，导致每一采样时刻只能有部分系统输出通过共享网络与远程估计器通信。考虑到这种情况，则假设在每一采样时刻该系统（4-40）只有一个输出分量与远程估计器进行数据传输，并基于此设计动态调度器以及滚动时域状态估计器。

在数值仿真中，假定预测时域 $N=14$，初始系统状态 $\boldsymbol{x}(0)=[100;50;7;6]$，初始预估状态 $\overline{\boldsymbol{x}}(0)=[1;1;3;4]$以及惩罚权矩阵 $\boldsymbol{Q}=\boldsymbol{I}_2$，则使得条件（4-38）成立的加权矩阵为 $\boldsymbol{M}=\boldsymbol{I}_4$，$\boldsymbol{R}=100\boldsymbol{I}_2$ 以及得到 $\rho=2.5226$，$a=0.4958<1$ 和 $b=14.2103$。其中，系统噪声和测量噪声分别是满足 $\boldsymbol{w}\sim N(0,0.1\boldsymbol{I}_4)$，$\boldsymbol{v}\sim N(0,0.5\boldsymbol{I}_2)$ 的正态分布噪声。为了仿真需要，基于 Zhang 等人提出的方法[1]，通过求解一个标准的 LQ 问题，得到一个最优 LQG 控制律。

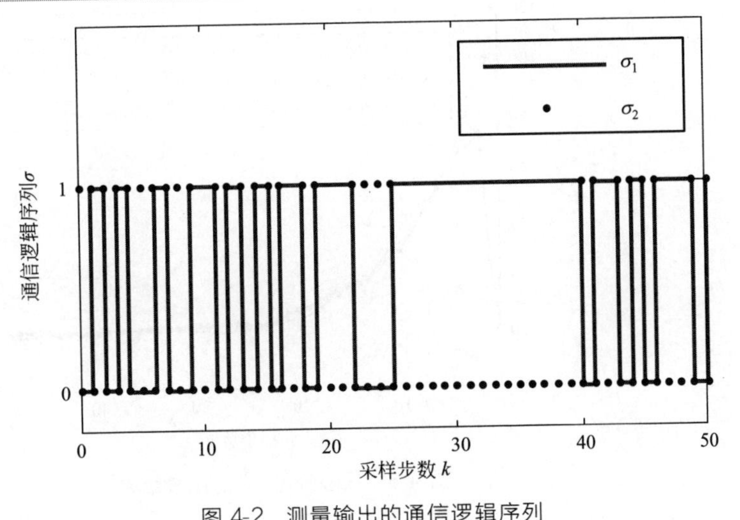

图 4-2 测量输出的通信逻辑序列

根据调度问题 4.1 并在线求解一个混合整数二次规划的调度算法(4-10)，可以得到两个输出分量的动态通信逻辑序列，如图 4-2 所示。由图可知，通信逻辑序列是没有规则的，并在“0”和“1”之间随机切换。该通信逻辑序列的取值主要取决于系统的输出分量，即哪个输出分量对调度性能指标的作用越大，那么这个输出量就越应该与远程估计器进行通信。基于滚动时域调度算法得到相关通信序列后，则需要进一步通过采用滚动时域估计方法得到系统状态的估计值。为了与所提滚动时域估计方法相比，其中也采用一种基于离线周期型调度的 Kalman Filter 方法[1]，其中周期型调度序列为{[0;1],[1;0],[0;1],[1;0],…}。再者，由于每一采样时刻，并不是所有的系统输出分量都能够传输到远程估计器，所以当输出分量没有按时到达估计器时，则所对应的输出分量将采用零阶保持器，即采用上一时刻的输出分量来代替当前时刻的输出分量。因此，基于两种调度和两种估计方法所得到的状态估计结果显示在图 4-3～图 4-6

中。由图 4-3～图 4-6 可以看出：由于采用基于测量输出的滚动时域调度以及具有多个自由度调节的滚动时域状态估计方法，其所得到的状态估计结果明显优于基于离线周期型调度与 Kalman Filter 的估计结果。尤其是在最初一段时间，Kalman Filter 的估计结果并没有很快地跟踪上实际的系统状态值。总之，滚动时域调度方法能够作出相应的动作实时地补偿上一时刻部分测量输出丢失所造成的影响，而周期型调度不能根据部分测量输出丢失的情况作出相应的补偿措施。

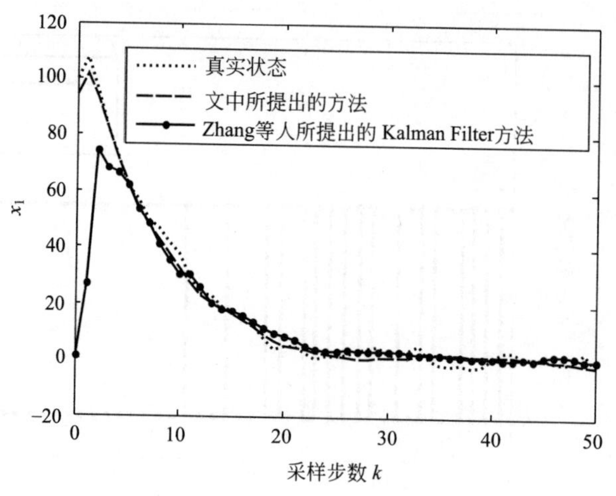

图 4-3 状态分量 x_1 的比较结果

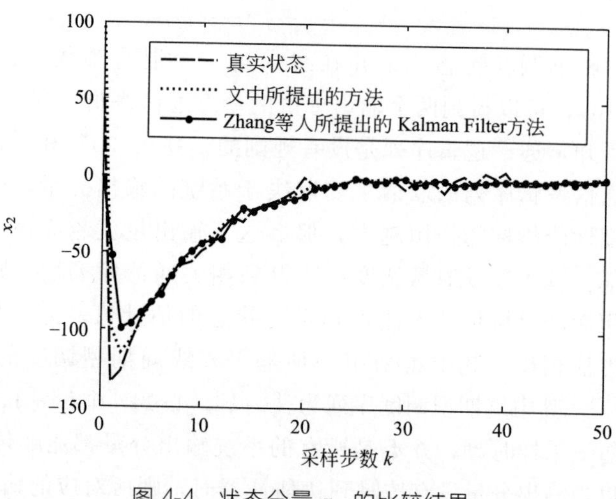

图 4-4 状态分量 x_2 的比较结果

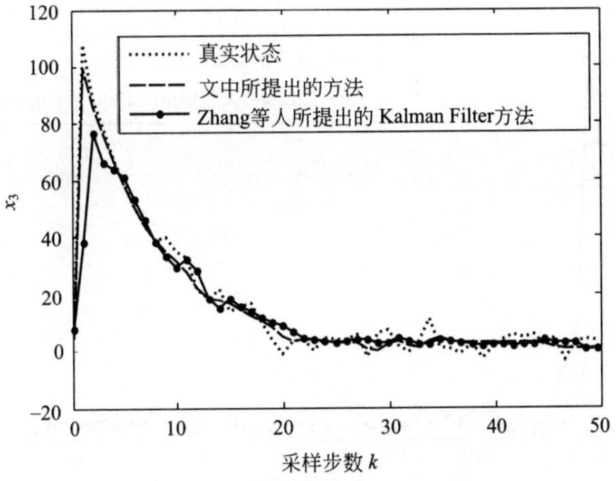

图 4-5 状态分量 x_3 的比较结果

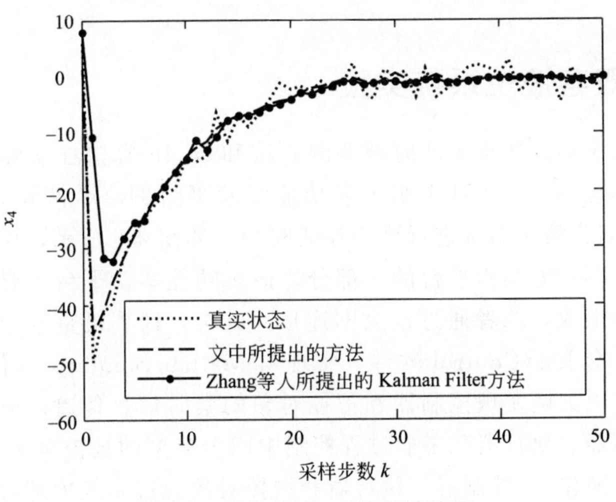

图 4-6 状态分量 x_4 的比较结果

另外，考虑如下的一种性能指标——均方根误差（RMSE）：$\mathrm{RMSE}(k)=\sqrt{n^{-1}\boldsymbol{e}^{\mathrm{T}}(k)\boldsymbol{e}(k)}$。其中，$n$ 表示估计误差的维数。基于两种估计方法，其均方根误差性能的比较结果显示在图 4-7 中。根据均方根误差性能的比较，再一次说明了滚动时域调度的结果好于离线周期型调度的结果，尤其表现在最初一段时间内的结果，尽管采用滚动调度与滚动时域估计方法所消耗的时间要大于离散周期型调度和 Kalman Filter 所消耗的时间。

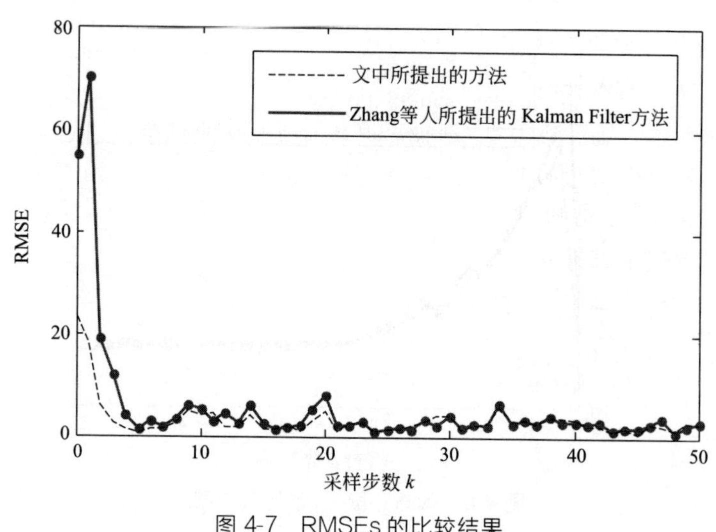

图 4-7 RMSEs 的比较结果

4.5.2 双容液位系统实验

为了验证所提滚动时域调度算法和 MHE 算法在实际被控对象中的有效性，本小节将基于东大多功能实验平台的一个两输入两输出（TITO）双容液位系统进行算法验证实验。如图 4-8 所示，该双容液位系统是东大多功能实验平台的一部分，该多功能实验平台主要由计算机和被控对象组成，二者通过以太网连接。其中，计算机是基于该实验平台自带的一套 EasyControl 软件，实现与 Matlab/Simulink 软件的无缝兼容，并通过以太网实现控制器和被控对象的实时信息传递；被控对象系统包括控制器、执行器和工业过程控制中四个典型的被控对象（流量、温度、压力、液位）。控制器、执行器和被控对象通过系统内部数据总线进行通信，实时地将设备信息和控制指令在控制器和被控对象进行传递，从而实现对设备状态的读取和被控对象的控制。因此，该实验平台可用于各类建模、滤波、控制、故障诊断和性能监控软件算法的实验研究，是一个功能很全的实时计算机多功能过程控制实验平台。

如图 4-9 所示，这个双容液位系统由两个相互连通的水箱（two interconnected cylindrical tanks）、一个水泵（pump）、五个手动阀（manual valve）、一个电磁阀（electromagnetic valve）、一个蓄水池（reservoir）、若干水管（pipes）以及液位和流量传感器（sensors）等组成。其

中，水泵用于控制两个水箱的总流量 u_1，而电磁阀用于控制和分流进入 2# 水箱的流量 u_2；手动阀 V_1、V_2 分别调节进入 1# 水箱和 2# 水箱的流量，而手动阀 V_3、V_4 分别调节 1# 水箱和 2# 水箱的泄水流量 Q_{o1}、Q_{o2}；连通阀 V_0 用于调节 1# 水箱和 2# 水箱之间的连通流量 Q_{12}。在整个实验中，所有手动阀门均打开，并保持不变。基于上述分析可知，被控变量分别是 1# 水箱和 2# 水箱的液位高度 h_1 和 h_2；控制变量分别是泵和电磁阀的出水流量 u_1、u_2，并通过利用泵功率 WP(%) 和比例阀开度 VO(%) 改变泵和比例阀的出水流量，进而控制液位的高度。此外，由于 1# 水箱和 2# 水箱之间连通即存在连通阀 V_0，则在控制 1# 水箱液位高度的同时，也会影响 2# 水箱的液位。反之亦然。再者，泵和比例阀的出水流量同时影响 1# 水箱和 2# 水箱的液位高度。因此，这个双容液位系统可以描述成一个输入输出都存在耦合的两输入两输出系统。

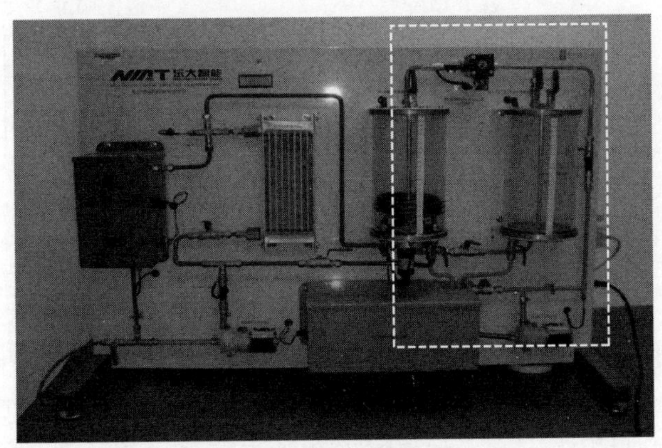

图 4-8 多功能过程控制实验平台

利用阶跃响应辨识方法[10]，根据改变泵和比例阀的出水流量 u_1 与 u_2 引起输出液位的变化曲线，对耦合关系矩阵进行辨识。由此，双容水箱液位系统的传递函数为

$$\begin{bmatrix} h_1 \\ h_2 \end{bmatrix} = \begin{bmatrix} \dfrac{32.292}{1+333.02s}e^{-0.50035s} & \dfrac{2.7808}{1+303s}e^{-29.408s} \\ \dfrac{-24.039}{1+278.18s}e^{-30s} & \dfrac{62.003}{1+664.79s}e^{-30s} \end{bmatrix} \begin{bmatrix} u_1 \\ u_2 \end{bmatrix} \tag{4-41}$$

其中，u_1、u_2 分别为 2 个操控变量（即泵和电磁阀的出水流量），而 h_1 和 h_2 分别为 2 个被控变量（即 1# 和 2# 水箱的液位高度）。由于水泵功率 WP(%) 和比例阀开度 VO(%) 与泵和比例阀的输出流量之间存在非线

性，如果直接以水泵功率、比例阀开度作为输入，1# 和 2# 水箱液位高度作为输出，那么所建立的线性模型效果很差，难以符合实际系统。因此，这里建立泵和电磁阀的出水流量与水箱液位高度的系统模型。

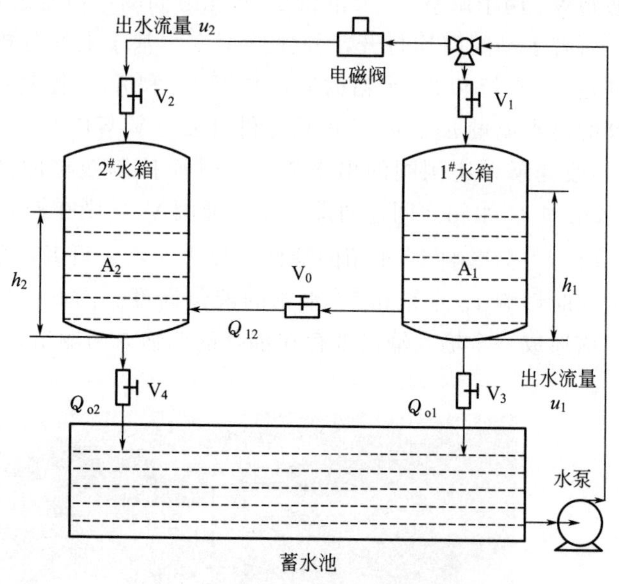

图 4-9 双容液位系统的示意图

在实时实验中，由于考虑了输入变量 u_1、u_2 和输出变量 h_1、h_2 的约束，则设计了一个典型的模型预测控制器（MPC）。根据先验知识和参数整定，MPC 控制策略设计如下：采样周期为 1s，预测时域 $N_1=30$，控制时域 $N_2=10$，加权矩阵 $\boldsymbol{Q}_1=\boldsymbol{R}_1=\boldsymbol{I}_2$，其中 $\boldsymbol{I}_2$ 为两维的单位矩阵；由于控制泵和电磁阀的出水流量范围分别为 1.7～3.7L/min 和 0.5～1.0L/min，所以控制量约束分别设定为（1.7,3.7）L/min 和（0.5,1.0）L/min；这里水箱的最高允许液位高度是 22cm，并根据模型的适用范围，确定液位高度 h_1、h_2 的约束分别是（7,22）cm 和（11,22）cm。此外，MHE 策略参数设计如下：估计时域 $N=6$，惩罚权矩阵分别为 $\boldsymbol{Q}=\boldsymbol{I}_2$，$\boldsymbol{M}=\boldsymbol{I}_2$，$\boldsymbol{R}=5\boldsymbol{I}_2$ 以及得到 $a=0.3859<1$ 和 $b=5.1415$。假定两个水箱的初始液位高度均为 $h_0=0$cm，1# 水箱的设定值为 16.2cm，而 2# 水箱的设定值为 11cm。考虑到每一采样时刻只有一个水箱的液位高度可以通过共享网络传送到远程估计器而另一个水箱液位失效的情况，分别采用两组实验检验所提出的滚动时域调度策略。其中，第一组实验采用 MPC 策略使得两水箱的液位分别跟踪设定值并保持不变，而第二组实验采用

MPC 策略不仅使得两水箱的液位能够跟踪设定值，而且能够随着设定值的改变而快速跟踪设定值。

在第一组实验中，采用 MPC 策略，使得两水箱的液位分别跟踪设定值并保持不变，其中 1# 水箱的设定值为 16.2cm，而 2# 水箱的设定值为 11cm。基于 EasyControl 软件平台监测到的 MPC 控制效果曲线，如图 4-10 所示。由图可以看出：当 1# 水箱的液位达到设定值附近时，泵的出水流量 u_1 迅速降低并在较小范围内波动（因为系统噪声的存在）；而当 2# 水箱的液位达到设定值附近时，电磁阀的出水流量 u_2 也迅速降低并在较小范围内波动。为了与所提滚动调度方法相比较，考虑了另一种调度方法——离线周期型调度，即调度序列为{[0;1],[1;0],[0;1],[1;0],…}。基于已知信息包括两水箱液位高度、泵出水流量以及电磁阀出水流量，通过求解调度算法（4-10），则分别得到了每一时刻两水箱的通信序列。其中 1# 水箱的通信调度序列如图 4-11 所示，而 2# 水箱的通信调度序列与之相反。由图 4-11 可知，1# 水箱的通信调度序列是杂乱无序并且随机，其主要与两个水箱的液位高度即输出量有关。随后，基于 MHE 方法，比较了在两种调度策略即所提出的滚动调度与周期型调度下的状态估计结果，如图 4-12 与图 4-13 所示。由上述结果可知，与离线周期型调度的状态估计结果相比，基于在线滚动时域调度的状态估计结果能够快速达到设定值并能够很好跟踪真实状态，而且具有更小的超调量，尽管其具有稍大的上升时间。简言之，基于在线滚动时域调度的状态估计结果要明显地优于基于离线周期型调度的状态估计结果。

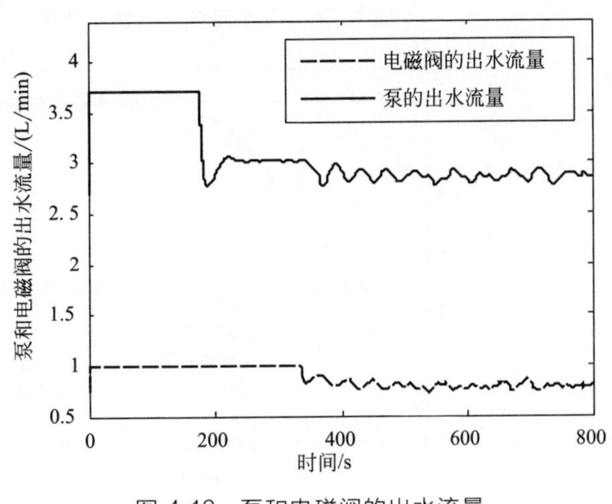

图 4-10 泵和电磁阀的出水流量

图 4-11 1# 水箱的通信逻辑序列轨迹

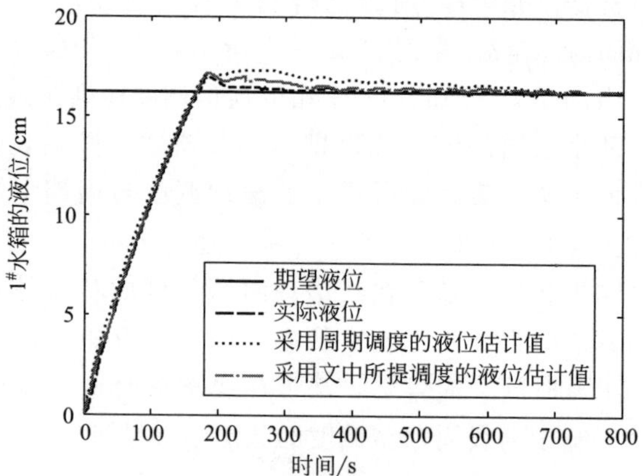

图 4-12 1# 水箱的液位估计结果

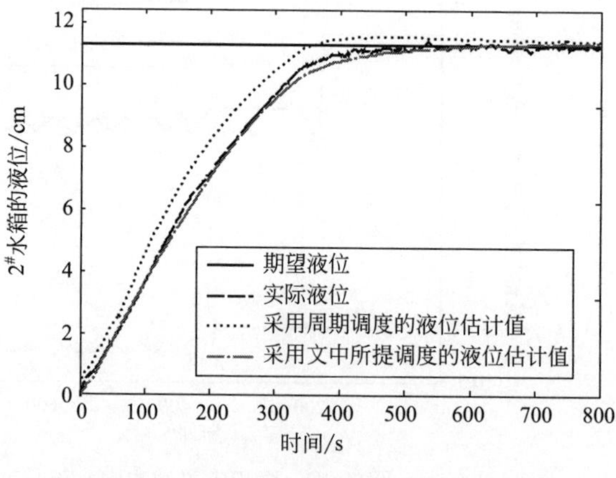

图 4-13 2# 水箱的液位估计结果

在第二组实验中，开始一段时间内使得两水箱的液位分别跟踪原设定值。随后，分别先后瞬时改变两个水箱的设定值，使得 $1^{\#}$ 水箱的设定值由 16.2cm 降为 13.2cm，经过一段时间后，又恢复到 16.2cm；而使得 $2^{\#}$ 水箱的设定值由 11cm 降为 9cm，并保持不变。在此实验过程中，控制输入即泵出水流量以及电磁阀出水流量仍能使得系统具有良好的性能：能够在相应的时刻改变各自的出水流量，很好地跟踪设定值的变化，如图 4-14 所示。针对液位设定值的改变情况，通过求解优化调度算法（4-10），得到一组新的动态调度序列，其中 $1^{\#}$ 水箱的通信调度序列如图 4-15 所示。需要强调的是，这个新的通信序列完全不同于第一组实验所得到的通信序列，其原因在于实验条件即实验工况的不同导致系统的输出量发生剧变，从而求解得到不同的通信序列。相应地，基于两种不同的调度方法，状态估计的比较结果显示在图 4-16 和图 4-17。如图所示，当设定值瞬时发生变化时，基于滚动调度方法得到的状态估计结果能够快速地响应改变的设定值，而周期型调度所得到的状态估计结果不能很好地跟踪改变的设定值并且远离真实的状态值。综合两组实验数据可知，由于滚动调度策略是能够基于二次型调度指标实时地调度合理的信息即有限的测量输出，而周期型调度策略不管测量输出即液位高度对调度所产生的不同影响，从而同样对待即周期循环利用，所以实时滚动调度得到的估计性能要优于离线周期型调度的估计性能。

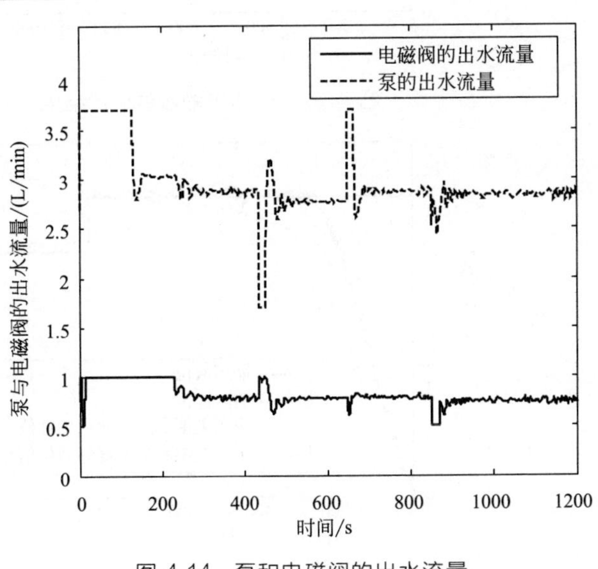

图 4-14 泵和电磁阀的出水流量

图 4-15　1# 水箱的通信逻辑序列轨迹

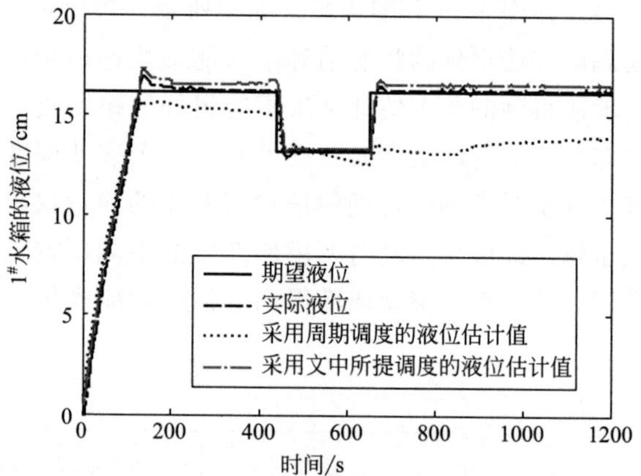

图 4-16　1# 水箱的液位估计结果

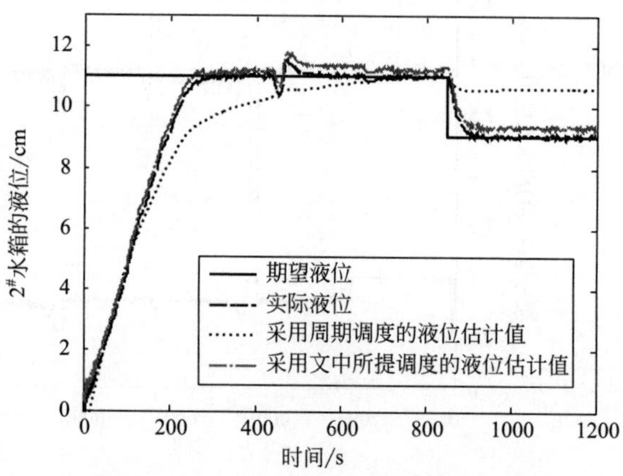

图 4-17　2# 水箱的液位估计结果

4.6 本章小结

本章针对每个采样时刻只有部分测量输出数据能够通过共享网络传输到远程估计器的通信约束情况，设计了一种基于二次型调度指标的滚动时域调度策略实时调度这部分测量输出信息，从而使得估计器在资源受限的情况下仍具有良好的估计性能。具体来说，从如何合理利用这有限的网络资源角度出发，提出了一种基于通信序列的全新动态调度，即滚动时域调度策略。通过定义一种通信序列，将这种网络资源受限的调度问题描述为一种等式约束条件的优化问题，即将具有通信约束的原线性时不变被控对象转化为带有一个等式约束条件的线性时变系统，并基于此模型提出了一种滚动时域的调度策略。其中，这个滚动时域调度策略通过极小化一个包括通信成本与估计误差在内的二次型性能指标实时得到通信状态，并给出了一个优于周期型调度的结论。随后，考虑到具有物理变量约束的被控对象，一种能够处理这种约束能力的 MHE 方法用于估计具有通信约束的网络化控制系统的状态，以及给出了估计误差范数平方有界的充分条件。

参考文献

[1] Zhang Lei，Hristu-Varsakellis D. LQG Control Under Limited Communication. Proceedings of the 44th IEEE Conference on Decision and Control. Seville, Spain：2005.

[2] Hristu-Varsakellis D. Stabilization of LTI Systems with Communication Constraints. Proceedings of the 2000 American Control Conference. Chicago, USA：2000.

[3] Zhang Lei，Hristu-Varsakellis D. Communication and Control Co-Design for Networked Control Systems. Automatica，2006，42（6）：953-958.

[4] Ishii H. H-inf Control with Limited Communication and Message Losses. Systems & Control Letters，2008，57（4）：322-331.

[5] Rehbinder H，Sanfridson M. Scheduling of a Limited Communication Channel for Optimal Control. Automatica，2004，40（3）：491-500.

[6] Lu Lilei，Xie Lihua，Fu Minyue. Optimal Control of Networked Systems with

Limited Communication: Combined Heuristic and Convex Optimization Approach. in Proceedings of the 42nd IEEE Conference on Decision and Control. Hawaii, USA: 2003.

[7] Gaid M M B, Cela A, Hamam Y. Optimal Integrated Control and Scheduling of Networked Control Systems with Communication Constraints: Application to a Car Suspension System. IEEE Transaction on Control System Technology, 2006, 14(4): 776-787.

[8] Sozer E, Stojanovic M, Proakis J. Underwater Acoustic Networks. IEEE Journal of Oceanic Engineering, 2000, 25(1): 72-83.

[9] Sparks J A. Low Cost Technologies for Aerospace Application. Microprocessors and Microsystems, 1997, 20(8): 449-454.

[10] 李少远，蔡文剑. 工业过程辨识与控制. 北京：化学工业出版社，2011.

第5章

局部性能指标的分布式预测控制

5.1 概述

在分布式预测控制中，控制器优化解的求解是分布在各个子系统中的，所以这种结构具有容错性能好，结构灵活等特点，然而其优化性能在一般情况下没有集中式分布式预测控制的性能好。目前，以改善系统全局性能指标为目标的协调策略，主要有以下三类。

① 局部性能指标优化 DMPC：每个局部控制器优化自身的性能指标。在解优化问题时，使用上一时刻的状态预测值来近似此刻的状态值。如果采用迭代算法，则可以得到闭环系统的纳什（Nash）均衡解。

② 协调 DMPC：每个局部控制器优化全局性能指标。在解优化问题时，同样也使用上一时刻的状态预测值来近似此刻的状态值。在某些情况下该策略可实现很好的全局性能，但是同时会降低灵活性，增加通信负载。也把它称为全局性能优化 DMPC 算法，采用该策略可得到闭环系统的帕累托最优解。

③ 信息结构受限的网络化 DMPC：为了均衡全局性能与计算负载，一种直观的策略是每个局部 MPC 仅考虑自身和它直接影响的子系统的性能指标。该方法能够提高系统的协调度，进而改善系统的优化性能。

各种策略的应用领域是互补的，它们都具有各自的优势与缺陷。所以在应用时，必须根据知识与经验，选择最适合研究对象的策略。

第一种协调策略是最先提出的，并且应用简单，是研究和学习 DMPC 算法的基础。其中，基于博弈理论的可达到 Nash 均衡解的分布式预测控制[1] 影响广泛[2]，因此，有必要首先介绍基于局部性能指标的分布式预测控制算法。另外，无论是不是在 MPC 框架下，考虑带有状态和/或输入约束的控制算法设计都是一个重要的难点问题。在 MPC 框架下，现有文献中提出的方法主要是结合终端性能指标、终端约束和局部控制器来保证系统闭环稳定性[3~5]。在 DMPC 算法中，上游邻域子系统的未来时刻状态序列是由上一时刻的解计算得到的，它可能与该时刻该系统的预测状态不相等，两者的误差很难估计。在有约束的情况下，上一时刻计算得到的最优控制序列在当前时刻很可能不是可行解。这些因素使得在带有约束的情况下设计稳定的 DMPC 控制器是很困难的。

因此，在本章中将首先介绍基于 Nash 优化的分布式预测控制理论，给出无约束情况下线性系统的算法收敛条件、稳定性分析和局部通信故障时的性能分析；其次，在本章中还将给出一种稳定 LCO-DMPC 算法，用一致性约束来限制上游邻域子系统未来状态序列与当前时刻该系统的预测状态之间的误差，同时，使用稳定性约束、终端代价函数、终端约束集和局部控制器来保证系统稳定性；最后对本章内容进行了总结。

5.2 基于纳什最优的分布式预测控制

为了避免大系统在线计算的高维复杂性，同时提高 LCO-DMPC 算法的计算速度和全局性能，文献［1］提出了基于 Nash 优化的分布式预测控制，本节将对该方法进行详细介绍。

5.2.1 分布式预测控制器设计

5.2.1.1 局部控制器数学描述

假设系统由 m 个子系统组成，并且该分布式系统的非线性性能指标 L 是可分解的。第 i 个控制器的局部性能指标可表示为

$$\min_{\Delta \boldsymbol{u}_{i,M}(k|k)} J_i = \sum_{j=1}^{P} L_i\left[\boldsymbol{y}_i(k+j|k)\Delta \boldsymbol{u}_{i,M}(k|k)\right](i=1,\cdots,m) \tag{5-1}$$

其中，L_i 是 $\boldsymbol{y}_i(k+j|k)$ 和 $\Delta \boldsymbol{u}_{i,M}(k|k)$ 的非线性函数。那么，整个系统的全局性能指标为

$$\min J=\sum_{i=1}^{m} J_i \tag{5-2}$$

第 i 个控制器在 k 时刻的输出预测可以表示为

$$\boldsymbol{y}_i(k+j|k)=\boldsymbol{f}_i\left[\boldsymbol{y}_i(k),\Delta \boldsymbol{u}_{1,M}(k|k),\cdots,\Delta \boldsymbol{u}_{m,M}(k|k)\right](j=1,\cdots,P) \tag{5-3}$$

可见，整体性能指标可以分解为 m 个子问题各自的优化性能指标，但是由于存在输入耦合，每个子系统的输出仍然和所有控制输入有关。这种多目标的分布式控制问题，可以借助纳什优化概念加以解决[1,6]。

具体来讲，所谓的纳什最优解 $\boldsymbol{u}^N(t)=\{\boldsymbol{u}_1^N(t),\cdots,\boldsymbol{u}_m^N(t)\}$，是指这样一组分散控制作用：对于任意 u_i，$i=1,\cdots,m$，都满足

$$J_i^*(\boldsymbol{u}_1^N,\cdots,\boldsymbol{u}_i^N,\cdots,\boldsymbol{u}_m^N)\leqslant J_i(\boldsymbol{u}_1^N,\cdots,\boldsymbol{u}_{i-1}^N,\boldsymbol{u}_i,\boldsymbol{u}_{i+1}^N,\cdots,\boldsymbol{u}_m^N) \tag{5-4}$$

如果采用了纳什最优解，那么每个子控制器都不会改变自己的控制作用 u_i，因为这时各控制器都达到了这一条件下所能获得的最优局部目标，进一步改变 u_i 只会使得 J_i 函数值增大。在已经知道了其它控制器的纳什最优解的前提下，每个控制器仅仅通过优化各自的目标函数得到

自己的纳什最优解，即

$$\min_{\boldsymbol{u}_i} J_i \Big|_{\boldsymbol{u}_j^N (j \neq i)} \tag{5-5}$$

由式(5-5) 可知，为了得到第 i 个控制器的纳什最优解 $\boldsymbol{u}_i$，必须知道其它子系统的纳什最优解$\boldsymbol{u}_j^N$ $(j \neq i)$，因此，通过这个耦合决策过程，整个系统达到纳什平衡。通过纳什平衡，全局优化问题被分解为多个局部优化问题。

为了获得每个采样时刻整个系统的纳什最优解，在文献［7,8］的研究基础上提出了迭代算法。在充分考虑相互通信和信息交换的前提下，每个控制器在得到其它子系统预测控制器的最优解后，就可以求解局部优化问题。然后，每个控制器将本次求得的最新解与上次计算获得的最优解进行比较，检查是否满足迭代结束条件。如果算法收敛，就可以满足所有子系统控制器的迭代终止条件，并且整个系统在此时能实现纳什平衡。每个采样时刻均重复上述纳什优化过程。

5.2.1.2 Nash 最优 DMPC 求解算法

算法 5.1 (Nash 均衡 DMPC)

步骤 1：k 时刻，每个控制器进行输入变量初始化，然后通过通信传递给其它控制器；令迭代指标 $l=0$，则

$$\Delta\overline{\boldsymbol{u}}_{i.M}^{l}(k)=[\Delta\overline{\boldsymbol{u}}_i^l(k),\Delta\overline{\boldsymbol{u}}_i^l(k+1),\cdots,\Delta\overline{\boldsymbol{u}}_i^l(k+M-1)]^{\mathrm{T}}(i=1,\cdots,m)$$

步骤 2：各控制器同时求解各自的优化问题，获得最优解 $\Delta\boldsymbol{u}_{i,M}^{*}(k)$ $(i=1,\cdots,m)$。

步骤 3：各控制器检查是否满足其迭代终止条件，也就是说，对于给定的误差精度 $\varepsilon_i(i=1,\cdots,m)$，判断 $\|\Delta\boldsymbol{u}_{i,M}^{(l+1)}(k)-\Delta\boldsymbol{u}_{i,M}^{(l)}(k)\|\leqslant\varepsilon_i(i=1,\cdots,m)$是否成立。

如果所有的终止条件均满足，迭代终止，转到步骤 4；

否则，令 $l=l+1$，$\Delta\boldsymbol{u}_{i,M}^{l}(k)=\Delta\boldsymbol{u}_{i,M}^{*}(k)(i=1,\cdots,m)$，所有的控制器间相互交换信息，将最新的优化结果作为初始值，并转到步骤 2。

步骤 4：计算即时控制律 $\Delta\boldsymbol{u}_i(k)=[\boldsymbol{I}00\cdots0]\Delta\boldsymbol{u}_{i,M}^{*}(k)(i=1,\cdots,m)$，并作为每个子系统控制器的输出。

步骤 5：在下一采样时刻，令 $k+1\rightarrow k$，转到步骤 1，重复上述步骤。

5.2.2 性能分析

5.2.2.1 线性系统的计算收敛性

考虑线性动态系统的分布式预测控制。第 i 个子系统控制器在 k 时

刻的输出预测模型为

$$\tilde{\boldsymbol{y}}_{i,PM}(k)=\boldsymbol{y}_{i,P}(k)+\boldsymbol{A}_{ii}\Delta\boldsymbol{u}_{i,M}(k)+\sum_{j=1,j\neq i}^{m}\boldsymbol{A}_{ij}\Delta\boldsymbol{u}_{j,M}(k)(i=1,\cdots,m) \tag{5-6}$$

其中，$\boldsymbol{A}_{ii}$ 和$\boldsymbol{A}_{ij}$ 分别是第 i 个子系统的动态矩阵和第 i 个子系统在第 j 个子系统激励下的阶跃响应矩阵，表示为

$$\boldsymbol{A}_{ij}=\begin{bmatrix}\boldsymbol{a}_{ij}(1) & \cdots & 0\\ \vdots & \ddots & \vdots\\ \boldsymbol{a}_{ij}(M) & \cdots & \boldsymbol{a}_{ij}(1)\\ \vdots & \vdots & \vdots\\ \boldsymbol{a}_{ij}(P) & \cdots & \boldsymbol{a}_{ij}(P-M+1)\end{bmatrix}$$

$$\boldsymbol{A}=\begin{bmatrix}\boldsymbol{A}_{11} & \cdots & \boldsymbol{A}_{1m}\\ \vdots & \ddots & \vdots\\ \boldsymbol{A}_{m1} & \cdots & \boldsymbol{A}_{mm}\end{bmatrix}$$

其中，$\boldsymbol{a}_{ij}(k)(k=1,\cdots,P;j=1,\cdots,m)$是第 i 个子系统在 k 时刻时在第j 个子系统的单位阶跃输入下的输出采样值。第 i 个子系统的局部性能指标表示为

$$\min_{\Delta\boldsymbol{u}_{i,M}(k)} J_i(k)=\|\boldsymbol{\omega}_{i,P}(k)-\tilde{\boldsymbol{y}}_{i,PM}(k)\|_{\boldsymbol{Q}_i}^2+\|\Delta\boldsymbol{u}_{i,M}(k)\|_{\boldsymbol{R}_i}^2(i=1,\cdots,m) \tag{5-7}$$

其中，$\boldsymbol{\omega}_i(k)=\left[\boldsymbol{\omega}_i^{\mathrm{T}}(k+1)\quad\cdots\quad\boldsymbol{\omega}_i^{\mathrm{T}}(k+P)\right]^{\mathrm{T}}$ 是第 i 个子系统的输出期望值。

$$\tilde{\boldsymbol{y}}_{i,PM}^{\mathrm{T}}(k)=[\tilde{\boldsymbol{y}}_{i,M}^{\mathrm{T}}(k+1|k)\boldsymbol{L}\tilde{\boldsymbol{y}}_{i,M}^{\mathrm{T}}(k+P|k)]^{\mathrm{T}},$$

$$\tilde{\boldsymbol{y}}_{i,P0}^{\mathrm{T}}(k)=[\tilde{\boldsymbol{y}}_{i,0}^{\mathrm{T}}(k+1|k)\boldsymbol{L}\tilde{\boldsymbol{y}}_{i,0}^{\mathrm{T}}(k+P|k)]^{\mathrm{T}},$$

$$\Delta\boldsymbol{u}_{i,PM}^{\mathrm{T}}(k)=[\Delta\boldsymbol{u}_{i,M}(k+1|k)\boldsymbol{L}\Delta\boldsymbol{u}_{i,M}(k+M-1|k)]^{\mathrm{T}}$$

根据纳什优化和极值必要条件$\dfrac{\partial J_i}{\partial\Delta\boldsymbol{u}_{i,M}(k)}=0$ 可得，第 i 个控制器 k 时刻的纳什最优解是

$$\Delta\boldsymbol{u}_{i,M}^{(l+1)}(k)=\boldsymbol{D}_{ii}\left[\boldsymbol{\omega}_{i,P}(k)-\boldsymbol{y}_{i,P}(k)-\sum_{j=1,j\neq i}^{m}\boldsymbol{A}_{ij}\Delta\boldsymbol{u}_{j,M}^{(l)}(k)\right](i=1,\cdots,m) \tag{5-8}$$

其中，$\boldsymbol{D}_{ii}=(\boldsymbol{A}_{ii}^{\mathrm{T}}\overline{\boldsymbol{Q}}_i\boldsymbol{A}_{ii}+\overline{\boldsymbol{R}}_i)^{-1}\boldsymbol{A}_{ii}^{\mathrm{T}}\overline{\boldsymbol{Q}}_i$。当算法收敛时，整个系统的纳什最优解可以写作

$$\Delta\boldsymbol{u}_M(k)=\boldsymbol{D}_0\Delta\boldsymbol{u}_M(k)+\boldsymbol{D}_1[\boldsymbol{\omega}(k)-\tilde{\boldsymbol{y}}_{P0}(k)] \tag{5-9}$$

其中

$$\boldsymbol{D}_0=\begin{bmatrix}\boldsymbol{0} & -\boldsymbol{D}_{11}\boldsymbol{A}_{12} & \cdots & -\boldsymbol{D}_{11}\boldsymbol{A}_{1m}\\ -\boldsymbol{D}_{22}\boldsymbol{A}_{21} & \boldsymbol{0} & \cdots & -\boldsymbol{D}_{22}\boldsymbol{A}_{2m}\\ \vdots & \vdots & \ddots & \vdots\\ -\boldsymbol{D}_{mm}\boldsymbol{A}_{m1} & \cdots & \cdots & \boldsymbol{0}\end{bmatrix}$$

$$\boldsymbol{D}_1=\begin{bmatrix}\boldsymbol{D}_{11} & & & \boldsymbol{0}\\ & \boldsymbol{D}_{22} & & \\ & & \ddots & \\ \boldsymbol{0} & & & \boldsymbol{D}_{mm}\end{bmatrix}$$

在迭代过程中，方程（5-9）表示为

$$\Delta\boldsymbol{u}_M^{(l+1)}(k)=\boldsymbol{D}_0\Delta\boldsymbol{u}_M^{l}(k)+\boldsymbol{D}_1\left[\boldsymbol{\omega}(k)-\tilde{\boldsymbol{y}}_{P0}(k)\right] \tag{5-10}$$

在 k 时刻，$\boldsymbol{\omega}(k)$，$\tilde{\boldsymbol{y}}_{P0}(k)$ 是事先已知的，$\boldsymbol{D}_1[\boldsymbol{\omega}(k)-\tilde{\boldsymbol{y}}_{P0}(k)]$是常数项，与迭代次数无关。因此，式(5-10) 的收敛性可等价于下式的收敛性：

$$\Delta\boldsymbol{u}_M^{(l+1)}(k)=\boldsymbol{D}_0\Delta\boldsymbol{u}_M^{l}(k) \tag{5-11}$$

从上述分析可知，在线性分布式系统的应用中，该算法的迭代收敛条件为

$$|\rho(\boldsymbol{D}_0)|<1 \tag{5-12}$$

也就是说，$\boldsymbol{D}_0$ 的谱半径必须小于 1 才能保证迭代算法的收敛性。

5.2.2.2 标称系统的稳定性分析

为了分析系统的标称稳定性，重新用状态空间方程描述输出预测模型。第 i 个子系统控制器在 k 时刻的状态空间预测模型为

$$\begin{cases}\boldsymbol{x}_i(k+1)=\boldsymbol{S}\boldsymbol{x}_i(k)+\boldsymbol{a}_{ii}\Delta u_i(k)+\sum\limits_{j=1,j\neq i}^{m}\boldsymbol{a}_{ij}\Delta u_j(k)\\ \boldsymbol{Y}_i(k)=\boldsymbol{C}\boldsymbol{S}\boldsymbol{x}_i(k)+\boldsymbol{A}_{ii}\Delta\boldsymbol{u}_{i,M}(k)+\sum\limits_{j=1,j\neq i}^{m}\boldsymbol{A}_{ij}\Delta\boldsymbol{u}_{j,M}(k)\end{cases}\quad(i=1,\cdots,m) \tag{5-13}$$

其中

$$\Delta u_i(k)=[10\cdots0]\,\Delta\boldsymbol{u}_{i,M}(k)$$

$$\boldsymbol{S}=\begin{bmatrix}0 & 1 & \cdots & \boldsymbol{0}\\ \vdots & \ddots & \ddots & \vdots\\ 0 & \cdots & 0 & 1\\ 0 & \cdots & 0 & 1\end{bmatrix}_{(N\times N)}$$

N 是建模时域，并且

$$\boldsymbol{a}_{ij}=[a_{ij}(1)\cdots a_{ij}(N)]^{\mathrm{T}}$$
$$\boldsymbol{x}_{i}(k)=[x_{i1}(k)\cdots x_{iN}(k)]^{\mathrm{T}}$$
$$\boldsymbol{Y}_{i}(k)=[y_{i}(k+1)\cdots y_{i}(k+P)]^{\mathrm{T}}$$

$\boldsymbol{C}=[\boldsymbol{I}_{P\times P}\quad \boldsymbol{0}_{P\times(N-P)}]$表示从 N 维向量中取出前 P 项。那么，第 i 个子系统控制器在 k 时刻的纳什最优解的状态空间表达式为

$$\Delta \boldsymbol{v}_{i,M}^{(l+1)}(k)=\boldsymbol{D}_{ii}\left[\boldsymbol{\omega}_{i,P}(k)-\boldsymbol{y}_{i,P}(k)-\sum_{j=1,j\neq i}^{m}\boldsymbol{A}_{ij}\Delta\boldsymbol{u}_{j,M}^{(l)}(k)\right] \tag{5-14}$$

并且当迭代过程收敛时，整个系统的纳什最优解为

$$\Delta\boldsymbol{U}^{N}(k)=(\boldsymbol{I}-\boldsymbol{D}_{0})^{-1}\boldsymbol{D}_{1}[\boldsymbol{R}(k)-\boldsymbol{F}_{2}\boldsymbol{X}(k)] \tag{5-15}$$

可以看出，它是一个状态反馈控制律。整个系统的即时控制律是 $\Delta\boldsymbol{u}^{N}(k)=\boldsymbol{L}\Delta\boldsymbol{U}^{N}(k)$，其中

$$\boldsymbol{L}=\text{Block-diag}(\underbrace{\boldsymbol{L}_{0}\quad\cdots\quad\boldsymbol{L}_{0}}_{m}),\boldsymbol{L}_{0}=[1\quad 0\quad\cdots\quad 0]_{1\times M}$$
$$\boldsymbol{F}_{2}=\text{Block-diag}(\underbrace{\boldsymbol{CS},\cdots,\boldsymbol{CS}}_{m})$$
$$\Delta\boldsymbol{U}^{N}(k)=[(\Delta\boldsymbol{u}_{1,M}^{N}(k))^{\mathrm{T}}\quad\cdots\quad(\Delta\boldsymbol{u}_{m,M}^{N}(k))^{\mathrm{T}}]^{\mathrm{T}}$$
$$\boldsymbol{\omega}(k)=[\boldsymbol{\omega}_{1}^{\mathrm{T}}(k)\quad\cdots\quad\boldsymbol{\omega}_{m}^{\mathrm{T}}(k)]^{\mathrm{T}}$$
$$X(k)=[\boldsymbol{x}_{1}^{\mathrm{T}}(k)\quad\cdots\quad\boldsymbol{x}_{m}^{\mathrm{T}}(k)]^{\mathrm{T}}$$

不失一般性地，令期望的输出值 $\boldsymbol{\omega}_{i}(k)=\boldsymbol{0},(i=1,\cdots,m)$，则整个系统在 k 时刻的状态空间模型可以表示为

$$\boldsymbol{X}(k+1)=\boldsymbol{F}_{1}\boldsymbol{X}(k)+\boldsymbol{BL}\Delta\boldsymbol{U}^{N}(k)=[\boldsymbol{F}_{1}-\boldsymbol{BL}(\boldsymbol{I}-\boldsymbol{D}_{0})^{-1}\boldsymbol{D}_{1}\boldsymbol{F}_{2}]\boldsymbol{X}(k) \tag{5-16}$$

其中，$\boldsymbol{F}_{1}=\text{Block-diag}\ (\underbrace{\boldsymbol{S},\cdots,\boldsymbol{S}}_{m})$，$\boldsymbol{B}=\begin{bmatrix}\boldsymbol{a}_{11} & \cdots & \boldsymbol{a}_{1m}\\ \vdots & \ddots & \vdots\\ \boldsymbol{a}_{m1} & \cdots & \boldsymbol{a}_{mm}\end{bmatrix}$。

式(5-16) 表明了分布式系统在 k 时刻的状态和 $k+1$ 时刻的状态间的映射关系。根据收缩映射原则[9]，当且仅当

$$\|\lambda[\boldsymbol{F}_{1}-\boldsymbol{BL}(\boldsymbol{I}-\boldsymbol{D}_{0})^{-1}\boldsymbol{D}_{1}\boldsymbol{F}_{2}]\|<1 \tag{5-17}$$

分布式系统的全局稳定性才能得到保证。也就是说，其状态映射的特征值范数小于 1。

5.2.3 局部通信故障下一步预测优化策略的性能分析

分布式控制中的每个控制器都能够独立工作来实现它的局部目标，

但是不能独自完成整个任务。这些自主子系统控制器通过相互通信协调，利用网络交换信息来实现整体任务或目标。但当分布式系统存在通信故障时，上述控制策略仍能很好地工作吗？整个系统的性能会发生什么变化？本节将要讨论在存在通信故障的情况下，一步预测控制的性能偏差。因为预测控制采用滚动时域的控制策略，也就是说在每个采样时刻，根据更新的测量值在线求解优化问题，所以专注于一步预测控制策略是合理的。

首先，定义连接矩阵 $\boldsymbol{E}=(e_{ij})$ 来表示子系统控制器间的通信连接。E 中主对角元素全为 0，其它非主对角上的元素为 0 或 1。其中，1 表示两个子系统控制器间存在通信连接，0 表示子系统控制器间没有通信连接。不存在结构扰动时，$e_{ij}=1(i,j=1,\cdots,m,i\neq j)$，第 i 个子系统控制器在 k 时刻的输出预测模型和纳什最优解分别为

$$\widetilde{\boldsymbol{y}}_{i,PM}(k)=\widetilde{\boldsymbol{y}}_{i,P0}(k)+\boldsymbol{A}_{ii}\Delta\boldsymbol{u}_{i,M}(k)+\sum_{j=1,j\neq i}^{m}e_{ij}\boldsymbol{A}_{ij}\Delta\boldsymbol{u}_{j,M}(k),i=1,\cdots,m \tag{5-18}$$

$$\Delta\boldsymbol{u}_{i,M}^{*}(k)=\boldsymbol{D}_{ii}\left[\boldsymbol{\omega}_{i}-\widetilde{\boldsymbol{y}}_{i,P0}(k)-\sum_{j=1,j\neq i}^{m}\boldsymbol{G}_{ij}\Delta\boldsymbol{u}_{j,M}^{*}(k)\right],i=1,\cdots,m \tag{5-19}$$

其中，$\boldsymbol{G}=\boldsymbol{E}\boldsymbol{A}=[\boldsymbol{G}_{ij}]$ 表示点乘，

$$\boldsymbol{G}=\begin{bmatrix}\boldsymbol{0} & \boldsymbol{e}_{12} & \cdots & \boldsymbol{e}_{1m}\\ \boldsymbol{e}_{21} & \boldsymbol{0} & \cdots & \boldsymbol{e}_{2m}\\ \vdots & \vdots & \boldsymbol{0} & \vdots\\ \boldsymbol{e}_{m1} & \boldsymbol{e}_{m2} & \cdots & 0\end{bmatrix}\begin{bmatrix}\boldsymbol{A}_{11} & \boldsymbol{A}_{12} & \cdots & \boldsymbol{A}_{1m}\\ \boldsymbol{A}_{21} & \boldsymbol{A}_{22} & \cdots & \boldsymbol{A}_{2m}\\ \vdots & \vdots & 0 & \vdots\\ \boldsymbol{A}_{m1} & \boldsymbol{A}_{m2} & \cdots & \boldsymbol{A}_{mm}\end{bmatrix}$$

$$=\begin{bmatrix}\boldsymbol{0} & \boldsymbol{e}_{12}\boldsymbol{A}_{12} & \cdots & \boldsymbol{e}_{1m}\boldsymbol{A}_{1m}\\ \boldsymbol{e}_{21}\boldsymbol{A}_{21} & \boldsymbol{0} & \cdots & \boldsymbol{e}_{2m}\boldsymbol{A}_{2m}\\ \vdots & \vdots & 0 & \vdots\\ \boldsymbol{e}_{m1}\boldsymbol{A}_{m1} & \boldsymbol{e}_{m2}\boldsymbol{A}_{m2} & \cdots & 0\end{bmatrix}$$

当计算收敛时，整个系统的纳什最优解为

$$\Delta\boldsymbol{u}_{M}^{*}(k)=(\boldsymbol{I}-\boldsymbol{D}_{E})^{-1}[\boldsymbol{\omega}(k)-\widetilde{\boldsymbol{y}}_{P0}(k)] \tag{5-20}$$

其中

$$\boldsymbol{D}_{E}=-\boldsymbol{D}_{1}\boldsymbol{G}=\begin{bmatrix}\boldsymbol{0} & -\boldsymbol{D}_{11}\boldsymbol{e}_{12}\boldsymbol{A}_{12} & \cdots & -\boldsymbol{D}_{11}\boldsymbol{e}_{1m}\boldsymbol{A}_{1m}\\ -\boldsymbol{D}_{22}\boldsymbol{e}_{21}\boldsymbol{A}_{21} & \boldsymbol{0} & \cdots & -\boldsymbol{D}_{22}\boldsymbol{e}_{2m}\boldsymbol{A}_{2m}\\ \vdots & \vdots & \boldsymbol{0} & \vdots\\ -\boldsymbol{D}_{mm}\boldsymbol{e}_{m1}\boldsymbol{A}_{m1} & -\boldsymbol{D}_{mm}\boldsymbol{e}_{m2}\boldsymbol{D}_{m2} & \cdots & \boldsymbol{0}\end{bmatrix}$$

在下面的分析中，假设预测时域和控制时域相等，通信故障限制在一个稳定区域内。为分析系统性能偏差，定义一个通信故障矩阵 $\boldsymbol{T}$。矩阵 $\boldsymbol{T}$ 是一个对角矩阵或分块对角阵。当它是对角阵时，将其主对角元素限定为 0 或 1。若为分块对角阵，则主对角块元素全为 0 或 1。其中，0 表示对应子系统控制器间存在通信故障，1 表示通信正常。

这里讨论的通信故障主要包括下面三类。

① 行故障。这种情况下，通信故障发生在接收通道。子系统控制器接收不到来自其它子系统控制器的信息，矩阵 $\boldsymbol{G}$ 的相应行变为 0，$\boldsymbol{G}$ 变为 $\boldsymbol{G}^{\mathrm{dis}}$，$\boldsymbol{G}^{\mathrm{dis}}=\boldsymbol{T}_{\mathrm{r}}\boldsymbol{G}$。另外，通信故障矩阵 $\boldsymbol{T}_{\mathrm{r}}$ 的相应元素由 1 变为 0。

② 列故障。这种情况下，通信故障发生在传送通道。子系统控制器不能给其它子系统控制器发送信息，矩阵 $\boldsymbol{G}$ 的相应列变为 0，$\boldsymbol{G}$ 变为 $\boldsymbol{G}^{\mathrm{dis}}$，$\boldsymbol{G}^{\mathrm{dis}}=\boldsymbol{G}\boldsymbol{T}_{\mathrm{c}}$。另外，通信故障矩阵 $\boldsymbol{T}_{\mathrm{c}}$ 的相应元素由 1 变为 0。

③ 混合故障。此时，行故障和列故障同时存在，矩阵 $\boldsymbol{G}$ 的相应行和列元素变为 0，$\boldsymbol{G}$ 变为 $\boldsymbol{G}^{\mathrm{dis}}$，$\boldsymbol{G}^{\mathrm{dis}}=\boldsymbol{T}_{\mathrm{r}}\boldsymbol{G}\boldsymbol{T}_{\mathrm{c}}$。另外，通信故障矩阵 $\boldsymbol{T}_{\mathrm{r}}$ 和 $\boldsymbol{T}_{\mathrm{c}}$ 的相应元素由 1 变为 0。

进而得到下面的定理。

定理 5.1 对于一个分布式系统，假设其预测时域和控制时域相等，并且通信故障不影响系统稳定性。在 k 时刻，由于局部通信故障，系统的性能会变差。并且，性能指标变坏的幅度 δ 满足 $0\leqslant\delta\leqslant\delta_{\max}$，上界 $\delta_{\max}=\dfrac{\|\boldsymbol{W}_{\max}\|}{\lambda_{\mathrm{m}}(\boldsymbol{F})}$。

其中，$\lambda_m(F)$ 是矩阵 $\boldsymbol{F}$ 的最小特征值。

$$
\begin{aligned}
\boldsymbol{W}_{\max}= & [\boldsymbol{D}_1^{-1}(\boldsymbol{I}-\boldsymbol{D}_E)-\boldsymbol{A}]^{\mathrm{T}}\boldsymbol{Q}\,[\boldsymbol{A}-\boldsymbol{A}_0(\boldsymbol{I}-\boldsymbol{D}_E)]+ \\
& [\boldsymbol{A}-\boldsymbol{A}_0(\boldsymbol{I}-\boldsymbol{D}_E)]^{\mathrm{T}}\times\boldsymbol{Q}\,[\boldsymbol{D}_1^{-1}(\boldsymbol{I}-\boldsymbol{D}_E)-\boldsymbol{A}]+ \\
& [\boldsymbol{A}-\boldsymbol{A}_0(\boldsymbol{I}-\boldsymbol{D}_E)]^{\mathrm{T}}\boldsymbol{Q}\,[\boldsymbol{A}-\boldsymbol{A}_0(\boldsymbol{I}-\boldsymbol{D}_E)]- \\
& \boldsymbol{D}_E^{\mathrm{T}}\boldsymbol{R}\boldsymbol{D}_E-\boldsymbol{R}\boldsymbol{D}_E-\boldsymbol{D}_E^{\mathrm{T}}\boldsymbol{R}
\end{aligned}
$$

$$\boldsymbol{F}=[\boldsymbol{D}_1^{-1}(\boldsymbol{I}-\boldsymbol{D}_E)-\boldsymbol{A}]^{\mathrm{T}}\boldsymbol{Q}[\boldsymbol{D}_1^{-1}(\boldsymbol{I}-\boldsymbol{D}_E)-\boldsymbol{A}]+\boldsymbol{R}$$

$$\boldsymbol{A}_0=\begin{bmatrix}\boldsymbol{A}_{11} & & \boldsymbol{0}\\ & \ddots & \\ \boldsymbol{0} & & \boldsymbol{A}_{mm}\end{bmatrix}$$

$$\boldsymbol{Q}=\text{Block-diag}(\boldsymbol{Q}_1,\cdots,\boldsymbol{Q}_m)$$

$$\boldsymbol{R}=\text{Block-diag}(\boldsymbol{R}_1,\cdots,\boldsymbol{R}_m)$$

证明 不失一般性地，下面以混合通信故障为例：

$$\boldsymbol{D}_E^{\mathrm{dis}}=-\boldsymbol{D}_1\boldsymbol{G}^{\mathrm{dis}}=-\boldsymbol{D}_1\boldsymbol{T}_{\mathrm{r}}\boldsymbol{G}\boldsymbol{T}_{\mathrm{c}}=-\boldsymbol{T}_{\mathrm{r}}\boldsymbol{D}_1\boldsymbol{G}\boldsymbol{T}_{\mathrm{c}}=\boldsymbol{T}_{\mathrm{r}}\boldsymbol{D}_E\boldsymbol{T}_{\mathrm{c}}$$

此时，系统的纳什最优解为

$$\Delta \boldsymbol{u}_M^{\mathrm{dis}}(k)=(\boldsymbol{I}-\boldsymbol{T}_{\mathrm{r}}\boldsymbol{D}_E\boldsymbol{T}_{\mathrm{c}})^{-1}\boldsymbol{D}_1[\boldsymbol{\omega}(k)-\tilde{\boldsymbol{y}}_{P0}(k)] \tag{5-21}$$

通过矩阵分解策略，得到

$$\begin{aligned}(\boldsymbol{I}-\boldsymbol{T}_{\mathrm{r}}\boldsymbol{D}_E\boldsymbol{T}_{\mathrm{c}})^{-1}&=2[(\boldsymbol{I}-\boldsymbol{D}_E)+(\boldsymbol{I}+\boldsymbol{D}_E-2\boldsymbol{T}_{\mathrm{r}}\boldsymbol{D}_E\boldsymbol{T}_{\mathrm{c}})]^{-1}\\&=2(\boldsymbol{I}-\boldsymbol{D}_E)^{-1}-2(\boldsymbol{I}-\boldsymbol{D}_E)^{-1}[(\boldsymbol{I}-\boldsymbol{D}_E)^{-1}+\\&\quad(\boldsymbol{I}+\boldsymbol{D}_E-2\boldsymbol{T}_{\mathrm{r}}\boldsymbol{D}_E\boldsymbol{T}_{\mathrm{c}})^{-1}]^{-1}(\boldsymbol{I}-\boldsymbol{D}_E)^{-1}\end{aligned} \tag{5-22}$$

一般情况下，$(\boldsymbol{I}-\boldsymbol{D}_E)^{-1}$ 和 $(\boldsymbol{I}+\boldsymbol{D}_E-2\boldsymbol{T}_{\mathrm{r}}\boldsymbol{D}_E\boldsymbol{T}_{\mathrm{c}})^{-1}$ 是存在的，因此，上述等式成立。将式(5-22) 代入式(5-21) 得到

$$\begin{aligned}\Delta \boldsymbol{u}_M^{\mathrm{dis}}(k)&=2\Delta \boldsymbol{u}_M^{*}(k)-2(\boldsymbol{I}-\boldsymbol{D}_E)^{-1}[(\boldsymbol{I}-\boldsymbol{D}_E)^{-1}+\\&\quad(\boldsymbol{I}+\boldsymbol{D}_E-2\boldsymbol{T}_{\mathrm{r}}\boldsymbol{D}_E\boldsymbol{T}_{\mathrm{c}})^{-1}]^{-1}\Delta \boldsymbol{u}_M^{*}(k)\\&=\overline{\boldsymbol{S}}\Delta \boldsymbol{u}_M^{*}(k)\end{aligned} \tag{5-23}$$

其中，$\overline{\boldsymbol{S}}=2\boldsymbol{I}-2(\boldsymbol{I}-\boldsymbol{D}_E)^{-1}[(\boldsymbol{I}-\boldsymbol{D}_E)^{-1}+(\boldsymbol{I}+\boldsymbol{D}_E-2\boldsymbol{T}_{\mathrm{r}}\boldsymbol{D}_E\boldsymbol{T}_{\mathrm{c}})^{-1}]^{-1}$。

由 $\Delta \boldsymbol{u}_M^{*}(k)=(\boldsymbol{I}-\boldsymbol{D}_E)^{-1}\boldsymbol{D}[\boldsymbol{\omega}(k)-\tilde{\boldsymbol{y}}_{P0}(k)]$得

$$\boldsymbol{\omega}(k)-\tilde{\boldsymbol{y}}_{P0}(k)=\boldsymbol{D}^{-1}(\boldsymbol{I}-\boldsymbol{D}_E)\Delta \boldsymbol{u}_M^{*}(k)$$

那么

$$\begin{aligned}J^{*}&=\left\|\boldsymbol{\omega}(k)-\tilde{\boldsymbol{y}}_{P0}(k)-\boldsymbol{A}\Delta \boldsymbol{u}_M^{*}(k)\right\|_Q^2+\left\|\Delta \boldsymbol{u}_M^{*}(k)\right\|_R^2\\&=\left\|\boldsymbol{D}_1^{-1}(\boldsymbol{I}-\boldsymbol{D}_E)\Delta \boldsymbol{u}_M^{*}(k)-\boldsymbol{A}\Delta \boldsymbol{u}_M^{*}(k)\right\|_Q^2+\left\|\Delta \boldsymbol{u}_M^{*}(k)\right\|_R^2\\&=\left\|\Delta \boldsymbol{u}_M^{*}(k)\right\|_F^2\end{aligned} \tag{5-24}$$

其中，$\boldsymbol{F}=[\boldsymbol{D}_1^{-1}(\boldsymbol{I}-\boldsymbol{D}_E)-\boldsymbol{A}]^{\mathrm{T}}\boldsymbol{Q}[\boldsymbol{D}_1^{-1}(\boldsymbol{I}-\boldsymbol{D}_E)-\boldsymbol{A}]+\boldsymbol{R}$。

令

$$\boldsymbol{A}_0=\begin{bmatrix}\boldsymbol{A}_{11} & & \boldsymbol{0}\\ & \ddots & \\ \boldsymbol{0} & & \boldsymbol{A}_{mm}\end{bmatrix}$$

那么，混合通信故障下，整个系统的预测模型可以写为

$$\overline{\boldsymbol{y}}_{PM}^{\mathrm{dis}}=\tilde{\boldsymbol{y}}_{P0}(k)+(\boldsymbol{A}_0+\boldsymbol{T}_{\mathrm{r}}\boldsymbol{G}\boldsymbol{T}_{\mathrm{c}})\Delta \boldsymbol{u}_M^{\mathrm{dis}}(k)=\tilde{\boldsymbol{y}}_{P0}(k)+\overline{\boldsymbol{A}}\Delta \boldsymbol{u}_M^{\mathrm{dis}}(k) \tag{5-25}$$

其中，$\overline{\boldsymbol{A}}=\boldsymbol{A}_0+\boldsymbol{T}_{\mathrm{r}}\boldsymbol{G}\boldsymbol{T}_{\mathrm{c}}$。

将式(5-23) 和式(5-25) 代入式(5-7)，推得

$$
\begin{aligned}
J^{\mathrm{dis}} &= \left\| \boldsymbol{\omega}(k) - \widetilde{\boldsymbol{y}}_{P0}(k) - \overline{\boldsymbol{A}}\ \overline{\boldsymbol{S}} \Delta \boldsymbol{u}_M^*(k) \right\|_{\boldsymbol{Q}}^2 + \left\| \overline{\boldsymbol{S}} \Delta \boldsymbol{u}_M^*(k) \right\|_{\boldsymbol{R}}^2 \\
&= \left\| \boldsymbol{\omega}(k) - \widetilde{\boldsymbol{y}}_{P0}(k) - \boldsymbol{A} \Delta \boldsymbol{u}_M^*(k) + (\boldsymbol{A} - \overline{\boldsymbol{A}}\ \overline{\boldsymbol{S}}) \Delta \boldsymbol{u}_M^*(k) \right\|_{\boldsymbol{Q}}^2 + \\
&\quad \left\| \Delta \boldsymbol{u}_M^*(k) + (\overline{\boldsymbol{S}} - I) \Delta \boldsymbol{u}_M^*(k) \right\|_{\boldsymbol{R}}^2 \\
&= J^* + \left\| \Delta \boldsymbol{u}_M^*(k) \right\|_{\boldsymbol{W}}^2
\end{aligned}
\tag{5-26}
$$

其中

$$
\begin{aligned}
\boldsymbol{W} = & [\boldsymbol{D}_1^{-1}(\boldsymbol{I} - \boldsymbol{D}_E) - \boldsymbol{A}]^{\mathrm{T}} \boldsymbol{Q} (\boldsymbol{A} - \overline{\boldsymbol{A}}\ \overline{\boldsymbol{S}}) + (\boldsymbol{A} - \overline{\boldsymbol{A}}\ \overline{\boldsymbol{S}})^{\mathrm{T}} \boldsymbol{Q} [\boldsymbol{D}_1^{-1}(\boldsymbol{I} - \boldsymbol{D}_E) - \boldsymbol{A}] + \\
& (\boldsymbol{A} - \overline{\boldsymbol{A}}\ \overline{\boldsymbol{S}})^{\mathrm{T}} \boldsymbol{Q} (\boldsymbol{A} - \overline{\boldsymbol{A}}\ \overline{\boldsymbol{S}}) + (\overline{\boldsymbol{S}} - \boldsymbol{I})^{\mathrm{T}} \boldsymbol{R} (\overline{\boldsymbol{S}} - \boldsymbol{I}) + \boldsymbol{R} (\overline{\boldsymbol{S}} - \boldsymbol{I}) + (\overline{\boldsymbol{S}} - \boldsymbol{I})^{\mathrm{T}} \boldsymbol{R}
\end{aligned}
$$

那么

$$
\begin{aligned}
\left\| \Delta \boldsymbol{u}_M^*(k) \right\|_W^2 & \leqslant \Delta \boldsymbol{u}_M^{*\mathrm{T}}(k) \|\boldsymbol{W}\| \Delta \boldsymbol{u}_M^*(k) = \|\boldsymbol{W}\| \|\Delta \boldsymbol{u}_M^*(k)\|^2 \\
& \leqslant \frac{\|\boldsymbol{W}\|}{\lambda_m(\boldsymbol{F})} \left\| \Delta \boldsymbol{u}_M^*(k) \right\|_F^2 = \frac{\|\boldsymbol{W}\|}{\lambda_m(\boldsymbol{F})} J^*
\end{aligned}
$$

$\lambda_m(\boldsymbol{F})$ 是矩阵 $\boldsymbol{F}$ 的最小特征值。从上述推导中可以看出，在通信正常和存在通信故障两种情况下，系统的性能指标间的关系可以表示为

$$
J^{\mathrm{dis}} \leqslant J^* + \frac{\|\boldsymbol{W}\|}{\lambda_m(\boldsymbol{F})} J^* = \left[1 + \frac{\|\boldsymbol{W}\|}{\lambda_m(\boldsymbol{F})} \right] J^* = (1+\delta) J^* \tag{5-27}
$$

其中，$\delta = \|\boldsymbol{W}\| / \lambda_m(\boldsymbol{F})$ 表示通信故障下，性能指标的变差幅度。

式(5-26) 表明 $\|\boldsymbol{W}\|$ 由 $\boldsymbol{G}^{\mathrm{dis}}$ 和 $\boldsymbol{D}_E^{\mathrm{dis}}$ 决定，而 $\boldsymbol{G}^{\mathrm{dis}}$ 和 $\boldsymbol{D}_E^{\mathrm{dis}}$ 受通信故障矩阵 $\boldsymbol{T}_{\mathrm{r}}$ 和 $\boldsymbol{T}_{\mathrm{c}}$ 的影响。因此，在混合通信故障的情况下，$\|\boldsymbol{W}\|$ 可以达到最大值。此时，$\boldsymbol{T}_{\mathrm{r}} \boldsymbol{D}_E \boldsymbol{T}_{\mathrm{c}} = 0$，$\boldsymbol{G}^{\mathrm{dis}} = 0$，$\boldsymbol{D}_E^{\mathrm{dis}} = 0$，$\overline{\boldsymbol{A}} = \boldsymbol{A}_0$，$\overline{\boldsymbol{S}} = \boldsymbol{I} - \boldsymbol{D}_E$，并且

$$
\begin{aligned}
\boldsymbol{W}_{\max} = & [\boldsymbol{D}_1^{-1}(\boldsymbol{I} - \boldsymbol{D}_E) - \boldsymbol{A}]^{\mathrm{T}} \boldsymbol{Q} [\boldsymbol{A} - \boldsymbol{A}_0(\boldsymbol{I} - \boldsymbol{D}_E)] + [\boldsymbol{A} - \boldsymbol{A}_0(\boldsymbol{I} - \boldsymbol{D}_E)]^{\mathrm{T}} \times \\
& \boldsymbol{Q} [\boldsymbol{D}_1^{-1}(\boldsymbol{I} - \boldsymbol{D}_E) - \boldsymbol{A}] + [\boldsymbol{A} - \boldsymbol{A}_0(\boldsymbol{I} - \boldsymbol{D}_E)]^{\mathrm{T}} \boldsymbol{Q} [\boldsymbol{A} - \boldsymbol{A}_0(\boldsymbol{I} - \boldsymbol{D}_E)] - \\
& \boldsymbol{D}_E^{\mathrm{T}} \boldsymbol{R} \boldsymbol{D}_E - \boldsymbol{R} \boldsymbol{D}_E - \boldsymbol{D}_E^{\mathrm{T}} \boldsymbol{R}
\end{aligned}
$$

因此，在局部通信故障下，性能指标的变差幅度的上界是

$$
\delta_{\max} = \frac{\|W_{\max}\|}{\lambda_m(\boldsymbol{F})}
$$

定理 5.2 存在通信故障时，线性分布式预测控制的收敛条件是 $|\rho(\boldsymbol{T}_{\mathrm{r}} \boldsymbol{D}_E \boldsymbol{T}_{\mathrm{c}})| < 1$，其中 $\boldsymbol{D}_E$、$\boldsymbol{T}_{\mathrm{r}}$ 和 $\boldsymbol{T}_{\mathrm{c}}$ 与之前定义的相同。

证明 当第 i 个子系统控制器存在通信故障时，其 k 时刻的输出预测模型为

$$\tilde{\boldsymbol{y}}_{i,PM}^{\text{dis}}=\tilde{\boldsymbol{y}}_{i,P0}(k)+\boldsymbol{A}_{ii}\Delta\boldsymbol{u}_{i,M}^{\text{dis}}(k)+\sum_{j=1,j\neq i}^{m}\boldsymbol{G}_{ij}^{\text{dis}}\Delta\boldsymbol{u}_{j,M}^{\text{dis}}(k)(i=1,\cdots,m) \tag{5-28}$$

第 i 个子系统控制器的性能指标表示为

$$\min J_i^{\text{dis}}=\|\boldsymbol{\omega}_i(k)-\tilde{\boldsymbol{y}}_{i,PM}^{\text{dis}}(k)\|_{Q_i}^2+\|\Delta\boldsymbol{u}_{i,M}^{\text{dis}}(k)\|_{R_i}^2(i=1,\cdots,m) \tag{5-29}$$

根据纳什优化，可得第 i 个子系统控制器在 k 时刻的纳什最优解：

$$\Delta\boldsymbol{u}_{i,M}^{\text{dis}}(k)=\boldsymbol{D}_{ii}[\boldsymbol{\omega}_i-\tilde{\boldsymbol{y}}_{i,P0}(k)-\sum_{j=1,j\neq i}^{m}\boldsymbol{G}_{ij}^{\text{dis}}\Delta\boldsymbol{u}_{j,M}^{\text{dis}}(k)](i=1,\cdots,m) \tag{5-30}$$

如果算法收敛，那么整个系统的纳什最优可以写为

$$\Delta\boldsymbol{u}_M^{\text{dis}}(k)=\boldsymbol{D}_1[\boldsymbol{\omega}-\tilde{\boldsymbol{y}}_{P0}(k)]+\boldsymbol{D}_E^{\text{dis}}\Delta\boldsymbol{u}_M^{\text{dis}}(k) \tag{5-31}$$

在迭代过程中，方程（5-31）可以表示为

$$\Delta\boldsymbol{u}_M^{\text{dis}}(k)|_{l+1}=\boldsymbol{D}_1[\boldsymbol{\omega}(k)-\tilde{\boldsymbol{y}}_{P0}(k)]+(\boldsymbol{T}_{\text{r}}\boldsymbol{D}_E\boldsymbol{T}_{\text{c}})\Delta\boldsymbol{u}_M^{\text{dis}}(k)|_l(l=0,1,\cdots) \tag{5-32}$$

在 k 时刻，由于 $\boldsymbol{\omega}(k)$ 和 $\tilde{\boldsymbol{y}}_{P0}(k)$ 是事先已知的，则$\boldsymbol{D}_1[\boldsymbol{\omega}(k)-\tilde{\boldsymbol{y}}_{P0}(k)]$是常数项，与迭代无关。式(5-32) 的收敛性等价于下式的收敛性：

$$\Delta\boldsymbol{u}_M^{\text{dis}}(k)|_{l+1}=(\boldsymbol{T}_{\text{r}}\boldsymbol{D}_E\boldsymbol{T}_{\text{c}})\Delta\boldsymbol{u}_M^{\text{dis}}(k)|_l(l=0,1,\cdots) \tag{5-33}$$

因此，在通信故障下，线性分布式预测控制系统的收敛条件为

$$|\rho(\boldsymbol{T}_{\text{r}}\boldsymbol{D}_E\boldsymbol{T}_{\text{c}})|<1$$

备注 5.1 存在通信故障时，子系统控制器间都不能理想地交换信息。在极端情况下，$\boldsymbol{T}_{\text{r}}\boldsymbol{D}_E\boldsymbol{T}_{\text{c}}=0$，即系统对应于全分散结构时，$|\rho(\boldsymbol{T}_{\text{r}}\boldsymbol{D}_E\boldsymbol{T}_{\text{c}})|<1$ 也总是成立的。

5.2.4 仿真实例

考虑重油分馏塔的标准控制问题，如图 5-1 所示。

重油分馏塔具有三个产品抽出口和三个侧线循环回流。塔顶和侧线产品收率由经济效益和工艺要求决定。工艺流程对塔底产品没有具体指标要求，但对塔底的温度有约束。三路回流通过换热器带走塔内热量，改变塔内温度分布，完成产品分离任务。塔底环路热熵控制器通过调节蒸汽流调节散热量。塔底回流热负荷可以作为操作变量来控制塔板温度。其它两个回流环的热负荷变化则视为塔的扰动量。

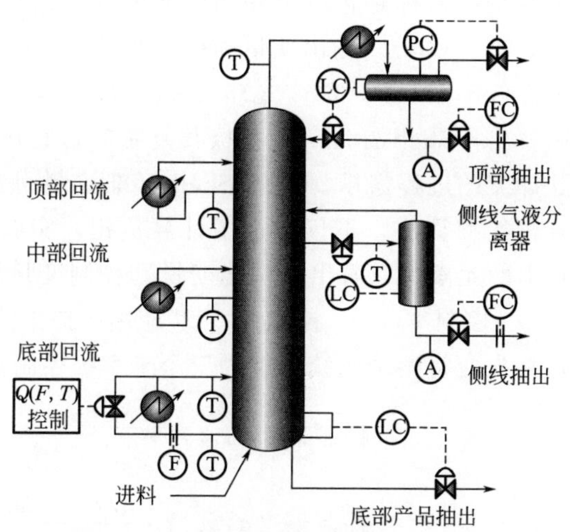

图 5-1 标准的重油分馏塔控制问题

Prett 为重油分馏塔建立模型[10]，作为标准控制问题的基准过程模型：

$$\boldsymbol{y}=\boldsymbol{G}(s)\boldsymbol{u}+\boldsymbol{G}_{\mathrm{d}}(s)\boldsymbol{d}$$

其中，$\boldsymbol{u}=[u_1\ u_2\ u_3]^{\mathrm{T}}$ 是被控过程的控制变量，u_1 表示塔顶产品抽出率，u_2 表示侧线产品抽出率，u_3 代表塔底回流热负荷；$\boldsymbol{d}=[d_1\ d_2]^{\mathrm{T}}$ 是塔中不可测的有界扰动，d_1 表示中段回流热负荷，d_2 表示塔顶回流热负荷，并且 $|d_1|\leqslant 0.5$ 和 $|d_2|\leqslant 0.5$；$\boldsymbol{y}=[y_1\ y_2\ y_3]^{\mathrm{T}}$ 是输出变量，y_1 代表塔顶到塔底的抽出组合，y_2 表示侧线抽出组合，y_3 表示塔底回流温度；传递函数矩阵 $\boldsymbol{G}(s)$ 和$\boldsymbol{G}_{\mathrm{d}}(s)$ 分别为

$$\boldsymbol{G}(s)=\begin{bmatrix}\dfrac{4.05\mathrm{e}^{-27s}}{50s+1} & \dfrac{1.77\mathrm{e}^{-28s}}{60s+1} & \dfrac{5.88\mathrm{e}^{-27s}}{50s+1}\\ \dfrac{5.39\mathrm{e}^{-18s}}{50s+1} & \dfrac{5.72\mathrm{e}^{-14s}}{60s+1} & \dfrac{6.90\mathrm{e}^{-15s}}{40s+1}\\ \dfrac{4.38\mathrm{e}^{-20s}}{33s+1} & \dfrac{4.42\mathrm{e}^{-22s}}{44s+1} & \dfrac{7.20}{19s+1}\end{bmatrix}$$

$$\boldsymbol{G}_{\mathrm{d}}(s)=\begin{bmatrix}\dfrac{1.20\mathrm{e}^{-27s}}{45s+1} & \dfrac{1.44\mathrm{e}^{-27s}}{40s+1}\\ \dfrac{1.52\mathrm{e}^{-15s}}{25s+1} & \dfrac{1.83\mathrm{e}^{-15s}}{20s+1}\\ \dfrac{1.44}{27s+1} & \dfrac{1.26}{32s+1}\end{bmatrix}$$

系统的主要控制目标是将塔顶和侧线抽出 y_1 和 y_2 维持在期望的精度内(稳态值 0.0±0.005)。输出变量和控制变量的约束分别为 $|y_i|\leqslant 0.5(i=1,2)$，$y_3\geqslant 0.5$，$|u_i|\leqslant 0.5$，$|\Delta u_i|\leqslant 0.2(i=1,2,3)$。

可以看出，Shell 标准问题是极其复杂的，它包含了很多难以满足的可能相互冲突的过程需求。对于 Shell 标准控制问题，传统 QDMC 算法属于计算密集型算法，不仅增加了计算负担，实施起来也相对困难。观察 $\boldsymbol{G}(s)$ 中的元素可以看出，操作变量和控制变量间的最佳匹配是用 u_1 控制 y_1，u_2 控制 y_2，u_3 控制 y_3。若应用所提出的基于纳什最优的分布式算法，首先应将整个系统分解为三个子系统控制器，如下所示：

$$控制器 1:G_1(s)=\frac{4.05\mathrm{e}^{-27s}}{50s+1}$$

$$控制器 2:G_2(s)=\frac{5.72\mathrm{e}^{-14s}}{60s+1}$$

$$控制器 3:G_3(s)=\frac{7.20}{19s+1}$$

为了测试该控制策略的性能，闭环系统所受扰动满足$\boldsymbol{d}^1=[0.5\ 0.5]^{\mathrm{T}}$，$\boldsymbol{d}^2=[-0.5\ -0.5]^{\mathrm{T}}$。可见$\boldsymbol{d}^1$ 和$\boldsymbol{d}^2$ 极值为±0.5，并且具有相同的符号，这表示系统可能出现的最坏的情况。

MATLAB 环境下的仿真结果如图 5-2～图 5-5 所示。各子系统控制器的调节参数分别为 $P=8$，$M=3$，$\boldsymbol{Q}_1=\boldsymbol{I}_{P\times P}$，$\boldsymbol{Q}_2=\boldsymbol{I}_{P\times P}$，$\boldsymbol{Q}_3=0.1\boldsymbol{I}_{P\times P}$，$\boldsymbol{R}_i=0.5\boldsymbol{I}_{M\times M}$，$(i=1,2,3)$，采样周期为 4min，迭代精度为 $\varepsilon_i=0.01$，$(i=1,2,3)$。图 5-2 和图 5-3 分别表示无通信故障，但扰动形式为$\boldsymbol{d}^1=[0.5\ 0.5]^{\mathrm{T}}$、$\boldsymbol{d}^2=[-0.5\ -0.5]^{\mathrm{T}}$ 时，闭环系统的输出响应和操作/控制信号图。图 5-4 和图 5-5 分别表示在混合通信故障情况下（第二行和第三列表示通信故障），扰动形式为$\boldsymbol{d}^1=[0.5\ 0.5]^{\mathrm{T}}$、$\boldsymbol{d}^2=[-0.5\ -0.5]^{\mathrm{T}}$ 时，闭环系统的输出响应和操作/控制信号图。可以看出，在两个扰动的测试下，分布式结构中的每个子系统控制器完全可以满足稳定性指标，输出变量 y_1 和 y_2 能够快速稳定到零，并且所有的控制变量均在饱和范围内，同时，满足速率极限约束。通过比较图 5-4 和图 5-2，图 5-5 和图 5-3，可以看出，尽管在通信故障下，整个系统的性能有所变差，但是每个子系统控制器都能够实现稳定性指标，并获得较为满意的控制结果。另外，每个子系统控制器的设计参数，例如预测时域、控制时域、加权矩阵和采样时间等，都可以进行独立设计和调节。这要优于集中式控制，并且可以大大减少在线计算负担，实施简单方便。值得注意的是，所提出的策略并不局限于 Shell 标准控制问题，也可以用于实际中较广范围内的复杂控制问题。

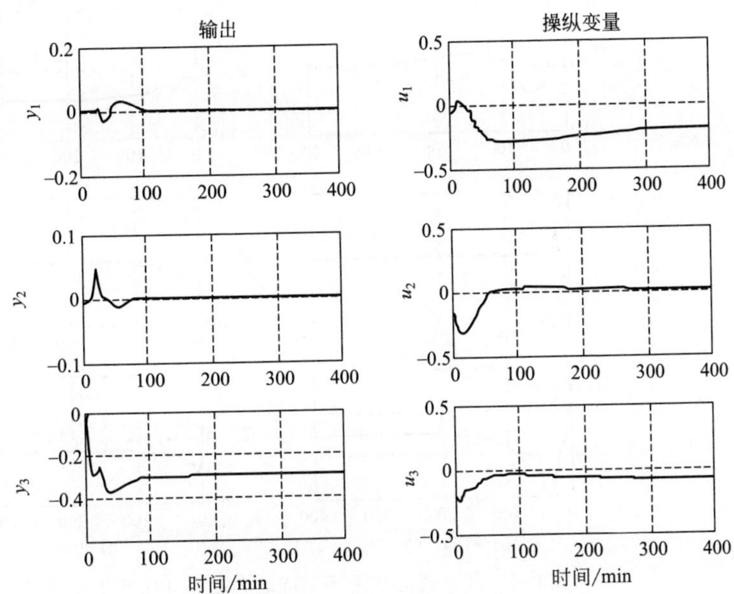

图 5-2　无通信故障，但扰动为$\boldsymbol{d}^1=[0.5\ 0.5]^{\mathrm{T}}$ 时，闭环系统输出响应以及操作/控制信号

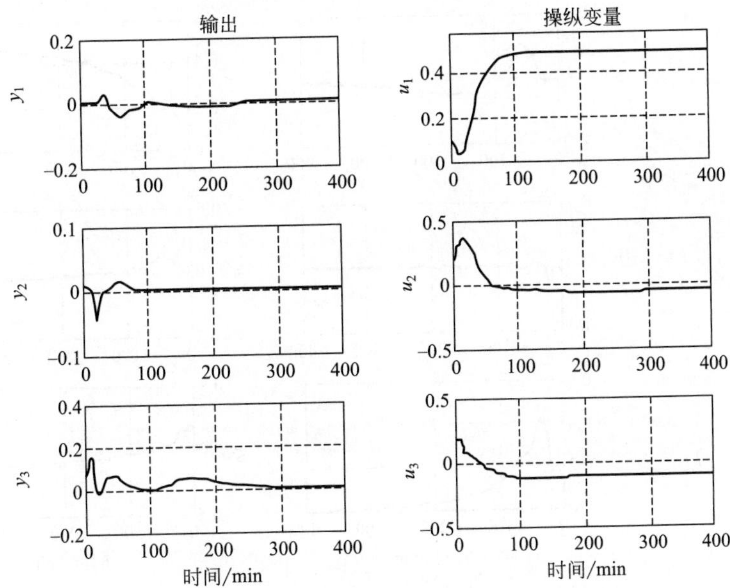

图 5-3　无通信故障，但扰动为$\boldsymbol{d}^2=[-0.5\ -0.5]^{\mathrm{T}}$ 时，闭环系统输出响应以及操作/控制信号

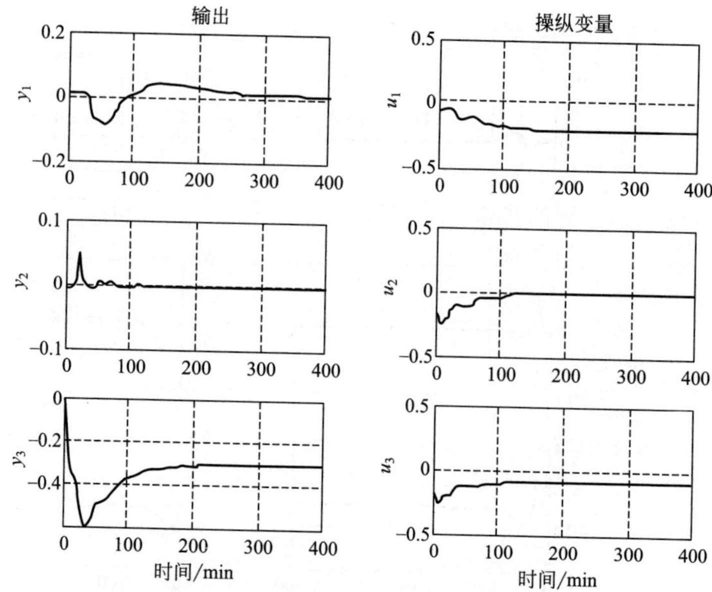

图 5-4 混合通信故障下，扰动为$\boldsymbol{d}^1 = [0.5\ 0.5]^{\mathrm{T}}$时，闭环系统输出响应以及操作/控制信号

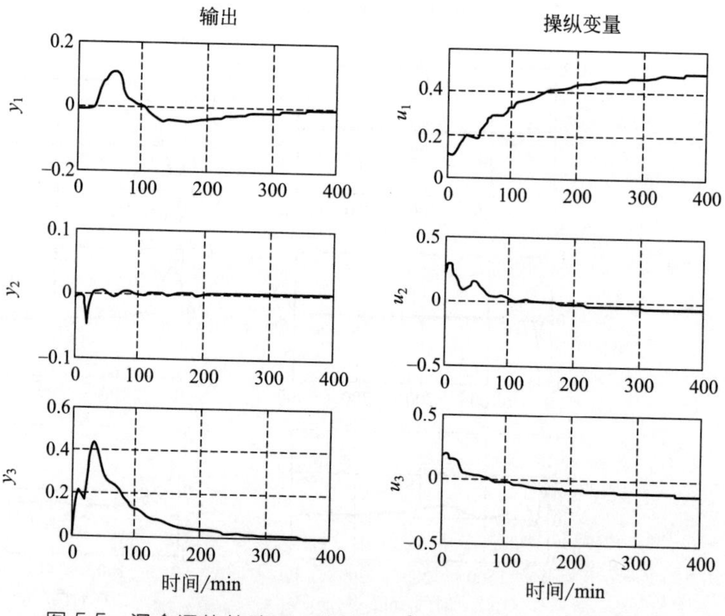

图 5-5 混合通信故障下，扰动为 $\boldsymbol{d}^2 = [-0.5\ -0.5]^{\mathrm{T}}$时，闭环系统输出响应以及操作/控制信号

5.3 保证稳定性的约束分布式预测控制

在本节中，将介绍针对具有状态耦合和输入约束的分布式系统设计的保证稳定性 DMPC 算法。通过合理的约束设计，限制上一时刻与当前时刻计算得到的将来状态序列之间的误差，并结合误差界限、终端代价函数、终端约束集和双模预测控制方法，保证了在存在初始可行解的前提下，每个更新时刻后续可行，以及闭环系统的渐近稳定性。

5.3.1 问题描述

考虑如图 5-6 所示的分布式系统，物理上由相互关联的子系统组成，每个基于子系统的控制器能够与其它子系统控制器交换信息。

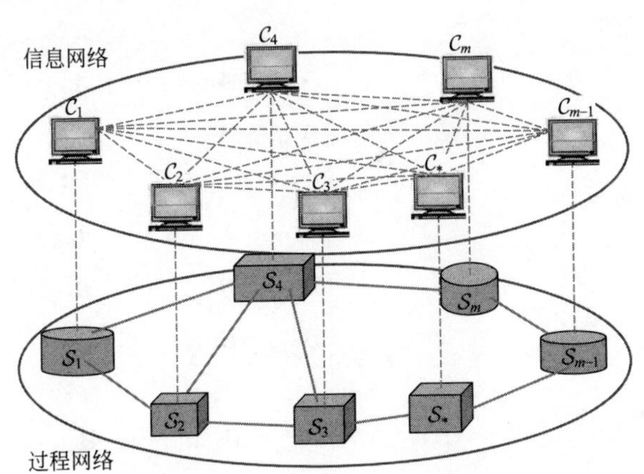

图 5-6 分布式系统示意图

不失一般性，假设这个系统 $\mathcal{S}$ 由 m 个离散的线性子系统 $\mathcal{S}_i$，$i\in\mathcal{P}=\{1,\cdots,m\}$ 和 m 个控制器 $\mathcal{C}_i$，$i\in\mathcal{P}=\{1,2,\cdots,m\}$ 构成。每个子系统之间存在状态耦合。子系统 $\mathcal{S}_i$ 被子系统 $\mathcal{S}_j$ 影响，$i\in\mathcal{P}$，$j\in\mathcal{P}$，则 $\mathcal{S}_j$ 被称为子系统 $\mathcal{S}_i$ 的上游系统，$\mathcal{S}_i$ 被称为子系统 $\mathcal{S}_j$ 的下游系统。定义 $\mathcal{P}_{+i}$ 是 $\mathcal{S}_i$ 的上游系统的一个合集，$j\in\mathcal{P}_{+i}$，相应的定义 $\mathcal{P}_{-i}$ 是 $\mathcal{S}_i$ 的下游系统的一个合集。这样，子系统 $\mathcal{S}_i$ 可以表示成

$$\begin{cases}\boldsymbol{x}_i(k+1)=\boldsymbol{A}_{ii}\boldsymbol{x}_i(k)+\boldsymbol{B}_{ii}\boldsymbol{u}_i(k)+\sum\limits_{j\in\mathcal{P}_{+i}}\boldsymbol{A}_{ij}\boldsymbol{x}_j(k)\\ \boldsymbol{y}_i(k)=\boldsymbol{C}_{ii}\boldsymbol{x}_i(k)\end{cases}\tag{5-34}$$

其中，$\boldsymbol{x}_i \in \mathbb{R}^{n_{xi}}$，$\boldsymbol{u}_i \in \mathcal{U}_i \subset \mathbb{R}^{n_{ui}}$ 和$\boldsymbol{y}_i \in \mathbb{R}^{n_{yi}}$ 分别是局部状态、输入和输出向量。$\mathcal{U}_i$ 是输入$\boldsymbol{u}_i$ 的可行集，输入可行集是根据系统的物理硬约束以及其它控制对象控制要求或特点对输入进行的限制。非零矩阵$\boldsymbol{A}_{ij}$ 表示子系统 $\mathcal{S}_i$ 被子系统 $\mathcal{S}_j$ 影响，是 $\mathcal{S}_j$ 的下游系统。在合并向量形式下，系统动态方程可以写成

$$
\begin{cases}\boldsymbol{x}(k+1)=\boldsymbol{A}\boldsymbol{x}(k)+\boldsymbol{B}\boldsymbol{u}(k)\\ \boldsymbol{y}(k)=\boldsymbol{C}\boldsymbol{x}(k)\end{cases} \tag{5-35}
$$

其中

$$
\boldsymbol{x}(k)=\left[\boldsymbol{x}_1^{\mathrm{T}}(k)\quad \boldsymbol{x}_2^{\mathrm{T}}(k)\quad \cdots\quad \boldsymbol{x}_m^{\mathrm{T}}(k)\right]^{\mathrm{T}} \in \mathbb{R}^{n_x},
$$

$$
\boldsymbol{u}(k)=\left[\boldsymbol{u}_1^{\mathrm{T}}(k)\quad \boldsymbol{u}_2^{\mathrm{T}}(k)\quad \cdots\quad \boldsymbol{u}_m^{\mathrm{T}}(k)\right]^{\mathrm{T}} \in \mathcal{U}_i \subset \mathbb{R}^{n_u},
$$

$$
\boldsymbol{y}(k)=\left[\boldsymbol{y}_1^{\mathrm{T}}(k)\quad \boldsymbol{y}_2^{\mathrm{T}}(k)\quad \cdots\quad \boldsymbol{y}_m^{\mathrm{T}}(k)\right]^{T} \in \mathbb{R}^{n_y},
$$

分别是整个系统 $\mathcal{S}$ 的状态向量、控制输入向量以及输出向量。同时，$\boldsymbol{u}(k)\in\mathcal{U}=\mathcal{U}_1\times\mathcal{U}_2\times\cdots\times\mathcal{U}_m$。$\boldsymbol{A}$、$\boldsymbol{B}$ 和 $\boldsymbol{C}$ 是具有合适维数的常数矩阵，定义如下：

$$
\boldsymbol{A}=\begin{bmatrix}\boldsymbol{A}_{11} & \boldsymbol{A}_{12} & \cdots & \boldsymbol{A}_{1m}\\ \boldsymbol{A}_{21} & \boldsymbol{A}_{22} & \cdots & \boldsymbol{A}_{2m}\\ \vdots & \vdots & \ddots & \vdots\\ \boldsymbol{A}_{m1} & \boldsymbol{A}_{m2} & \cdots & \boldsymbol{A}_{mm}\end{bmatrix}^{\mathrm{T}}
$$

$$
\boldsymbol{B}=\begin{bmatrix}\boldsymbol{B}_{11} & \boldsymbol{B}_{12} & \cdots & \boldsymbol{B}_{1m}\\ \boldsymbol{B}_{21} & \boldsymbol{B}_{22} & \cdots & \boldsymbol{B}_{2m}\\ \vdots & \vdots & \ddots & \vdots\\ \boldsymbol{B}_{m1} & \boldsymbol{B}_{m2} & \cdots & \boldsymbol{B}_{mm}\end{bmatrix}^{\mathrm{T}}
$$

$$
\boldsymbol{C}=\begin{bmatrix}\boldsymbol{C}_{11} & \boldsymbol{C}_{12} & \cdots & \boldsymbol{C}_{1m}\\ \boldsymbol{C}_{21} & \boldsymbol{C}_{22} & \cdots & \boldsymbol{C}_{2m}\\ \vdots & \vdots & \ddots & \vdots\\ \boldsymbol{C}_{m1} & \boldsymbol{C}_{m2} & \cdots & \boldsymbol{C}_{mm}\end{bmatrix}^{\mathrm{T}}
$$

控制目标是：在通信受限的情况下，采用 DMPC 算法使得全局系统 $\mathcal{S}$ 稳定。

5.3.2 分布式预测控制设计

5.3.2.1 局部控制器优化问题数学描述

在本节中，定义了 m 个独立优化控制问题，每个优化问题对应了一

个子系统和在一个采样周期内只通信一次的 LCO-DMPC 算法。每一个分布式优化控制问题，都具有固定相同的预测时域 N，$N\geqslant 1$。每个分布式 MPC 的控制律同步更新，且在每一次更新的时候，给定当前状态和相关于系统的预估输入，每一个子系统 MPC 控制器仅仅优化它本身的开环控制序列。

为了详细说明，需要作如下一些假设。

假设 5.1 对于每一个子系统 $\mathcal{S}_i$，$\forall i\in\mathcal{P}$，存在一个状态反馈控制律 $\boldsymbol{u}_{i,k}=\boldsymbol{K}_i\boldsymbol{x}_{i,k}$ 使得闭环系统 $\boldsymbol{x}(k+1)=\boldsymbol{A}_c\boldsymbol{x}(k)$ 能够渐近稳定，其中 $\boldsymbol{A}_c=\boldsymbol{A}+\boldsymbol{BK}$，$\boldsymbol{K}=\text{block-diag}\{\boldsymbol{K}_1,\boldsymbol{K}_2,\cdots,\boldsymbol{K}_m\}$。

备注 5.2 这一假设通常用于稳定 DMPC 算法设计中[11,12]。它假设每个子系统可通过一个分散式控制器 $\boldsymbol{K}_i\boldsymbol{x}_i$，$i\in\mathcal{P}$ 实现镇定。其中，控制增益 $\boldsymbol{K}$ 可通过 LMI 或 LQR 得到。

另外，需要定义一些必要的符号，见表 5-1。

表 5-1 定义符号意义

标识	注释
$-i$	子系统 $\mathcal{S}_i$ 所有下游系统下标
$+i$	子系统 $\mathcal{S}_i$ 所有上游系统下标
$\boldsymbol{x}_i^{\mathrm{p}}(k+s\|k)$	在 k 时刻由 $\mathcal{C}_i$ 计算的子系统 $\mathcal{S}_i$ 的预测状态序列，$\boldsymbol{x}_i^{\mathrm{p}}(k+s\|k)=\boldsymbol{x}_{i,i}^{\mathrm{p}}(k+s\|k)$
$\boldsymbol{u}_i^{\mathrm{p}}(k+s\|k)$	在 k 时刻由 $\mathcal{C}_i$ 计算的子系统 $\mathcal{S}_i$ 的优化控制序列
$\hat{\boldsymbol{x}}_i(k+s\|k)$	在 k 时刻由 $\mathcal{C}_i$ 计算的子系统 $\mathcal{S}_i$ 的设定状态序列，$\hat{\boldsymbol{x}}_i(k+s\|k)=\hat{\boldsymbol{x}}_{i,i}(k+s\|k)$
$\hat{\boldsymbol{u}}_i(k+s\|k)$	在 k 时刻由 $\mathcal{C}_i$ 计算的子系统 $\mathcal{S}_i$ 的设定控制序列
$\boldsymbol{x}_i^{\mathrm{f}}(k+s\|k)$	在 k 时刻由 $\mathcal{C}_i$ 定义的子系统 $\mathcal{S}_i$ 可行的预测状态序列，$\boldsymbol{x}_i^{\mathrm{f}}(k+s\|k)=\boldsymbol{x}_{i,i}^{\mathrm{f}}(k+s\|k)$
$\boldsymbol{u}_i^{\mathrm{f}}(k+s\|k)$	在 k 时刻由 $\mathcal{C}_i$ 定义的子系统 $\mathcal{S}_i$ 可行的控制序列，$\boldsymbol{u}_i^{\mathrm{f}}(k+s\|k)=\boldsymbol{u}_{i,i}^{\mathrm{f}}(k+s\|k)$

每个子系统控制器考虑自身的性能指标，具体的形式如下所示：

$$J_i(k)=\left\|\boldsymbol{x}_i^{\mathrm{p}}(k+N\mid k)\right\|_{\boldsymbol{P}_i}^2+\sum_{s=0}^{N-1}\left(\left\|\boldsymbol{x}_i^{\mathrm{p}}(k+s\mid k)\right\|_{\boldsymbol{Q}_i}^2+\left\|\boldsymbol{u}_i(k+s\mid k)\right\|_{\boldsymbol{R}_i}^2\right) \tag{5-36}$$

其中，$\boldsymbol{Q}_i=\boldsymbol{Q}_i^{\mathrm{T}}>0$，$\boldsymbol{R}_i=\boldsymbol{R}_i^{\mathrm{T}}>0$，$\boldsymbol{P}_i=\boldsymbol{P}_i^{\mathrm{T}}>0$。矩阵 $\boldsymbol{P}_i$ 必须满足如下的 Lyapunov 方程：

$$\boldsymbol{A}_{\mathrm{d}i}^{\mathrm{T}}\boldsymbol{P}_i\boldsymbol{A}_{\mathrm{d}i}-\boldsymbol{P}_i=-\hat{\boldsymbol{Q}}_{\mathrm{i}}$$

其中，$\hat{\boldsymbol{Q}}_i=\boldsymbol{Q}_i+\boldsymbol{K}_i^{\mathrm{T}}\boldsymbol{R}_i\boldsymbol{K}_i$。定义

$$\boldsymbol{P}=\text{block-diag}\{\boldsymbol{P}_1,\boldsymbol{P}_2,\cdots,\boldsymbol{P}_m\},$$

$$\boldsymbol{Q}=\text{block-diag}\{\boldsymbol{Q}_1,\boldsymbol{Q}_2,\cdots,\boldsymbol{Q}_m\},$$

$$\boldsymbol{R}=\text{block-diag}\{\boldsymbol{R}_1,\boldsymbol{R}_2,\cdots,\boldsymbol{R}_m\},$$

$$\boldsymbol{A}_{\mathrm{d}}=\text{block-diag}\{\boldsymbol{A}_{\mathrm{d}1},\boldsymbol{A}_{\mathrm{d}2},\cdots,\boldsymbol{A}_{\mathrm{d}m}\}.$$

可得

$$\boldsymbol{A}_{\mathrm{d}}^{\mathrm{T}}\boldsymbol{P}\boldsymbol{A}_{\mathrm{d}}-\boldsymbol{P}=-\hat{\boldsymbol{Q}}$$

其中，$\hat{\boldsymbol{Q}}=\boldsymbol{Q}+\boldsymbol{K}^{\mathrm{T}}\boldsymbol{R}\boldsymbol{K}>0$。

为得到在控制决策序列$\boldsymbol{u}_i(k+s \mid k)$ 作用下系统 $\mathcal{S}_i$ 的预测状态序列 $\boldsymbol{x}_i^{\mathrm{p}}(k+s \mid k)$，首先要对系统演化模型进行推导。由于所有子系统控制器同步更新，子系统 $\mathcal{S}_i$ 不知道其它子系统的状态和控制序列。因此，在 k 时刻，子系统 $\mathcal{S}_i$ 的 MPC 预测模型需要用到假定状态序列$\{\hat{\boldsymbol{x}}_j(k|k),\hat{\boldsymbol{x}}_j(k+1|k),\cdots,\hat{\boldsymbol{x}}_j(k+N|k)\}$，可表示为

$$\begin{aligned}\boldsymbol{x}_i^{\mathrm{p}}(k+l \mid k)=&\boldsymbol{A}_{ii}^{l}\boldsymbol{x}_i^{\mathrm{p}}(k \mid k)+\sum_{h=1}^{l}\boldsymbol{A}_{ii}^{l-h}\boldsymbol{B}_{ii}\boldsymbol{u}_i(k+l \mid k)+\\&\sum_{j\in\mathcal{P}_{+i}}\sum_{h=1}^{l}\boldsymbol{A}_{ii}^{l-h}\boldsymbol{A}_{ij}\hat{\boldsymbol{x}}_j(k+h-1 \mid k)\end{aligned}\tag{5-37}$$

给定$\boldsymbol{x}_i^{\mathrm{p}}(k|k)=\boldsymbol{x}_i(k|k)$，子系统 $\mathcal{S}_i$ 的设定控制序列可以表示为

$$\hat{\boldsymbol{u}}_i(k+s-1|k)=\begin{cases}\boldsymbol{u}_i(k+s-1|k-1),s=1,2,\cdots,N-1\\\boldsymbol{K}_i\boldsymbol{x}_i^{\mathrm{p}}(k+N-1|k-1),s=N\end{cases}\tag{5-38}$$

令每个子系统的假设状态序列 $\hat{\boldsymbol{x}}_i$ 等于 $k-1$ 时刻的预测值，可得闭环系统在反馈控制下的响应：

$$\begin{cases}\hat{\boldsymbol{x}}_i(k+s-1 \mid k)=\boldsymbol{x}_i^{\mathrm{p}}(k+s-1 \mid k-1),s=1,2,\cdots,N\\\hat{\boldsymbol{x}}_i(k+N+1-1 \mid k)=\boldsymbol{A}_{\mathrm{d}i}\boldsymbol{x}_i^{\mathrm{p}}(k+N-1 \mid k-1)+\\\sum\limits_{j\in\mathcal{P}_{+i}}\boldsymbol{A}_{ij}\boldsymbol{x}_j^{\mathrm{p}}(k+N-1 \mid k-1)\end{cases}\tag{5-39}$$

值得注意的是，因为$\hat{\boldsymbol{x}}_i(k+N \mid k)$ 仅仅是一个中间变量，$\hat{\boldsymbol{x}}_i(k+N \mid k)$ 并不等于将$\hat{\boldsymbol{u}}_i(k+N-1 \mid k)$ 代入式(5-37) 所得的解。

在 MPC 系统中，后续可行性和稳定性是非常重要的性质。在 DMPC 中也一样。为扩大可行域，每个 MPC 中都包括了一个终端状态约束来保证终端控制器能使系统稳定在一个终端集合中。为定义这样一个终端集合，需要作出一个假设并提出相应的引理。

假设 5.2 分块矩阵

$$\boldsymbol{A}_{\mathrm{d}}=\text{block-diag}\{\boldsymbol{A}_{\mathrm{d}1},\boldsymbol{A}_{\mathrm{d}2},\cdots,\boldsymbol{A}_{\mathrm{d}m}\}$$

和非对角矩阵$\boldsymbol{A}_{\mathrm{o}}=\boldsymbol{A}_{\mathrm{c}}-\boldsymbol{A}_{\mathrm{d}}$ 满足不等式：

$$\boldsymbol{A}_{\mathrm{o}}^{\mathrm{T}}\boldsymbol{P}\boldsymbol{A}_{\mathrm{o}}+\boldsymbol{A}_{\mathrm{o}}^{\mathrm{T}}\boldsymbol{P}\boldsymbol{A}_{\mathrm{d}}+\boldsymbol{A}_{\mathrm{d}}^{\mathrm{T}}\boldsymbol{P}\boldsymbol{A}_{\mathrm{o}}<\hat{\boldsymbol{Q}}/2$$

其中，$\hat{\boldsymbol{Q}}=\boldsymbol{Q}+\boldsymbol{K}^{\mathrm{T}}\boldsymbol{R}\boldsymbol{K}>0$。

假设 5.2 与假设 5.1 的提出是为了辅助终端集的设计。假设 5.2 量化了子系统之间的耦合，它说明当子系统之间的耦合足够弱的时候，子系统可由下面提出的算法控制。该假设并不是必要的，一些不满足该假设的系统也可能由该 DMPC 算法镇定。因此，如何设计更松弛的假设条件是将来待完成的工作。

引理 5.1 如果假设 5.1 和假设 5.2 成立，那么对于任意正标量 c，集合

$$\Omega(c)=\{\boldsymbol{x}\in\mathbb{R}^{n_x}:\|\boldsymbol{x}\|_{\boldsymbol{P}}\leqslant c\}$$

是闭环系统 $\boldsymbol{x}(k+1)=\boldsymbol{A}_{\mathrm{c}}\boldsymbol{x}(k)$ 的正不变吸引域，且存在足够小的标量 ε，使得对任意 $\boldsymbol{x}\in\Omega(\varepsilon)$，$\boldsymbol{Kx}$ 为可行输入，即 $\mathcal{U}\in\mathbb{R}^{n_u}$。

证明 定义 $V(k)=\left\|\boldsymbol{x}(k)\right\|_{\boldsymbol{P}}^{2}$。沿闭环系统 $\boldsymbol{x}(k+1)=\boldsymbol{A}_{\mathrm{c}}\boldsymbol{x}(k)$ 对 $V(k)$ 作差分，有

$$\begin{aligned}\Delta V(k)&=\boldsymbol{x}^{\mathrm{T}}(k)\boldsymbol{A}_{\mathrm{c}}^{\mathrm{T}}\boldsymbol{P}\boldsymbol{A}_{\mathrm{c}}\boldsymbol{x}(k)-\boldsymbol{x}^{\mathrm{T}}(k)\boldsymbol{P}\boldsymbol{x}(k)\\&=\boldsymbol{x}^{\mathrm{T}}(k)(\boldsymbol{A}_{\mathrm{d}}^{\mathrm{T}}\boldsymbol{P}\boldsymbol{A}_{\mathrm{d}}-\boldsymbol{P}+\boldsymbol{A}_{\mathrm{o}}^{\mathrm{T}}\boldsymbol{P}\boldsymbol{A}_{\mathrm{o}}+\boldsymbol{A}_{\mathrm{o}}^{\mathrm{T}}\boldsymbol{P}\boldsymbol{A}_{\mathrm{d}}+\boldsymbol{A}_{\mathrm{d}}^{\mathrm{T}}\boldsymbol{P}\boldsymbol{A}_{\mathrm{o}})\boldsymbol{x}(k)\\&\leqslant-\boldsymbol{x}^{\mathrm{T}}(k)\hat{\boldsymbol{Q}}\boldsymbol{x}(k)+\frac{1}{2}\boldsymbol{x}^{\mathrm{T}}(k)\hat{\boldsymbol{Q}}\boldsymbol{x}(k)\\&\leqslant0\end{aligned}\tag{5-40}$$

对所有状态 $\boldsymbol{x}(k)\in\Omega(c)\backslash\{0\}$ 成立。即所有起始于 $\Omega(c)$ 的状态轨迹会始终保持在 $\Omega(c)$ 内，并渐近趋于原点。

由于 $\boldsymbol{P}$ 正定，$\Omega(\varepsilon)$ 可缩小至 0。因此，存在足够小的 $\varepsilon>0$ 的，使得对于所有 $\boldsymbol{x}\in\Omega(\varepsilon)$，$\boldsymbol{Kx}\in U$。证毕。

子系统 $\mathcal{S}_i$ 的 MPC 终端约束可以定义为

$$\Omega_i(\varepsilon)=\{\boldsymbol{x}_i\in\mathbb{R}^{n_{xi}}:\|\boldsymbol{x}_i\|_{\boldsymbol{P}_i}\leqslant\varepsilon/\sqrt{m}\}\tag{5-41}$$

显然，如果 $\boldsymbol{x}\in\Omega_1(\varepsilon)\times\cdots\times\Omega_m(\varepsilon)$，那么系统将渐近稳定，这是因为

$$\left\|\boldsymbol{x}_i\right\|_{\boldsymbol{P}_i}^{2}\leqslant\frac{\varepsilon^2}{m},\forall i\in\mathcal{P}$$

即

$$\sum_{i\in\mathcal{P}}\left\|\boldsymbol{x}_i\right\|_{\boldsymbol{P}_i}^{2}\leqslant\varepsilon^2$$

因此，$\boldsymbol{x}\in\Omega(\varepsilon)$。假设在 k_0 时刻，所有子系统的状态都满足 $\boldsymbol{x}_{i,k_0}\in\Omega_i(\varepsilon)$，并且 $\mathcal{C}_i$ 采用控制律 $\boldsymbol{K}_i\boldsymbol{x}_{i,k}$，那么，根据引理 5.1，系统渐近稳定。

综上所述，只要设计的 MPC 能够把相应子系统 $\mathcal{S}_i$ 的状态推到集合 $\Omega_i(\varepsilon)$ 中，那么就可以通过反馈控制律使得系统稳定到原点。一旦状态

到达原点的某个合适的邻域，将 MPC 控制切换到终端控制的方法就叫作双模 MPC[4]。因此，本章中提出的算法也叫作双模 DMPC 算法。另外，由于在 DMPC 算法中，子系统控制器利用 $k-1$ 时刻的估计来预测未来的状态，这与当前时刻的估计之间存在偏差。因此，在 k 时刻很难构造可行解，需要加入一个一致性约束来限制这个误差。

接下来，将写出每个子系统 MPC 的优化问题。

问题 5.1 在子系统 $\mathcal{S}_i$ 中，令 $\varepsilon>0$ 满足引理 5.1，令更新时刻 $k\geqslant 1$。已知$\boldsymbol{x}_i(k)$，$\hat{\boldsymbol{x}}_j(k+s \mid k)$，$s=1,2,\cdots,N$，$\forall j\in\mathcal{P}_{+i}$，确定控制序列$\boldsymbol{u}_i(k+s \mid k)$：$\{0,1,\cdots,N-1\}\rightarrow\mathcal{U}_i$ 以最小化性能指标

$$J_i(k)=\left\|\boldsymbol{x}_i^{\mathrm{p}}(k+N \mid k)\right\|_{\boldsymbol{P}_i}^2+\sum_{s=0}^{N-1}\left(\left\|\boldsymbol{x}_i^{\mathrm{p}}(k+s \mid k)\right\|_{\boldsymbol{Q}_i}^2+\left\|\boldsymbol{u}_i(k+s \mid k)\right\|_{\boldsymbol{R}_i}^2\right) \tag{5-42}$$

满足下列约束：

$$\sum\nolimits_{l=1}^{s}\alpha_{s-l}\left\|\boldsymbol{x}_i^{\mathrm{p}}(k+l|k)-\hat{\boldsymbol{x}}_{\mathrm{i}}(k+l|k)\right\|_2\leqslant\frac{\xi\kappa\varepsilon}{2\sqrt{mm_1}},s=1,2,\cdots,N-1 \tag{5-43}$$

$$\left\|\boldsymbol{x}_i^{\mathrm{p}}(k+N|k)-\hat{\boldsymbol{x}}_i(k+N|k)\right\|_{\boldsymbol{P}_i}\leqslant\frac{\kappa\varepsilon}{2\sqrt{m}} \tag{5-44}$$

$$\left\|\boldsymbol{x}_i^{\mathrm{p}}(k+s|k)\right\|_{P_i}\leqslant\left\|\boldsymbol{x}_i^{\mathrm{f}}(k+s|k)\right\|_{\boldsymbol{P}_i}+\frac{\varepsilon}{\mu N\sqrt{m}},s=1,2,\cdots,N \tag{5-45}$$

$$\boldsymbol{u}_i^{\mathrm{p}}(k+s|k)\in\mathcal{U}_i,s=0,1,\cdots,N-1 \tag{5-46}$$

$$\boldsymbol{x}_i^{\mathrm{p}}(k+N|k)\in\Omega_i(\varepsilon/2) \tag{5-47}$$

在上面的约束中

$$m_1=\max_{i\in P}\{\mathcal{P}_{+i}\text{ 中元素个数}\} \tag{5-48}$$

$$\alpha_l=\max_{i\in\mathcal{P}}\max_{j\in\mathcal{P}_i}\{\lambda_{\max}^{\frac{1}{2}}[(\boldsymbol{A}_{ii}^l\boldsymbol{A}_{ij})^{\mathrm{T}}\boldsymbol{P}_j\boldsymbol{A}_{ii}^l\boldsymbol{A}_{ij}]\},l=0,1,\cdots,N-1 \tag{5-49}$$

常数 $0<\kappa<1$ 和 $0<\xi\leqslant 1$ 为设计参数，将在下面小节给出详细说明。

以上优化问题中约束条件（5-43)，(5-44）为一致性约束，它要求系统此刻的预测状态和控制变量与上一时刻的设定值相差不大。这些约束是保证系统在每个更新时刻可行的关键。

公式(5-45）是稳定性约束，是证明问题 5.1 中的 LCO-DMPC 算法稳定性的一个条件，其中，$\mu>0$ 是设计参数，满足引理 5.1，下面将会给出详细说明。$\boldsymbol{x}_i^{\mathrm{f}}(k+s \mid k)$ 是可行状态序列，是在$\boldsymbol{x}_i(k)$ 初始条件下式(5-37）的解，设定状态$\hat{\boldsymbol{x}}_j(k+s|k)$，$j\in\mathcal{P}_{+i}$ 和可行控制序列$\boldsymbol{u}_i^{\mathrm{f}}(k+$

$s-1|k)$定义如下：

$$\boldsymbol{u}_i^{\mathrm{f}}(k+s-1|k)=\begin{cases}\boldsymbol{u}_i^{\mathrm{p}}(k+s-1|k-1), s=1,2,\cdots,N-1\\ \boldsymbol{K}_i\boldsymbol{x}_i^{\mathrm{f}}(k+N-1|k), s=N\end{cases} \tag{5-50}$$

值得注意的是，尽管引理 5.1 确保 $\Omega(\varepsilon)$ 可以保证终端控制器的可行性，这里定义的终端约束集为 $\Omega_i(\varepsilon/2)$ 而不是 $\Omega(\varepsilon)$。下节的分析中将会说明，这样定义的终端约束集才能保证可行性。

5.3.2.2 子系统 MPC 求解算法

在描述 N-DMPC 算法之前，首先对初始化阶段作一个假设。

假设 5.3 在初始时刻 k_0，存在可行控制律$\boldsymbol{u}_i(k_0+s|k_0)\in\mathcal{U}_i, s=1,2,\cdots,N-1, i\in\mathcal{P}$，使得系统 $\boldsymbol{x}(s+1+k_0)=\boldsymbol{A}\boldsymbol{x}(s+k_0)+\boldsymbol{B}\boldsymbol{u}(s+k_0|k_0)$的解，即$\boldsymbol{x}_i^{\mathrm{p}}(\cdot|k_0)$ 满足$\boldsymbol{x}_i^{\mathrm{p}}(N+k_0)\in\Omega_i(\varepsilon/2)$，且 $J_i(k_0)$有界。并且，对每个子系统来说，其它子系统的初始时刻控制输入$\boldsymbol{u}_i(\cdot|k_0)$ 是已知的。

假设 5.3 避免了用分布式方法解决构造初始可行解的问题。实际上，对于许多优化问题，寻找初始可行解通常是一个难点问题。所以，许多集中式 MPC 也会假设存在初始可行解[4]。

在满足假设 5.3 的条件下，得到下面的 DMPC 算法。

算法 5.2 （带约束 DMPC 算法）任意子系统 $\mathcal{S}_i$ 的双模 MPC 控制律可由下面的步骤计算得到。

第 1 步：初始化。

① 初始化 $\boldsymbol{x}(k_0)$，$\boldsymbol{u}_i(k_0+s|k_0)$，$s=1,2,\cdots,N$，使之满足假设 5.3。

② 在 k_0 时刻，如果 $\boldsymbol{x}(k_0)\in\Omega(\varepsilon)$，那么对所有 $k\geqslant k_0$，采用反馈控制$\boldsymbol{u}_i(k)=\boldsymbol{K}_i[\boldsymbol{x}_i(k)]$；

否则，根据式(5-37) 计算$\hat{\boldsymbol{x}}_i(k_0+s+1|k_0+1)$，并将其发送给下游子系统控制器。

第 2 步：在 k，$k\geqslant k_0$ 时刻通信。

测量$\boldsymbol{x}_i(k)$，将$\boldsymbol{x}_i(k)$，$\hat{\boldsymbol{x}}_i(k+s+1|k)$ 发送给 $\mathcal{S}_j$，$j\in\mathcal{P}_{-i}$，并从 $\mathcal{S}_j$，$j\in\mathcal{P}_{+i}$ 接收$\boldsymbol{x}_j(k)$，$\hat{\boldsymbol{x}}_j(k+s|k)$。

第 3 步：在 k，$k\geqslant k_0$ 时刻更新控制律。

① 如果 $\boldsymbol{x}(k)\in\Omega(\varepsilon)$，那么应用终端控制$\boldsymbol{u}_i(k)=\boldsymbol{K}_i[\boldsymbol{x}_i(k)]$；否则进行②③。

② 解优化问题 5.1 得到$\boldsymbol{u}_i(k|k)$，并使用$\boldsymbol{u}_i(k|k)$ 作为控制律。

③ 根据式(5-37) 计算$\hat{\boldsymbol{x}}_i(k+s+1|k+1)$ 并发送给其下游系统 $\mathcal{S}_j$，$j\in\mathcal{P}_{-\mathrm{i}}$。

第 4 步：在 $k+1$ 时刻更新控制律，令 $k+1 \to k$，重复第 2 步。

算法 5.2 假定对于所有局部控制器 $\mathcal{C}_i$，$i \in \mathcal{P}$，可以获得系统所有的状态 $\boldsymbol{x}(k)$。之所以作这样的假定，仅仅是因为双模控制需要在 $\boldsymbol{x}(k) \in \Omega(\varepsilon)$ 时同步切换控制方法，其中 $\Omega(\varepsilon)$ 在引理 5.1 中已给出定义。在下面的小节中将会说明 LCO-DMPC 算法可以在有限次更新后驱使状态 $\boldsymbol{x}(k+s)$ 进入 $\Omega(\varepsilon)$。因此，如果 $\Omega_i(\varepsilon)$ 足够小，可以一直采用 MPC 进行控制，而不需要局部控制器知道所有状态。当然这时，不能保证系统渐近稳定到原点，只能保证控制器可以把状态推进一个小的 $\Omega(\varepsilon)$ 集合中。

下一节将详细分析 LCO-DMPC 算法的可行性和稳定性。

5.3.3 性能分析

5.3.3.1 每个子系统 MPC 迭代可行性

这部分的主要结果是，如果系统在初始时刻可行，同时假设 5.2 成立，那么对于任意系统 $\mathcal{S}_i$ 和任意时刻 $k \geqslant 1$，$\boldsymbol{u}_i(\cdot|k)=\boldsymbol{u}_i^{\mathrm{f}}(\cdot|k)$是问题 5.1 的可行解，即$[\boldsymbol{u}_i^{\mathrm{f}}(\cdot|k),\boldsymbol{x}_i^{\mathrm{f}}(\cdot|k)]$，$j \in \mathcal{P}_i$ 满足系统一致性约束（5-43）和（5-44）、控制输入约束（5-46）和终端约束（5-47）。定理 5.3 给出了保证$\hat{\boldsymbol{x}}_i(k+N|k) \in \Omega_i(\varepsilon'/2)$的充分条件，其中，$\varepsilon'=(1-\kappa)\varepsilon$。引理 5.2 给出了保证$\|\boldsymbol{x}_i^{\mathrm{f}}(s+k|k)-\hat{\boldsymbol{x}}_i(s+k|k)\|_{\boldsymbol{P}_i} \leqslant \kappa\varepsilon/(2\sqrt{m})$，$i \in \mathcal{P}$的充分条件。引理 5.3 保证了控制输入约束。最后，结合引理 5.2～5.4 得出结论，对于任意 $i \in \mathcal{P}$，控制输入和状态对$[\boldsymbol{u}_i^{\mathrm{f}}(\cdot|k),\boldsymbol{x}_i^{\mathrm{f}}(\cdot|k)]$在任意$k \geqslant 1$ 时刻是问题 5.1 的可行解。

引理 5.2　如果假设 5.1 和假设 5.2 成立，且满足 $\boldsymbol{x}(k_0) \in \mathcal{X}$，同时对任意 $k \geqslant 0$，问题 5.1 在 $1,2,\cdots,k-1$ 时刻有可行解，且对任意 $i \in \mathcal{P}$，$\hat{\boldsymbol{x}}_i(k+N-1|k-1) \in \Omega_i(\varepsilon/2)$成立，那么

$$\hat{\boldsymbol{x}}_i(k+N-1|k) \in \Omega_i(\varepsilon/2)$$

且

$$\hat{\boldsymbol{x}}_i(k+N|k) \in \Omega_i(\varepsilon'/2)$$

其中，$\boldsymbol{P}_i$ 和$\hat{\boldsymbol{Q}}_i$ 满足：

$$\max_{i \in \mathcal{P}}(\rho_i) \leqslant 1-\kappa \tag{5-51}$$

式中，$\varepsilon'=(1-\kappa)\varepsilon$，$\rho=\lambda_{\max}\sqrt{(\hat{\boldsymbol{Q}}_i \boldsymbol{P}_i^{-1})^{\mathrm{T}} \hat{\boldsymbol{Q}}_i \boldsymbol{P}_i^{-1}}$。

证明　因为问题 5.1 在 $k-1$ 时刻有可行解，通过式(5-39) 可得

$$\|\hat{\boldsymbol{x}}_i(k+N-1)|k\|_{\boldsymbol{P}_j}=\|\boldsymbol{x}_i^{\mathrm{p}}(k+N-1)|k-1\|_{\boldsymbol{P}_i}\leqslant\frac{\varepsilon}{2\sqrt{m}}$$

并且

$$\begin{aligned}\hat{\boldsymbol{x}}_i(k+N\mid k)&=\boldsymbol{A}_{\mathrm{d}i}\boldsymbol{x}_i^{\mathrm{p}}(k+N-1\mid k-1)+\sum_{j\in\mathcal{P}_{+i}}\boldsymbol{A}_{ij}\boldsymbol{x}_j^{\mathrm{p}}(k+N-1\mid k-1)\\&=\boldsymbol{A}_{\mathrm{d}i}\hat{\boldsymbol{x}}_i(k+N-1\mid k)+\sum_{j\in\mathcal{P}_{+i}}\boldsymbol{A}_{ij}\hat{\boldsymbol{x}}_j(k+N-1\mid k)\end{aligned}$$

可得

$$\|\hat{\boldsymbol{x}}_i(k+N\mid k)\|_{\boldsymbol{P}_i}=\left\|\boldsymbol{A}_{\mathrm{d}i}\hat{\boldsymbol{x}}_i(k+N-1\mid k)+\sum_{j\in\mathcal{P}_{+i}}\boldsymbol{A}_{ij}\hat{\boldsymbol{x}}_j(k+N-1\mid k)\right\|_{\boldsymbol{P}_i}$$

结合假设 5.2：

$$\boldsymbol{A}_{\mathrm{o}}^{\mathrm{T}}\boldsymbol{P}\boldsymbol{A}_{\mathrm{o}}+\boldsymbol{A}_{\mathrm{o}}^{\mathrm{T}}\boldsymbol{P}\boldsymbol{A}_{\mathrm{d}}+\boldsymbol{A}_{\mathrm{d}}^{\mathrm{T}}\boldsymbol{P}\boldsymbol{A}_{\mathrm{o}}<\hat{\boldsymbol{Q}}/2$$

可得

$$\begin{aligned}\|\hat{\boldsymbol{x}}_i(k+N|k)\|_{\boldsymbol{P}_i}&\leqslant\left\|\hat{\boldsymbol{x}}_i(k+N-1|k)\right\|_{\hat{\boldsymbol{Q}}/2}\\&\leqslant\lambda_{\max}\sqrt{(\hat{\boldsymbol{Q}}_i\boldsymbol{P}_i^{-1})^{\mathrm{T}}\hat{\boldsymbol{Q}}_i\boldsymbol{P}_i^{-1}}\,\|\hat{\boldsymbol{x}}_i(k+N-1|k)\|_{\boldsymbol{P}_i}\\&\leqslant(1-\kappa)\frac{\varepsilon}{2\sqrt{m}}\end{aligned}$$

证毕。

引理 5.3 如果假设 5.1～5.3 成立，且满足 $\boldsymbol{x}(k_0)\in\mathcal{X}$，同时对任意 $k\geqslant0$，问题 5.1 在每一个更新时刻 l，$l=1,2,\cdots,k-1$ 都有解，那么

$$\|\boldsymbol{x}_i^{\mathrm{f}}(k+s|k)-\hat{\boldsymbol{x}}_i(k+s|k)\|_{\boldsymbol{P}_i}\leqslant\frac{\kappa\varepsilon}{2\sqrt{m}}\tag{5-52}$$

如果对任意 $i\in\mathcal{P}$，式(5-52) 和下面的参数条件在 $s=1,2,\cdots,N$ 时刻都成立：

$$\frac{\sqrt{m_2}}{\xi\lambda_{\min}(P)}\sum_{l=0}^{N-2}\alpha_l\leqslant1\tag{5-53}$$

式中，α_l 的定义见式(5-49)。那么，可行控制输入 $\boldsymbol{u}_i^{\mathrm{f}}(k+s\mid k)$ 和状态 $\boldsymbol{x}_i^{\mathrm{f}}(k+s\mid k)$ 满足约束 (5-43) 和 (5-44)。

证明 先证明式(5-52)。因为问题 5.1 在 $1,2,\cdots,k-1$ 时刻存在一个可行解，根据式(5-37)、式(5-38) 和式(5-50)，对于任意 $s=1,2,\cdots,N-1$，可行状态由下式给出：

$$
\begin{aligned}
\boldsymbol{x}_i^{\mathrm{f}}(k+l \mid k) = & \boldsymbol{A}_{ii}^{l}\boldsymbol{x}_i^{\mathrm{f}}(k \mid k)+\sum_{h=1}^{l}\boldsymbol{A}_{ii}^{l-h}\boldsymbol{B}_{ii}\boldsymbol{u}_i^{\mathrm{f}}(k+l \mid k)+ \\
& \sum_{j\in\mathcal{P}_{+i}}\sum_{h=1}^{l}\boldsymbol{A}_{ii}^{l-h}\boldsymbol{A}_{ij}\hat{\boldsymbol{x}}_j(k+h-1 \mid k) \\
= & \boldsymbol{A}_{ii}^{l}\left[\boldsymbol{A}_{ii}^{l}\boldsymbol{x}_i(k-1 \mid k-1)+\right. \\
& \left.\boldsymbol{B}_{ii}\boldsymbol{u}_i(k-1 \mid k-1)+\sum_{j\in\mathcal{P}_{+i}}\boldsymbol{A}_{ij}\boldsymbol{x}_j(k-1 \mid k-1)\right]+ \\
& \sum_{h=1}^{l}\boldsymbol{A}_{ii}^{l-h}\boldsymbol{B}_{ii}\hat{\boldsymbol{u}}_i(k+l \mid k)+ \\
& \sum_{j\in\mathcal{P}_{+i}}\sum_{h=1}^{l}\boldsymbol{A}_{ii}^{l-h}\boldsymbol{A}_{ij}\boldsymbol{x}_j^{\mathrm{p}}(k+h-1 \mid k-1)
\end{aligned} \tag{5-54}
$$

和

$$
\begin{aligned}
\hat{\boldsymbol{x}}(k+l \mid k) = & \boldsymbol{A}_{ii}^{l}\boldsymbol{x}_i(k \mid k-1)+\sum_{h=1}^{l}\boldsymbol{A}_{ii}^{l-h}\boldsymbol{B}_{ii}\boldsymbol{u}_i(k+l \mid k-1)+ \\
& \sum_{j\in\mathcal{P}_{+i}}\sum_{h=1}^{l}\boldsymbol{A}_{ii}^{l-h}\boldsymbol{A}_{ij}\hat{\boldsymbol{x}}_j(k+h-1 \mid k-1) \\
= & \boldsymbol{A}_{ii}^{l}\left[\boldsymbol{A}_{ii}^{l}x_i(k-1 \mid k-1)+\right. \\
& \left.\boldsymbol{B}_{ii}\boldsymbol{u}_i(k-1 \mid k-1)+\sum_{j\in\mathcal{P}_{+i}}\boldsymbol{A}_{ij}\hat{\boldsymbol{x}}_j(k-1 \mid k-1)\right]+ \\
& \sum_{h=1}^{l}\boldsymbol{A}_{ii}^{l-h}\boldsymbol{B}_{ii}\hat{\boldsymbol{u}}_i(k+l \mid k)+ \\
& \sum_{j\in\mathcal{P}_{+i}}\sum_{h=1}^{l}\boldsymbol{A}_{ii}^{l-h}\boldsymbol{A}_{ij}\hat{\boldsymbol{x}}_j(k+h-1 \mid k-1)
\end{aligned} \tag{5-55}
$$

将式(5-55)从式(5-54)中减去，从式(5-49)的定义，可得可行状态与假定状态序列之差：

$$
\begin{aligned}
& \left\|\boldsymbol{x}_{j,i}^{\mathrm{f}}(k+s \mid k)-\hat{\boldsymbol{x}}_{j,i}(k+s \mid k)\right\|_{\boldsymbol{P}_j} \\
= & \left\|\sum_{l=1}^{s}\boldsymbol{A}_{ii}^{s-l}\boldsymbol{A}_{ij}\left[\boldsymbol{x}_i^{\mathrm{p}}(k+l-1 \mid k-1)-\hat{\boldsymbol{x}}_i(k+l-1 \mid k-1)\right]\right\|_{\boldsymbol{P}_i} \\
\leqslant & \sum_{l=1}^{s}\left\|\boldsymbol{A}_{ii}^{s-l}\boldsymbol{A}_{ij}\left[\boldsymbol{x}_i^{\mathrm{p}}(k+l-1 \mid k-1)-\hat{\boldsymbol{x}}_i(k+l-1 \mid k-1)\right]\right\|_{\boldsymbol{P}_i}
\end{aligned}
$$

$$\leqslant \sum_{l=1}^{s}\alpha_{s-l}\|\boldsymbol{x}_i^{p}(k+l-1\mid k-1)-\hat{\boldsymbol{x}}_i(k+l-1\mid k-1)\|_2 \tag{5-56}$$

假定子系统 $\mathcal{S}_g$ 使得下式最大化：

$$\sum_{l=1}^{s}\alpha_{s-l}\|\boldsymbol{x}_i^{\mathrm{p}}(k-1+l\mid k-1)-\hat{\boldsymbol{x}}_i(k-1+l\mid k-1)\|_2,i\in\mathcal{P}$$

则可从式(5-56) 得下式：

$$\|\boldsymbol{x}_j^{\mathrm{f}}(k+s\mid k)-\hat{\boldsymbol{x}}_j(k+s\mid k)\|_{\boldsymbol{P}_i}$$

$$\leqslant\sqrt{m_1}\sum_{l=1}^{s}\alpha_{s-l}\|\boldsymbol{x}_g^{\mathrm{p}}(k+l-1\mid k-1)-\hat{\boldsymbol{x}}_g(k+l-1\mid k-1)\|_2$$

因为$\boldsymbol{x}_i^{\mathrm{p}}(l\mid k-1)$ 对于所有时刻 l，$l=1,2,\cdots,k-1$ 满足约束(5-43)，可得下式：

$$\|\boldsymbol{x}_i^{\mathrm{f}}(k+s|k)-\hat{\boldsymbol{x}}_i(k+s|k)\|_{\boldsymbol{P}_i}\leqslant\frac{\xi\kappa\varepsilon}{2\sqrt{m}}\leqslant\frac{\kappa\varepsilon}{2\sqrt{m}} \tag{5-57}$$

因此，对于所有 l，$l=1,2,\cdots,N-1$，式(5-52) 都成立。

当 $l=N$ 时，可得

$$\boldsymbol{x}_i^{\mathrm{f}}(k+N\mid k)=\boldsymbol{A}_{\mathrm{d},i}\boldsymbol{x}_i^{\mathrm{f}}(k+N-1\mid k)+\sum_{j\in\mathcal{P}_{+i}}\boldsymbol{A}_{ij}\hat{\boldsymbol{x}}_j(k+N-1\mid k) \tag{5-58}$$

$$\hat{\boldsymbol{x}}_i(k+N\mid k)=\boldsymbol{A}_{\mathrm{d},i}\hat{\boldsymbol{x}}_i(k+N-1\mid k)+\sum_{j\in\mathcal{P}_{+i}}\boldsymbol{A}_{ij}\hat{\boldsymbol{x}}_j(k+N-1\mid k) \tag{5-59}$$

两式相减可得

$$\boldsymbol{x}_i^{\mathrm{f}}(k+N|k)-\hat{\boldsymbol{x}}_i(k+N|k)=\boldsymbol{A}_{\mathrm{d},i}[\boldsymbol{x}_i^{\mathrm{f}}(k+N-1|k)-\hat{\boldsymbol{x}}_i(k+N-1|k)] \tag{5-60}$$

式(5-52) 证毕。

接下来证明在式(5-52) 成立的前提下，可行解$\boldsymbol{x}_i^{\mathrm{f}}(k+s\mid k)$ 满足约束 (5-43) 和 (5-44)。

当 $l=1,2,\cdots,N-1$ 时，将式(5-43) 中的$\boldsymbol{x}_i^{\mathrm{f}}(k+l\mid k)$ 代入约束(5-53)，可得

$$\sum_{l=1}^{s}\alpha_{s-l}\|\boldsymbol{x}_i^{\mathrm{f}}(k+l\mid k)-\hat{\boldsymbol{x}}_i(k+l\mid k)\|_2$$

$$\leqslant\frac{1}{\lambda_{\min}(\boldsymbol{P}_i)}\sum_{l=1}^{s}\alpha_{s-l}\|\boldsymbol{x}_i^{\mathrm{f}}(k+l\mid k)-\hat{\boldsymbol{x}}_i(k+l\mid k)\|_{\boldsymbol{P}_i}$$

$$\leqslant\frac{1}{\lambda_{\min}(\boldsymbol{P})}\sum_{l=1}^{s}\alpha_{s-l}\frac{\sqrt{m_2}}{\xi}\times\frac{\xi\kappa\varepsilon}{2\sqrt{mm_2}} \tag{5-61}$$

因此，若满足

$$\frac{\sqrt{m_2}}{\xi\lambda_{\min}(P)}\sum_{l=1}^{s}\alpha_{s-l}\leqslant 1$$

状态$\boldsymbol{x}_i^{\mathrm{f}}(k+s \mid k)$，$s=1,2,\cdots,N-1$ 满足约束（5-43）。

最后，$l=N$ 时，$\boldsymbol{x}_i^{\mathrm{f}}(k+N \mid k)$ 满足约束（5-44）。

$$\|\boldsymbol{x}_i^{\mathrm{f}}(k+N|k)-\hat{\boldsymbol{x}}_i(k+N|k)\|_{\boldsymbol{P}_i}\leqslant\frac{\kappa\varepsilon}{2\sqrt{m}} \tag{5-62}$$

证毕。

接下来将证明，在 k 时刻，如果满足约束条件（5-51）和（5-53），那么$\boldsymbol{x}_{j,i}^{\mathrm{f}}(k+s \mid k)$ 和$\boldsymbol{u}_i^{\mathrm{f}}(k+s \mid k)$，$s=1,2,\cdots,N$ 是问题 5.1 的可行解。

引理 5.4 如果假设 5.1～5.3 成立，且 $\boldsymbol{x}(k_0)\in\mathbb{R}^{n_x}$，在满足约束条件（5-51）和（5-53）的前提下，若对于任意 $k\geqslant 0$，问题 5.1 在每一个更新时刻 l，$l=1,2,\cdots,k-1$ 有解，那么对于任意 s，$s=0,1,\cdots,N-1$，$\boldsymbol{u}_i^{\mathrm{f}}(k+s|k)\in\mathcal{U}$。

证明 因为问题 5.1 在时刻 $l=1,2,\cdots,k-1$ 存在一个可行解，$\boldsymbol{u}_i^{\mathrm{f}}(k+s-1|k)=\boldsymbol{u}_i^{\mathrm{p}}(k+s-1|k-1),s=1,2,\cdots,N-1$，那么仅仅需要证明$\boldsymbol{u}_i^{\mathrm{f}}(k+N-1|k)\in\mathcal{U}$。

由于 ε 的选定满足引理 5.1 的条件，当 $\boldsymbol{x}\in\Omega(\varepsilon)$ 时，对于任意 $i\in\mathcal{P}$，存在$\boldsymbol{K}_i\boldsymbol{x}_i\in\mathcal{U}$，所以$\boldsymbol{u}_i^{\mathrm{f}}(k+N-1|k)\in\mathcal{U}$的一个充分条件是$\boldsymbol{x}_i^{\mathrm{f}}(k+N-1|k)\in\Omega(\varepsilon)$。

再加上引理 5.2 和 5.3，利用三角不等式关系得到

$$\begin{aligned}\|\boldsymbol{x}_i^{\mathrm{f}}(k+N-1|k)\|_{\boldsymbol{P}_i}&\leqslant\|\boldsymbol{x}_i^{\mathrm{f}}(k+N-1|k)-\hat{\boldsymbol{x}}_i(k+N-1|k)\|_{\boldsymbol{P}_i}+\\&\quad\|\hat{\boldsymbol{x}}_i(k+N-1|k)\|_{\boldsymbol{P}_i}\\&\leqslant\frac{\varepsilon}{2(q+1)\sqrt{m}}+\frac{\varepsilon}{2\sqrt{m}}\\&\leqslant\frac{\varepsilon}{\sqrt{m}}\end{aligned} \tag{5-63}$$

由上可以得出 $\boldsymbol{x}_i^{\mathrm{f}}(k+N|k)\in\Omega_i(\varepsilon)$。证毕。

引理 5.5 如果假设 5.1～5.3 都成立，且 $\boldsymbol{x}(k_0)\in\mathbb{R}^{n_x}$，在满足条件（5-51）和（5-53）的前提下，若对于任意 $k\geqslant 0$，问题 5.1 在每一个更新时刻 l，$l=1,2,\cdots,k-1$ 有解，那么$\boldsymbol{x}_i^{\mathrm{f}}(k+N|k)\in\Omega(\varepsilon/2)$，$\forall i\in\mathcal{P}$。

证明 结合引理5.2和引理5.3，利用三角不等式，可以得到：

$$\begin{aligned}\|\boldsymbol{x}_i^{\mathrm{f}}(k+N|k)\|_{\boldsymbol{P}_i} &\leqslant \|\boldsymbol{x}_i^{\mathrm{f}}(k+N|k)-\hat{\boldsymbol{x}}_i(k+N|k)\|_{\boldsymbol{P}_i}+\\ &\quad \|\hat{\boldsymbol{x}}_i(k+N|k)\|_{\boldsymbol{P}_i} \\ &\leqslant \frac{\kappa\varepsilon}{2\sqrt{m}}+\frac{(1-\kappa)\varepsilon}{2\sqrt{m}}=\frac{\varepsilon}{2\sqrt{m}}\end{aligned} \tag{5-64}$$

对于所有的 $j\in\mathcal{P}_i$，$i\in\mathcal{P}$，上式说明了终端状态约束得到满足。引理得证。

定理 5.3 如果假设5.1～5.3成立，且 $\boldsymbol{x}(k_0)\in\mathbb{R}^{n_x}$，同时在 k_0 时刻系统满足约束（5-43）、（5-44）和（5-46），那么对于任意 $i\in\mathcal{P}$，由公式(5-50)和公式(5-37)定义的控制律 $\boldsymbol{u}_i^{\mathrm{f}}(\cdot|k)$ 和状态 $\boldsymbol{x}_{j,i}^{\mathrm{f}}(\cdot|k)$ 是问题5.1在任意 k 时刻的可行解。

证明 以下用归纳法证明该定理。

首先，在 $k=1$ 的情况下，状态序列 $\boldsymbol{x}_{j,i}^{\mathrm{p}}(\cdot|1)=\boldsymbol{x}_{j,i}^{\mathrm{f}}(\cdot|1)$ 满足动态方程（5-37）、稳定性约束（5-45）和一致性约束（5-43）和（5-44）。

显然

$$\hat{\boldsymbol{x}}_i(1|1)=\boldsymbol{x}_i^{\mathrm{p}}(1|0)=\boldsymbol{x}_i^{\mathrm{f}}(1|1)=\boldsymbol{x}_i(1), i\in\mathcal{P}$$

并且

$$\boldsymbol{x}_i^{\mathrm{f}}(1+s|1)=\boldsymbol{x}_i^{\mathrm{p}}(1+s|0)$$
$$s=1,2,\cdots,N-1$$

因此，$\boldsymbol{x}_i^{\mathrm{f}}(N|1)\in\Omega_i(\varepsilon/2)$。由终端控制器作用下 $\Omega(\varepsilon)$ 的不变性和引理5.1可得，终端状态和控制输入约束也得到满足。这样 $k=1$ 情况得证。

现在假设 $\boldsymbol{u}_i^{\mathrm{p}}(\cdot|l)=\boldsymbol{u}_i^{\mathrm{f}}(\cdot|l)$，$l=1,2,\cdots,k-1$ 是可行解。这里将证明 $\boldsymbol{u}_i^{\mathrm{f}}(\cdot|k)$ 是 k 时刻的一个可行解。

同样地，一致性约束（5-43）明显得到满足，$\boldsymbol{x}_i^{\mathrm{f}}(\cdot|k)$ 是对应的状态序列，满足动态方程。因为在 $l=1,2,\cdots,k-1$ 时刻问题5.1有可行解，引理5.2～5.5成立。引理5.4保证了控制输入约束的可行性。引理5.5保证了终端状态约束得到满足。这样定理5.3得证。

5.3.3.2 闭环系统稳定性分析

下面将分析闭环系统的稳定性。

定理 5.4 如果假设5.1～5.3成立，且 $\boldsymbol{x}(k_0)\in\mathbb{R}^{n_x}$，同时满足条件（5-43）、（5-44）和（5-46），那么，下面的参数条件成立：

$$\frac{(N-1)\kappa}{2}-\frac{1}{2}+\frac{1}{\mu}<0 \tag{5-65}$$

利用算法 5.2，闭环系统（5-35）在原点渐近稳定。

证明 通过算法 5.2 和引理 5.1，如果 $\boldsymbol{x}(k)$ 进入 $\Omega(\varepsilon)$，那么终端控制器能够使系统稳定趋于原点。所以，只要证明当 $\boldsymbol{x}(0)\in\{x|x\in\mathcal{X}, x\notin\Omega(\varepsilon)\}$时，应用算法 5.2，闭环系统状态（5-35）能够在有限时间内转移到集合 $\Omega(\varepsilon)$ 里即可。

定义全局系统 $\mathcal{S}$ 的非负函数：

$$V(k)=\sum_{s=1}^{N}\|\boldsymbol{x}^{\mathrm{p}}(k+s|k)\|_{\boldsymbol{P}} \tag{5-66}$$

在后续内容中，将证明对于 $k\geqslant 0$，如果 $\boldsymbol{x}(k)\in\{\boldsymbol{x}|\boldsymbol{x}\in\mathcal{X},\boldsymbol{x}\notin\Omega(\varepsilon)\}$，那么存在一个常数 $\eta\in(0,\infty)$ 使得 $V(k)\leqslant V(k-1)-\eta$。由约束（5-45）可得

$$\|\boldsymbol{x}^{\mathrm{p}}(k+s|k)\|_{\boldsymbol{P}}\leqslant\|\boldsymbol{x}^{\mathrm{f}}(k+s|k)\|_{\boldsymbol{P}}+\frac{\varepsilon}{\mu N} \tag{5-67}$$

因此

$$V(k)\leqslant\sum_{s=1}^{N}\|\boldsymbol{x}^{\mathrm{f}}(k+s|k)\|_{\boldsymbol{P}}+\frac{\varepsilon}{\mu}$$

利用$\boldsymbol{x}^{\mathrm{p}}(k+s|k-1)=\hat{\boldsymbol{x}}(k+s|k)$，$s=1,2,\cdots,N-1$，可得

$$V(k)-V(k-1)\leqslant-\|\boldsymbol{x}^{\mathrm{p}}(k|k-1)\|_{\boldsymbol{P}}+\frac{\varepsilon}{\mu}+\|\boldsymbol{x}^{\mathrm{f}}(k+N|k)\|_{\boldsymbol{P}}+\sum_{s=1}^{N-1}(\|\boldsymbol{x}^{\mathrm{f}}(k+s|k)\|_{\boldsymbol{P}}-\|\hat{\boldsymbol{x}}(k+s|k)\|_{\boldsymbol{P}}) \tag{5-68}$$

假设 $\boldsymbol{x}(k)\in\{x|x\in\mathcal{X}, x\notin\Omega(\varepsilon)\}$，即

$$\|\boldsymbol{x}^{\mathrm{p}}(k|k-1)\|_{\boldsymbol{P}}>\varepsilon \tag{5-69}$$

运用定理 5.3 可得

$$\|\boldsymbol{x}^{\mathrm{f}}(k+N|k)\|_{\boldsymbol{P}}\leqslant\varepsilon/2 \tag{5-70}$$

同时，运用引理 5.3 可得

$$\sum_{s=1}^{N-1}(\|\boldsymbol{x}^{\mathrm{f}}(k+s|k)\|_{\boldsymbol{P}}-\|\hat{\boldsymbol{x}}(k+s|k)\|_{\boldsymbol{P}})\leqslant\frac{(N-1)\kappa\varepsilon}{2} \tag{5-71}$$

将式(5-69)～(5-71) 代入式(5-68) 可得

$$V(k)-V(k-1)<\varepsilon\left[-1+\frac{(N-1)\kappa}{2}+\frac{1}{2}+\frac{1}{\mu}\right] \tag{5-72}$$

由式(5-67) 可知 $V(k)-V(k-1)<0$。因此，对于任意 $k\geqslant 0$，如果$\boldsymbol{x}(k)\in\{x|x\in\mathcal{X},x\notin\Omega(\varepsilon)\}$，那么存在一个常数 $\eta\in(0,\infty)$ 使得 $V(k)\leqslant V(k-1)-\eta$ 成立。所以存在一个有限时间 k'使得 $\boldsymbol{x}(k')\in\Omega(\varepsilon)$。证毕。

综上所述，DMPC的可行性和稳定性的分析都已经给出。系统的初始可行解可以通过计算获得，算法的后续可行性也能够在每一步更新的时候得到保证，所以相对应的闭环系统能够在原点渐近稳定。

5.3.4 仿真实例

以下用一个由四个互相关联的子系统构成的分布式系统来验证所提出算法的有效性。四个子系统的关系如图5-7所示，其中 $\mathcal{S}_1$ 受 $\mathcal{S}_2$ 影响 $\mathcal{S}_3$ 受 $\mathcal{S}_1$ 和 $\mathcal{S}_2$ 影响，$\mathcal{S}_4$ 受 $\mathcal{S}_3$ 影响。定义 $\Delta\mathcal{U}_i$ 来反映输入约束 $u_i\in[u_i^{\min}\quad u_i^{\max}]$ 和输入增量约束 $\Delta u_i\in[\Delta u_i^{\min}\quad \Delta u_i^{\max}]$。

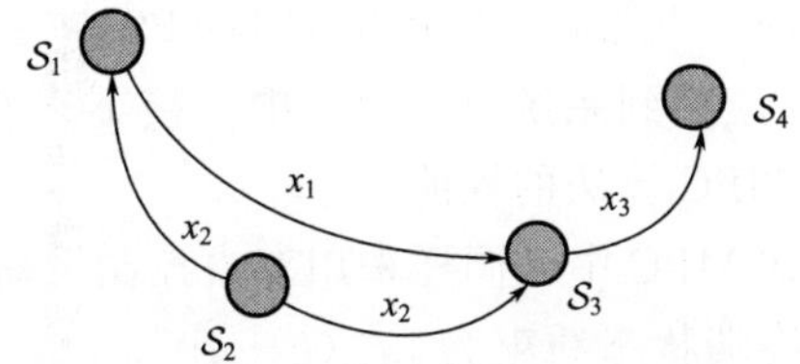

图5-7 子系统间相互作用关系

分别给出四个子系统模型：

$$\begin{aligned}
&\mathcal{S}_1: x_1(k+1)=0.62x_1(k)+0.34u_1(k)-0.12x_2(k)\\
&\mathcal{S}_2: x_2(k+1)=0.58x_2(k)+0.33u_2(k)\\
&\mathcal{S}_3: x_3(k+1)=0.60x_3(k)+0.34u_3(k)+0.11x_1(k)-0.07x_2(k)\\
&\mathcal{S}_4: x_4(k+1)=0.65x_4(k)+0.35u_4(k)+0.13x_3(k)
\end{aligned} \tag{5-73}$$

为了便于比较，同时应用集中式MPC和LCO-DMPC算法。

在MATLAB环境下进行仿真。在每个控制周期内，运用优化工具Fmincon来求解每个子系统MPC问题。Fmincon是MATLAB的集成程序，它可以求解非线性约束多变量优化问题。

控制器的某些参数如表5-2所示。其中 $\mathcal{P}_i$ 是通过求解Lyapunov函数得到的。反馈控制下闭环系统的特征值为0.5。$\boldsymbol{A}_{\mathrm{o}}^{\mathrm{T}}\boldsymbol{P}\boldsymbol{A}_{\mathrm{o}}+\boldsymbol{A}_{\mathrm{o}}^{\mathrm{T}}\boldsymbol{P}\boldsymbol{A}_{\mathrm{d}}+\boldsymbol{A}_{\mathrm{d}}^{\mathrm{T}}\boldsymbol{P}\boldsymbol{A}_{\mathrm{o}}-\boldsymbol{Q}/2$ 的特征值为 $\{-2.42,-2.26,-1.80,-1.29\}$，全部为负数。因此，假设5.2满足。设定 $\varepsilon=0.2$，如果 $\|x_i\|_{P_i}\leqslant\varepsilon/\sqrt{N}\leqslant0.1$，那么 $\|K_i x_i\|_2$ 将小于0.1，则表5-2中的输入约束和输入增量约束都能得到满足。设定控制时域为 $N=10$。设定 $k_0=0$ 时刻初始输入和状态分别

为集中式 MPC 的解和相应的预测状态。

表 5-2 LCO-DMPC 参数

子系统	$\boldsymbol{K}_i$	$\boldsymbol{P}_i$	$\boldsymbol{Q}_i$	$\boldsymbol{R}_i$	$\Delta u_i^{\max},\Delta u_i^{\min}$	$u_i^{\max},u_i^{\min}$
$\mathcal{S}_1$	−0.35	5.36	4	0.2	±1	±2
$\mathcal{S}_2$	−0.25	5.35	4	0.2	±1	±2
$\mathcal{S}_3$	−0.28	5.36	4	0.2	±1	±2
$\mathcal{S}_4$	−0.43	5.38	4	0.2	±1	±2

闭环系统的状态响应和输入分别如图 5-8 和图 5-9 所示。

所有四个子系统的状态都在 14s 后收敛至零点。$\mathcal{S}_4$ 的状态在收敛到零点之前具有−0.5 的超调。

为了更进一步地展示所提出的 DMPC 算法的性能优势，同时将双模集中式 MPC 应用到系统（5-73）中。接下来将比较所提出的 DMPC 算法与集中式 MPC 算法的性能。

在集中式 MPC 中，同样采用双模控制策略，控制时域为 $N=10$。所有子系统的终端状态约束为 $\|x_i(k+10|k)\|_{P_i}\leqslant\varepsilon/2=0.1$。当状态进入吸引域 $\Omega(\varepsilon)$ 时，从 MPC 控制切换至表 5-2 给出的反馈控制。四个子系统的输入和输入增量上下界分别为 $[-2,2]$ 和 $[-1,1]$。

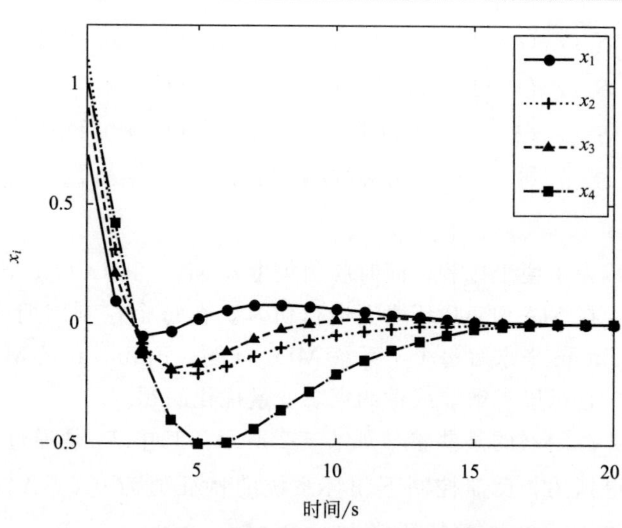

图 5-8 基于 LCO-DMPC 的系统状态演化轨迹

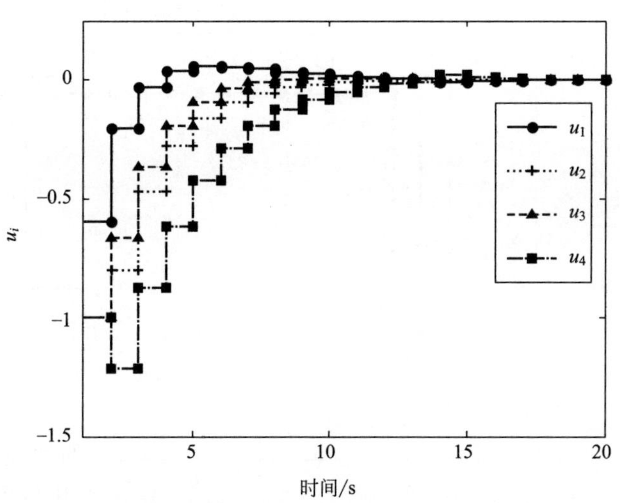

图 5-9 LCO-DMPC 控制下的系统输入

集中式 MPC 的闭环系统状态响应和控制输入分别如图 5-10 和图 5-11 所示。集中式 MPC 的状态响应曲线与 LCO-DMPC 类似。在集中式 MPC 情况中，所有子系统在 8s 内收敛至零点。而在 LCO-DMPC 情况下，达到收敛需要 14s。相比较而言，在使用集中式 MPC 策略时，状态响应曲线无明显超调。

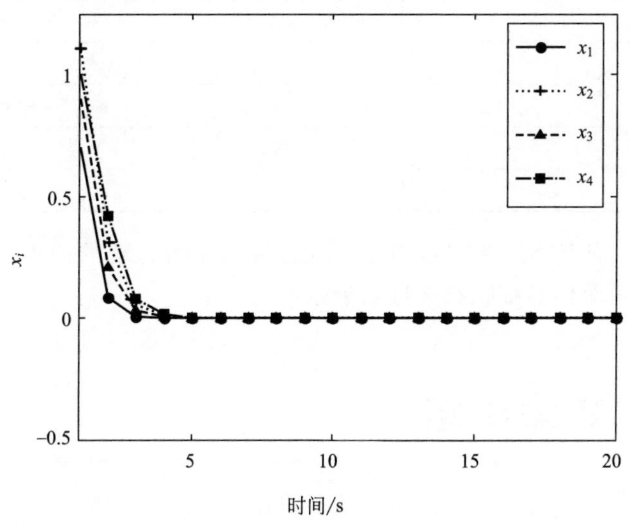

图 5-10 集中式预测控制作用下的系统状态演化

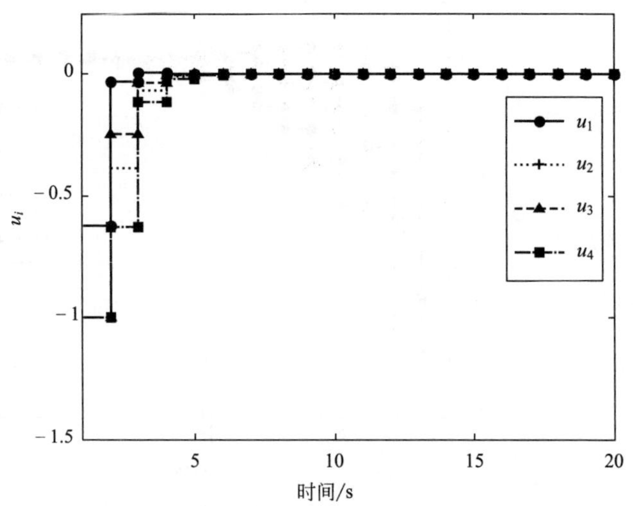

图 5-11 在集中式 MPC 控制下系统的控制输入

表 5-3 分别给出了集中式 MPC 和 LCO-DMPC 情况下闭环系统的状态方差。LCO-DMPC 的总误差为 6.55(40.5%)，比使用集中式 MPC 算法得到的总误差要大。

表 5-3 集中式 MPC 和 LCO-DMPC 闭环系统状态方差

子系统	集中式 MPC	LCO-DMPC
$\mathcal{S}_1$	2.07	2.22
$\mathcal{S}_2$	5.47	6.26
$\mathcal{S}_3$	3.63	4.12
$\mathcal{S}_4$	5.00	10.12
总方差	16.17	22.72

从仿真结果可以看出，在存在初始可行解的前提下，本节介绍的算法可驱使系统状态渐近趋于原点。

5.4 本章小结

本章第一部分提出了基于纳什最优的 DMPC 算法，还分析了存在通信故障时，一步预测控制策略的标称稳定性和性能偏差。这有利于使用者更好地理解所提出的算法，在应用中也有一定的指导意义。另外，仿真结果验证了该分布式预测控制算法的有效性和实用性。该策略的主要优点在于，可以把一个大规模系统的在线优化转换为一些较小规模系统的优化，从而保证在获得满意的系统性能的同时，大大降低计算复杂度，这使得算法在分析和应用中具有较高的灵活性。同时，这些方法在系统故障时仍能保持系统的完整性，减少计算负担。

另外，本章还介绍了适合具有状态耦合和输入约束的分布式系统的保稳定性的分布式 MPC 算法。每个局部控制器优化自身的性能指标，在解优化问题时，使用上一时刻的状态预测值来近似此刻的状态值。在该协调策略下，保证可行性与稳定性的关键因素是将实际状态、控制输入与设定值误差限制在某一范围内。如果存在初始可行解，则可保证每个更新时刻的后续可行性，以及闭环系统的渐近稳定性。

参考文献

[1] Li, S, Zhang Y, and Zhu Q, Nash-Optimization Enhanced Distributed Model Predictive Control Applied to the Shell Benchmark Problem. Information Sciences, 2005. 170 (2-4): p. 329-349.

[2] Giovanini L. Game Approach to Distributed Model Predictive Control. IET Control Theory & Applications, 2011, 5 (15): 1729-1739.

[3] Rawlings J B, Muske K R. The Stability of Constrained Receding Horizon Control. IEEE Transactions on Automatic Control, 1993, 38 (10): 1512-1516.

[4] Mayne D Q, et al. Constrained Model Predictive Control: Stability and Optimality. Automatica, 2000, 36 (6): 789-814.

[5] Venkat A N, Rawlings J B, Wright S J. IEEE Conference on Decision and Control, 2005 and 2005 European Control Conference: Cdc-Ecc' 05 [C]. IEEE, 2005: 6680-6685.

[6] Nash J. Non-Cooperative Games. Annals of Mathematics, 1951: 286-295.

[7] D Xiaoning, Xi Yugeng, Li Shaoyuan. Distributed Model Predictive Control for Large-Scale Systems. Proceedings of the 2001. American Control Conference. Arlington:IEEE, 2001.

[8] 杜晓宁，席裕庚，李少远. 分布式预测控制优化算法. 控制理论与应用，2002，19 (5): 793-796.

[9] Fagnani F, Zampieri S. Stability Analysis and Synthesis for Scalar Linear Systems with a Quantized Feedback. IEEE Transactions on Automatic Control, 2003, 48 (9): 1569-1584.

[10] Prett D M, Gillette R. Optimization and Constrained Multivariable Control of a Catalytic Cracking Unit. in Proceedings

of the Joint Automatic Control Conference. 1980.

[11] Dunbar W B. Distributed Receding Horizon Control of Dynamically Coupled Nonlinear Systems. IEEE Transactions on Automatic Control, 2007, 52 (7): 1249-1263.

[12] Farina M, Scattolini R. Distributed Predictive Control: A Non-Cooperative Algorithm with Neighbor-to-Neighbor Communication for Linear Systems. Automatica, 2012, 48 (6): 1088-1096.

第6章

协调分布式系统预测控制

6.1 概述

如第 5 章所述，分布式预测控制的闭环系统优化性能不如集中式预测控制下的优化性能，尤其是在子系统之间具有强耦合的情况下。第 5 章 5.2 节的方法在每个子系统的预测控制策略中都使用了迭代算法。每一个子系统的预测控制过程都和相邻子系统的参数发生了多次交互，并在每个控制周期内多次求解了二次规划问题。从本质上讲，它是通过计算误差最小化来改善全局性能的。这种方法所计算出的最优解是“纳什最优”。

在分布式预测控制下，是否存在其它能改善闭环系统的全局性能的方法？针对该问题，文献［1～3］提出了一种称为“协调 DMPC（Cooperative DMPC：C-DMPC）”的方法：每个局部预测控制器不仅优化相应子系统的代价函数，而且将整个系统的代价函数都考虑进来，通过优化全局性能指标，达到改善整个闭环系统性能的目标。如果采用迭代算法，优化指标将收敛于“帕累托”最优[1,4]。然而，如果采用迭代算法，每个子系统控制器需要不断与所有子系统控制器进行通信，通信量必然急剧增加，这将对系统整体的计算更新速度产生较大影响，甚至会成为关键的主导因素。因此，本章提出基于全局性能指标的非迭代分布式预测控制方法[5]，每个控制周期各局部控制器只通信一次，避免通信负载带来的负面影响。

设计保证稳定性的分布式预测控制是一个重要的且具有挑战性的问题[6,7]。在非迭代 DMPC 中，由于解的不一致性，上一个时刻计算得出的优化控制序列在当前时刻不一定可行，这使得设计稳定化 DMPC 变得更为困难。第 5 章给出了设计稳定的 LCO-DMPC 的方法，但是，C-DMPC 的预测模型和优化问题都与 LCO-DMPC 中的不一样，所以设计一个能够保证闭环系统稳定性的含有约束的 C-DMPC 仍然是一个具有研究价值的问题。本章将给出在一个控制周期内每个子系统 MPC 控制器只与其它子系统控制器通信一次的稳定 C-DMPC 的设计方法[3]。该方法在每个子系统 MPC 优化问题的求解过程中，加入了一致性约束和稳定性约束。其中，一致性约束可以保证将上一时刻计算得到的优化输入序列与当前时刻计算得到的优化输入序列之间的误差限制到一定的范围之内。通过设置以上约束以及使用双模预测控制方法，可以保证所设计的控制器的递归可行性和闭环系统的渐近稳定性。

本章 6.2 节将介绍一种能够改善全局性能的非迭代协调分布式预测控制方法，给出闭环系统解及稳定性条件。6.3 节将给出一种含约束的保证稳定性的协调分布式预测控制设计方法，并分析控制算法的递归可行性和系统的渐近稳定性。最后将对本章内容进行简短总结。

6.2 非迭代协调分布式预测控制

6.2.1 状态、输入耦合分布式系统

不失一般性，假设系统 $\mathcal{S}$ 由 m 个离散时间线性子系统 $\mathcal{S}_i$，$i=1,\cdots,m$ 组成。每个子系统通过输入和状态与其它子系统相联系，则 $\mathcal{S}_i$ 的状态方程描述可表述为

$$\begin{cases} \boldsymbol{x}_i(k+1)=\boldsymbol{A}_{ii}\boldsymbol{x}_i(k)+\boldsymbol{B}_{ii}\boldsymbol{u}_i(k)+\sum\limits_{\substack{j=1,\cdots,m;\\ j\neq i}}\boldsymbol{A}_{ij}\boldsymbol{x}_j(k)+\sum\limits_{\substack{j=1,\cdots,m;\\ j\neq i}}\boldsymbol{B}_{ij}\boldsymbol{u}_j(k) \\ \boldsymbol{y}_i(k)=\boldsymbol{C}_{ii}\boldsymbol{x}_i(k)+\sum\limits_{\substack{j=1,\cdots,m;\\ j\neq i}}\boldsymbol{C}_{ij}\boldsymbol{x}_j(k) \end{cases} \tag{6-1}$$

式中，$\boldsymbol{x}_i\in\mathbb{R}^{n_{x_i}}$、$\boldsymbol{u}_i\in\mathbb{R}^{n_{u_i}}$ 和$\boldsymbol{y}_i\in\mathbb{R}^{n_{y_i}}$ 分别是子系统的状态、输入和输出矢量。整体系统 $\mathcal{S}$ 的模型可表述为

$$\begin{cases} \boldsymbol{x}(k+1)=\boldsymbol{A}\boldsymbol{x}(k)+\boldsymbol{B}\boldsymbol{u}(k) \\ \boldsymbol{y}(k)=\boldsymbol{C}\boldsymbol{x}(k) \end{cases} \tag{6-2}$$

其中，$\boldsymbol{x}\in\mathbb{R}^{n_x}$，$\boldsymbol{u}\in\mathbb{R}^{n_u}$ 和 $\boldsymbol{y}\in\mathbb{R}^{n_y}$ 分别是 $\mathcal{S}$ 的状态、输入和输出矢量。$\boldsymbol{A}$、$\boldsymbol{B}$ 和 $\boldsymbol{C}$ 是系统矩阵。

控制目标是最小化以下全局性能指标：

$$J(k)=\sum_{i=1}^{m}\left(\sum_{l=1}^{P}\left\|\boldsymbol{y}_i(k+l)-\boldsymbol{y}_i^{\mathrm{d}}(k+l)\right\|_{\boldsymbol{Q}_i}^2+\sum_{l=1}^{M}\left\|\Delta\boldsymbol{u}_i(k+l-1)\right\|_{\boldsymbol{R}_i}^2\right) \tag{6-3}$$

其中，$\boldsymbol{y}_i^{\mathrm{d}}$ 为 $\mathcal{S}_i$ 的输出设定值；$\Delta\boldsymbol{u}_i(k)=\boldsymbol{u}_i(k)-\boldsymbol{u}_i(k-1)$为 $\mathcal{S}_i$ 的输入增量；$\boldsymbol{Q}_i$ 和$\boldsymbol{R}_i$ 为权重矩阵；$P,M\in\mathbb{N}$，$P\geqslant M$，分别是预测时域和控制时域。

本节将介绍保证稳定性的能够改善闭环系统全局优化性能的非迭代协调分布式预测控制器的设计。

6.2.2 局部预测控制器设计

本节介绍的协调分布式预测控制是由一系列独立的控制器 $\mathcal{C}_i$（$i=1,2,\cdots,m$）组成，每个控制器 $\mathcal{C}_i$ 负责控制相应的子系统 $\mathcal{S}_i$（$i=1,2,\cdots,m$）。每个控制器可通过网络系统和其它控制器交换信息。为了简化问题，便于分析，作如下假设。

假设 6.1

① 与控制程序的计算时间相比，采样间隔通常较长，因此假设控制器的计算是同步的；

② 控制器在每个采样周期内通信一次；

③ 局部状态量 $\boldsymbol{x}_i(k)$, $i=1,2,\cdots,m$ 是可测的。

同时，为了便于说明算法，表 6-1 定义了文中的一些常用符号。

表 6-1 符号定义

符号	定义及解释
$\mathrm{diag}_a\{\boldsymbol{A}\}$	a 个 $\boldsymbol{A}$ 组成的块对角矩阵
$\lambda_j\{\boldsymbol{A}\}$	矩阵 $\boldsymbol{A}$ 的第 j 个特征值
$O(a)$	与 a 成正比
$\boldsymbol{0}_{a\times b}$	$a\times b$ 零矩阵
$\boldsymbol{0}_a$	$a\times a$ 零矩阵
$\boldsymbol{I}_a$	$a\times a$ 单位矩阵
$\hat{\boldsymbol{x}}_i(l\mid h)$	在 h 时刻，由 $\mathcal{C}_i$ 所计算出的 $\boldsymbol{x}_i(l)$ 预测值
$\hat{\boldsymbol{y}}_i(l\mid h)$	在 h 时刻，由 $\mathcal{C}_i$ 所计算出的 $\boldsymbol{y}_i(l)$ 预测值
$\boldsymbol{u}_i(l\mid h)$	在 h 时刻，由 $\mathcal{C}_i$ 所计算出的 $\boldsymbol{u}_i(l)$ 输入值
$\Delta\boldsymbol{u}_i(l\mid h)$	在 h 时刻，由 $\mathcal{C}_i$ 所计算出的 $\boldsymbol{u}_i(l)$ 输入增量
$\hat{\boldsymbol{y}}_i^{\mathrm{d}}(l\mid h)$	$\boldsymbol{y}_i(l\mid h)$ 的设定值
$\boldsymbol{y}^{\mathrm{d}}(l\mid h)$	$\boldsymbol{y}(l\mid h)$ 的设定值
$\hat{\boldsymbol{x}}^i(l\mid h)$	在 h 时刻，由 $\mathcal{C}_i$ 所计算出的 $\boldsymbol{x}(l)$ 预测值
$\hat{\boldsymbol{y}}^i(l\mid h)$	在 h 时刻，由 $\mathcal{C}_i$ 所计算出的 $\boldsymbol{y}(l)$ 预测值
$\boldsymbol{U}_i(l,p\mid h)$	系统 $\mathcal{S}_i$ 的输入序列向量，$\boldsymbol{U}_i(l,p\mid h)=[\boldsymbol{u}_i^{\mathrm{T}}(l\mid h)\ \boldsymbol{u}_i^{\mathrm{T}}(l+1\mid h)\ \cdots\ \boldsymbol{u}_i^{\mathrm{T}}(l+p\mid h)]^{\mathrm{T}}$
$\Delta\boldsymbol{U}_i(l,p\mid h)$	系统 $\mathcal{S}_i$ 的输入增量序列向量，$\Delta\boldsymbol{U}_i(l,p\mid h)=[\Delta\boldsymbol{u}_i^{\mathrm{T}}(l\mid h)\ \Delta\boldsymbol{u}_i^{\mathrm{T}}(l+1\mid h)\ \cdots\ \Delta\boldsymbol{u}_i^{\mathrm{T}}(l+p\mid h)]^{\mathrm{T}}$
$\boldsymbol{U}(l,p\mid h)$	全系统的输入序列，$\boldsymbol{U}(l,p\mid h)=[\boldsymbol{u}^{\mathrm{T}}(l\mid h)\ \boldsymbol{u}^{\mathrm{T}}(l+1\mid h)\ \cdots\ \boldsymbol{u}^{\mathrm{T}}(l+p\mid h)]^{\mathrm{T}}$
$\hat{\boldsymbol{X}}^i(l,p\mid h)$	由 $\mathcal{C}_i$ 计算获得的全系统状态向量，$\hat{\boldsymbol{X}}^i(l,p\mid h)=[\hat{\boldsymbol{x}}^{i\mathrm{T}}(l\mid h)\ \hat{\boldsymbol{x}}^{i\mathrm{T}}(l+1\mid h)\ \cdots\ \hat{\boldsymbol{x}}^{i\mathrm{T}}(l+p\mid h)]^{\mathrm{T}}$
$\hat{\boldsymbol{X}}_i(l,p\mid h)$	系统 $\mathcal{S}_i$ 的从 l 到 $l+p$ 时刻的预测状态序列向量，$\hat{\boldsymbol{X}}_i(l,p\mid h)=[\hat{\boldsymbol{x}}_i^{\mathrm{T}}(l\mid h)\ \hat{\boldsymbol{x}}_i^{\mathrm{T}}(l+1\mid h)\ \cdots\ \hat{\boldsymbol{x}}_i^{\mathrm{T}}(l+p\mid h)]^{\mathrm{T}}$
$\hat{\boldsymbol{X}}(l,p\mid h)$	全系统状态向量的预估序列，$\hat{\boldsymbol{X}}(l,p\mid h)=[\hat{\boldsymbol{x}}^{\mathrm{T}}(l\mid h)\ \hat{\boldsymbol{x}}^{\mathrm{T}}(l+1\mid h)\ \cdots\ \hat{\boldsymbol{x}}^{\mathrm{T}}(l+p\mid h)]^{\mathrm{T}}$

续表

符号	定义及解释
$\hat{\mathbf{Y}}^i(l,p\mid h)$	在 $\mathcal{S}_i$ 中计算得到的全系统输出序列$\hat{\mathbf{Y}}^i(l,p\mid h)=[\hat{\mathbf{y}}^{i\mathrm{T}}(l\mid h)\ \hat{\mathbf{y}}^{i\mathrm{T}}(l+1\mid h)\ \cdots\ \hat{\mathbf{y}}^{i\mathrm{T}}(l+p\mid h)]^{\mathrm{T}}$
$\mathbf{Y}(l,p\mid h)$	全系统输出序列,$\mathbf{Y}(l,p\mid h)=[\mathbf{y}^{\mathrm{T}}(l\mid h)\ \mathbf{y}^{\mathrm{T}}(l+1\mid h)\ \cdots\ \mathbf{y}^{\mathrm{T}}(l+p\mid h)]^{\mathrm{T}}$
$\mathbf{Y}^{\mathrm{d}}(l,p\mid h)$	$\mathbf{Y}(l,p\mid h)$的设定值
$\hat{\mathbb{X}}(l,p\mid h)$	各子系统状态预估序列连接而成的向量,$\hat{\mathbb{X}}(l,p\mid h)=[\hat{\mathbf{X}}_1^{\mathrm{T}}(l,p\mid h)\ \cdots\ \hat{\mathbf{X}}_m^{\mathrm{T}}(l,p\mid h)]^{\mathrm{T}}$
$\hat{\mathbb{Y}}^{\mathrm{d}}(l,p\mid h)$	各子系统输出设定值序列相互连接构造的对角阵,$\hat{\mathbb{Y}}^{\mathrm{d}}(l,p\mid h)=\mathrm{diag}_m(\mathbf{Y}^{\mathrm{d}})$
$\hat{\mathbb{U}}(l,p\mid h)$	各子系统输入序列连接而成的向量,$\mathbb{U}(l,p\mid h)=[\mathbf{U}_1^{\mathrm{T}}(l,p\mid h)\ \cdots\ \mathbf{U}_m^{\mathrm{T}}(l,p\mid h)]^{\mathrm{T}}$

注：a 和 b 为常量；p，l，h 为正数且 $h<l$；$\mathbf{A}$ 为矩阵。

6.2.2.1 局部控制器优化问题数学描述

(1) 性能指标

由于 $\mathcal{S}_i$ 的最优控制决策会影响甚至会破坏其它子系统的优化性能，所以为了改善闭环系统的整体性能，在 $\mathcal{S}_i$ 的控制器 $\mathcal{S}_i$ 寻找最优解的时候应该考虑其它子系统的性能。因此，在本节设计的分布式预测控制中，每个子系统控制器 $\mathcal{C}_i$，$i=1,\cdots,m$，优化如下“全局性能指标”：

$$\overline{J}_i(k)=\sum_{l=1}^{P}\left\|\hat{\mathbf{y}}^i(k+l\mid k)-\mathbf{y}^{\mathrm{d}}(k+l\mid k)\right\|_{\mathbf{Q}}^2+\sum_{l=1}^{M}\left\|\Delta\mathbf{u}_i(k+l-1\mid k)\right\|_{\mathbf{R}_i}^2 \tag{6-4}$$

其中，$\mathbf{Q}=\mathrm{diag}\{\mathbf{Q}_1,\mathbf{Q}_2,\cdots,\mathbf{Q}_m\}$。另外，在该性能指标中不包括 $\Delta\mathbf{u}_j(k+l-1\mid k)$ 是因为 $\mathcal{S}_j$ 的未来输入序列不是当前子系统控制律的函数。

(2) 预测模型

由于在一个或几个控制周期后，其它子系统的状态演化会受到$\mathbf{u}_i(k)$的影响，所以，在计算过程中应考虑这部分影响。另外，由于各子系统同步计算，所以，只有在一个采样间隔时间后，其它子系统的信息才可被使用。考虑到这些因素，在 k 时刻子系统 l 步之后的状态和输出可采用下式进行预测：

$$\begin{cases}\hat{\mathbf{x}}^i(k+l+1\mid k)=\mathbf{A}^l\mathbf{L}_i\mathbf{x}(k)+\mathbf{A}^l\mathbf{L}'_i\hat{\mathbf{x}}(k\mid k-1)+\\ \displaystyle\sum_{s=1}^{l}\mathbf{A}^{s-1}\mathbf{B}_i\mathbf{u}_i(k+l\mid k)+\sum_{\substack{j\in\{1,\cdots,m\}\\ j\neq i}},\sum_{s=1}^{l}\mathbf{A}^{s-1}\mathbf{B}_j\mathbf{u}_j(k+l\mid k-1)\\ \hat{\mathbf{y}}^i(k+l+1\mid k)=\mathbf{C}\hat{\mathbf{x}}^i(k+l+1\mid k)\end{cases} \tag{6-5}$$

其中

$$L_i = [\mathbf{0}_{n_{xi} \times \sum_{j=1}^{i-1} n_{xj}} \quad \boldsymbol{I}_{n_{xi}} \quad \mathbf{0}_{n_{xi} \times \sum_{j=i+1}^{m} n_{xj}}]$$

$$L_i' = \mathrm{diag}\{\boldsymbol{I}_{\sum_{j=1}^{i-1} n_{xj}}, \mathbf{0}_{n_{xi}}, \boldsymbol{I}_{\sum_{j=i+1}^{m} n_{xj}}\}$$

$$\boldsymbol{B}_i = [\boldsymbol{B}_{1i}^{\mathrm{T}} \quad \boldsymbol{B}_{2i}^{\mathrm{T}} \quad \cdots \quad \boldsymbol{B}_{mi}^{\mathrm{T}}]^{\mathrm{T}}$$

备注 6.1 以上预测模型的输入值仍然是 $\mathcal{S}_i$ 的输入值，其它子系统的输入值和状态被视为可测干扰。控制器 $\mathcal{C}_i$ 需要获得所有其它子系统在当前时刻的预估状态值和控制输入序列的预估值。

(3) 优化问题

问题 6.1 对每个独立控制器 $\mathcal{C}_i$，$i=1,\cdots,m$，在 k 时刻，预测时域为 P、控制时域为 M 的无约束分布式协调预测控制问题为：在满足系统方程约束条件下，寻找使得全局性能指标最小的最优控制律 $\boldsymbol{U}_i(k, M|k)$，即

$$\min_{\Delta U_i(k,M|k)} \sum_{l=1}^{P} \left\| \hat{\boldsymbol{y}}^i(k+l|k) - \boldsymbol{y}^{\mathrm{d}}(k+l|k) \right\|_{\boldsymbol{Q}}^2 + \sum_{l=1}^{M} \left\| \Delta \boldsymbol{u}_i(k+l-1|k) \right\|_{\boldsymbol{R}_i}^2$$
s. t. Eq. (6-5)

(6-6)

在 k 时刻，控制器 $\mathcal{C}_i$ 根据从网络得到的 $\boldsymbol{U}_j(k+l|k-1)$ 和 $\boldsymbol{x}(k)$ 信息，分别求解各自的最优化问题 6.1。选择最优输入序列的第一个元素，并将 $\boldsymbol{u}_i(k) = \boldsymbol{u}_i(k-1) + \Delta \boldsymbol{u}_i(k|k)$ 应用于 $\mathcal{S}_i$。然后，通过网络把最优控制序列发送给其它子系统。在 $k+1$ 时刻，每个局部控制器根据更新的状态信息和接收到的其它子系统的输入序列预估值重复以上求解和信息交换过程。

6.2.2.2 闭环系统解析解

本部分主要给出本节所介绍的协调分布式预测控制的解析解。为了得到解析解，首先将分布式预测控制问题 6.1 转换为在每个采样时刻在线求解一个局部的标准二次规划问题。

定义

$$\widetilde{\boldsymbol{T}}_i = \mathrm{diag}\{I_{\sum_{j=1}^{i-1} n_{uj}}, \mathbf{0}_{n_{ui}}, I_{\sum_{j=i+1}^{M} n_{uj}}\} \tag{6-7}$$

$$\widetilde{\boldsymbol{B}}_i = \begin{bmatrix} \mathbf{0}_{(M-1)n_x \times n_u} & \mathrm{diag}_{M-1}\{\boldsymbol{B}\widetilde{\boldsymbol{T}}_i\} \\ \mathbf{0}_{n_x \times (M-1)n_u} & \boldsymbol{B}\boldsymbol{T}_i \\ \vdots & \vdots \\ \mathbf{0}_{n_x \times (M-1)n_u} & \boldsymbol{B}\boldsymbol{T}_i \end{bmatrix} \tag{6-8}$$

$$\overline{\boldsymbol{S}}=\begin{bmatrix}\boldsymbol{A}^0 & \boldsymbol{0} & \cdots & \boldsymbol{0}\\ \boldsymbol{A}^1 & \boldsymbol{A}^0 & \ddots & \vdots\\ \vdots & \ddots & \ddots & \boldsymbol{0}\\ \boldsymbol{A}^{P-1} & \cdots & \boldsymbol{A}^1 & \boldsymbol{A}^0\end{bmatrix},\overline{\boldsymbol{A}}_a=\begin{bmatrix}\boldsymbol{A}\\ \boldsymbol{0}\\ \vdots\\ \boldsymbol{0}\end{bmatrix} \tag{6-9}$$

$$\overline{\boldsymbol{C}}_a=\mathrm{diag}_P\{\boldsymbol{C}\} \tag{6-10}$$

$$\widetilde{\boldsymbol{B}}_i=\left[\begin{array}{c:c}\boldsymbol{0}_{(M-1)n_x\times n_{ui}} & \mathrm{diag}_{M-1}\{\boldsymbol{B}_i\}\\ \hdashline \boldsymbol{0}_{n_x\times(M-1)n_{ui}} & \boldsymbol{B}_i\\ \vdots & \vdots\\ \boldsymbol{0}_{n_x\times(M-1)n_{ui}} & \boldsymbol{B}_i\end{array}\right]$$

$$\overline{\boldsymbol{\Gamma}}_i=\begin{bmatrix}\boldsymbol{I}_{n_{ui}} & \boldsymbol{0}_{n_{ui}} & \cdots & \boldsymbol{0}_{n_{ui}}\\ \boldsymbol{I}_{n_{ui}} & \boldsymbol{I}_{n_{ui}} & \ddots & \vdots\\ \vdots & \ddots & \ddots & \boldsymbol{0}_{n_{ui}}\\ \boldsymbol{I}_{n_{ui}} & \cdots & \boldsymbol{I}_{n_{ui}} & \boldsymbol{I}_{n_{ui}}\end{bmatrix},\boldsymbol{\Gamma}_i'=[\overbrace{\boldsymbol{I}_{n_{ui}}\quad\cdots\quad\boldsymbol{I}_{n_{ui}}}^{M}]^{\mathrm{T}} \tag{6-11}$$

$$\boldsymbol{N}_i=\overline{\boldsymbol{C}}_a\overline{\boldsymbol{S}}\ \overline{\boldsymbol{B}}_i\overline{\boldsymbol{\Gamma}}_i,\overline{\boldsymbol{Q}}=\mathrm{diag}_P\{\boldsymbol{Q}\},\overline{\boldsymbol{R}}_i=\mathrm{diag}_M\{\boldsymbol{R}_i\} \tag{6-12}$$

则以下引理可由方程式(6-5) 和式(6-7)～式(6-12) 得出。

引理 6.1 **(二次规划形式)** 根据假设 6.1，在 k 时刻，每个局部控制器 $\mathcal{C}_i$，$i=1,\cdots,m$ 求解下列优化问题：

$$\min_{\Delta U_i(k,M|k)}[\Delta\boldsymbol{U}_i^{\mathrm{T}}(k,M|k)\boldsymbol{H}_i\Delta\boldsymbol{U}_i(k,M|k)-\boldsymbol{G}_i(k+1,P|k)\Delta\boldsymbol{U}_i(k,M|k)] \tag{6-13}$$

其中，$\boldsymbol{H}_i$ 为正定矩阵，且

$$\boldsymbol{H}_i=\boldsymbol{N}_i^{\mathrm{T}}\overline{\boldsymbol{Q}}\boldsymbol{N}_i+\overline{\boldsymbol{R}}_i \tag{6-14}$$

$$\boldsymbol{G}_i(k+1,P|k)=2\boldsymbol{N}_i^{\mathrm{T}}\overline{\boldsymbol{Q}}[\boldsymbol{Y}^{\mathrm{d}}(k+1,P|k)-\hat{\boldsymbol{Z}}_i(k+1,P|k)] \tag{6-15}$$

$$\begin{aligned}\hat{\boldsymbol{Z}}_i(k+1,P|k)=\overline{\boldsymbol{C}}_a\overline{\boldsymbol{S}}[&\overline{\boldsymbol{B}}_i\boldsymbol{\Gamma}_i'\boldsymbol{u}_i(k-1)+\overline{\boldsymbol{A}}_a\boldsymbol{L}_i x_i(k|k)+\\ &\overline{\boldsymbol{A}}_a\boldsymbol{L}_i'\hat{\boldsymbol{x}}(k|k-1)+\widetilde{\boldsymbol{B}}_i\boldsymbol{U}(k-1,M|k-1)]\end{aligned} \tag{6-16}$$

证明 根据方程式(6-5) 和式(6-7)～式(6-12)，子系统 $\mathcal{S}_i$ 在 k 时刻计算得到的状态量的预测值和输出预测值可表示为

$$\begin{cases}\hat{\boldsymbol{X}}^i(k+1,P|k)=\overline{\boldsymbol{S}}[\overline{\boldsymbol{A}}_a\boldsymbol{L}_i\boldsymbol{x}_i(k)+\overline{\boldsymbol{B}}_i\boldsymbol{U}_i(k,M|k)+\\ \overline{\boldsymbol{A}}_a\boldsymbol{L}_i'\hat{\boldsymbol{x}}(k|k-1)+\widetilde{\boldsymbol{B}}_i\boldsymbol{U}(k-1,M|k-1)]\\ \hat{\boldsymbol{Y}}^i(k+1,P|k)=\overline{\boldsymbol{C}}_a\hat{\boldsymbol{X}}^i(k+1,P|k)\end{cases} \tag{6-17}$$

其中，规定$\hat{\boldsymbol{U}}(k-1,P|k-1)$和$\boldsymbol{U}_i(k,P|k)$的最后$P-M+1$个时刻的值分别与$\boldsymbol{U}(k-1,M|k-1)$和$\boldsymbol{U}_i(k,M|k)$的最后一项相等。

由于

$$\boldsymbol{u}_i(k+h|k)=\boldsymbol{u}_i(k-1)+\sum_{r=0}^{h}\Delta\boldsymbol{u}_i(k+r|k)$$

根据方程式(6-11)，可得出

$$\boldsymbol{U}_i(k,M|k)=\boldsymbol{\Gamma}'_i\boldsymbol{u}_i(k-1)+\overline{\boldsymbol{\Gamma}}_i\Delta\boldsymbol{U}_i(k,M|k) \tag{6-18}$$

将式(6-7)～式(6-12)和式(6-17)代入式(6-6)，可得出标准二次规划问题形式(6-13)。

根据二次规划形式(6-13)，可得问题6.1的解为

$$\Delta\boldsymbol{U}_i(k,M|k)=\frac{1}{2}\boldsymbol{H}_i^{-1}\boldsymbol{G}_i(k+1,P|k)$$

进一步可得定理6.1。

定理6.1（解析解） 如果假设6.1成立，则在k时刻，每个控制器$\mathcal{C}_i$，$i=1,\cdots,m$作用于相对应子系统$\mathcal{S}_i$，$i=1,\cdots,m$的控制律可由下列公式计算得到：

$$\boldsymbol{u}_i(k)=\boldsymbol{u}_i(k-1)+\boldsymbol{K}_i[\boldsymbol{Y}^{\mathrm{d}}(k+1,P|k)-\hat{\boldsymbol{Z}}_{\mathrm{i}}(k+1,P|k)] \tag{6-19}$$

其中

$$\begin{gathered}\boldsymbol{K}_i=\boldsymbol{\Gamma}_i\overline{\boldsymbol{K}}_i\\ \overline{\boldsymbol{K}}_i=\boldsymbol{H}_i^{-1}\boldsymbol{N}_i^{\mathrm{T}}\overline{\boldsymbol{Q}}\\ \boldsymbol{\Gamma}_i=[\boldsymbol{I}_{n_{u_i}}\quad \boldsymbol{0}_{n_{u_i}\times(M-1)n_{u_i}}]\end{gathered} \tag{6-20}$$

备注6.2 在$\mathcal{C}_i$中，求解解析解的复杂程度主要取决于$\boldsymbol{H}_i$的求逆计算。采用Gauss-Jordan算法对$\boldsymbol{H}_i$（$M\cdot n_{u_i}$维的矩阵）求逆的复杂程度为$O(M^3\cdot n_{u_i}^3)$。因此，分布式预测控制的整体计算复杂度为$O(M^3\cdot\sum_{i=1}^{n}n_{u_i}^3)$，而集中式预测控制的计算复杂度为$O[M^3\cdot(\sum_{i=1}^{n}n_{u_i})^3]$。

6.2.3 性能分析

6.2.3.1 闭环稳定性

根据定理6.1所给出的解析解，通过分析闭环系统模型的系数矩阵来分析闭环系统稳定性条件。

定义

$$\begin{gathered}\boldsymbol{\Omega}=[\boldsymbol{\Omega}_1^{\mathrm{T}}\quad\cdots\quad\boldsymbol{\Omega}_P^{\mathrm{T}}]^{\mathrm{T}}\\ \boldsymbol{\Omega}_l=\mathrm{diag}\{\boldsymbol{\Omega}_{1l},\cdots,\boldsymbol{\Omega}_{ml}\}\end{gathered}$$

$$\boldsymbol{\Omega}_{il}=[\mathbf{0}_{n_{x_i}\times(l-1)n_{x_i}}\quad \boldsymbol{I}_{n_{x_i}}\quad \mathbf{0}_{n_{x_i}\times(P-l)n_{x_i}}]$$
$$(i=1,\cdots,m;l=1,\cdots,P) \tag{6-21}$$

$$\boldsymbol{\Pi}=[\boldsymbol{\Pi}_1^{\mathrm{T}}\quad\cdots\quad\boldsymbol{\Pi}_M^{\mathrm{T}}]^{\mathrm{T}}$$
$$\boldsymbol{\Pi}_l=\operatorname{diag}\{\boldsymbol{\Pi}_{1l},\cdots,\boldsymbol{\Pi}_{ml}\}$$
$$\boldsymbol{\Pi}_{il}=[\mathbf{0}_{n_{u_i}\times(l-1)n_{u_i}}\quad \boldsymbol{I}_{n_{u_i}}\quad \mathbf{0}_{n_{u_i}\times(M-l)n_{u_i}}]$$
$$(i=1,\cdots,m;l=1,\cdots,M) \tag{6-22}$$

$$\begin{aligned}\overline{\boldsymbol{A}}&=\operatorname{diag}_m\{\overline{\boldsymbol{A}}_a\}\\ \overline{\boldsymbol{B}}&=\operatorname{diag}\{\overline{\boldsymbol{B}}_1,\cdots,\overline{\boldsymbol{B}}_m\}\\ \overline{\boldsymbol{C}}&=\operatorname{diag}_m\{\overline{\boldsymbol{C}}_a\}\\ \widetilde{\boldsymbol{B}}&=[\widetilde{\boldsymbol{B}}_1^{\mathrm{T}}\quad\cdots\quad\widetilde{\boldsymbol{B}}_m^{\mathrm{T}}]^{\mathrm{T}}\end{aligned} \tag{6-23}$$

$$\begin{aligned}\overline{\boldsymbol{L}}_i&=\operatorname{diag}_P\{\boldsymbol{L}_i^{\mathrm{T}}\}\\ \boldsymbol{L}&=\operatorname{diag}\{\boldsymbol{L}_1,\cdots,\boldsymbol{L}_m\}\\ \overline{\boldsymbol{L}}&=\operatorname{diag}\{\overline{\boldsymbol{L}}_1,\cdots,\overline{\boldsymbol{L}}_m\}\\ \boldsymbol{L}'&=[\boldsymbol{L}_1'^{\mathrm{T}}\quad\cdots\quad\boldsymbol{L}_m'^{\mathrm{T}}]^{\mathrm{T}}\\ \widetilde{\boldsymbol{L}}&=\boldsymbol{L}'[\boldsymbol{I}_{n_x}\quad\mathbf{0}_{n_x\times(P-1)n_x}]\end{aligned} \tag{6-24}$$

$$\begin{aligned}\boldsymbol{\Gamma}'&=\operatorname{diag}\{\boldsymbol{\Gamma}_1',\cdots,\boldsymbol{\Gamma}_m'\}\\ \boldsymbol{\Gamma}&=\operatorname{diag}\{\boldsymbol{\Gamma}_1,\cdots,\boldsymbol{\Gamma}_m\}\\ \boldsymbol{S}&=\operatorname{diag}_m\{\overline{\boldsymbol{S}}\}\\ \boldsymbol{\Xi}&=\operatorname{diag}\{\overline{\boldsymbol{\Gamma}}_1\overline{\boldsymbol{K}}_1,\cdots,\overline{\boldsymbol{\Gamma}}_m\overline{\boldsymbol{K}}_m\}\end{aligned} \tag{6-25}$$

$$\begin{aligned}\boldsymbol{\Theta}&=-\boldsymbol{\Xi}\overline{\boldsymbol{C}}\boldsymbol{S}\overline{\boldsymbol{A}}\boldsymbol{L}\\ \boldsymbol{\Phi}&=-\boldsymbol{\Xi}\overline{\boldsymbol{C}}\boldsymbol{S}\overline{\boldsymbol{A}}\widetilde{\boldsymbol{L}}\boldsymbol{\Omega}\\ \boldsymbol{\Psi}&=\boldsymbol{\Gamma}'\boldsymbol{\Gamma}-\boldsymbol{\Xi}\overline{\boldsymbol{C}}\boldsymbol{S}(\overline{\boldsymbol{B}}\boldsymbol{\Gamma}'\boldsymbol{\Gamma}+\widetilde{\boldsymbol{B}}\boldsymbol{\Pi})\end{aligned} \tag{6-26}$$

进而可得出定理 6.2。

定理 6.2 **（稳定性条件）** 当且仅当满足式(6-27) 时，应用在全局性能指标下计算出的控制律所获得的闭环系统是渐近稳定的。

$$|\lambda_j\{\boldsymbol{A}_N\}|<1,\forall j=1,\cdots,n_N \tag{6-27}$$

其中

$$\boldsymbol{A}_N=\begin{bmatrix}\boldsymbol{A} & \mathbf{0} & \boldsymbol{B\Gamma} & \mathbf{0}\\ \overline{\boldsymbol{L}}\boldsymbol{S}\overline{\boldsymbol{A}}\boldsymbol{L} & \overline{\boldsymbol{L}}\boldsymbol{S}\overline{\boldsymbol{A}}\widetilde{\boldsymbol{L}}\boldsymbol{\Omega} & \overline{\boldsymbol{L}}\boldsymbol{S}\overline{\boldsymbol{B}} & \overline{\boldsymbol{L}}\boldsymbol{S}\widetilde{\boldsymbol{B}}\boldsymbol{\Pi}\\ \boldsymbol{\Theta A}+\boldsymbol{\Phi}\overline{\boldsymbol{L}}\boldsymbol{S}\overline{\boldsymbol{A}}\boldsymbol{L} & \boldsymbol{\Phi}\overline{\boldsymbol{L}}\boldsymbol{S}\overline{\boldsymbol{A}}\widetilde{\boldsymbol{L}}\boldsymbol{\Omega} & \boldsymbol{\Theta B\Gamma}+\boldsymbol{\Phi}\overline{\boldsymbol{L}}\boldsymbol{S}\overline{\boldsymbol{B}}+\boldsymbol{\Psi} & \overline{\boldsymbol{\Phi L}}\boldsymbol{S}\widetilde{\boldsymbol{B}}\boldsymbol{\Pi}\\ \mathbf{0} & \mathbf{0} & \boldsymbol{I}_{Mn_u} & \mathbf{0}\end{bmatrix}$$

整个闭环系统的阶数为 $n_N = Pn_x + n_x + 2Mn_u$。

证明 根据式(6-7) 和式(6-13)，在 k 时刻，控制器 $\mathcal{C}_i$ 计算得到的 $\mathcal{S}_i$ 的未来状态序列预测值可表述为

$$\begin{aligned}\hat{\boldsymbol{X}}_i(k+1,P|k)=&\overline{\boldsymbol{L}}_i^{\mathrm{T}}\overline{\boldsymbol{S}}[\overline{\boldsymbol{A}}_a\boldsymbol{L}_i\boldsymbol{x}_i(k)+\overline{\boldsymbol{B}}_i\boldsymbol{U}_i(k,M|k)+\\&\overline{\boldsymbol{A}}_i\boldsymbol{L}_i'\hat{\boldsymbol{x}}(k|k-1)+\widetilde{\boldsymbol{B}}_i\boldsymbol{U}(k-1,M|k-1)]\end{aligned} \tag{6-28}$$

由式(6-21) 可知

$$\hat{\boldsymbol{X}}(k,P|k-1)=\boldsymbol{\Omega}\hat{\mathbb{X}}(k,P|k-1) \tag{6-29}$$

$$\boldsymbol{U}(k,M|k-1)=\boldsymbol{\Pi}\hat{\mathbb{U}}(k,M|k-1) \tag{6-30}$$

由方程式(6-29)、方程式(6-30)、方程式(6-23)～方程式(6-25) 和方程式(6-28)，所有子系统的状态预测序列连接而成的向量可表示为

$$\begin{aligned}\hat{\mathbb{X}}(k+1,P|k)=&\overline{\boldsymbol{L}}\boldsymbol{S}[\overline{\boldsymbol{A}}\boldsymbol{L}\boldsymbol{x}(k)+\overline{\boldsymbol{B}}\mathbb{U}(k,M|k)+\\&\overline{\boldsymbol{A}}\widetilde{\boldsymbol{L}}\boldsymbol{\Omega}\hat{\mathbb{X}}(k,P|k-1)+\widetilde{\boldsymbol{B}}\boldsymbol{\Pi}\mathbb{U}(k-1,M|k-1)]\end{aligned} \tag{6-31}$$

由于$\boldsymbol{u}_i(k-1)=\boldsymbol{\Gamma}_i\boldsymbol{U}_i(k-1,M|k-1)$，通过方程式(6-10) 和方程式(6-13)，可知

$$\begin{aligned}\boldsymbol{U}_i(k,M|k)=&\boldsymbol{\Gamma}_i'\boldsymbol{\Gamma}_i\boldsymbol{U}_i(k-1,M|k-1)+\\&\overline{\boldsymbol{\Gamma}}_i\overline{\boldsymbol{K}}_i[\boldsymbol{Y}^{\mathrm{d}}(k+1,P|k)-\hat{\boldsymbol{Z}}_i(k+1,P|k)]\end{aligned} \tag{6-32}$$

将式(6-16) 代入式(6-32)，由式(6-12)、式(6-23)～式(6-25)、式(6-29) 和式(6-30) 可知，所有子系统的最优控制序列连接而成的向量为

$$\begin{aligned}\mathbb{U}(k,M|k)=&\boldsymbol{\Psi}\mathbb{U}(k-1,M|k-1)+\\&\boldsymbol{\Theta}\boldsymbol{x}(k)+\boldsymbol{\Phi}\hat{\mathbb{X}}(k,P|k-1)+\boldsymbol{\Xi}\boldsymbol{Y}^{\mathrm{d}}(k+1,P|k)\end{aligned} \tag{6-33}$$

值得注意的是，所有控制器计算所得的反馈控制律为

$$\boldsymbol{u}(k)=\boldsymbol{\Gamma}\mathbb{U}(k,M|k) \tag{6-34}$$

将方程式(6-2)、方程式(6-31)、方程式(6-33) 和方程式(6-34) 合并，可得出闭环系统状态空间方程为

$$\boldsymbol{x}(k)=\boldsymbol{A}\boldsymbol{x}(k-1)+\boldsymbol{B}\boldsymbol{\Gamma}\mathbb{U}(k-1,M|k-1) \tag{6-35}$$

$$\begin{aligned}\hat{\mathbb{X}}(k,P|k-1)=&\overline{\boldsymbol{L}}\boldsymbol{S}[\overline{\boldsymbol{A}}\boldsymbol{L}\boldsymbol{x}(k-1)+\overline{\boldsymbol{B}}\mathbb{U}(k-1,M|k-1)+\\&\overline{\boldsymbol{A}}\widetilde{\boldsymbol{L}}\boldsymbol{\Omega}\hat{\mathbb{X}}(k-1,P|k-2)+\widetilde{\boldsymbol{B}}\boldsymbol{\Pi}\mathbb{U}(k-2,M|k-2)]\end{aligned} \tag{6-36}$$

$$\begin{aligned}\mathbb{U}(k,M|k)=&\boldsymbol{\Theta}[\boldsymbol{A}\boldsymbol{x}(k-1)+\boldsymbol{B}\boldsymbol{\Gamma}\mathbb{U}(k-1,M|k-1)]+\\&\boldsymbol{\Phi}\overline{\boldsymbol{L}}\boldsymbol{S}[\overline{\boldsymbol{A}}\boldsymbol{L}\boldsymbol{x}(k-1)+\overline{\boldsymbol{B}}\mathbb{U}(k-1,M|k-1)+\end{aligned}$$

$$\overline{\boldsymbol{A}}\widetilde{\boldsymbol{L}}\boldsymbol{\Omega}\hat{\mathbb{X}}(k-1,P|k-2)+\widetilde{\boldsymbol{B}}\boldsymbol{\Pi}\mathbb{U}(k-2,M|k-2)]+ \tag{6-37}$$

$$\boldsymbol{\Psi}\mathbb{U}(k-1,M|k-1)+\boldsymbol{\Xi}\mathbb{Y}^{\mathrm{d}}(k+1,P|k)$$

$$\boldsymbol{y}(k)=\boldsymbol{C}\boldsymbol{x}(k) \tag{6-38}$$

其中，根据状态完全可测这一假设，可用 $\boldsymbol{x}(k)$ 代替 $\hat{\boldsymbol{x}}(k|k)$。

定义扩展状态 $\boldsymbol{X}_N(k)=[\boldsymbol{x}^{\mathrm{T}}(k),\hat{\boldsymbol{X}}^{\mathrm{T}}(k,P|k-1),\boldsymbol{U}^{\mathrm{T}}(k,M|k),\boldsymbol{U}^{\mathrm{T}}(k-1,M|k-1)]^{\mathrm{T}}$，由方程式(6-35)～方程式(6-38)，可得到定理 6.2。

备注 6.3 方程式(6-27) 中所含动态矩阵 $\boldsymbol{A}_N$ 的前两个列块取决于矩阵 $\boldsymbol{A}$ 和矩阵 $\boldsymbol{B}$ 中的元素，而第三个列块则取决于 $\boldsymbol{A}$、$\boldsymbol{B}$、$\boldsymbol{C}$、$\boldsymbol{Q}$、$\boldsymbol{R}_i$、P 和 M。设计自由度为矩阵 $\boldsymbol{Q}$ 和 $\boldsymbol{R}_i$，以及参数 P 和 M。

6.2.3.2 优化性能分析

为了解释协调分布式预测控制和集中式预测控制之间的区别，将每个 $\mathcal{C}_i$，$i=1,\cdots,m$，的分布式预测控制的最优化问题重新改写为

$$\min_{\Delta U_i(k,M|k)}\sum_{l=1}^{P}\left\|\hat{\boldsymbol{y}}^i(k+l|k)-\boldsymbol{y}^{\mathrm{d}}(k+l|k)\right\|_{\boldsymbol{Q}}^2+\sum_{l=1}^{M}\left\|\Delta\boldsymbol{u}_i(k+l-1|k)\right\|_{\boldsymbol{R}_i}^2$$

$$\text{s. t.}\begin{bmatrix}\hat{\boldsymbol{x}}_1^i(k+l+1|k)\\ \vdots\\ \hat{\boldsymbol{x}}_{i-1}^i(k+l+1|k)\\ \hat{\boldsymbol{x}}_i(k+l+1|k)\\ \hat{\boldsymbol{x}}_{i+1}^i(k+l+1|k)\\ \vdots\\ \hat{\boldsymbol{x}}_m^i(k+l+1|k)\end{bmatrix}=\boldsymbol{A}^l\begin{bmatrix}\hat{\boldsymbol{x}}_1(k|k-1)\\ \vdots\\ \hat{\boldsymbol{x}}_{i-1}(k|k-1)\\ \boldsymbol{x}_i(k|k)\\ \hat{\boldsymbol{x}}_{i+1}(k|k-1)\\ \vdots\\ \hat{\boldsymbol{x}}_m(k|k-1)\end{bmatrix}+\sum_{s=1}^{l}\boldsymbol{A}^{s-1}\boldsymbol{B}\widetilde{\boldsymbol{U}}(k,l|k)$$

$$\widetilde{\boldsymbol{U}}(k,M|k)=[\boldsymbol{u}_1^{\mathrm{T}}(k|k-1)\quad\cdots\quad\boldsymbol{u}_{i-1}^{\mathrm{T}}(k|k-1)\quad\boldsymbol{u}_i^{\mathrm{T}}(k|k)$$
$$\boldsymbol{u}_{i+1}^{\mathrm{T}}(k|k-1)\quad\cdots\quad\boldsymbol{u}_m^{\mathrm{T}}(k|k-1)\quad\cdots$$
$$\boldsymbol{u}_1^{\mathrm{T}}(k+l|k-1)\quad\cdots\quad\boldsymbol{u}_{i-1}^{\mathrm{T}}(k+l|k-1)\quad\boldsymbol{u}_i^{\mathrm{T}}(k+l|k)$$
$$\boldsymbol{u}_{i+1}^{\mathrm{T}}(k+l|k-1)\quad\cdots\quad\boldsymbol{u}_m^{\mathrm{T}}(k+l|k-1)]^{\mathrm{T}}$$
$$\hat{\boldsymbol{y}}^i(k+l|k)=\boldsymbol{C}\hat{\boldsymbol{x}}^i(k+l|k) \tag{6-39}$$

集中式预测控制的最优化问题可表示为

$$\min_{\Delta U_i(k,M|k)}\sum_{l=1}^{P}\left\|\hat{\boldsymbol{y}}(k+l|k)-\boldsymbol{y}^{\mathrm{d}}(k+l|k)\right\|_{\boldsymbol{Q}}^2+\sum_{l=1}^{M}\left\|\Delta\boldsymbol{u}_i(k+l-1|k)\right\|_{\boldsymbol{R}_i}^2$$

$$\text{s. t.} \begin{bmatrix} \hat{\boldsymbol{x}}_1(k+l+1|k) \\ \vdots \\ \hat{\boldsymbol{x}}_{i-1}(k+l+1|k) \\ \hat{\boldsymbol{x}}_i(k+l+1|k) \\ \hat{\boldsymbol{x}}_{i+1}(k+l+1|k) \\ \vdots \\ \hat{\boldsymbol{x}}_m(k+l+1|k) \end{bmatrix} = \boldsymbol{A}^l \begin{bmatrix} \boldsymbol{x}_1(k|k) \\ \vdots \\ \boldsymbol{x}_{i-1}(k|k) \\ \boldsymbol{x}_i(k|k) \\ \boldsymbol{x}_{i+1}(k|k) \\ \vdots \\ \boldsymbol{x}_m(k|k) \end{bmatrix} + \sum_{s=1}^{l} \boldsymbol{A}^{s-1}\boldsymbol{B}\boldsymbol{U}(k,l|k)$$

$$\begin{aligned} \widetilde{\boldsymbol{U}}(k,M|k) = [&\boldsymbol{u}_1^{\mathrm{T}}(k|k) \quad \cdots \quad \boldsymbol{u}_{i-1}^{\mathrm{T}}(k|k) \quad \boldsymbol{u}_i^{\mathrm{T}}(k|k) \\ &\boldsymbol{u}_{i+1}^{\mathrm{T}}(k|k) \quad \cdots \quad \boldsymbol{u}_m^{\mathrm{T}}(k|k) \quad \cdots \\ &\boldsymbol{u}_1^{\mathrm{T}}(k+l|k) \quad \cdots \quad \boldsymbol{u}_{i-1}^{\mathrm{T}}(k+l|k) \quad \boldsymbol{u}_i^{\mathrm{T}}(k+l|k) \\ &\boldsymbol{u}_{i+1}^{\mathrm{T}}(k+l|k) \quad \cdots \quad \boldsymbol{u}_m^{\mathrm{T}}(k+l|k)]^{\mathrm{T}} \end{aligned}$$

$$\hat{\boldsymbol{y}}(k+l|k) = \boldsymbol{C}\hat{\boldsymbol{x}}(k+l|k) \tag{6-40}$$

可见，方程式(6-39)和方程式(6-40)的性能指标相同，而且状态演化模型也类似。二者之间的唯一区别是，在分布式预测控制中，其它子系统 k 时刻的未来控制序列是 $k-1$ 时刻计算得到的估计值。若有干扰因素，在 k 时刻计算得到的子系统的状态与 $k-1$ 时刻计算得到的值就会不相等，这会对闭环系统的最终性能产生影响。尽管如此，协调分布式预测控制的最优化问题和集中式的分布式预测控制的最优化问题依然很相近。

6.2.4 仿真实例

本部分对协调分布式预测控制的性能和第 5 章介绍的基于局部性能指标的预测控制的性能进行了研究和对比。采用第 5 章中的最小相位系统，以 0.2s 为采样时间，将此系统离散化，得

$$\begin{bmatrix} y_1(z) \\ y_2(z) \end{bmatrix} = \begin{bmatrix} \dfrac{-0.024(z-1.492)(z+0.810)}{(z-0.819)(z^2-1.922z+0.961)} & \alpha\dfrac{0.018(z+0.935)}{z^2-1.676z+0.819} \\ \alpha\dfrac{0.126}{z-0.368} & \dfrac{0.147(z-0.668)}{z^2-1.572z+0.670} \end{bmatrix} \begin{bmatrix} u_1(z) \\ u_2(z) \end{bmatrix}$$

S 的状态空间实现相应的系数矩阵为

$$\boldsymbol{A} = \begin{bmatrix} \boldsymbol{A}_{11} & 0 \\ 0 & \boldsymbol{A}_{22} \end{bmatrix}$$

$$\boldsymbol{A}_{11}=\begin{bmatrix}2.74 & -1.27 & 0.97 & 0\\ 2 & 0 & 0 & 0\\ 0 & 0.5 & 0 & 0\\ 0 & 0 & 0 & 0.37\end{bmatrix}$$

$$\boldsymbol{A}_{22}=\begin{bmatrix}1.68 & -0.82 & 0 & 0\\ 1 & 0 & 0 & 0\\ 0 & 0 & 1.57 & -0.67\\ 0 & 0 & 1 & 0\end{bmatrix}$$

$$\boldsymbol{B}=\begin{bmatrix}\boldsymbol{B}_{11} & 0\\ 0 & \boldsymbol{B}_{22}\end{bmatrix}$$

$$\boldsymbol{B}_{11}=\begin{bmatrix}0.25\\ 0\\ 0\\ 0.5\end{bmatrix}\quad \boldsymbol{B}_{22}=\begin{bmatrix}0.25\\ 0\\ 0.5\\ 0\end{bmatrix}$$

$$\boldsymbol{C}=\begin{bmatrix}\boldsymbol{C}_{11} & \boldsymbol{C}_{12}\\ \boldsymbol{C}_{21} & \boldsymbol{C}_{22}\end{bmatrix}$$

$$\boldsymbol{C}_{11}=[-0.1\quad 0.03\quad 0.12\quad 0]$$

$$\boldsymbol{C}_{12}=\alpha[0.07\quad 0.07\quad 0\quad 0]$$

$$\boldsymbol{C}_{21}=\alpha[0\quad 0\quad 0\quad 2.25]$$

$$\boldsymbol{C}_{22}=[0\quad 0\quad 0.29\quad -0.20]$$

将 $\mathcal{S}$ 分解为 SISO 子系统 $\mathcal{S}_1$ 和 $\mathcal{S}_2$，其相应的状态空间模型系数分别为 $\{\boldsymbol{A}_{11},\boldsymbol{B}_{11},\boldsymbol{C}_{11}\}$ 和 $\{\boldsymbol{A}_{22},\boldsymbol{B}_{22},\boldsymbol{C}_{22}\}$。$\mathcal{S}_1$ 和 $\mathcal{S}_2$ 之间的相互作用的大小用参数 α 表示。

与基于局部性能指标的分布式预测控制类似，协调分布式预测控制的稳定性取决于 P、M、$\boldsymbol{Q}$ 和 $\boldsymbol{R}_i$，$i=1,\cdots,m$ 等因素能否满足定理 6.2 的有关条件。此外，为了简化计算，选择 $P=M$，$\boldsymbol{R}=\gamma\boldsymbol{I}_u$ 和 $\boldsymbol{Q}=\boldsymbol{I}_y$ 进行计算。

三维图 6-1(a)、图 6-2(a) 和图 6-3(a) 分别显示了在不同的 γ 和 P 组合下，闭环系统的最大特征值。z 轴代表最大特征值，x 轴和 y 轴分别代表 γ 的对数和 P。图 6-1(b)、图 6-2(b) 和图 6-3(b) 表示了闭环系统的控制性能，其中点画线为输出设定值，实线为基于局部性能指标的分布式预测控制作用下系统的输入值和输出值，虚线代表协调分布式预测控制作用下系统的输入值和输出值。

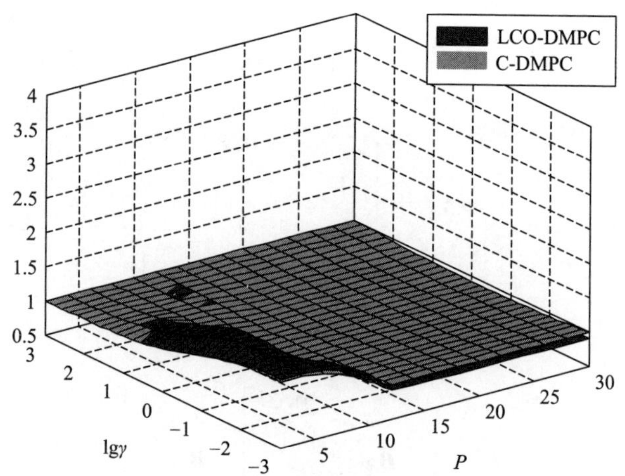

(a) 协调分布式预测控制和基于局部性能指标的分布式预测控制的最大闭环特征值

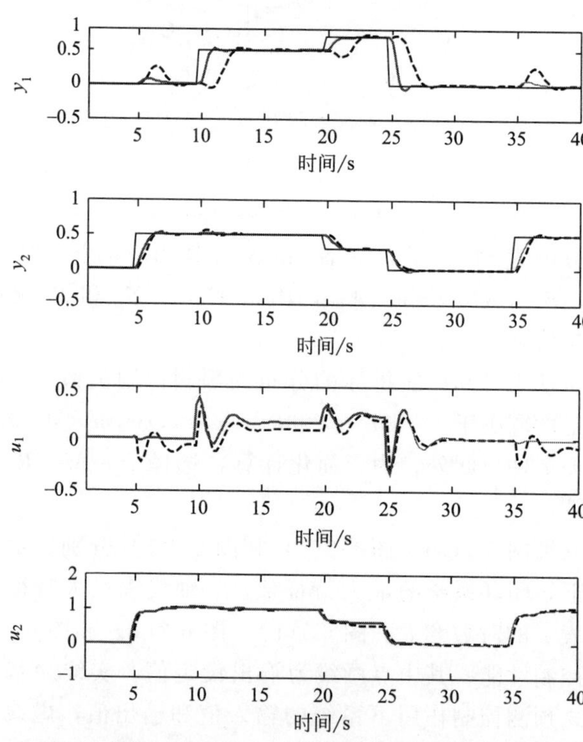

(b) 基于局部性能指标的分布式预测控制(虚线，均方误差=0.2568)和协调分布式预测控制(灰线，均方误差=0.2086)的控制性能

图 6-1 参数 $\alpha=0.1$、$\gamma=1$ 时闭环系统的最大特征值和控制性能

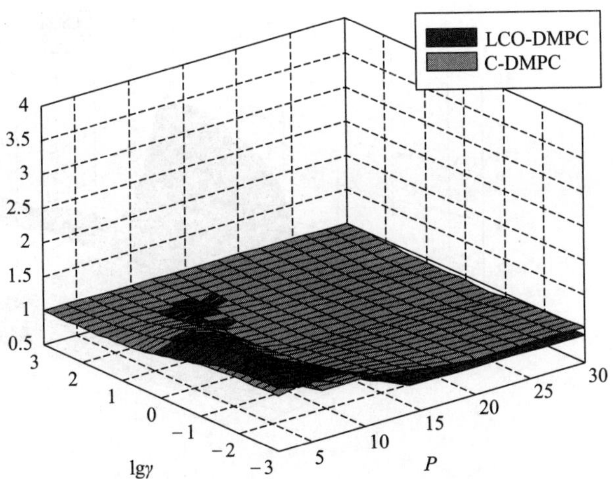

(a) 基于局部性能指标的分布式预测控制和协调分布式预测控制的最大闭环特征值

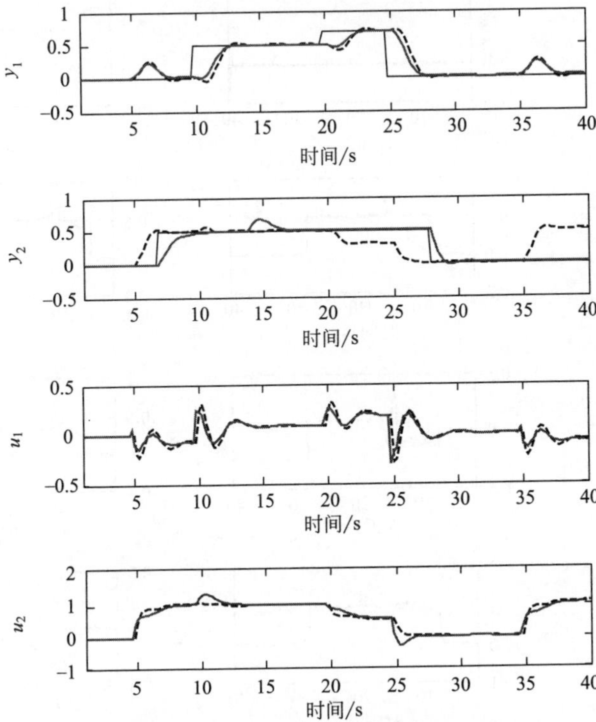

(b) 基于局部性能指标的分布式预测控制(虚线，均方误差=0.2277)和协调分布式预测控制(灰线，均方误差=0.2034)的控制性能

图 6-2 参数 $\alpha=0.1$ 时闭环系统的最大特征值和控制性能

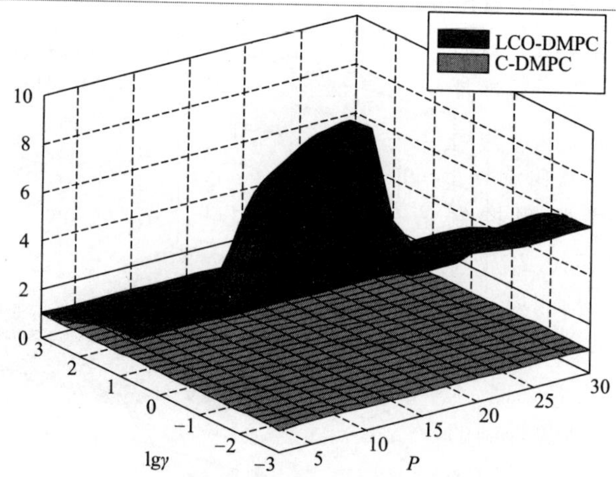

(a) 基于局部性能指标的分布式预测控制和协调分布式预测控制的最大闭环特征值

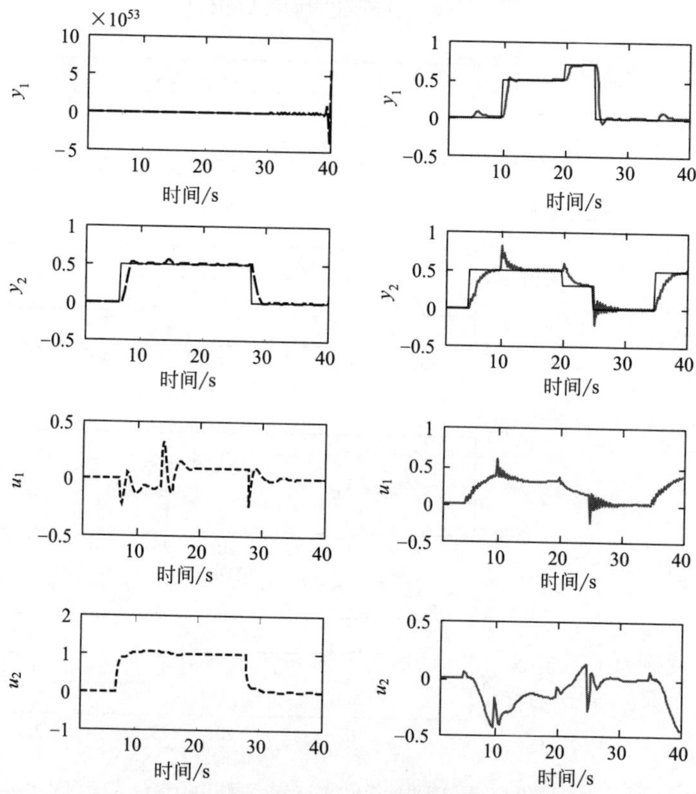

(b) 基于局部性能指标的分布式预测控制(虚线，不稳定性)和协调分布式预测控制(灰线，均方误差=0.1544)的控制性能

图 6-3 参数 $\alpha=10$ 时闭环系统的最大特征值和控制性能

由图可以看出，系统稳定性取决于参数 γ 和 P。对于较弱的相互耦合作用［图 6-1(a)］和［图 6-2(a)］，协调分布式预测控制的参数调整范围和基于局部性能指标的分布式预测控制的范围类似。值得指出的是，协调分布式预测控制的闭环系统表现出了更好的整体性能。当 $\alpha=0.1$ 和 $\alpha=1$ 时，协调分布式预测控制的输出均方误差要小于基于局部性能指标分布式预测控制的输出均方误差，分别为（0.2086，0.2034）和（0.2568,0.2277）。当 $\alpha=10$、$\gamma=1$ 和 $P=20$ 时，基于局部性能指标的分布式预测控制作用下的闭环系统不具备稳定性，而本章中的协调分布式预测控制的闭环系统具有稳定性。

总之，协调分布式预测控制的参数调整范围比基于局部性能指标的分布式预测控制的参数调整范围大。通常情况下，稳定性区域和预测时域 P 以及 γ 相关，而且，不管子系统相互耦合关系的强弱与否，协调分布式预测控制都能表现出较好的整体性能。

6.3 保证稳定性的约束协调分布式预测控制[3]

6.3.1 分布式系统描述

不失一般性，假设系统由 m 个离散的线性子系统 $\mathcal{S}_i$，$i\in\mathcal{P}$，$\mathcal{P}=\{1,\cdots,m\}$ 构成。每个子系统之间通过状态相互关联，这样，子系统 $\mathcal{S}_i$ 可以表示成

$$\begin{cases}\boldsymbol{x}_i(k+1)=\boldsymbol{A}_{ii}\boldsymbol{x}_i(k)+\boldsymbol{B}_{ii}\boldsymbol{u}_i(k)+\sum\limits_{j\in P_{+i}}\boldsymbol{A}_{ij}\boldsymbol{x}_j(k)\\ \boldsymbol{y}_i(k)=\boldsymbol{C}_{ii}\boldsymbol{x}_i(k)\end{cases}\tag{6-41}$$

其中，$\boldsymbol{x}_i\in\mathbb{R}^{n_{x_i}}$、$\boldsymbol{u}_i\in\mathcal{U}_i\subset\mathbb{R}^{n_{u_i}}$ 和 $\boldsymbol{y}_i\in\mathbb{R}^{n_{y_i}}$ 分别是子系统的状态、输入和输出向量。$\mathcal{U}_i$ 是包含原点的输入 $\boldsymbol{u}_i$ 的可行集，由系统的物理约束等条件确定。非零矩阵 $\boldsymbol{A}_{ij}$ 表示子系统 $\mathcal{S}_i$ 受子系统 $\mathcal{S}_j$，$j\in\mathcal{P}$ 影响。子系统 $\mathcal{S}_j$ 被称为子系统 $\mathcal{S}_i$ 的上游系统。定义 $\mathcal{P}_{+i}$ 是 $\mathcal{S}_i$ 的所有上游系统的集合，相应地定义 $\mathcal{P}_{-i}$ 是 $\mathcal{S}_i$ 所有下游系统的集合，$P_i=\{j\mid j\in\mathcal{P},\ j\neq i\}$。

合并各子系统状态、输入和输出，则全系统 $\mathcal{S}$ 的动态方程可以写成

$$\begin{cases}\boldsymbol{x}(k+1)=\boldsymbol{A}\boldsymbol{x}(k)+\boldsymbol{B}\boldsymbol{u}(k)\\ \boldsymbol{y}(k)=\boldsymbol{C}\boldsymbol{x}(k)\end{cases}\tag{6-42}$$

其中，$\boldsymbol{x}=[\boldsymbol{x}_1^{\mathrm{T}},\ \boldsymbol{x}_2^{\mathrm{T}},\ \cdots,\ \boldsymbol{x}_m^{\mathrm{T}}]^{\mathrm{T}}\in\mathbb{R}^{n_x}$、$\boldsymbol{u}=[\boldsymbol{u}_1^{\mathrm{T}},\ \boldsymbol{u}_2^{\mathrm{T}},\ \cdots,\ \boldsymbol{u}_m^{\mathrm{T}}]^{\mathrm{T}}$

$\in \mathbb{R}^{n_u}$ 和 $\boldsymbol{y}=[\boldsymbol{y}_1^{\mathrm{T}}, \boldsymbol{y}_2^{\mathrm{T}}, \cdots, \boldsymbol{y}_m^{\mathrm{T}}]^{\mathrm{T}} \in \mathbb{R}^{n_y}$ 分别是整个系统 $\mathcal{S}$ 的状态、控制输入以及输出向量；$\boldsymbol{A}$、$\boldsymbol{B}$ 和 $\boldsymbol{C}$ 是具有合适维数的常数矩阵。同时，$\boldsymbol{u} \in \mathcal{U}=\mathcal{U}_1 \times \mathcal{U}_2 \times \cdots \times \mathcal{U}_m$，原点也在该集合中。

控制目标是在通信受限的情况下，采用分布式预测控制算法全局系统 $\mathcal{S}$ 达到稳定，同时系统的全局性能要尽可能地接近集中式 MPC 所获得的性能。

当每个子系统的 MPC 控制器能够获取全局信息时，优化全局系统的性能指标能够获得比较好的全局性能。因此，本节将设计一种在该协调策略下的保稳定性的 C-DMPC 方法。

6.3.2 局部预测控制器设计

本节定义了 m 个独立 MPC 控制器的优化问题。每个子系统 MPC 在一个采样周期内只通信一次，且具有相同的预测时域 N，$N>1$，同时，它们的控制律同步更新。在每个更新时刻，每个子系统 MPC 控制器在系统当前状态和整个系统的估计输入已知的情况下，优化自身的开环控制律。

为了便于分析，首先对系统作如下假设。

假设 6.2 对于每一个子系统 $\mathcal{S}_i$，$i \in \mathcal{P}$，存在一个状态反馈控制律 $\boldsymbol{u}_i=\boldsymbol{K}_i \boldsymbol{x}$，使得闭环系统 $\boldsymbol{x}(k+1)=\boldsymbol{A}_{\mathrm{c}} \boldsymbol{x}(k)$ 能够渐近稳定，其中 $\boldsymbol{A}_{\mathrm{c}}=\boldsymbol{A}+\boldsymbol{B}\boldsymbol{K}$，$\boldsymbol{K}=\text{block-diag}(\boldsymbol{K}_1, \boldsymbol{K}_2, \cdots, \boldsymbol{K}_m)$。

为了更为详细地说明，需要定义一些必要的符号，具体见表 6-2。

表 6-2 符号说明

标识	注释
$\mathcal{P}$	所有子系统的集合
$\mathcal{P}_i$	不包含子系统 $\mathcal{S}_i$ 本身的其它子系统的集合
$\boldsymbol{u}_i(k+l-1 \mid k)$	在 k 时刻由 $\mathcal{C}_i$ 计算的子系统 $\mathcal{C}_i$ 的优化控制序列
$\hat{\boldsymbol{x}}_j(k+l \mid k, i)$	在 k 时刻由 $\mathcal{C}_i$ 计算的子系统 $\mathcal{S}_j$ 的预测状态序列
$\hat{\boldsymbol{x}}(k+l \mid k, i)$	在 k 时刻由 $\mathcal{C}_i$ 计算的所有子系统的预测状态序列
$\boldsymbol{u}_i^{\mathrm{f}}(k+l-1 \mid k)$	在 $k+l-1$ 时刻由 $\mathcal{C}_i$ 计算的子系统 $\mathcal{S}_i$ 的可行控制律
$\boldsymbol{x}_j^{\mathrm{f}}(k+l \mid k, i)$	在 k 时刻由 $\mathcal{C}_i$ 定义的子系统 $\mathcal{S}_j$ 的可行预测状态序列
$\boldsymbol{x}^{\mathrm{f}}(k+l \mid k, i)$	在 k 时刻由 $\mathcal{C}_i$ 计算的所有子系统的可行预测状态序列
$\boldsymbol{x}^{\mathrm{f}}(k+l \mid k)$	在 k 时刻所有子系统的可行预测状态序列，$\boldsymbol{x}^{\mathrm{f}}(k+l \mid k)=[\boldsymbol{x}_1^{\mathrm{f}}(k+l \mid k), \boldsymbol{x}_2^{\mathrm{f}}(k+l \mid k), \cdots, \boldsymbol{x}_m^{\mathrm{f}}(k+l \mid k)]^{\mathrm{T}}$
$\\|\cdot\\|_{\boldsymbol{P}}$	$\boldsymbol{P}$ 范数，$\boldsymbol{P}$ 是任意的一个正定矩阵，$\\|\boldsymbol{z}\\|_{\boldsymbol{P}}=\sqrt{\boldsymbol{x}^{\mathrm{T}}(k) \boldsymbol{P} \boldsymbol{x}(k)}$

6.3.2.1 局部优化问题数学描述

因为子系统 $\mathcal{S}_j$，$j\in\mathcal{P}_{-i}$ 的状态演化会受到子系统 $\mathcal{S}_i$ 的优化控制律的影响，并且该影响有时可能是负面的，所以算法中定义了如下全局优化性能指标[1,2,4]：

$$\overline{J}_i=\|\hat{\boldsymbol{x}}(k+N\mid k,i)\|_{\boldsymbol{P}}+\sum_{l=0}^{N-1}[\|\hat{\boldsymbol{x}}(k+l\mid k,i)\|_{\boldsymbol{Q}}+\|\boldsymbol{u}_i(k+l\mid k)\|_{\boldsymbol{R}_j}] \tag{6-43}$$

其中，$\boldsymbol{Q}=\boldsymbol{Q}^{\mathrm{T}}>0$，$\boldsymbol{R}_j=\boldsymbol{R}_j^{\mathrm{T}}>0$，$\boldsymbol{P}=\boldsymbol{P}^{\mathrm{T}}>0$。矩阵 $\boldsymbol{P}$ 必须满足如下的 Lyapunov 方程：

$$\boldsymbol{A}_{\mathrm{c}}^{\mathrm{T}}\boldsymbol{P}\boldsymbol{A}_{\mathrm{c}}-\boldsymbol{P}=-\hat{\boldsymbol{Q}} \tag{6-44}$$

其中，$\hat{\boldsymbol{Q}}=\boldsymbol{Q}+\boldsymbol{K}^{\mathrm{T}}\boldsymbol{R}\boldsymbol{K}$，$\boldsymbol{R}=\text{block-diag}\ \{\boldsymbol{R}_1,\boldsymbol{R}_2,\cdots,\boldsymbol{R}_m\}$。

由于每个子系统控制器同步更新，所有子系统 $\mathcal{S}_j$，$j\in\mathcal{P}_i$ 在当前时刻的控制序列对于子系统 $\mathcal{S}_i$ 来讲是未知的。在 k 时刻，假设子系统 $\mathcal{S}_j$，$j\in\mathcal{P}_i$ 的控制序列是由 $k-1$ 时刻 $\mathcal{C}_j$ 计算出的最优控制序列，并使用如下反馈控制律：

$$[\boldsymbol{u}_j(k|k-1),\boldsymbol{u}_j(k+1|k-1),\cdots,\boldsymbol{u}_j(k+N-2|k-1),K_j\hat{\boldsymbol{x}}(k+N-1|k-1,j)] \tag{6-45}$$

则子系统 $\mathcal{S}_{\mathrm{i}}$ 的 MPC 中的预测模型可以表示为

$$\begin{aligned}\hat{\boldsymbol{x}}(k+l\mid k,i)=&\boldsymbol{A}^l\boldsymbol{x}(k)+\sum_{h=1}^{l}\boldsymbol{A}^{l-h}\overline{\boldsymbol{B}}_i\boldsymbol{u}_i(k+h-1\mid k)+\\&\sum_{j\in\mathcal{P}_i}\sum_{h=1}^{l}\boldsymbol{A}^{l-h}\overline{\boldsymbol{B}}_j\boldsymbol{u}_j(k+h-1\mid k-1)\end{aligned} \tag{6-46}$$

其中，对于任意 i 和 $j\in\mathcal{P}_i$，

$$\overline{\boldsymbol{B}}_{\mathrm{i}}=[\boldsymbol{0}^{n_{u_i}\times\sum_{j<i}n_{x_j}}\quad \boldsymbol{B}_i\quad \boldsymbol{0}^{n_{u_i}\times\sum_{j>i}n_{x_j}}]^{\mathrm{T}} \tag{6-47}$$

为了扩大可行域，每个子系统 MPC 控制器采用终端状态约束集进行约束，终端状态约束集必须保证终端控制器在其范围内是稳定的。

引理 6.2 如果假设 6.2 成立，对于任意正标量 c，集合 $\Omega(c)=\{x\in\mathbb{R}^{n_x}:\|x\|_{\boldsymbol{P}}\leqslant c\}$ 是闭环系统 $\boldsymbol{x}(k+1)=\boldsymbol{A}_{\mathrm{c}}\boldsymbol{x}(k)$ 的正不变吸引域，且存在足够小的标量 ε，使得对于任意 $\boldsymbol{x}\in\Omega(\varepsilon)$，$\boldsymbol{K}\boldsymbol{x}$ 是可行输入，即 $\boldsymbol{K}\boldsymbol{x}\in\mathcal{U}\subset\mathbb{R}^{n_u}$。

证明 由假设 6.2，对于任意 $\boldsymbol{x}(k)\in\Omega(c)/\{0\}$，闭环系统 $\boldsymbol{x}(k+1)=\boldsymbol{A}_{\mathrm{c}}\boldsymbol{x}(k)$ 是渐近稳定的。这说明所有起始于 $\Omega(c)$ 的状态轨迹会始终保持在

$\Omega(c)$ 内。另外，由于 $\boldsymbol{P}$ 满足 Lyapunov 方程，因此所有起始于 $\Omega(c)$ 的状态轨迹渐近趋于原点。

由于 P 正定，因此存在一个 $\varepsilon>0$ 使得对于所有 $\boldsymbol{x}\in\Omega(\varepsilon)$，$\boldsymbol{Kx}\in\mathcal{U}$。并且当 ε 减小到 0 的时候，$\Omega(\varepsilon)$ 可缩小至原点。

在每个子系统 MPC 控制器的优化问题中，全系统 $\mathcal{S}$ 的终端状态约束集可以定义为

$$\Omega(\varepsilon)=\{\boldsymbol{x}\in\mathbb{R}^{n_x}\mid\|\boldsymbol{x}\|_{\boldsymbol{P}}\leqslant\varepsilon\}$$

如果在 k_0 时刻，所有子系统的状态都满足 $\boldsymbol{x}(k_0)\in\Omega(\varepsilon)$，并且 $\mathcal{C}_i$，$i\in\mathcal{P}$ 采用控制律 $\boldsymbol{K}_i\boldsymbol{x}_i(k)$，那么，根据引理 6.1，对于任意 $k\geqslant k_0$，系统渐近稳定。

由上可知，MPC 控制的目标是能够把所有子系统的状态推到集合 $\Omega(\varepsilon)$ 中。一旦所有子系统的状态都在集合 $\Omega(\varepsilon)$ 中，控制律切换到使系统稳定的反馈控制器。这种一旦状态到达原点附近，MPC 控制律就切换到一个终端控制器的策略被称为双模 MPC。鉴于此，本节所介绍的 MPC 策略是一种双模的分布式预测控制算法。

下面对分布式预测控制方法中各子 MPC 的优化问题进行公式化描述。

问题 6.2 在系统 $\mathcal{S}_i$ 中，令 $\varepsilon>0$ 满足引理 6.1，$k\geqslant1$。已知 $\boldsymbol{x}(k)$ 和 $\boldsymbol{u}(k+l|k-1)$，$l=1,2,\cdots,N-1$，确定优化控制序列 $\boldsymbol{u}_i(k+l|k)$：$\{0,1,\cdots,N-1\}\rightarrow U_i$ 以最小化性能指标

$$\overline{J}_i=\|\hat{\boldsymbol{x}}_j(N\mid k,i)\|_{\boldsymbol{P}}+\sum_{l=0}^{N-1}[\|\hat{\boldsymbol{x}}(k+l\mid k,i)\|_{\boldsymbol{Q}}+\|\boldsymbol{u}_i(k+l\mid k)\|_{\boldsymbol{R}_i}]$$

满足约束方程

$$\sum_{h=0}^{l}\beta_{l-h}\|\boldsymbol{u}_i(k+h\mid k)-\boldsymbol{u}_i(k+h\mid k-1)\|_2\leqslant\frac{\gamma\kappa\alpha e}{m-1},l=1,2,\cdots,N-1\tag{6-48}$$

$$\boldsymbol{u}_i(k+l-1|k)\in\mathcal{U}_i,l=0,1,\cdots,N-1\tag{6-49}$$

$$\hat{\boldsymbol{x}}(k+N|k,i)\in\Omega(\alpha\varepsilon)\tag{6-50}$$

在上面的约束中

$$\beta_l=\max_{i\in P}\left\{\lambda_{\max}[(\boldsymbol{A}^l\overline{\boldsymbol{B}}_i)^{\mathrm{T}}\boldsymbol{P}\boldsymbol{A}^l\overline{\boldsymbol{B}}_i]^{\frac{1}{2}}\right\},l=0,1,\cdots,N-1\tag{6-51}$$

$$\lambda_{\max}(\sqrt{\boldsymbol{A}_c^{\mathrm{T}}\boldsymbol{A}_c})\leqslant1-\boldsymbol{\kappa},0<1-\boldsymbol{\kappa}<1\tag{6-52}$$

式中，$0<\boldsymbol{\kappa}<1$、$0<\alpha<0.5$ 和 $\gamma>0$ 是设计参数，将在后文进行详细说明。

方程（6-48）为一致性约束，主要是为了保持系统的相继可行性。

它通过限制系统当前的优化操作变量序列与前一时刻的优化操作变量序列之间的误差保持在一定的范围内，来保证前一时刻的优化序列是当前时刻的可行解。需要注意的是，虽然引理 6.1 中给出了一个更大的不变集 $\Omega(\varepsilon)$，每个优化控制问题中采用的终端约束是 $\Omega(\alpha\varepsilon)$，$0\leqslant\alpha<0.5$，而不是 $\Omega(\varepsilon)$。这样选取的目的是保证递归可行性，它将用于下一节的分析。

6.3.2.2 有约束的 C-DMPC 求解算法

假设 6.3 在初始时刻 k_0，对于每个子系统 $\mathcal{S}_i$ 的控制器，存在可行控制律 $\boldsymbol{u}_i(k_0+l)\in\mathcal{U}_i$，$l\in\{1,\cdots,N\}$ 使得全局系统 $\boldsymbol{x}(l+1+k_0)=\boldsymbol{A}\boldsymbol{x}(l+k_0)+\boldsymbol{B}\boldsymbol{u}(l+k_0)$ 的解 $\hat{\boldsymbol{x}}(\cdot|k_0,i)$ 满足条件 $\hat{\boldsymbol{x}}(N+k_0|k_0,i)\in\Omega(\alpha\varepsilon)$，且保证 $\overline{J}_i(k_0)$ 有界。

实际上，假设 6.3 绕开了分布式预测控制构建初始可行解的问题。事实上，不管优化问题是否与控制器设计有关，找到一个初始可行解是许多优化问题中的首要问题[6,7]。在本文中，可以通过在初始时刻求解相应的集中式 MPC 问题来获得初始可行解。

在每个周期仅通信一次的情况下，任一子系统 $\mathcal{S}_i$ 的双模控制 C-DMPC 控制算法如下。

算法 6.1（约束协调 DMPC 算法）

步骤 1：在 k_0 时刻，初始化控制器。

① 初始化 $\boldsymbol{x}(k_0)$，$\boldsymbol{u}(k_0+l-1\mid k_0)$，使之满足假设 6.2，其中，$l=1,2,\cdots,N$。

② 将 $\boldsymbol{u}_i(k_0+l|k_0)$ 和 $\boldsymbol{x}_j(k_0)$ 发送给所有其它子系统 $\mathcal{S}_j$，$j\in\mathcal{P}_i$；从其它子系统 $\mathcal{S}_j$ 接收 $\boldsymbol{u}_j(k_0+l-1|k_0)$ 和 $\boldsymbol{x}_j(k_0)$，$j\in\mathcal{P}_i$。

③ 在 k_0 时刻，如果 $\boldsymbol{x}(k_0)\in\Omega(\varepsilon)$，切换到终端控制律 $\boldsymbol{u}_i(k_0)=\boldsymbol{K}_i\boldsymbol{x}(k_0)$，其中，$k\geqslant k_0$。否则，求解算法 6.1，得到 $\boldsymbol{u}_i(k_0+l-1|k_0)$。

④ 将 $\boldsymbol{u}_i(k_0\mid k_0)$ 应用到子系统 $\mathcal{S}_i$。

步骤 2：在 k 时刻，更新控制律。

① 测量 $\boldsymbol{x}_i(k)$；将 $\boldsymbol{x}_i(k)$ 和 $\boldsymbol{u}_i(k+l\mid k)$ 发送到所有其它子系统 $\mathcal{S}_j$，$j\in\mathcal{P}_i$；从其它子系统 $\mathcal{S}_j$ 接收 $\boldsymbol{x}_j(k)$ 和 $\boldsymbol{u}_j(k+l-1|k-1),j\in\mathcal{P}_i$。

② 如果 $\boldsymbol{x}(k)\in\Omega(\varepsilon)$，切换到终端控制律 $\boldsymbol{u}_i(k)=\boldsymbol{K}_i\boldsymbol{x}(k)$。否则，求解算法 6.1，得到 $\boldsymbol{u}_i(k+l-1|k)$。

③ 将 $\boldsymbol{u}_i(k|k)$ 应用到子系统 $\mathcal{S}_i$。

步骤 3：在 $k+1$ 时刻，将 $k+1\rightarrow k$，重复步骤 2。

算法 6.1 的前提是假定控制器 $\mathcal{C}_i$，$\forall i\in\mathcal{P}$ 能够获得所有状态变量

$\boldsymbol{x}(k)$。在下一节中，将证明 C-DMPC 策略能够在有限的时间内将状态 $\boldsymbol{x}(k+l)$ 转移到 $\Omega(\varepsilon)$，并且永远保持在集合 $\Omega(\varepsilon)$ 里。

6.3.3 性能分析

在这一部分里，首先进行可行性分析，之后对稳定性进行证明。

6.3.3.1 递归可行性

本节的主要结果是，如果假设 6.3 成立，在存在初始可行解的情况下，对任意一个子系统 $\mathcal{S}_i$，在任意 $k \geqslant 1$ 时刻，$u_i(\cdot|k)=u_i^{\mathrm{f}}(\cdot|k)$ 是问题 6.2 的一个可行解。注意，$u_i^{\mathrm{f}}(\cdot|k)$ 是前一时刻计算出的 MPC 控制序列除去第一项后的剩余部分与终端反馈控制构成的向量，即

$$\boldsymbol{u}_i^{\mathrm{f}}(k+l-1|k)=\begin{cases}\boldsymbol{u}_i(k+l-1|k-1) & l=1,\cdots,N-1\\ \boldsymbol{K}_i\boldsymbol{x}^{\mathrm{f}}(k+N-1|k,i) & l=N\end{cases} \tag{6-53}$$

式中，$\boldsymbol{x}^{\mathrm{f}}(k+l|k,i), l=1,2,\cdots,N$，等价于在初始状态 $\boldsymbol{x}(k)$ 和控制序列 $\boldsymbol{u}_i^{\mathrm{f}}(k+l-1|k)$、$\boldsymbol{u}_j(k+l-1|k-1), j\in\mathcal{P}_i$ 作用下的方程(6-46)的解，可以表示成

$$\begin{aligned}\boldsymbol{x}^{\mathrm{f}}(k+l\mid k,i)=&\boldsymbol{A}^l\boldsymbol{x}(k)+\sum_{h=1}^{l}\boldsymbol{A}^{l-h}\overline{\boldsymbol{B}}_i\boldsymbol{u}_i^{\mathrm{f}}(k+h-1\mid k)+\\&\sum_{j\in\mathcal{P}_i}\sum_{h=1}^{l}\boldsymbol{A}^{l-h}\overline{\boldsymbol{B}}_j\boldsymbol{u}_j(k+h-1\mid k-1)\end{aligned} \tag{6-54}$$

将方程（6-53）代入方程（6-54），得到

$$\boldsymbol{x}^{\mathrm{f}}(k+l|k,i)=\boldsymbol{x}^{\mathrm{f}}(k+l|k,j)=\boldsymbol{x}^{\mathrm{f}}(k+l|k), \forall i,j\in\mathcal{P}; l=1,2,\cdots,N \tag{6-55}$$

和

$$\boldsymbol{x}^{\mathrm{f}}(k+N|k)=\boldsymbol{A}_{\mathrm{c}}\boldsymbol{x}^{\mathrm{f}}(k+N-1|k) \tag{6-56}$$

控制律 $\boldsymbol{u}_i^{\mathrm{f}}(\cdot\mid k)$ 是子系统 $\mathcal{S}_i$ 在 $k\geqslant 1$ 时刻的优化问题的可行解，这意味着控制律 $\boldsymbol{u}_i^{\mathrm{f}}(\cdot\mid k)$ 应满足方程（6-48）和控制约束（6-49），相应的状态 $\boldsymbol{x}^{\mathrm{f}}(k+N\mid k)$ 满足终端状态约束（6-50）。

为了说明这个可行性结果，定义状态

$$\hat{\boldsymbol{x}}(k+N|k-1,i)=\boldsymbol{A}_{\mathrm{c}}\hat{\boldsymbol{x}}(k+N-1|k-1,i) \tag{6-57}$$

式中，状态 $\hat{\boldsymbol{x}}(k+N\mid k-1,i)$ 与将在式(6-45)中定义的控制律 $\boldsymbol{u}_{\mathrm{i}}(k+N-1\mid k-1)$ 代入系统方程（6-46）获得的结果不相等。这是因为 $\hat{\boldsymbol{x}}(k+N\mid k-1,i)$ 仅仅是为了证明可行性的中间变量，对于优化问题和稳定性都没有影响。因此，可以假设它为方程（6-57）的形式。

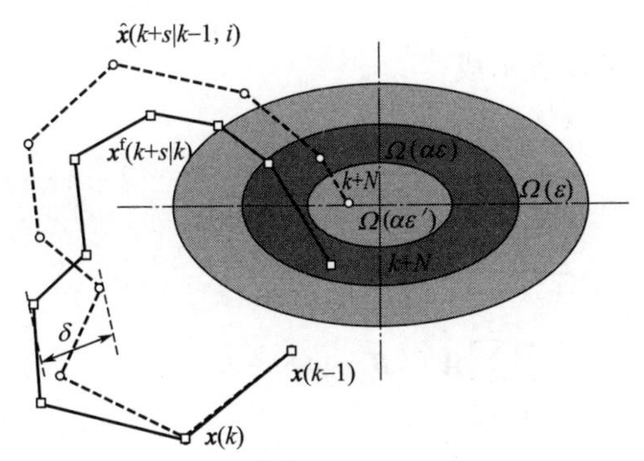

图 6-4 可行状态序列和假设状态序列之间误差示意图

图 6-4 说明了如何保证状态$\boldsymbol{x}^{\mathrm{f}}(k+N \mid k)$ 满足终端约束（6-50）。如果两个相邻更新时刻的输入序列的偏差在一定范围之内，那么假设的状态序列$\{\hat{\boldsymbol{x}}(k+1|k,i),\hat{\boldsymbol{x}}(k+2|k,i),\cdots\}$和状态序列$\{\boldsymbol{x}^{\mathrm{f}}(k+1|k,i),\boldsymbol{x}^{\mathrm{f}}(k+2|k,i),\cdots\}$之间的偏差就是受限的。当选择了一个较为合适的界限后，状态 $\hat{\boldsymbol{x}}$（$k+N \mid k,i$）和$\boldsymbol{x}^{\mathrm{f}}(k+s \mid k)$ 能够充分接近，这样使得状态$\boldsymbol{x}^{\mathrm{f}}(k+s \mid k)$ 是在所示的 $\Omega(\alpha\varepsilon)$ 椭圆范围之内。

在本节中，引理 6.3 给出了保证$\|\boldsymbol{x}^{\mathrm{f}}(k+l|k)-\hat{\boldsymbol{x}}(k+l|k,i)\|_P \leqslant \kappa\alpha\varepsilon$，$i \in \mathcal{P}$的充分条件。引理 6.4 说明了控制约束的可行性。引理 6.5 说明了终端约束的可行性。最后，利用引理 6.2～6.4，推出结论：对于$i \in \mathcal{P}$，控制律 $\boldsymbol{u}_i^{\mathrm{f}}(\cdot \mid k)$ 是 k 时刻问题 6.2 的可行解。

定义集合 $\Omega(\varepsilon)$ 是闭环系统动态方程 $\boldsymbol{x}(k+1)=\boldsymbol{A}_{\mathrm{c}}x(k)$ 的 ε 级别的不变集，所以在条件（6-52）和给定 $\hat{\boldsymbol{x}}(k+N-1 \mid k-1, i) \in \Omega(\alpha\varepsilon)$ 的前提下，取 $\varepsilon'=(1-\kappa)\varepsilon$，易得 $\boldsymbol{x}(k+N) \in \Omega(\alpha\varepsilon')$。

引理 6.3 如果假设 6.2 和假设 6.3 成立，对于 $\boldsymbol{x}(k_0) \in \mathcal{X}$ 和 $k \geqslant 0$，问题 6.2 在每一个更新时刻 $0,\cdots,k-1$ 都有解，那么

$$\|\boldsymbol{x}^{\mathrm{f}}(k+l|k)-\hat{\boldsymbol{x}}(k+l|k,i)\|_{\boldsymbol{P}} \leqslant \gamma\kappa\alpha\varepsilon, \forall i \in \mathcal{P}, j \in \mathcal{P}_i; l \in \{1,\cdots,N\} \tag{6-58}$$

其中，$0<\gamma<1$ 为设计参数。同时，如果式(6-58) 成立，则$\boldsymbol{u}_i^{\mathrm{f}}(k+l-1 \mid k)$，$l=1,2,\cdots,N-1$ 满足约束（6-48）。

证明 首先，证明在时刻 $0,1,2,\cdots,k-1$ 存在解的情况下，式(6-58) 成立。

将方程（6-53）代入方程（6-54）得到

$$x(k)=Ax(k-1)+\sum_{i\in\mathcal{P}}\overline{B}_i u_i(k-1\mid k-1)$$

可行状态可以表示成

$$\begin{aligned}
&x^{f}(k+l\mid k)\\
&=A^{l+1}x(k-1)+A^{l}\overline{B}_i u(k-1\mid k-1)+\\
&\sum_{h=1}^{l}A^{l-h}\overline{B}_i u_i^{f}(k+h-1\mid k)+\\
&\sum_{j\in\mathcal{P}_i}\sum_{h=0}^{l}A^{l-h}\overline{B}_j u_j(k+h-1\mid k-1)\\
&=A^{l+1}x(k-1)+\sum_{h=0}^{l}A^{l-h}\overline{B}_i u_i(k+h-1\mid k-1)+\\
&\sum_{j\in\mathcal{P}_i}\sum_{h=0}^{l}A^{l-h}\overline{B}_j u_j(k+h-1\mid k-1)
\end{aligned}\tag{6-59}$$

其中，$l=1,2,\cdots,N-1$。

在 $k-1$ 时刻，预测状态为

$$\begin{aligned}
&\hat{x}(k+l\mid k-1,i)\\
&=A^{l+1}x(k-1)+\sum_{h=0}^{l}A^{l-h}\overline{B}_i u_i(k+h-1\mid k-1)+\\
&\sum_{j\in\mathcal{P}_i}\sum_{h=0}^{l}A^{l-h}\overline{B}_j u_j(k+h-1\mid k-2)
\end{aligned}\tag{6-60}$$

利用方程（6-59）减去方程（6-60），可得到可行状态序列与 $k-1$ 时刻预测状态序列的偏差为

$$\begin{aligned}
&\|x^{f}(k+l\mid k)-\hat{x}(k+l\mid k-1,i)\|_{\mathcal{P}}\\
&=\|\sum_{h=0}^{l}\sum_{j\in\mathcal{P}_i}A^{l-h}\overline{B}_j(u_j(k+h-1\mid k-1)-u_j(k+h-1\mid k-2))\|_{\mathcal{P}}
\end{aligned}\tag{6-61}$$

定义 $\mathcal{S}_r$ 是使以下方程最大化的子系统：

$$\sum_{h=0}^{l}\beta_{l-h}\|u_i(k+h-1\mid k-1)-u_i(k+h-1\mid k-2)\|_2,\ i\in\mathcal{P}$$

然后，从方程（6-61）可以得出：

$$\begin{aligned}
&\|x^{f}(k+l\mid k)-\hat{x}(k+l\mid k-1,i)\|_{\mathcal{P}}\\
&\leqslant\sum_{h=0}^{l}\beta_{l-h}\|u_r(k+h-1\mid k-1)-u_r(k+h-1\mid k-2)\|_2
\end{aligned}\tag{6-62}$$

当 $l=1,2,\cdots,N-1$ 时，由于在 $0,1,2,\cdots,k-1$ 时刻，$\mathcal{C}_i$，$\forall i\in\mathcal{P}$ 存在满足约束（6-48）的解，因此有

$$\sum_{h=0}^{l}\beta_{l-h}\|\boldsymbol{u}_r(k+h-1 \mid k-1)-\boldsymbol{u}_r(k+h-1 \mid k-2)\|_2 \leqslant \gamma\kappa\alpha\varepsilon/(m-1) \tag{6-63}$$

可以推出

$$\|\boldsymbol{x}^{\mathrm{f}}(k+l|k)-\hat{\boldsymbol{x}}(k+l|k-1,i)\|_{\boldsymbol{P}}\leqslant\gamma\kappa\alpha\varepsilon \tag{6-64}$$

这样，方程（6-58）对于所有的 $l=1,2,\cdots,N-1$ 都成立。

当 $l=N$ 时，根据方程（6-56）和方程（6-57）：

$$\begin{aligned}
&\|\boldsymbol{x}^{\mathrm{f}}(k+N|k)-\hat{\boldsymbol{x}}(k+N|k-1,i)\|_{\boldsymbol{P}}\\
&\leqslant\lambda_{\max}(\boldsymbol{A}_{\mathrm{c}}^{\mathrm{T}}\boldsymbol{A}_{\mathrm{c}})\|\boldsymbol{x}^{\mathrm{f}}(k+N-1|k)-\hat{\boldsymbol{x}}(k+N-1|k-1,i)\|_{\boldsymbol{P}}\\
&\leqslant(1-\kappa)\gamma\kappa\alpha\varepsilon
\end{aligned} \tag{6-65}$$

综上所述，方程（6-58）对于所有 $l=1,2,\cdots,N$ 都成立。

另外，从定义（6-53）可以看出，$\boldsymbol{u}_i^{\mathrm{f}}(k+l-1 \mid k)-\boldsymbol{u}_i(k+l-1 \mid k-1)=0$。所以，当 $l=1,2,\cdots,N-1$ 时，$\boldsymbol{u}_i^{\mathrm{f}}(k+l-1 \mid k)$ 满足约束（6-48），得证。

下面将证明，如果满足条件（6-58），那么 $\boldsymbol{u}_i^{\mathrm{f}}(k+l-1 \mid k)$，$l=1,2,\cdots,N$ 是问题 6.2 的可行解。

引理 6.4 如果假设 6.2 和假设 6.3 成立，且 $\boldsymbol{x}(k_0)\in\mathcal{X}$，对于任意 $k\geqslant0$，问题 6.2 在每一个更新时刻 t，$t=0,\cdots,k-1$ 有解，那么对于所有 l，$l=1,2,\cdots,N,i\in\mathcal{P}$，$\boldsymbol{u}_i^{\mathrm{f}}(k+l-1 \mid k)\in\mathcal{U}$。

证明 因为问题 6.2 在 $k-1$ 时刻存在可行解 $\boldsymbol{u}_i^{\mathrm{f}}(k+l-1|k)=\boldsymbol{u}_i(k+l-1|k-1)$，$l\in\{1,\cdots,N-1\}$，那么只需要证明 $\boldsymbol{u}_i^{\mathrm{f}}(k+N-1 \mid k)$ 在集合 $\mathcal{U}$ 中。

由于 ε 的选取满足引理 6.1 的条件，当 $\boldsymbol{x}\in\Omega(\varepsilon)$ 时，对于所有 $i\in\mathcal{P}$，都存在 $\boldsymbol{K}_i\boldsymbol{x}\in\mathcal{U}$，所以 $\boldsymbol{u}_i^{\mathrm{f}}(k+N-1 \mid k)$ 是可行解的充分条件是 $\boldsymbol{x}^{\mathrm{f}}(k+N-1 \mid k)\in\Omega(\varepsilon)$。

再由引理 6.2 和 $\alpha\leqslant0.5$，并利用三角不等式关系可得

$$\begin{aligned}
&\|\boldsymbol{x}^{\mathrm{f}}(k+N-1|k)\|_{\boldsymbol{P}}\\
&\leqslant\|\boldsymbol{x}^{\mathrm{f}}(k+N-1|k)-\hat{\boldsymbol{x}}(k+N-1|k-1)\|_{\boldsymbol{P}}+\\
&\|\hat{\boldsymbol{x}}(k+N-1|k-1)\|_{\boldsymbol{P}}\\
&\leqslant\gamma\kappa\alpha\varepsilon+\alpha\varepsilon\\
&\leqslant\varepsilon
\end{aligned} \tag{6-66}$$

由上可以得出 $\boldsymbol{x}^{\mathrm{f}}(k+N-1 \mid k)\in\Omega(\varepsilon)$，$i\in\mathcal{P}$。引理 6.3 得证。

引理 6.5 如果假设 6.2 和假设 6.3 成立，且 $\boldsymbol{x}(k_0)\in\mathcal{X}$，对于任意 $k\geqslant 0$，问题 6.2 在每一个更新时刻 t，$t=0,\cdots,k-1$ 有解，那么对于所有 $i\in\mathcal{P}$，终端状态满足终端约束。

证明 因为问题 6.2 在更新时刻 $t=1,\cdots,k-1$ 存在解，引理 6.3 和引理 6.4 成立，根据引理 6.2 和条件（6-58），利用三角不等式，可以得到

$$
\begin{aligned}
&\|\boldsymbol{x}^{\mathrm{f}}(k+N|k)\|_{\boldsymbol{P}}\\
&\leqslant\|\boldsymbol{x}^{\mathrm{f}}(k+N|k)-\hat{\boldsymbol{x}}(k+N|k-1,i)\|_{\boldsymbol{P}}+\\
&\quad\|\hat{\boldsymbol{x}}(k+N|k-1,i)\|_{\boldsymbol{P}}\\
&\leqslant(1-\kappa)\gamma\kappa\alpha\varepsilon+(1-\kappa)\alpha\varepsilon\\
&\leqslant\alpha\varepsilon
\end{aligned}
\tag{6-67}
$$

这说明，对于所有的 $i\in\mathcal{P}$，$\mathcal{S}_i$ 满足终端状态约束。

定理 6.3 如果假设 6.2 和假设 6.3 成立，且在 k_0 时刻，满足 $\boldsymbol{x}(k_0)\in\mathcal{X}$ 和条件(6-48)～条件(6-50)，那么，对于任意 $i\in\mathcal{P}$，由公式（6-53）、公式(6-54）和公式(6-56）定义的控制律 $\boldsymbol{u}_i^{\mathrm{f}}(\cdot|k)$ 和状态 $\boldsymbol{x}^{\mathrm{f}}(\cdot|k)$ 是问题 6.2 在任意 $k\geqslant 1$ 时刻的可行解。

证明 首先，在 $k=1$ 的情况下，状态序列 $\hat{\boldsymbol{x}}(\cdot|1,i)=\boldsymbol{x}^{\mathrm{f}}(\cdot|1,i)$ 明显满足动态方程（6-54）和一致性约束（6-48）。然后，假设在 $t=1,\cdots,k-1$ 时刻存在可行解，引理 6.2～引理 6.4 的结果成立。在此情况下，一致性约束明显得到满足，控制约束和终端状态约束的可行性也得到保证。这样定理 6.3 得证。

6.3.3.2 渐近稳定性

本节进行闭环系统的稳定性分析。

定理 6.4 如果假设 6.2 和假设 6.3 成立，且在 k_0 时刻，满足 $\boldsymbol{x}(k_0)\in\mathcal{X}$ 和条件(6-48)～条件(6-50)，同时以下参数条件也成立：

$$\rho-\alpha\{0.42+[(N-1)\rho'+1]\gamma\kappa\}>0 \tag{6-68}$$

其中

$$
\begin{aligned}
\rho&=\lambda_{\min}(\boldsymbol{P}^{-\frac{1}{2}}\boldsymbol{Q}\boldsymbol{P}^{-\frac{1}{2}})^{\frac{1}{2}}\\
\rho'&=\lambda_{\max}(\boldsymbol{P}^{-\frac{1}{2}}\boldsymbol{Q}\boldsymbol{P}^{-\frac{1}{2}})^{\frac{1}{2}}
\end{aligned}
\tag{6-69}
$$

那么，应用算法 6.1，闭环系统（6-42）可以渐近稳定到原点。

证明 由算法 6.1 和引理 6.2 可知，对于 $k\geqslant 0$，$\boldsymbol{x}(k)\in\Omega(\varepsilon)$，终端控制器能够使系统稳定地趋于原点。所以，只要证明当 $\boldsymbol{x}(k_0)\in\mathcal{X}\backslash\Omega(\varepsilon)$ 时，

应用算法 6.1，闭环系统（6-42）能够在有限时间内进入不变集即可。

定义全局系统 $\mathcal{S}$ 的非负函数 V_k：

$$V_k=\sum_{i=1}^{m}V_{k,i}$$

$$V_{k,i}=\|\hat{\boldsymbol{x}}(k+N\mid k,i)\|_{\boldsymbol{P}}+\sum_{l=0}^{N-1}[\|\hat{\boldsymbol{x}}(k+l\mid k,i)\|_{\boldsymbol{Q}}+\|\boldsymbol{u}_i(k+l\mid k)\|_{\boldsymbol{R}_i}] \tag{6-70}$$

下面将证明，对于 $k\geqslant 0$，如果满足 $\boldsymbol{x}(k)\in\mathcal{X}\setminus\Omega(\varepsilon)$，那么，存在常数 $\eta\in(0,\infty)$，使得 $V_k\leqslant V_{k-1}-\eta$。

因为在最优解$\boldsymbol{u}_i(\cdot\mid k)$作用下的闭环子系统 $\mathcal{S}_i$，$\forall i\in\mathcal{P}$ 的性能指标不会比在可行解$\boldsymbol{u}_i^{\mathrm{f}}(\cdot\mid k)$作用下的闭环子系统 $\mathcal{S}_i$ 的性能指标大，因此有

$$\begin{aligned}V_{k,i}-V_{k-1,i}\leqslant&-\|\hat{\boldsymbol{x}}(k-1\mid k-1,i)\|_{\boldsymbol{Q}}-\|\boldsymbol{u}_i(k-1\mid k-1)\|_{\boldsymbol{R}_i}+\\&\sum_{l=0}^{N-2}[\|\boldsymbol{x}^{\mathrm{f}}(k+l\mid k)\|_{\boldsymbol{Q}}+\|\boldsymbol{u}_i^{\mathrm{f}}(k+l\mid k)\|_{\boldsymbol{R}_i}]+\\&[\|\boldsymbol{x}^{\mathrm{f}}(k+N-1\mid k)\|_{\boldsymbol{Q}}+\|\boldsymbol{u}_i^{\mathrm{f}}(k+N-1\mid k)\|_{\boldsymbol{R}_i}]+\\&\|\boldsymbol{x}^{\mathrm{f}}(k+N\mid k)\|_{\boldsymbol{P}}-\\&\sum_{l=0}^{N-2}[\|\hat{\boldsymbol{x}}(k+l\mid k-1,i)\|_{\boldsymbol{Q}}+\|\hat{\boldsymbol{u}}_i(k+l\mid k-1)\|_{\boldsymbol{R}_i}]-\\&[\|\hat{\boldsymbol{x}}(k+N-1\mid k-1,i)\|_{\boldsymbol{P}}]\end{aligned} \tag{6-71}$$

假设 $\boldsymbol{x}(k)\in\mathcal{X}\setminus\Omega(\varepsilon)$，即$\|\hat{\boldsymbol{x}}(k-1\mid k-1,i)\|_{\boldsymbol{Q}}\geqslant\rho\varepsilon$。
当$\|\boldsymbol{u}_i(k-1\mid k-1)\|_{\boldsymbol{R}}>0$ 时，将公式(6-58) 代入上述公式后可得

$$\begin{aligned}V_{k,i}-V_{k-1,i}\leqslant&-\rho e+\rho'(N-1)\gamma\kappa\alpha e+\\&\|\boldsymbol{x}^{\mathrm{f}}(k+N-1\mid k)\|_{\boldsymbol{Q}}+\|\boldsymbol{u}_i^{\mathrm{f}}(k+N-1\mid k)\|_{\boldsymbol{R}}+\\&\|\boldsymbol{x}^{\mathrm{f}}(k+N\mid k)\|_{\boldsymbol{P}}-\|\hat{\boldsymbol{x}}(k+N-1\mid k-1,i)\|_{\boldsymbol{P}}\end{aligned} \tag{6-72}$$

在上述方程中，考虑第三项到第五项：

$$\begin{aligned}&\frac{1}{2}[\|\boldsymbol{x}^{\mathrm{f}}(k+N-1|k)\|_{\boldsymbol{Q}}+\|\boldsymbol{u}_i^{\mathrm{f}}(k+N-1|k)\|_{\boldsymbol{R}_i}+\|\boldsymbol{x}^{\mathrm{f}}(k+N|k)\|_{\boldsymbol{P}}^2]^2\\&\leqslant\left\|\boldsymbol{x}^{\mathrm{f}}(k+N-1|k)\right\|_{\boldsymbol{Q}}^2+\left\|\boldsymbol{u}_i^{\mathrm{f}}(k+N-1|k)\right\|_{\boldsymbol{R}_i}^2+\left\|\boldsymbol{x}^{\mathrm{f}}(k+N|k)\right\|_{\boldsymbol{P}}^2\\&\leqslant\left\|\boldsymbol{x}^{\mathrm{f}}(k+N-1|k)\right\|_{\boldsymbol{Q}}^2+\left\|\boldsymbol{u}^{\mathrm{f}}(k+N-1|k)\right\|_{\boldsymbol{R}}^2+\left\|\boldsymbol{x}^{\mathrm{f}}(k+N|k)\right\|_{\boldsymbol{P}}^2\end{aligned} \tag{6-73}$$

其中，$\left\|\boldsymbol{x}^{\mathrm{f}}(k+N|k)\right\|_{\boldsymbol{P}}^2=\left\|\boldsymbol{A}_{\mathrm{c}}\boldsymbol{x}^{\mathrm{f}}(k+N-1|k)\right\|_{\boldsymbol{P}}^2$。考虑 $\hat{\boldsymbol{Q}}=\boldsymbol{Q}+\boldsymbol{K}^{\mathrm{T}}\boldsymbol{R}\boldsymbol{K}$、$\boldsymbol{A}_{\mathrm{c}}^{\mathrm{T}}\boldsymbol{P}\boldsymbol{A}_{\mathrm{c}}-\boldsymbol{P}=-\hat{\boldsymbol{Q}}$，可得

$$
\begin{aligned}
&\left\|\boldsymbol{x}^{\mathrm{f}}(k+N-1|k)\right\|_{\boldsymbol{Q}}^{2}+\left\|\boldsymbol{u}^{\mathrm{f}}(k+N-1|k)\right\|_{\boldsymbol{R}}^{2}+\left\|\boldsymbol{x}^{\mathrm{f}}(k+N|k)\right\|_{\boldsymbol{P}}^{2}\\
&\leqslant\left\|\boldsymbol{x}^{\mathrm{f}}(k+N-1|k)\right\|_{\hat{\boldsymbol{Q}}}^{2}+\left\|\boldsymbol{A}_{\mathrm{c}}\boldsymbol{x}^{\mathrm{f}}(k+N-1|k)\right\|_{\boldsymbol{P}}^{2}\\
&=\left\|\boldsymbol{x}^{\mathrm{f}}(k+N-1|k)\right\|_{\boldsymbol{P}}^{2}
\end{aligned}
\tag{6-74}
$$

由于

$$
\begin{aligned}
&\sqrt{2}\left\|\boldsymbol{x}^{\mathrm{f}}(k+N-1|k)\right\|_{\boldsymbol{P}}-\left\|\hat{\boldsymbol{x}}(k+N-1|k-1,i)\right\|_{\boldsymbol{P}}\\
&\leqslant 0.42\left\|\boldsymbol{x}^{\mathrm{f}}(k+N-1|k)\right\|_{\boldsymbol{P}}+\left\|\boldsymbol{x}^{\mathrm{f}}(k+N-1|k)-\hat{\boldsymbol{x}}(k+N-1|k-1,i)\right\|_{\boldsymbol{P}}\\
&\leqslant 0.42\alpha e+\gamma\kappa\alpha e
\end{aligned}
\tag{6-75}
$$

将方程(6-73)～方程(6-75) 代入方程(6-72)，得到

$$
\begin{aligned}
V_{k,i}-V_{k-1,i}&\leqslant-\rho e+(N-1)\rho'\gamma\kappa\alpha e+0.42\alpha e+\gamma\kappa\alpha e\\
&=-e(\rho-\alpha(0.42+((N-1)\rho'+1)\gamma\kappa))
\end{aligned}
\tag{6-76}
$$

结合方程 (6-68)，得到

$$
V_{k,i}-V_{k-1,i}<0
$$

这样，对于任意 $k\geqslant 0$，如果 $\boldsymbol{x}(k)\in\mathcal{X}\setminus\Omega(\varepsilon)$，那么，存在常数 $\eta_i\in(0,\infty)$，使得 $V_{k,i}\leqslant V_{k-1,i}-\eta_i$ 成立。因为 m 有界，所以可以得到不等式关系 $V_k\leqslant V_{k-1}-\eta$，其中，$\eta=\sum_{i=1}^{m}\eta_i$ 。通过这个不等式，得出结论：存在一个有限时间 k'，使得 $\boldsymbol{x}(k')\in\Omega(\varepsilon)$。如果它不成立，那么，不等式说明了当 $k\to\infty$，$V_k\to-\infty$。但是由于 $V_k\geqslant 0$，所以必然存在一个有限时间 k'使得 $\boldsymbol{x}(k')\in\Omega(\varepsilon)$。证毕。

综上所述，C-DMPC 的可行性和稳定性的分析都已经给出。如果可以找到初始可行解，那么算法的后续可行性也能够在每一步更新的时候得到保证，相对应的闭环系统能够在原点渐近稳定。

6.3.4 仿真实例

本节用电力网络中的负荷频率控制（LFC）验证所介绍的 C-DMPC 算法的有效性。LFC 控制的目的是保证在有耗功扰动的情况下，电网中发电机所发的功率与实际用户消耗的功率相近，从而使得电网频率保持在 50Hz 或 60Hz。电力网络系统可以分解为几个分别含有发电单元和耗能单元的子网络。本部分以由 5 个子网络组成的电力系统为对象进行仿真，并对控制算法进行验证，如图 6-5 所示。

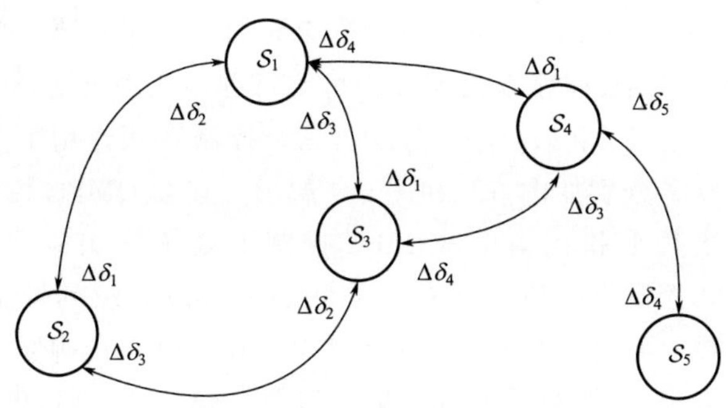

图 6-5 子系统间相互作用关系

这里采用含有基本发电单元、用电单元和输电线的子网络来简化表示电力网络模型。这个模型可以反映电力网络 LFC 问题的基本特征。连续时间线性化后的子网络动态可用如下二阶模型描述：

$$\frac{\mathrm{d}\Delta\delta_i(t)}{\mathrm{d}t}=2\pi\Delta f_i(t)$$

$$\frac{\mathrm{d}\Delta f_i(t)}{\mathrm{d}t}=-\frac{1}{\eta_{T,i}}\Delta f_i(t)+\frac{\eta_{K,i}}{\eta_{T,i}}\Delta P_{\mathrm{g},i}(t)-\frac{\eta_{K,i}}{\eta_{T,i}}\Delta P_{\mathrm{d},i}(t)+\frac{\eta_{K,i}}{\eta_{T,i}}\left\{\sum_{i\in P_{+i}}\frac{\eta_{\mathrm{S},ij}}{2\pi}\left[\Delta\delta_j(t)-\Delta\delta_i(t)\right]\right\}$$

其中，在时间 t，$\Delta\delta_i$ 为相角速度的变化量，rad；Δf_i 为频率的变化量，Hz；$\Delta P_{\mathrm{g},i}$ 是发电功率的变化量，Unit；$\Delta P_{\mathrm{d},i}$ 是负荷干扰的变化量，Unit；$\eta_{\mathrm{S},ij}$ 为第 i 个子网络与第 j 个子网络之间连线的同步系数。表 6-3 中给出了具体数值。

表 6-3 子网络的参数（其中，$i\in\{1,\cdots,m\},j\in P_{+i}$）

参数	$\eta_{K,i}$	$\eta_{\mathrm{S},ij}$	$\eta_{\mathrm{S},ji}$	$\eta_{T,i}$
数值	120	0.5	0.5	20

分别把集中式 MPC、LCO-DPMC 和 C-DMPC 应用到该系统中，并进行对比分析。选取 $\varepsilon=0.1$，所有控制器的控制时域为 $N=10$，在初始时刻各子系统的输入序列和状态都是 0。在集中式 MPC、LCO-DMPC 策略下的子系统控制器中也采用双模预测控制，并设置与 C-DMPC 控制中相同的参数和初始值。定义输入的边界为 $\{-1,2\}$，输入增量的边界为 $\{-0.2,0.2\}$。

在 MATLAB 平台上编制仿真程序，其中，每个局部控制器的优化问题用 ILOG CPLEX 求解（也可以采用 MATLAB 的 Fmincon 函数求解）。把控制算法应用到自动化系统时，如果没有合适的求解器，可以把 MATLAB 程序直接编译为可执行程序或动态链接库。当干扰注入子系统 S_1、S_3 和 S_4 时，在以上三个控制算法作用下系统的状态响应和输入变量分别如图 6-6 和图 6-7 所示。在 C-DMPC 控制下系统的状态响应曲线几乎和在集中式 MPC 控制下系统的响应曲线一致。在 LCO-DMPC 控制下，所有子系统的状态都可以收敛到设定值，但相比于 C-DMPC，其方差更大。采用集中式 MPC 和 C-DMPC 控制方法得到的误差均方根分别为 0.4789 和 0.5171。LCO-DMPC 的误差均方根是 C-DMPC 的两倍。

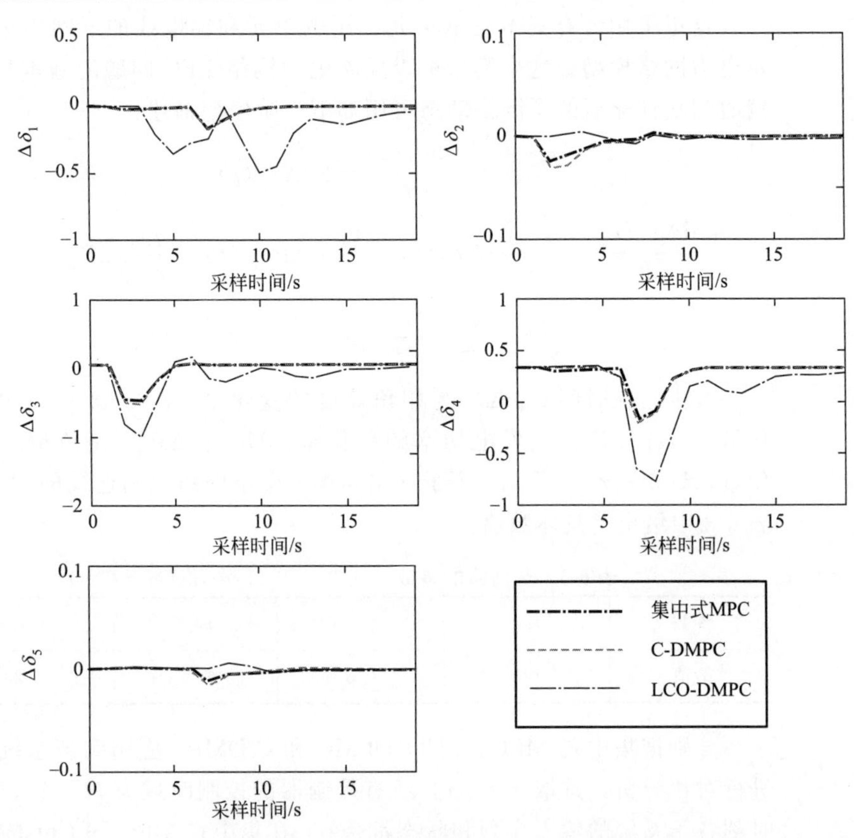

图 6-6 分别采用集中式 MPC、LCO-DMPC 和 C-DMPC 控制下，$\Delta\delta_i$，$i \in P$ 的响应曲线

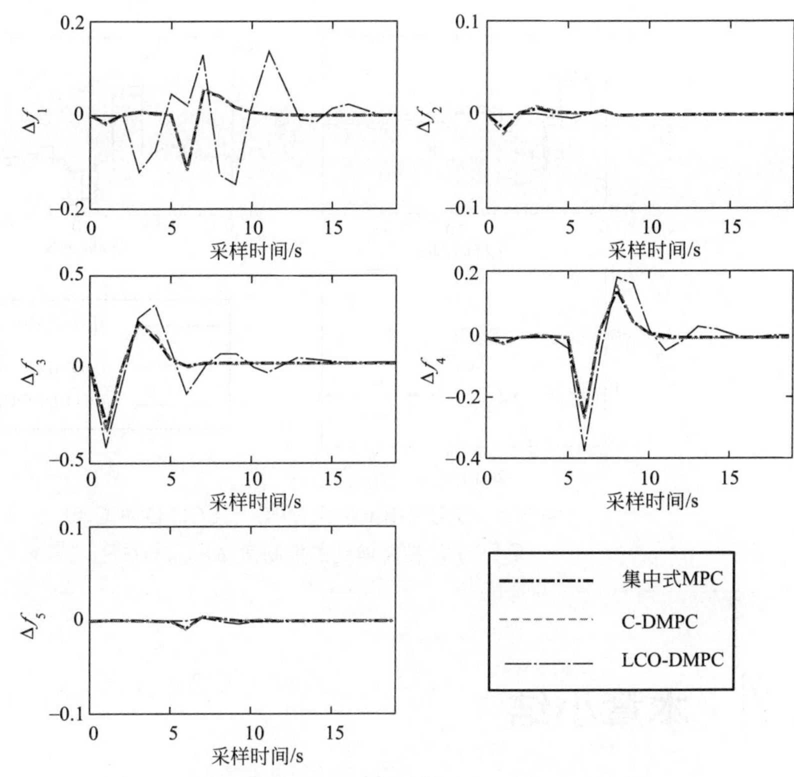

图 6-7　分别采用集中式 MPC、 LCO-DMPC 和 C-DMPC 控制下，Δf_i，$i \in P$ 的响应曲线

由以上仿真结果可知，本节介绍的含有约束的 C-DMPC 在存在干扰的情况下，可以把状态控制到设定值。在 C-DMPC 控制下，由于在每个控制周期内各子系统只通信一次，相比于迭代算法，大大减少了通信和计算负荷，同时，在该控制下可以得到与集中式 MPC 控制相近的优化性能。控制律曲线如图 6-8 所示。

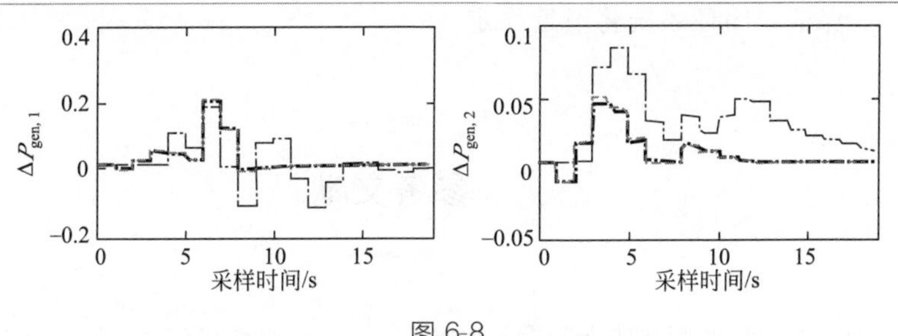

图 6-8

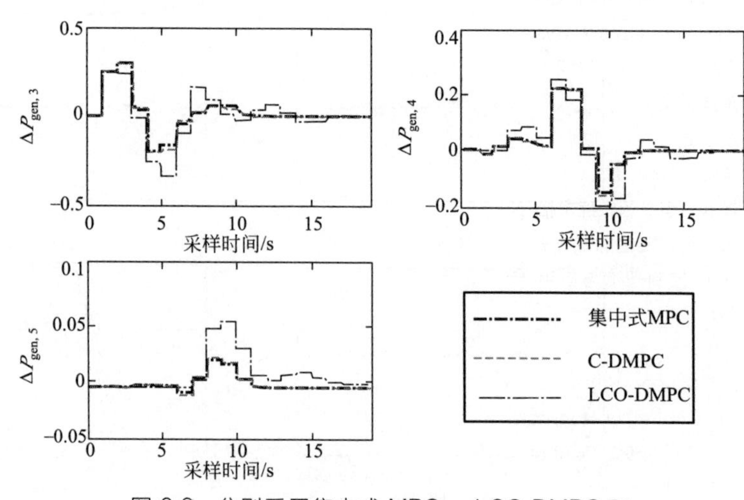

图 6-8 分别采用集中式 MPC、 LCO-DMPC 和 C-DMPC 控制得到的控制律 $\Delta P_{g,i}$， $i \in P$

6.4 本章小结

在本章中，针对大型线性系统，在每个子系统均可获得全部信息的前提下，提出了基于全局性能指标优化的无约束分布式预测控制方法。本方法将大规模系统的在线优化问题转化为几个小型系统的在线优化问题，大幅降低了计算的复杂性并保证了良好的性能，同时给出了协调分布式预测控制的全局解析解和稳定性条件等。另外，在本章中还提出了含输入约束的分布式系统的保证稳定性协调 DMPC 算法。该算法在每个采样周期中各子系统仅通信一次的情况下，能有效提高全局系统的优化性能。如果能找到一个可行的初始解，那么算法的后续可行性也能得到保证，闭环系统将渐近稳定。

参考文献

[1] Venkat A N, et al.Distributed MPC Strategies with Application to Power System Au-

tomatic Generation Control. IEEE Transactions on Control Systems Technology, 2008. 16 (6): 1192-1206.

[2] 陈庆，李少远，席裕庚. 基于全局最优的生产全过程分布式预测控制. 上海交通大学学报，2005,39 (3): 349-352.

[3] 郑毅，李少远，魏永松. 通讯信息约束下具有全局稳定性的分布式系统预测控制（英文）. 控制理论与应用，2017，34 (5): 575-585.

[4] Stewart B T，Wright S J，Rawlings J B. Cooperative Distributed Model Predictive Control for Nonlinear Systems. Journal of Process Control，2011，21 (5): 698-704.

[5] Zheng Yi，Li Shaoyuan，Qiu Hai. Networked Coordination-Based Distributed Model Predictive Control for Large-Scale System. IEEE Transactions on Control Systems Technology，2013，21 (3): 991-998.

[6] Pontus G. on Feasibility，Stability and Performance in Distributed Model Predictive Control. IEEE Transactions on Automatic Control，2012.

[7] Mayne D Q，et al. Constrained Model Predictive Control: Stability and Optimality. Automatica，2000，36 (6): 789-814.

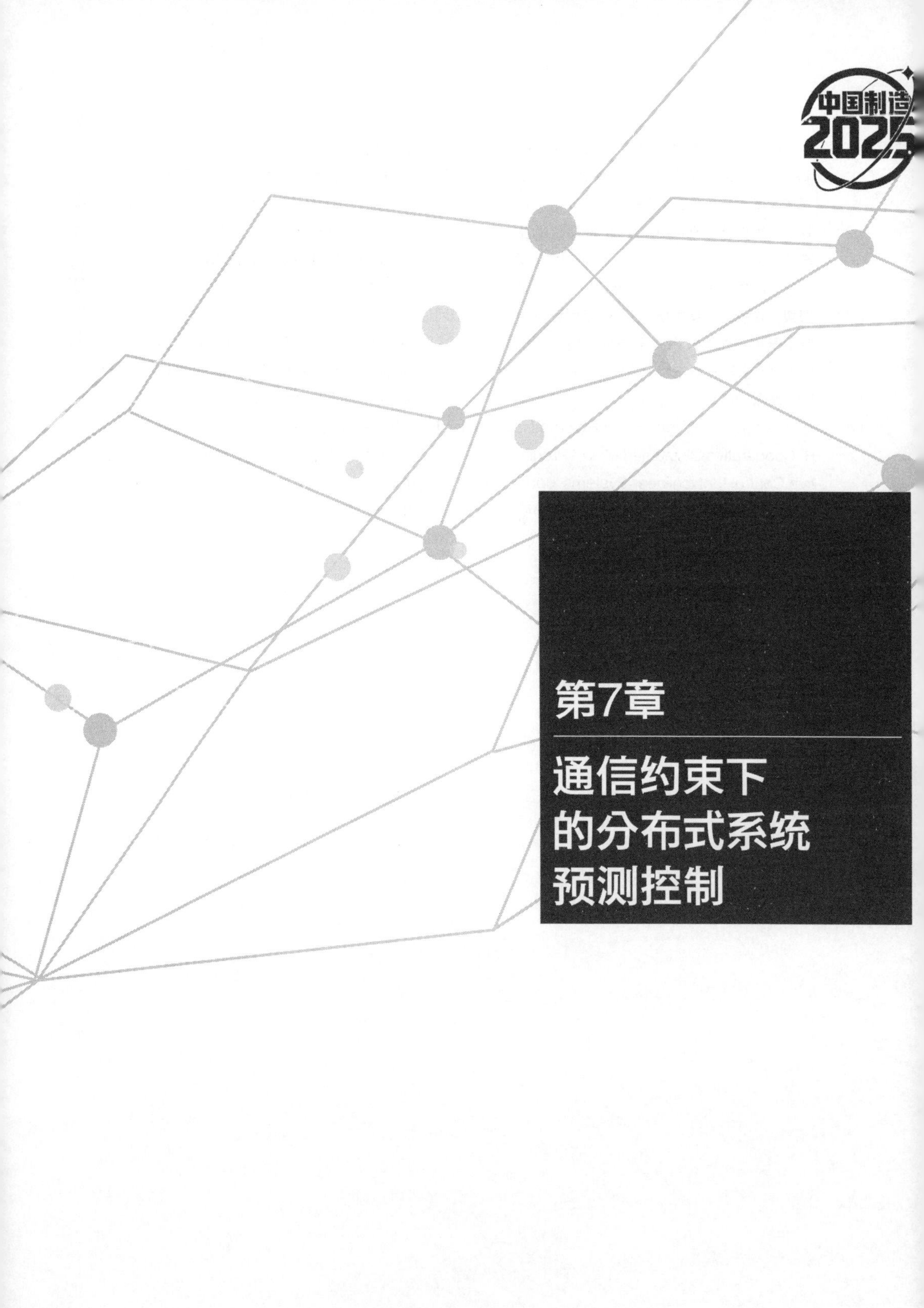

第7章

通信约束下的分布式系统预测控制

7.1 概述

前面两章介绍了两种协调策略：基于局部目标函数和基于全局性能指标的分布式预测控制。在基于局部目标函数的方法中，各局部控制器只需与其相邻子系统交换信息，所以该方法对网络要求较低，但由于优化过程中只考虑自身的性能，因此全系统的整体性能相对于基于全局目标函数的控制方法要差一些。相比较而言，基于全局目标函数的控制方法能够更好地提高系统的整体性能，且其与迭代方法一起使用时，能够保证迭代过程中优化问题的可行性。但这种方法要求每个局部控制器要与所有局部控制器交换信息，网络负载相对较大，并且控制器算法相对复杂，不便于工程应用。

由于子系统控制器相互独立，依赖性弱，分布式模型预测控制具有较好的灵活性和容错性。这意味着如果与每一个子系统 MPC 通信的子系统数量增加，那么整个闭环系统的灵活性和容错能力将降低。此外，在一些领域中，由于管理或者系统规模原因，全局的信息对控制器而言是不可获得的（例如多智能体系统、分区发电等）。因此，需要设计可以在信息有限和存在结构约束的情况下，能够有效提高全局闭环系统性能的分布式预测控制方法。

为了实现全局系统性能和网络通信拓扑复杂程度之间的均衡，本章将提出一种新的协调策略。其中每个子系统的模型预测控制只考虑该子系统及其直接影响的子系统的性能。这一策略可称为“基于作用域优化”的分布式模型预测控制[1~4]。本章 7.2 节将根据这一想法提出在通信限制下，无约束分布式预测控制的设计及稳定性分析，并将这一设计想法应用于冶金系统，同时解释为什么这一协调策略可以提高全局系统性能。数值实验表明，采用这一协调策略获得的控制效果和采用集中式方法所获得的控制效果相接近。另外本章 7.3 节还将在此基础上提出在输入约束下保证稳定性的基于作用域优化的分布式预测控制的设计和综合问题[5]，该方法采用输入对输出的敏感度函数代替子系统的预测状态，在未增加任何网络连通度的前提下（只与邻域通信）提高系统的协调度。

7.2 基于作用域优化的分布式预测控制

7.2.1 状态、输入耦合分布式系统

考虑一般性的系统，假设 $\mathcal{S}$ 系统由 m 个离散时间线性子系统 $\mathcal{S}_i(i=1,\cdots,m)$ 组成，每个子系统通过输入和状态与其它子系统相关联，则子系统 $\mathcal{S}_i$ 的状态方程描述可表述为

$$\begin{cases}\boldsymbol{x}_i(k+1)=\boldsymbol{A}_{ii}\boldsymbol{x}_i(k)+\boldsymbol{B}_{ii}\boldsymbol{u}_i(k)+\sum\limits_{\substack{j=1,\cdots,m;\\ j\neq i}}\boldsymbol{A}_{ij}\boldsymbol{x}_j(k)+\sum\limits_{\substack{j=1,\cdots,m;\\ j\neq i}}\boldsymbol{B}_{ij}\boldsymbol{u}_j(k)\\ \boldsymbol{y}_i(k)=\boldsymbol{C}_{ii}\boldsymbol{x}_i(k)+\sum\limits_{\substack{j=1,\cdots,m,\\ j\neq i}}\boldsymbol{C}_{ij}\boldsymbol{x}_j(k)\end{cases} \tag{7-1}$$

在上述方程式中，$\boldsymbol{x}_i\in\mathbb{R}^{n_{x_i}}$、$\boldsymbol{u}_i\in\mathbb{R}^{n_{u_i}}$ 和$\boldsymbol{y}_i\in\mathbb{R}^{n_{y_i}}$ 分别为子系统的状态、输入和输出向量。整体系统 $\mathcal{S}$ 模型可表示为

$$\begin{cases}\boldsymbol{x}(k+1)=\boldsymbol{A}\boldsymbol{x}(k)+\boldsymbol{B}\boldsymbol{u}(k)\\ \boldsymbol{y}(k)=\boldsymbol{C}\boldsymbol{x}(k)\end{cases} \tag{7-2}$$

在上述模型中：$\boldsymbol{x}\in\mathbb{R}^{n_x}$、$\boldsymbol{u}\in\mathbb{R}^{n_u}$ 和 $\boldsymbol{y}\in\mathbb{R}^{n_y}$ 分别为 $\mathcal{S}$ 的状态、输入和输出矢量。$\boldsymbol{A}$、$\boldsymbol{B}$ 和 $\boldsymbol{C}$ 为系统矩阵。

系统的控制目标是最小化以下全局性能指标：

$$J(k)=\sum_{i=1}^{m}\Big[\sum_{l=1}^{P}\left\|\boldsymbol{y}_i(k+l)-\boldsymbol{y}_i^{\mathrm{d}}(k+l)\right\|_{\boldsymbol{Q}_i}^2+\sum_{\mathrm{l=1}}^{\mathrm{M}}\left\|\Delta\boldsymbol{u}_i(k+l-1)\right\|_{\boldsymbol{R}_i}^2\Big] \tag{7-3}$$

其中，$\boldsymbol{y}_i^{\mathrm{d}}$ 和 $\Delta\boldsymbol{u}_i(k)$ 为 $\mathcal{S}_j$ 的输出设定值和输入增量，且 $\Delta\boldsymbol{u}_i(k)=\boldsymbol{u}_i(k)-\boldsymbol{u}_i(k-1)$。$\boldsymbol{Q}_i$ 和 $\boldsymbol{R}_i$ 为权重矩阵，P，$M\in\mathbb{N}$，$P\geqslant M$，分别为预测时域和控制时域。

本章所研究的问题是在分布式框架下，设计能够在不增加或增加较少通信网络的前提下（即不破坏系统的灵活性和容错性），大大提高闭环系统整体性能的协调策略。

7.2.2 局部预测控制器设计

本章所提出的分布式预测控制由一系列分别对应于不同子系统 $\mathcal{S}_i$，$i=1,2,\cdots,n$ 的相互独立的 MPC 控制器 $\mathcal{C}_i$，$i=1,2,\cdots,n$ 组成。这些子系统 MPC 能够通过网络和与其相邻的控制器交换信息。为了清晰地阐述本章所提出的控制方法，假设各子系统的状态 $x_i(k)$ 可测，并作如下假设和定义（假设 7.1、定义 7.1 和表 7-1）。

假设 7.1

① 各局部控制器同步；

② 在一个采样周期内控制器相互间仅通信一次；

③ 通信过程存在一步信号延时。

事实上，这组假设并不苛刻。因为在过程控制中采样间隔通常比计算时间长很多，因此，控制器同步这个条件并不强；假设②所提出的在一个采样周期内控制器仅通信一次，是为了减少网络通信量，同时增加算法的可靠性。在实际过程中，瞬时通信是不存在的，因此，假设③中的一步延时是必需的。

定义 7.1

临近子系统：子系统 $\mathcal{S}_i$ 与子系统 $\mathcal{S}_j$ 相互作用，且子系统 $\mathcal{S}_i$ 的输出和状态受子系统 $\mathcal{S}_j$ 的影响，在这种情况下 $\mathcal{S}_j$ 被称为子系统 $\mathcal{S}_i$ 的输入临近子系统，且子系统 $\mathcal{S}_i$ 被称为子系统 $\mathcal{S}_j$ 输出临近子系统。$\mathcal{S}_i$ 和 $\mathcal{S}_j$ 称为临近子系统或邻居。

子系统的邻域：子系统 $\mathcal{S}_i$ 的输入（输出）邻域 $\mathcal{N}_i^{\text{in}}(\mathcal{N}_i^{\text{out}})$ 是指子系统 $\mathcal{S}_i$ 的所有输入（输出）邻居的集合：

$$\mathcal{N}_i^{\text{in}}=\{\mathcal{S}_i,\mathcal{S}_j \mid \mathcal{S}_j \text{ 是 } \mathcal{S}_i \text{ 的输入邻居}\}$$

$$\mathcal{N}_i^{\text{out}}=\{\mathcal{S}_i,\mathcal{S}_j \mid \mathcal{S}_j \text{ 是 } \mathcal{S}_i \text{ 的输出邻居}\}$$

子系统 $\mathcal{S}_i$ 的邻域 $\mathcal{N}_i$ 是指：子系统 $\mathcal{S}_i$ 的所有邻居的集合：

$$\mathcal{N}_i=\mathcal{N}_i^{\text{in}}\cup\mathcal{N}_i^{\text{out}}$$

表 7-1 文中所用的符号

符号	解释
$\hat{\boldsymbol{x}}_i(l\mid h),\hat{\boldsymbol{y}}_i(l\mid h)$	在 h 时刻计算的 $\boldsymbol{x}_i(l)$ 和 $\boldsymbol{y}_i(l)$ 的预测值，且 $l,h\in\mathbb{N},h<l$
$\boldsymbol{u}_i(l\mid h),\Delta\boldsymbol{u}_i(l\mid h)$	控制器 $\mathcal{C}_i$ 在 h 时刻计算的 $\boldsymbol{u}_i(l)$ 和输入增量 $\Delta\boldsymbol{u}_i(l)$ 的预测值，$l,h\in\mathbb{N}$ 且 $h<l$
$\boldsymbol{y}_i^{\text{d}}(l\mid h)$	$\boldsymbol{y}_i(l\mid h)$ 的设定值
$\widehat{\boldsymbol{x}}_i(k),\widehat{\boldsymbol{y}}_i(k)$	$\mathcal{S}_i$ 邻域的状态和输出，$\widehat{\boldsymbol{x}}_i(k)=[\boldsymbol{x}_i^{\text{T}}(k)\boldsymbol{x}_{i_1}^{\text{T}}(k)\cdots\boldsymbol{x}_{i_m}^{\text{T}}(k)]^{\text{T}}$，$\widehat{\boldsymbol{y}}_i(k)=[\boldsymbol{y}_i^{\text{T}}(k)\boldsymbol{y}_{i_1}^{\text{T}}(k)\cdots\boldsymbol{y}_{i_m}^{\text{T}}(k)]^{\text{T}}$，$m$ 是子系统 $\mathcal{S}_i$ 输出邻居的个数

续表

符号	解释
$\hat{w}_i(k),\hat{v}_i(k)$	$\mathcal{S}_i$ 输出邻域的状态和输出的相互作用，见式(7-9)和式(7-10)
$\hat{\hat{x}}_i(l\mid h),\hat{\hat{y}}_i(l\mid h)$	在 h 时刻计算的$\hat{x}_i(l)$和$\hat{y}_i(l)$的预测值，$l,h\in\mathbb{N}$ 且 $h<l$
$\hat{\hat{w}}_i(l\mid h),\hat{\hat{v}}_i(l\mid h)$	在 h 时刻计算的$\hat{w}_i(l)$和$\hat{v}_i(l)$的预测值，$l,h\in\mathbb{N}$ 且 $h<l$
$\hat{y}_i^{\mathrm{d}}(l\mid h)$	$\hat{y}_i(l\mid h)$的设定值
$\boldsymbol{U}_i(l,p\mid h)$	子系统输入序列向量，$\boldsymbol{U}_i(l,p\mid h)=[\boldsymbol{u}_i^{\mathrm{T}}(l\mid h)\boldsymbol{u}_i^{\mathrm{T}}(l+1\mid h)\cdots\boldsymbol{u}_i^{\mathrm{T}}(l+p\mid h)]^{\mathrm{T}}$，$p,l,h\in\mathbb{N}$ 且 $h<l$
$\Delta\boldsymbol{U}_i(l,p\mid h)$	子系统输入增量序列向量，$\Delta\boldsymbol{U}_i(l,p\mid h)=[\Delta\boldsymbol{u}_i^{\mathrm{T}}(l\mid h)\Delta\boldsymbol{u}_i^{\mathrm{T}}(l+1\mid h)\cdots\Delta\boldsymbol{u}_i^{\mathrm{T}}(l+p\mid h)]^{\mathrm{T}}$ 且 $h<l$
$\boldsymbol{U}(l,p\mid h)$	全系统输入序列向量，$\boldsymbol{U}(l,p\mid h)=[\boldsymbol{u}_1^{\mathrm{T}}(l\mid h)\cdots\boldsymbol{u}_n^{\mathrm{T}}(l\mid h)\cdots\boldsymbol{u}_1^{\mathrm{T}}(l+p\mid h)\cdots\boldsymbol{u}_n^{\mathrm{T}}(l+p\mid h)]^{\mathrm{T}}$
$\hat{\boldsymbol{X}}_i(l,p\mid h)$	子系统状态估计序列，$\hat{\boldsymbol{X}}_i(l,p\mid h)=[\hat{\boldsymbol{x}}_i^{\mathrm{T}}(l\mid h)\hat{\boldsymbol{x}}_i^{\mathrm{T}}(l+1\mid h)\cdots\hat{\boldsymbol{x}}_i^{\mathrm{T}}(l+p\mid h)]^{\mathrm{T}}$
$\hat{\boldsymbol{X}}(l,p\mid h)$	全系统状态估计序列，$\hat{\boldsymbol{X}}(l,p\mid h)=[\hat{\boldsymbol{x}}_1^{\mathrm{T}}(l\mid h)\cdots\hat{\boldsymbol{x}}_n^{\mathrm{T}}(l\mid h)\cdots\hat{\boldsymbol{x}}_1^{\mathrm{T}}(l+p\mid h)\cdots\hat{\boldsymbol{x}}_n^{\mathrm{T}}(l+p\mid h)]^{\mathrm{T}}$
$\hat{\hat{\boldsymbol{X}}}_i(l,p\mid h)$	邻域子系统状态估计序列，$\hat{\hat{\boldsymbol{X}}}_i(l,p\mid h)=[\hat{\hat{\boldsymbol{x}}}_i^{\mathrm{T}}(l\mid h)\hat{\hat{\boldsymbol{x}}}_i^{\mathrm{T}}(l+1\mid h)\cdots\hat{\hat{\boldsymbol{x}}}_i^{\mathrm{T}}(l+p\mid h)]^{\mathrm{T}}$，$p,l,h\in\mathbb{N}$ 且 $h<l$
$\hat{\hat{\boldsymbol{Y}}}_i(l,p\mid h)$	邻域子系统输出估计序列，$\hat{\hat{\boldsymbol{Y}}}_i(l,p\mid h)=[\hat{\hat{\boldsymbol{y}}}_i^{\mathrm{T}}(l\mid h)\hat{\hat{\boldsymbol{y}}}_i^{\mathrm{T}}(l+1\mid h)\cdots\hat{\hat{\boldsymbol{y}}}_i^{\mathrm{T}}(l+p\mid h)]^{\mathrm{T}}$，$p,l,h\in\mathbb{N}$ 且 $h<l$
$\hat{\boldsymbol{Y}}_i^{\mathrm{d}}(l,p\mid h)$	$\hat{\hat{\boldsymbol{Y}}}_i(l,p\mid h)$的设定值
$\hat{\hat{\boldsymbol{W}}}_i(l,p\mid h)$	邻域子系统的状态作用向量序列，$[\hat{\hat{\boldsymbol{w}}}_i^{\mathrm{T}}(l\mid h)\hat{\hat{\boldsymbol{w}}}_i^{\mathrm{T}}(l+1\mid h)\cdots\hat{\hat{\boldsymbol{w}}}_i^{\mathrm{T}}(l+p\mid h)]^{\mathrm{T}}$，$p,l,h\in\mathbb{N}$ 且 $h<l$
$\hat{\hat{\boldsymbol{V}}}_i(l,P\mid h)$	邻域子系统的输出作用向量序列，$[\hat{\hat{\boldsymbol{v}}}_i^{\mathrm{T}}(l\mid h)\hat{\hat{\boldsymbol{v}}}_i^{\mathrm{T}}(l+1\mid h)\cdots\hat{\hat{\boldsymbol{v}}}_i^{\mathrm{T}}(l+p\mid h)]^{\mathrm{T}}$，$p,l,h\in\mathbb{N}$ 且 $h<l$
$\hat{\mathbb{X}}(l,p\mid h)$	全系统状态估计序列，$\hat{\mathbb{X}}(l,p\mid h)=[\hat{\boldsymbol{X}}_1^{\mathrm{T}}(l,p\mid h)\cdots\hat{\boldsymbol{X}}_m^{\mathrm{T}}(l,p\mid h)]^{\mathrm{T}}$
$\mathbb{U}(l,p\mid h)$	全系统输入序列向量，$\mathbb{U}(l,p\mid h)=[\boldsymbol{U}_1^{\mathrm{T}}(l,p\mid h)\cdots\boldsymbol{U}_m^{\mathrm{T}}(l,p\mid h)]^{\mathrm{T}}$

7.2.2.1 局部控制器优化问题的数学描述

(1) 性能指标

对文中所考虑的大系统，其全局性能指标（7-3）可以分解为如下各子系统 $\mathcal{S}_i,i=1,2,\cdots,n$ 的局部性能指标 J_i。

$$J_i(k)=\sum_{l=1}^{P}\left\|\hat{\boldsymbol{y}}_i(k+l\mid k)-\boldsymbol{y}_i^{\mathrm{d}}(k+l\mid k)\right\|_{\boldsymbol{Q}_i}^2+\sum_{l=1}^{M}\left\|\Delta\boldsymbol{u}_i(k+l-1\mid k)\right\|_{\boldsymbol{R}_i}^2 \tag{7-4}$$

在分布式 MPC 中，子系统 $\mathcal{S}_i$ 的局部决策变量可以根据 $k-1$ 时刻邻域状态和邻域输入的估计值，并考虑局部输入输出约束，求解优化问题 $\min\limits_{\Delta U(k,M\mid k)} J_i(k)$得到（状态预估法），或通过纳什优化[6] 得到。然而，由

于子系统 $\mathcal{S}_i$ 的输出邻域的状态演化受到子系统 $\mathcal{S}_i$ 的优化决策变量的影响，见式(7-1)，子系统 $\mathcal{S}_i$ 的输出邻域子系统性能会被子系统 $\mathcal{S}_i$ 的输入破坏。为了解决这个问题，本文采用了叫作“邻域优化（Neighborhood Optimization）”的方法，其性能指标如下：

$$\overline{J}_i(k)=\sum_{j\in\mathcal{N}_i^{\text{out}}}J_i(k)=\sum_{j\in\mathcal{N}_i^{\text{out}}}\left[\sum_{l=1}^{P}\left\|\hat{\boldsymbol{y}}_j(k+l|k)-\boldsymbol{y}_j^{\text{d}}(k+l|k)\right\|_{\boldsymbol{Q}_j}^2+\sum_{l=1}^{M}\left\|\Delta\boldsymbol{u}_j(k+l-1|k)\right\|_{\boldsymbol{R}_j}^2\right] \tag{7-5}$$

由于 $\Delta\boldsymbol{u}_j(k+l-1|k)$（$j\in\mathcal{N}_i^{\text{out}}$，$j\neq i$，$l=1$，…，$M$）未知且与子系统 $\mathcal{S}_i$ 的控制决策增量无关，因此，采用 $k-1$ 时刻的控制决策增量 $\Delta\boldsymbol{u}_j(k+l-1|k-1)$ 来近似 k 时刻的控制决策增量 $\Delta\boldsymbol{u}_j(k+l-1|k)$，这样方程（7-5）变为

$$\begin{aligned}\overline{J}_i(k)=&\sum_{j\in\mathcal{N}_i^{\text{out}}}\sum_{l=1}^{P}\left\|\hat{\boldsymbol{y}}_j(k+l|k)-\boldsymbol{y}_j^{\text{d}}(k+l|k)\right\|_{\boldsymbol{Q}_j}^2+\\&\sum_{l=1}^{M}\left\|\Delta\boldsymbol{u}_i(k+l-1|k)\right\|_{\boldsymbol{R}_i}^2+\sum_{j\in\mathcal{N}_i^{\text{out}},j\neq i}\sum_{l=1}^{M}\left\|\Delta\boldsymbol{u}_j(k+l-1|k-1)\right\|_{\boldsymbol{R}_j}^2\\=&\sum_{j\in\mathcal{N}_i^{\text{out}}}\sum_{l=1}^{P}\left\|\hat{\boldsymbol{y}}_j(k+l|k)-\boldsymbol{y}_j^{\text{d}}(k+l|k)\right\|_{\boldsymbol{Q}_j}^2+\\&\sum_{l=1}^{M}\left\|\Delta\boldsymbol{u}_i(k+l-1|k)\right\|_{\boldsymbol{R}_i}^2+\text{Constant}\end{aligned}$$

简化上式，重新定义 $\overline{J}_i(k)$ 为

$$\overline{J}_i(k)=\sum_{l=1}^{P}\left\|\hat{\boldsymbol{\mathcal{Y}}}_i(k+l|k)-\boldsymbol{\mathcal{Y}}_i^{\text{d}}(k+l|k)\right\|_{\hat{\boldsymbol{Q}}_i}^2+\sum_{l=1}^{M}\left\|\Delta\boldsymbol{u}_i(k+l-1|k)\right\|_{\boldsymbol{R}_i}^2 \tag{7-6}$$

其中，$\hat{\boldsymbol{Q}}_i=\text{diag}\,(\boldsymbol{Q}_i,\boldsymbol{Q}_{i_1},\cdots,\boldsymbol{Q}_{i_b})$。

优化指标 $\overline{J}_i(k)$ 不仅考虑了子系统 $\mathcal{S}_i$ 的性能，而且兼顾了子系统 $\mathcal{S}_i$ 的输出邻域的性能，完全考虑了子系统 $\mathcal{S}_i$ 控制变量对 $\mathcal{S}_j\in\mathcal{N}_i^{\text{out}}$ 的影响。因此，该方法有望提高系统的全局性能。值得注意的是，如果在每个子系统中都采用性能指标（7-3），系统的全局性能有可能会进一步提高，但是它需要一个高质量的网络环境，这种算法的通信复杂度和算法复杂度都要比邻域优化高。另一方面，由于邻域优化的性能已经与全局优化十分接近（将在本章后续内容中进行说明），因此，本章采用邻域优化的方法。

（2）预测模型

由于子系统 $\mathcal{S}_j \in \mathcal{N}_i^{\text{out}}$ 的状态演化过程受子系统 $\mathcal{S}_i$ 的操纵变量$\boldsymbol{u}_i(k)$的影响，为了提高预测精度，在预测子系统 $\mathcal{S}_i$ 及其输出相邻子系统的状态演化时，应把子系统 $\mathcal{S}_i$ 及其输出相邻子系统一起看成一个相对较大的邻域子系统。假设子系统 $\mathcal{S}_i$ 的输出邻居的个数为 m，那么由（7-1）可以较易推出其输出邻域子系统的状态演化方程为

$$\begin{cases}\hat{\boldsymbol{x}}_i(k+1)=\hat{\boldsymbol{A}}_i\hat{\boldsymbol{x}}_i(k)+\hat{\boldsymbol{B}}_i\boldsymbol{u}_i(k)+\hat{\boldsymbol{w}}_i(k)\\ \hat{\boldsymbol{y}}_i(k)=\hat{\boldsymbol{C}}_i\hat{\boldsymbol{x}}_i(k)+\hat{\boldsymbol{v}}_i(k)\end{cases} \tag{7-7}$$

其中

$$\hat{\boldsymbol{A}}_i=[\hat{\boldsymbol{A}}_i^{(1)}\quad\hat{\boldsymbol{A}}_i^{(2)}]=\begin{bmatrix}\boldsymbol{A}_{ii} & \boldsymbol{A}_{ii_1} & \cdots & \boldsymbol{A}_{ii_m}\\ \boldsymbol{A}_{i_1i} & \boldsymbol{A}_{i_1i_1} & \cdots & \boldsymbol{A}_{i_mi_m}\\ \vdots & \vdots & \ddots & \vdots\\ \boldsymbol{A}_{i_mi} & \boldsymbol{A}_{i_mi_1} & \cdots & \boldsymbol{A}_{i_mi_m}\end{bmatrix},\hat{\boldsymbol{B}}_i=\begin{bmatrix}\boldsymbol{B}_{ii}\\ \boldsymbol{B}_{i_1i}\\ \vdots\\ \boldsymbol{B}_{i_mi}\end{bmatrix},$$

$$\hat{\boldsymbol{C}}_i=\begin{bmatrix}\boldsymbol{C}_{ii} & \boldsymbol{C}_{ii_1} & \cdots & \boldsymbol{C}_{ii_m}\\ \boldsymbol{C}_{i_1i} & \boldsymbol{C}_{i_1i_1} & \cdots & \boldsymbol{C}_{i_1i_m}\\ \vdots & \vdots & \ddots & \vdots\\ \boldsymbol{C}_{i_mi} & \boldsymbol{C}_{i_mi_1} & \cdots & \boldsymbol{C}_{i_mi_m}\end{bmatrix} \tag{7-8}$$

$$\hat{\boldsymbol{w}}_i(k)=\begin{bmatrix}\sum\limits_{j\in\mathcal{N}_i^{\text{in}},j\neq i}\boldsymbol{B}_{ij}u_j(k)+\boldsymbol{0}\\ \sum\limits_{j\in\mathcal{N}_{i_1}^{\text{in}},j\neq i}\boldsymbol{B}_{i_1j}u_j(k)+\sum\limits_{j\in\mathcal{N}_{i_1}^{\text{in}},j\notin\mathcal{N}_i^{\text{out}}}\boldsymbol{A}_{i_1j}\boldsymbol{x}_j(k)\\ \vdots\\ \sum\limits_{j\in\mathcal{N}_{i_m}^{\text{in}},j\neq i}\boldsymbol{B}_{i_mj}u_j(k)+\sum\limits_{j\in\mathcal{N}_{i_m}^{\text{in}},j\notin\mathcal{N}_i^{\text{out}}}\boldsymbol{A}_{i_mj}\boldsymbol{x}_j(k)\end{bmatrix} \tag{7-9}$$

$$\hat{\boldsymbol{v}}_i(k)=\begin{bmatrix}\boldsymbol{0}\\ \sum\limits_{j\in\mathcal{N}_{i_1}^{\text{in}},j\notin\mathcal{N}_i^{\text{out}}}\boldsymbol{C}_{i_1j}\boldsymbol{x}_j(k)\\ \vdots\\ \sum\limits_{j\in\mathcal{N}_{i_m}^{\text{in}},j\notin\mathcal{N}_i^{\text{out}}}\boldsymbol{C}_{i_mj}\boldsymbol{x}_j(k)\end{bmatrix} \tag{7-10}$$

值得注意的是在邻域子系统模型（7-7）中，其输入仍然是子系统 $\mathcal{S}_i$ 的输入。子系统 $\mathcal{S}_i$ 的输出相邻子系统 $\mathcal{S}_j \in \mathcal{N}_i^{\text{out}}$，$j \neq i$ 的输入被看作可测干扰。这是因为，每个 MPC 仅仅能够决定与其相对应的子系统的操纵变量。

由于在网络中引入了单位延时（见假设 7.13），对于子系统 $\mathcal{S}_i$，其它子系统的信息只有在一个采样间隔后才能得到。也就是说，在 k 时刻，对于控制器 $\mathcal{C}_i$，预测值 $\boldsymbol{x}_{i_h}^{\mathrm{T}}(k|k)$、$\hat{\hat{\boldsymbol{w}}}_i(k+l-s|k)$ 和 $\hat{\boldsymbol{v}}_i(k+l|k)$ 是无法得到的，只有预测值 $\hat{\boldsymbol{x}}_{i_h}^{\mathrm{T}}(k|k-1)$、$\hat{\hat{\boldsymbol{w}}}_i(k+l-s|k-1)$ 和 $\hat{\boldsymbol{v}}_i(k+l|k-1)$ 可以通过网络信息交换从其它控制器中得到。因此，在控制器 $\mathcal{C}_i$ 中，模型（7-7）中的系统间相互作用部分应根据其它子系统提供的 $k-1$ 时刻计算得到的状态和输入的预测值来计算，输出相邻子系统的初始状态由 $\boldsymbol{x}_{i_h}^{\mathrm{T}}(k|k-1)(h=1,\cdots,m)$ 代替。对所有 $i=1,\cdots,n$ 定义：

$$\hat{\boldsymbol{x}}_i(k|k)=[\boldsymbol{x}_i^{\mathrm{T}}(k|k)\hat{\boldsymbol{x}}_{i_1}^{\mathrm{T}}(k|k-1)\cdots\hat{\boldsymbol{x}}_{i_m}^{\mathrm{T}}(k|k-1)]^{\mathrm{T}} \tag{7-11}$$

这样，邻域子系统 l 步以后的状态和输出可以通过下式预测得到：

$$\begin{cases}\hat{\boldsymbol{x}}_i(k+l|k)=\hat{\boldsymbol{A}}_i^l\hat{\boldsymbol{x}}_i(k|k)+\sum\limits_{s=1}^{l}\hat{\boldsymbol{A}}_i^{s-1}\hat{\boldsymbol{B}}_i\boldsymbol{u}_i(k+l-s|k)+\\ \sum\limits_{s=1}^{l}\hat{\boldsymbol{A}}_i^{s-1}\hat{\hat{\boldsymbol{w}}}_i(k+l-s|k-1)\\ \hat{\boldsymbol{y}}_i(k+l|k)=\hat{\boldsymbol{C}}_i\hat{\boldsymbol{x}}_i(k+l|k)+\hat{\boldsymbol{v}}_i(k+l|k-1)\end{cases} \tag{7-12}$$

(3) 优化问题

对于每个独立的控制器 $\mathcal{C}_i(i=1,\cdots,n)$，预测周期为 P，控制周期为 M，$M<P$ 的无约束生产全过程 MPC 问题可变为在每个 k 时刻求解下面优化问题：

$$\begin{aligned}\min_{\Delta\boldsymbol{u}_i(k,M|k)}\overline{J}_i(k)=\sum_{l=1}^{P}\left\|\hat{\boldsymbol{y}}_i(k+l|k)-\boldsymbol{y}_i^{\mathrm{d}}(k+l|k)\right\|_{\hat{\boldsymbol{Q}}_i}^2+\\ \sum_{l=1}^{M}\left\|\Delta\boldsymbol{u}_i(k+l-1|k)\right\|_{\boldsymbol{R}_i}^2\\ \text{s.t.}\quad \text{Eq.}(7\text{-}12)\end{aligned} \tag{7-13}$$

在 k 时刻，每个控制器 $\mathcal{C}_i(i=1,\cdots,n)$ 通过交换信息可以得到 $\hat{\hat{\boldsymbol{w}}}_i(k+l-1|k-1)$ 和 $\hat{\boldsymbol{v}}_i(k+l|k-1)$，$l=1,\cdots,P$。把它们与当前状态 $\hat{\boldsymbol{x}}_i(k|k)$ 一起作为已知量来求解优化问题（7-13）。完成求解后，选择优化问题解

$\Delta \boldsymbol{U}_i^*(k)$ 的第一个元素 $\Delta \boldsymbol{u}^*(k|k)$，并把 $\boldsymbol{u}_i(k)=\boldsymbol{u}_i(k-1)+\Delta \boldsymbol{u}^*(k|k)$应用于子系统 $\mathcal{S}_i$。然后，通过式(7-13) 估计预测时域内的状态轨迹，并与优化控制序列一起通过网络传递给其它子系统。在 $k+1$ 时刻，每个控制器用这些信息来估计其它系统对其产生的作用量，并在此基础上计算新的控制律。整个控制过程不断重复上面步骤。

在控制器 $\mathcal{C}_i(i=1,\cdots,n)$求解过程中，只需知道其相邻子系统 $\mathcal{S}_j \in \mathcal{N}_i$ 以及相邻子系统的相邻子系统 $\mathcal{S}_g \in \mathcal{N}_j$ 的未来行为。类似的，控制器 $\mathcal{C}_i$ 只需把其将来的行为发送给子系统 $\mathcal{S}_j \in \mathcal{N}_i$ 的控制器 $\mathcal{C}_j$ 和子系统 $\mathcal{S}_g \in \mathcal{N}_j$ 的控制器 $\mathcal{C}_g$。在下一节中，将介绍如何求得优化问题（7-13）的解析解。

7.2.2.2 闭环系统解析解

本小节的主要是计算本章提出的生产全过程 MPC 方法的解析解。为了达到这个目的，首先给出子系统间相互作用量和状态量预测值的解析形式。假设

$$\widetilde{\mathbf{A}}_i^{(1)}=\mathrm{diag}_P\left\{\underbrace{\begin{bmatrix}\mathbf{A}_{i,1} & \cdots & \mathbf{A}_{i,i-1} & \mathbf{0}_{n_{x_i}\times n_{x_i}} & \mathbf{A}_{i,i+1} & \cdots & \mathbf{A}_{i,i_1-1} & \mathbf{0}_{n_{x_i}\times n_{x_{i1}}} & \mathbf{A}_{i,i_1+1} & \cdots & \mathbf{A}_{i,i_m-1} & \mathbf{0}_{n_{x_i}\times n_{x_{im}}} & \mathbf{A}_{i,i_m+1} & \cdots & \mathbf{A}_{i,n} \\ \mathbf{A}_{i_1,1} & \cdots & \mathbf{A}_{i_1,i-1} & \mathbf{0}_{n_{x_{i1}}\times n_{x_i}} & \mathbf{A}_{i_1,i+1} & \cdots & \mathbf{A}_{i_1,i_1-1} & \mathbf{0}_{n_{x_{i1}}\times n_{x_{i1}}} & \mathbf{A}_{i_1,i_1+1} & \cdots & \mathbf{A}_{i_1,i_m-1} & \mathbf{0}_{n_{x_{i1}}\times n_{x_{im}}} & \mathbf{A}_{i_1,i_m+1} & \cdots & \mathbf{A}_{i_1,n} \\ \vdots & \cdots & \vdots & \vdots & \vdots & \cdots & \vdots & \vdots & \vdots & \cdots & \vdots & \vdots & \vdots & \cdots & \vdots \\ \mathbf{A}_{i_m,1} & \cdots & \mathbf{A}_{i_m,i-1} & \mathbf{0}_{n_{x_{im}}\times n_{x_i}} & \mathbf{A}_{i_m,i+1} & \cdots & \mathbf{A}_{i_m,i_1-1} & \mathbf{0}_{n_{x_{im}}\times n_{x_{i1}}} & \mathbf{A}_{i_m,i_1+1} & \cdots & \mathbf{A}_{i_m,i_m-1} & \mathbf{0}_{n_{x_{im}}\times n_{x_{im}}} & \mathbf{A}_{i_m,i_m+1} & \cdots & \mathbf{A}_{i_m,n}\end{bmatrix}}_{n\text{列}}\right\} \tag{7-14}$$

$$\widetilde{\mathbf{A}}_i^{(2)}=\mathrm{diag}\left\{\begin{array}{l}\underbrace{\begin{bmatrix}\mathbf{0}_{n_{x_i}\times n_{x_1}} & \cdots & \mathbf{0}_{n_{x_i}\times n_{x_{i1-1}}} & \mathbf{A}_{i,i_1} & \mathbf{0}_{n_{x_i}\times n_{x_{i1+1}}} & \cdots & \mathbf{0}_{n_{x_i}\times n_{x_{im-1}}} & \mathbf{A}_{i,i_m} & \mathbf{0}_{n_{x_i}\times n_{x_{im+1}}} & \cdots & \mathbf{0}_{n_{x_i}\times n_{x_n}} \\ \mathbf{0}_{n_{x_{i1}}\times n_{x1}} & \cdots & \mathbf{0}_{n_{x_{i1}}\times n_{x_{i1-1}}} & \mathbf{A}_{i_1,i_1} & \mathbf{0}_{n_{x_{i1}}\times n_{x_{i1+1}}} & \cdots & \mathbf{0}_{n_{x_{i1}}\times n_{x_{im-1}}} & \mathbf{A}_{i_1,i_m} & \mathbf{0}_{n_{x_{i1}}\times n_{x_{im+1}}} & \cdots & \mathbf{0}_{n_{x_i}\times n_{x_n}} \\ \vdots & \cdots & \vdots & \vdots & \vdots & \cdots & \vdots & \vdots & \vdots & \cdots & \vdots \\ \mathbf{0}_{n_{x_{im}}\times n_{x_1}} & \cdots & \mathbf{0}_{n_{x_{i1}}\times n_{x_{i1-1}}} & \mathbf{A}_{i_m,i_1} & \mathbf{0}_{n_{x_{i1}}\times n_{x_{i1+1}}} & \cdots & \mathbf{0}_{n_{x_{i1}}\times n_{x_{im-1}}} & \mathbf{A}_{i_m,i_m} & \mathbf{0}_{n_{x_{i1}}\times n_{x_{im+1}}} & \cdots & \mathbf{0}_{n_{x_i}\times n_{x_n}}\end{bmatrix}}_{n\text{列}}, \\ \mathrm{diag}_{P-1}\left\{\mathbf{0}_{\sum_{l\in N_i^{\mathrm{out}}} n_{x_l}\times\sum_{l=1}^{n} n_{x_l}}\right\}\end{array}\right\} \tag{7-15}$$

$$\widetilde{\widetilde{\boldsymbol{B}}}_i=\mathrm{diag}_P\left\{\begin{bmatrix}\boldsymbol{B}_{i,1} & \cdots & \boldsymbol{B}_{i,i-1} & \mathbf{0}_{n_{x_i}\times n_{u_i}} & \boldsymbol{B}_{i,i+1} & \cdots & \boldsymbol{B}_{i,n} \\ \boldsymbol{B}_{i_1,1} & \cdots & \boldsymbol{B}_{i_1,i-1} & \mathbf{0}_{n_{x_{i1}}\times n_{u_i}} & \boldsymbol{B}_{i_1,i+1} & \cdots & \boldsymbol{B}_{i_1,n} \\ \vdots & \cdots & \vdots & \vdots & \vdots & \cdots & \vdots \\ \boldsymbol{B}_{i_m,1} & \cdots & \boldsymbol{B}_{i_m,i-1} & \mathbf{0}_{n_{x_{im}}\times n_{u_i}} & \boldsymbol{B}_{i_m,i+1} & \cdots & \boldsymbol{B}_{i_m,n}\end{bmatrix}\right\} \tag{7-16}$$

$$\widetilde{\boldsymbol{C}}_i=\mathrm{diag}_P\left\{\underbrace{\begin{bmatrix} \boldsymbol{C}_{i,1} & \cdots & \boldsymbol{C}_{i,i-1} & \boldsymbol{0}_{n_{y_i}\times n_{x_i}} & \boldsymbol{C}_{i,i+1} & \cdots & \boldsymbol{C}_{i,i_1-1} & \boldsymbol{0}_{n_{y_i}\times n_{x_{i1}}} & \boldsymbol{C}_{i,i_1+1} & \cdots & \boldsymbol{C}_{i,i_m-1} & \boldsymbol{0}_{n_{y_i}\times n_{x_{im}}} & \boldsymbol{C}_{i,i_m} & \cdots & \boldsymbol{C}_{i,n} \\ \boldsymbol{C}_{i_1,1} & \cdots & \boldsymbol{C}_{i_1,i-1} & \boldsymbol{0}_{n_{y_{i1}}\times n_{x_i}} & \boldsymbol{C}_{i_1,i+1} & \cdots & \boldsymbol{C}_{i_1,i_1-1} & \boldsymbol{0}_{n_{y_{i1}}\times n_{x_{i1}}} & \boldsymbol{C}_{i_1,i_1+1} & \cdots & \boldsymbol{C}_{i_1,i_m-1} & \boldsymbol{0}_{n_{y_{i1}}\times n_{x_{im}}} & \boldsymbol{C}_{i_1,i_m+1} & \cdots & \boldsymbol{C}_{i_1,n} \\ \vdots & \cdots & \vdots & \vdots & \vdots & \cdots & \vdots & \vdots & \vdots & \cdots & \vdots & \vdots & \vdots & \cdots & \vdots \\ \boldsymbol{C}_{i_m,1} & \cdots & \boldsymbol{C}_{i_m,i-1} & \boldsymbol{0}_{n_{y_{im}}\times n_{x_i}} & \boldsymbol{C}_{i_m,i+1} & \cdots & \boldsymbol{C}_{i_m,i_1-1} & \boldsymbol{0}_{n_{y_{im}}\times n_{x_{i1}}} & \boldsymbol{C}_{i_m,i_1+1} & \cdots & \boldsymbol{C}_{i_m,i_m-1} & \boldsymbol{0}_{n_{y_{im}}\times n_{x_{im}}} & \boldsymbol{C}_{i_m,i_m+1} & \cdots & \boldsymbol{C}_{i_m,n} \end{bmatrix}}_{n列}\right\} \tag{7-17}$$

其中，如果 $\mathcal{S}_j\notin\mathcal{N}_h^{\text{in}}(\mathcal{S}_h\in\mathcal{N}_i^{\text{out}})$，则$\boldsymbol{A}_{i,j}$、$\boldsymbol{B}_{i,j}$ 和$\boldsymbol{C}_{i,j}$ 为零矩阵。

引理 7.1（相互作用量预测值） 在假设 7.1 成立的前提下，对于每个控制器 $\mathcal{C}_i,i=1,\cdots,n$，在 k 时刻根据交换得到的$k-1$ 时刻其它子系统的信息，得到的相互作用量预测序列如下：

$$\begin{aligned} \hat{\hat{\boldsymbol{W}}}_i(k,P\mid k-1)&=\widetilde{\boldsymbol{A}}_{i1}\hat{\boldsymbol{X}}(k,P\mid k-1)+\widetilde{\boldsymbol{B}}_i\boldsymbol{U}(k-1,M\mid k-1) \\ \hat{\hat{\boldsymbol{V}}}_i(k,P\mid k-1)&=\widetilde{\boldsymbol{C}}_i\hat{\boldsymbol{X}}(k,P\mid k-1) \end{aligned} \tag{7-18}$$

其中

$$n_u=\sum_{l=1}^{n}n_{u_l},\widetilde{\boldsymbol{\Gamma}}=\begin{bmatrix}\boldsymbol{0}_{(M-1)n_u\times n_u} & \boldsymbol{I}_{(M-1)n_u} \\ \boldsymbol{0}_{n_u\times(M-1)n_u} & \boldsymbol{I}_{n_u} \\ \vdots & \vdots \\ \boldsymbol{0}_{n_u\times(M-1)n_u} & \boldsymbol{I}_{n_u}\end{bmatrix},\widetilde{\boldsymbol{B}}_i=\widetilde{\widetilde{\boldsymbol{B}}}_i\widetilde{\boldsymbol{\Gamma}} \tag{7-19}$$

证明 在 k 时刻，每个控制器 $\mathcal{C}_i(i=1,\cdots,n)$可根据 $k-1$ 时刻的信息写出相互作用量［见式(7-9)、式(7-10)］在 $h(h=1,\cdots,P)$步以后的预测值的向量形式。假设$\boldsymbol{U}_j(k,P\mid k-1)(j=1,2,\cdots,n)$中最后 $P-M+1$ 个不包含在$\boldsymbol{U}_j(k-1,M\mid k-1)$中的控制量等于$\boldsymbol{U}_j(k-1,M\mid k-1)$中的最后一个元素 $\boldsymbol{U}_j(k+M-1\mid k-1)$。根据定义（7-14）～(7-17)、(7-19）和表 7-1，可以得到关系（7-18)。

引理 7.2（状态预测值） 在假设 7.1 成立的前提下，对于每个控制器 $\mathcal{C}_i$，$i=1,\cdots,n$，在 k 时刻，子系统 $\mathcal{S}_i$ 及其输出相邻子系统的预测状态序列和输出序列可表示如下：

$$\begin{cases} \hat{\hat{\boldsymbol{X}}}_i(k+1,P\mid k)=\overline{\boldsymbol{S}}_i[\overline{\boldsymbol{A}}_i^{(1)}\hat{x}(k\mid k)+\overline{\boldsymbol{B}}_i\boldsymbol{U}_i(k,M\mid k)+\widetilde{\boldsymbol{A}}_i\hat{\boldsymbol{X}}(k,P\mid k-1)+ \\ \widetilde{\boldsymbol{B}}_i\boldsymbol{U}(k-1,M\mid k-1)] \\ \hat{\hat{\boldsymbol{Y}}}_i(k+1,P\mid k)=\overline{\boldsymbol{C}}_i\hat{\hat{\boldsymbol{X}}}_i(k+1,P\mid k)+\boldsymbol{T}_i\widetilde{\boldsymbol{C}}_i\hat{\boldsymbol{X}}(k+1,P\mid k-1) \end{cases} \tag{7-20}$$

其中

$$\overline{\boldsymbol{A}}_i=[\overline{\boldsymbol{A}}_i^{(1)}\quad \overline{\boldsymbol{A}}_i^{(2)}]=\begin{bmatrix}\widehat{\boldsymbol{A}}_i^{(1)} & \widehat{\boldsymbol{A}}_i^{(2)}\\ \boldsymbol{0}_{Pn_{\widehat{x}_i}\times n_{x_i}} & \boldsymbol{0}_{Pn_{\widehat{x}_i}\times(n_{\widehat{x}_i}-n_{x_i})}\end{bmatrix},$$

$$\boldsymbol{T}_i=\begin{bmatrix}\boldsymbol{0}_{(P-1)n_{\widehat{y}}\times n_{\widehat{y}}} & I_{(P-1)n_{\widehat{y}}}\\ \boldsymbol{0}_{n_{\widehat{y}}\times(P-1)n_{\widehat{y}}} & I_{n_{\widehat{y}}}\end{bmatrix},$$

$$n_x=\sum_{l=1}^{n}n_{x_l},$$

$$\overline{\boldsymbol{B}}_i=\begin{bmatrix}\mathrm{diag}_M(\widehat{\boldsymbol{B}}_i) & \\ \boldsymbol{0}_{n_{\widehat{x}_i}\times(M-1)n_{u_i}} & \widehat{\boldsymbol{B}}_i\\ \vdots & \vdots\\ \boldsymbol{0}_{n_{\widehat{x}_i}\times(M-1)n_{u_i}} & \widehat{\boldsymbol{B}}_i\end{bmatrix},\overline{\boldsymbol{S}}_i=\begin{bmatrix}\widehat{\boldsymbol{A}}_i^0 & \cdots & \boldsymbol{0}\\ \vdots & \ddots & \vdots\\ \widehat{\boldsymbol{A}}_i^{P-1} & \cdots & \widehat{\boldsymbol{A}}_i^0\end{bmatrix},\overline{\boldsymbol{C}}_i=\mathrm{diag}_P\{\widehat{\boldsymbol{C}}_i\}$$

(7-21)

证明 把 $\boldsymbol{u}_i(k+P-1|k)=\boldsymbol{u}_i(k+P-2|k)=\cdots=\boldsymbol{u}_i(k+M|k)=\boldsymbol{u}_i(k+M-1|k)$和 $\hat{\boldsymbol{v}}_i(k+P|k-1)=\hat{\boldsymbol{v}}_i(k+P-1|k-1)$代入式(7-12)，并用解析表达式(7-18) 代替 $\hat{\hat{\boldsymbol{W}}}_i(k,P|k-1)$和 $\hat{\hat{\boldsymbol{V}}}_i(k,P|k-1)$则可得到下面控制器 $\mathcal{C}_i$ 的预测序列的向量形式：

$$\hat{\hat{\boldsymbol{X}}}_i(k+1,P|k)=\overline{\boldsymbol{S}}_i[\overline{\boldsymbol{A}}_i\hat{\boldsymbol{x}}_i(k|k)+\overline{\boldsymbol{B}}_i\boldsymbol{U}_i(k,M|k)+\widetilde{\boldsymbol{A}}_{i1}\hat{\boldsymbol{X}}(k,P|k-1)+\widetilde{\boldsymbol{B}}_i\boldsymbol{U}(k-1,M|k-1)] \tag{7-22}$$

令 $\hat{\boldsymbol{x}}'_i(k|k-1)=[\hat{\boldsymbol{x}}_{i_1}^{\mathrm{T}}(k|k-1)\cdots\hat{\boldsymbol{x}}_{i_{mi}}^{\mathrm{T}}(k|k-1)]^{\mathrm{T}}$，根据定义(7-8)、(7-14)、(7-15) 和 (7-21)，上式可变为

$$\begin{aligned}\hat{\hat{\boldsymbol{X}}}_i(k+1,P|k)=&\overline{\boldsymbol{S}}_i[\overline{\boldsymbol{A}}_i^{(1)}\hat{\boldsymbol{x}}(k|k)+\overline{\boldsymbol{A}}_i^{(2)}\hat{\boldsymbol{x}}'_i(k|k-1)+\overline{\boldsymbol{B}}_i\boldsymbol{U}_i(k,M|k)+\\&\widetilde{\boldsymbol{A}}_i^{(1)}\hat{\boldsymbol{X}}(k,P|k-1)+\widetilde{\boldsymbol{B}}_i\boldsymbol{U}(k-1,M|k-1)]\\=&\overline{\boldsymbol{S}}_i[\overline{\boldsymbol{A}}_i^{(1)}\hat{\boldsymbol{x}}(k|k)+\overline{\boldsymbol{B}}_i\boldsymbol{U}_i(k,M|k)+(\widetilde{\boldsymbol{A}}_i^{(1)}+\widetilde{\boldsymbol{A}}_i^{(2)})\hat{\boldsymbol{X}}(k,\\&P|k-1)+\widetilde{\boldsymbol{B}}_i\boldsymbol{U}(k-1,M|k-1)]\\=&\overline{\boldsymbol{S}}_i[\overline{\boldsymbol{A}}_i^{(1)}\hat{\boldsymbol{x}}(k|k)+\overline{\boldsymbol{B}}_i\boldsymbol{U}_i(k,M|k)+\widetilde{\boldsymbol{A}}_i\hat{\boldsymbol{X}}(k,P|k-1)+\\&\widetilde{\boldsymbol{B}}_i\boldsymbol{U}(k-1,M|k-1)]\end{aligned}$$

根据模型 (7-7) 和定义 (7-21)，控制器 $\mathcal{C}_i$ 的预测输出序列可表示为

$$\hat{\hat{\boldsymbol{Y}}}_i(k+1,P\mid k)=\overline{\boldsymbol{C}}_i\hat{\hat{\boldsymbol{X}}}_i(k+1,P\mid k)+\boldsymbol{T}_i\widetilde{\boldsymbol{C}}_i\hat{\boldsymbol{X}}(k+1,P\mid k-1) \tag{7-23}$$

证毕。

通过引入下面的矩阵，本章所述的生产全过程 MPC 问题（7-13）可转化为标准的二次规划问题，令

$$\begin{aligned}\overline{\boldsymbol{Q}}_i&=\mathrm{diag}_P\{\widehat{\boldsymbol{Q}}_i\}\\ \overline{\boldsymbol{R}}_i&=\mathrm{diag}_P\{\boldsymbol{R}_i\}\end{aligned} \tag{7-24}$$

$$\boldsymbol{S}_i=\overline{\boldsymbol{C}}_i\overline{\boldsymbol{S}}_i,\quad \boldsymbol{N}_i=\boldsymbol{S}_i\overline{\boldsymbol{B}}_i\overline{\boldsymbol{\Gamma}}_i,$$

$$\underset{(M\text{blocks})}{\boldsymbol{\Gamma}'_i}=\begin{bmatrix}\boldsymbol{I}_{n_{u_i}}\\ \vdots\\ \boldsymbol{I}_{n_{u_i}}\end{bmatrix},\quad \underset{(M\times M\text{blocks})}{\overline{\boldsymbol{\Gamma}}_i}=\begin{bmatrix}\boldsymbol{I}_{n_{u_i}} & \cdots & 0\\ \vdots & \ddots & \vdots\\ \boldsymbol{I}_{n_{u_i}} & \cdots & \boldsymbol{I}_{n_{u_i}}\end{bmatrix} \tag{7-25}$$

则有下面引理。

引理 7.3（二次规划形式） 在假设 7.1 成立的前提下，对于每个控制器 $\mathcal{C}_i$，$i=1,\cdots,n$，在 k 时刻需要解下面二次规划问题：

$$\min_{\Delta U_i(k,M\mid k)}\left[\Delta\boldsymbol{U}_i^{\mathrm{T}}(k,M\mid k)\boldsymbol{H}_i\Delta\boldsymbol{U}_i(k,M\mid k)-\boldsymbol{G}(k+1,P\mid k)\Delta\boldsymbol{U}_i(k,M\mid k)\right] \tag{7-26}$$

其中，正定矩阵$\boldsymbol{H}_i$ 有下面形式：

$$\boldsymbol{H}_i=\boldsymbol{N}_i^{\mathrm{T}}\overline{\boldsymbol{Q}}_i\boldsymbol{N}_i+\overline{\boldsymbol{R}}_i \tag{7-27}$$

且

$$\boldsymbol{G}_i(k+1,P\mid k)=2\boldsymbol{N}_i^{\mathrm{T}}\overline{\boldsymbol{Q}}_i[\boldsymbol{Y}_i^{\mathrm{d}}(k+1,P\mid k)-\hat{\boldsymbol{Z}}_i(k+1,P\mid k)] \tag{7-28}$$

其中

$$\begin{aligned}\hat{\boldsymbol{Z}}_i(k+1,P\mid k)=&\boldsymbol{S}_i[\overline{\boldsymbol{B}}_i\boldsymbol{\Gamma}'_i\boldsymbol{u}_i(k-1)+\overline{\boldsymbol{A}}_i^{(1)}\hat{x}(k\mid k)+\widetilde{\boldsymbol{A}}_i\boldsymbol{X}(k,P\mid k-1)+\\ &\widetilde{\boldsymbol{B}}_i\boldsymbol{U}(k-1,M\mid k-1)]+\boldsymbol{T}_i\widetilde{\boldsymbol{C}}_i\hat{\boldsymbol{X}}(k+1,P\mid k-1)\end{aligned} \tag{7-29}$$

证明 根据定义（7-24），采用向量形式，可以把控制器 $\mathcal{C}_i$ 的目标函数表示为如下等价形式：

$$\overline{J}_i=\left\|\hat{\hat{\boldsymbol{Y}}}_i(k+1,P\mid k)-\hat{\boldsymbol{Y}}_i^{\mathrm{d}}(k+1,P\mid k)\right\|_{\overline{\boldsymbol{Q}}_i}^2+\left\|\Delta\boldsymbol{U}_i(k,M\mid k)\right\|_{\overline{\boldsymbol{R}}_i}^2 \tag{7-30}$$

输出邻域的预测输出序列$\hat{\hat{\boldsymbol{Y}}}_i(k+1,P\mid k)$是控制增量的函数。因而，

为了把 $\overline{J}_i$ 表示为控制序列 $\Delta\boldsymbol{U}_i(k,M|k)$的函数，需要给出输出预测值的解析形式。考虑到 $\boldsymbol{u}_i(k+h|k)=\boldsymbol{u}_i(k-1)+\sum_{r=0}^{h}\Delta\boldsymbol{u}_i(k+r|k)$，$h=1,2,\cdots,M$，把局部控制序列 $\boldsymbol{U}_i(k,M|k)$代入式(7-20)，并根据式(7-25) 可得到如下形式的输出预测解析式：

$$\hat{\hat{\boldsymbol{Y}}}_i(k+1,P|k)=\boldsymbol{N}_i\Delta\boldsymbol{U}_i(k,M|k)+\hat{\boldsymbol{Z}}(k+1,P|k) \tag{7-31}$$

把上式代入式(7-30)，优化目标函数 $\overline{J}_i$ 即可转化为式(7-26) 形式。另外，由于矩阵$\overline{\boldsymbol{Q}}_i$ 和$\overline{\boldsymbol{R}}_i$ 正定，则$\boldsymbol{H}_i$ 也是正定的。

这样，生产全过程 MPC 问题就等价地转化为在每个控制周期求解一个无约束二次规划问题 (7-26)。

定理 7.1 (解析解) 在假设 7.1 成立的前提下，对于每个控制器 $\mathcal{C}_i$，$i=1,\cdots,n$，在 k 时刻对系统 $\mathcal{S}_i$ 施加的控制律的解析形式为

$$\boldsymbol{u}_i(k)=\boldsymbol{u}(k-1)+\boldsymbol{K}_i[\boldsymbol{Y}_i^{\mathrm{d}}(k+1,P|k)-\hat{\boldsymbol{Z}}_i(k+1,P|k)] \tag{7-32}$$

其中

$$\boldsymbol{K}_i=\boldsymbol{\Gamma}_i\overline{\boldsymbol{K}}_i,\boldsymbol{\Gamma}_i=[\boldsymbol{I}_{n_{u_i}}\quad \boldsymbol{0}_{n_{u_i}\times Mn_{u_i}}],\overline{\boldsymbol{K}}_i=\boldsymbol{H}_i^{-1}\boldsymbol{N}_i^{\mathrm{T}}\overline{\boldsymbol{Q}}_i \tag{7-33}$$

证明 对于最小化目标函数 (7-26) 的生产全过程 MPC 问题的控制变量增量序列 $\Delta\boldsymbol{U}_i(k,M|k)$，其优化解有下面形式：

$$\Delta\boldsymbol{U}_i(k,M|k)=(1/2)\boldsymbol{H}_i^{-1}\boldsymbol{G}_i(k+1,P|k) \tag{7-34}$$

根据滚动优化策略，在每个控制周期只应用优化序列的第一个元素，则系统的控制量为

$$\boldsymbol{u}_i(k)=\boldsymbol{u}_i(k-1)+\boldsymbol{\Gamma}_i\Delta\boldsymbol{U}_i(k,M|k) \tag{7-35}$$

这样，根据式(7-33)～式(7-35) 可得到控制量的最终解析表达式(7-32)。

备注 7.1 对于每个局部控子系统，控制器 $\mathcal{C}_i$ 求解过程的复杂性主要来源于对矩阵$\boldsymbol{H}_i$ 的求逆过程。采用 Gauss-Jordan 算法，并考虑矩阵 $\boldsymbol{H}_i$ 的维数等于 $M\cdot n_{u_i}$，则求逆算法的复杂度为 $\mathcal{O}(M^3, n_{u_i}^3)$。因而，求解整个分布式预测控制的计算复杂度为 $\mathcal{O}(M^3, \sum_{i=1}^{n}n_{u_i}^3)$，而集中式预测控制的计算复杂度为 $\mathcal{O}\left[M^3,(\sum_{i=1}^{n}n_{u_i})^3\right]$。

7.2.3 性能分析

7.2.3.1 闭环系统稳定性

由于控制量的解析解在定理 7.1 中已经给出，因此，可以推出闭环

系统的动态，进而通过分析闭环系统的动态矩阵可以得到系统的稳定性条件。事实上，通过式(7-32) 表示的控制器 $\mathcal{C}_i(i=1,\cdots,n)$的解析解可以推出用于刻画全局系统稳定性的控制序列反馈系统的数学表达式。

为了简化稳定性证明过程，定义

$$\boldsymbol{\Omega}=[\boldsymbol{\Omega}_1^{\mathrm{T}}\quad\cdots\quad\boldsymbol{\Omega}_P^{\mathrm{T}}]^{\mathrm{T}},\boldsymbol{\Omega}_j=\mathrm{diag}\{\boldsymbol{\Omega}_{1j},\cdots,\boldsymbol{\Omega}_{nj}\}$$

$$\boldsymbol{\Omega}_{ij}=[\boldsymbol{0}_{n_{x_i}\times(j-1)n_{x_i}}\quad\boldsymbol{I}_{n_{x_i}}\quad\boldsymbol{0}_{n_{x_i}\times(P-j)n_{x_i}}],(i=1,\cdots,n,j=1,\cdots,P)\tag{7-36}$$

$$\boldsymbol{\Pi}=[\boldsymbol{\Pi}_1^{\mathrm{T}}\quad\cdots\quad\boldsymbol{\Pi}_M^{\mathrm{T}}]^{\mathrm{T}},\boldsymbol{\Pi}_j=\mathrm{diag}\{\boldsymbol{\Pi}_{1j},\cdots,\boldsymbol{\Pi}_{nj}\}$$

$$\boldsymbol{\Pi}_{ij}=[\boldsymbol{0}_{n_{u_i}\times(j-1)n_{u_i}}\quad\boldsymbol{I}_{n_{u_i}}\quad\boldsymbol{0}_{n_{u_i}\times(M-j)n_{u_i}}],(i=1,\cdots,n,j=1,\cdots,M)\tag{7-37}$$

则有

$$\hat{\boldsymbol{X}}(k,P|k-1)=\boldsymbol{\Omega}\hat{\mathbb{X}}(k,P|k-1)\tag{7-38}$$

$$\boldsymbol{U}(k,M|k-1)=\boldsymbol{\Pi}\mathbb{U}(k,M|k-1)\tag{7-39}$$

定义

$$\begin{aligned}&\overline{\boldsymbol{A}}=\mathrm{diag}\{\overline{\boldsymbol{A}}_{11},\cdots,\overline{\boldsymbol{A}}_{n1}\},&&\widetilde{\boldsymbol{A}}=[\widetilde{\boldsymbol{A}}_1^{\mathrm{T}}\quad\cdots\quad\widetilde{\boldsymbol{A}}_n^{\mathrm{T}}]^{\mathrm{T}}\\&\overline{\boldsymbol{B}}=\mathrm{diag}\{\overline{\boldsymbol{B}}_1,\cdots,\overline{\boldsymbol{B}}_n\},&&\widetilde{\boldsymbol{B}}=[\widetilde{\boldsymbol{B}}_1^{\mathrm{T}}\quad\cdots\quad\widetilde{\boldsymbol{B}}_n^{\mathrm{T}}]^{\mathrm{T}}\\&\boldsymbol{L}=\mathrm{diag}\{\boldsymbol{L}_1,\cdots,\boldsymbol{L}_n\},&&\boldsymbol{L}_i=\mathrm{diag}_P\{[\boldsymbol{I}_{n_{x_i}}\quad\boldsymbol{0}_{n_{x_i}\times(n_{\hat{x}_i}-n_{x_i})}]\}\\&\overline{\boldsymbol{S}}=\mathrm{diag}\{\overline{\boldsymbol{S}}_1,\cdots,\overline{\boldsymbol{S}}_n\}\end{aligned}\tag{7-40}$$

则对每个控制器 $\mathcal{C}_i(i=1,\cdots,n)$根据引理 7.2 和定义 (7-40)，在 k 时刻采用分布方式预测的状态序列可表示为

$$\begin{aligned}\hat{\boldsymbol{X}}_i(k+1,P|k)&=\boldsymbol{L}_i\hat{\hat{\boldsymbol{X}}}_i(k+1,P|k)\\&=\boldsymbol{L}_i\overline{\boldsymbol{S}}_i[\overline{\boldsymbol{A}}_{i1}\hat{\boldsymbol{x}}(k|k)+\overline{\boldsymbol{B}}_i\boldsymbol{U}_i(k,M|k)+\widetilde{\boldsymbol{A}}_i\hat{\boldsymbol{X}}(k,P|k-1)+\\&\quad\widetilde{\boldsymbol{B}}_i\boldsymbol{U}(k-1,M|k-1)]\end{aligned}\tag{7-41}$$

根据定义 (7-40)，采用分布方式预测的全系统状态可表示为

$$\begin{aligned}\hat{\mathbb{X}}(k+1,P|k)=\boldsymbol{L}\overline{\boldsymbol{S}}[&\overline{\boldsymbol{A}}\hat{x}(k|k)+\overline{\boldsymbol{B}}\mathbb{U}(k,M|k)+\widetilde{\boldsymbol{A}}\boldsymbol{\Omega}\hat{\mathbb{X}}(k,P|k-1)+\\&\widetilde{\boldsymbol{B}}\boldsymbol{U}(k-1,M|k-1)]\end{aligned}\tag{7-42}$$

把式(7-38) 和式(7-39) 代入式(7-42)，可得

$$\begin{aligned}\hat{\mathbb{X}}(k+1,P|k)=\boldsymbol{L}\overline{\boldsymbol{S}}[&\overline{\boldsymbol{A}}\hat{x}(k|k)+\overline{\boldsymbol{B}}\mathbb{U}(k,M|k)+\widetilde{\boldsymbol{A}}\boldsymbol{\Omega}\hat{\mathbb{X}}(k,P|k-1)+\\&\widetilde{\boldsymbol{B}}\boldsymbol{\Pi}\hat{\mathbb{U}}(k-1,M|k-1)]\end{aligned}\tag{7-43}$$

由于在 $k-1$ 时刻应用的局部控制律 $\boldsymbol{u}_i(k-1)=\boldsymbol{\Gamma}_i\boldsymbol{U}_i(k-1,m\,|\,k-1)$ 已知，在 k 时刻控制器 $\mathcal{C}_i$ 的开环优化控制序列 $\boldsymbol{U}_i(k,M\,|\,k)$ 可表示为 $\boldsymbol{U}_i(k,M\,|\,k)=\boldsymbol{\Gamma}'_i\boldsymbol{\Gamma}_i\boldsymbol{U}_i(k-1,M\,|\,k-1)+\overline{\boldsymbol{\Gamma}}_i\Delta\boldsymbol{U}_i(k,M\,|\,k)$，则根据式(7-25)、式(7-29) 和式(7-32)，在 k 时刻控制器 $\mathcal{C}_i$ 的开环优化序列可直接表示为

$$\begin{aligned}\boldsymbol{U}_i(k,M\,|\,k)&=\boldsymbol{\Gamma}'_i\boldsymbol{u}_i(k-1)+\overline{\boldsymbol{\Gamma}}_i\overline{\boldsymbol{K}}_i[\boldsymbol{Y}_i^{\mathrm{d}}(k+1,P\,|\,k)-\hat{\boldsymbol{Z}}_i(k+1,P\,|\,k)]\\&=\boldsymbol{\Gamma}'_i\boldsymbol{u}_i(k-1)+\overline{\boldsymbol{\Gamma}}_i\overline{\boldsymbol{K}}_i\{\boldsymbol{Y}_i^{\mathrm{d}}(k+1,P\,|\,k)-\boldsymbol{S}_i[\overline{\boldsymbol{B}}_i\boldsymbol{\Gamma}'_i\boldsymbol{u}_i(k-1)+\\&\quad\overline{\boldsymbol{A}}_i^{(1)}\hat{x}(k\,|\,k)+\widetilde{\boldsymbol{A}}_i\hat{\boldsymbol{X}}(k,P\,|\,k-1)+\widetilde{\boldsymbol{B}}_i\boldsymbol{U}(k-1,M\,|\,k-1)]-\\&\quad\boldsymbol{T}_i\widetilde{\boldsymbol{C}}_i\hat{\boldsymbol{X}}(k,P\,|\,k-1)\}\end{aligned}\tag{7-44}$$

定义

$$\begin{aligned}&\boldsymbol{\Gamma}'=\mathrm{diag}\{\boldsymbol{\Gamma}'_1,\cdots,\boldsymbol{\Gamma}'_n\},\qquad \boldsymbol{\Gamma}=\mathrm{diag}\{\boldsymbol{\Gamma}_1,\cdots,\boldsymbol{\Gamma}_n\}\\&\boldsymbol{S}=\mathrm{diag}\{\boldsymbol{S}_1,\cdots,\boldsymbol{S}_n\},\qquad \boldsymbol{T}=\mathrm{diag}\{\boldsymbol{T}_1,\cdots,\boldsymbol{T}_n\}\\&\boldsymbol{\Xi}=\mathrm{diag}\{\overline{\boldsymbol{\Gamma}}_1\overline{\boldsymbol{K}}_1,\cdots,\overline{\boldsymbol{\Gamma}}_n\overline{\boldsymbol{K}}_n\}\end{aligned}\tag{7-45}$$

由定义 (7-38)~(7-40)、式(7-44) 及式(7-45) 可直接写出系统开环优化控制序列的解析表达式如下：

$$\begin{aligned}&\mathbb{U}(k,M\,|\,k)=\boldsymbol{\Gamma}'\boldsymbol{\Gamma}\mathbb{U}(k-1,M\,|\,k-1)+\boldsymbol{\Xi}\{\boldsymbol{Y}^{\mathrm{d}}(k+1,P\,|\,k)-\\&\boldsymbol{S}[\overline{\boldsymbol{B}}\boldsymbol{\Gamma}'\boldsymbol{\Gamma}\mathbb{U}(k-1,M\,|\,k-1)+\overline{\boldsymbol{A}}\hat{x}(k\,|\,k)+\widetilde{\boldsymbol{A}}\boldsymbol{\Omega}\hat{\mathbb{X}}(k,P\,|\,k-1)+\\&\widetilde{\boldsymbol{B}}\boldsymbol{\Pi}\mathbb{U}(k-1,M\,|\,k-1)]-\widetilde{\boldsymbol{T}\boldsymbol{C}}\boldsymbol{\Omega}\hat{\mathbb{X}}(k,P\,|\,k-1)\}\end{aligned}\tag{7-46}$$

定义

$$\begin{aligned}&\boldsymbol{\Theta}=-\boldsymbol{\Xi}\boldsymbol{S}\overline{\boldsymbol{A}}\\&\boldsymbol{\Phi}=-\boldsymbol{\Xi}(\boldsymbol{S}\widetilde{\boldsymbol{A}}\boldsymbol{\Omega}+\boldsymbol{T}\widetilde{\boldsymbol{C}}\boldsymbol{\Omega})\\&\boldsymbol{\Psi}=\boldsymbol{\Gamma}'\boldsymbol{\Gamma}-\boldsymbol{\Xi}\boldsymbol{S}(\overline{\boldsymbol{B}}\boldsymbol{\Gamma}'\boldsymbol{\Gamma}+\widetilde{\boldsymbol{B}}\boldsymbol{\Pi})\end{aligned}\tag{7-47}$$

则全系统的开环优化控制序列 (7-46) 可表示为

$$\begin{aligned}\mathbb{U}(k,M\,|\,k)=&\boldsymbol{\Psi}\mathbb{U}(k-1,M\,|\,k-1)+\boldsymbol{\Theta}\hat{x}(k\,|\,k)+\boldsymbol{\Phi}\hat{\mathbb{X}}(k,P\,|\,k-1)+\\&\boldsymbol{\Xi}\boldsymbol{Y}^{\mathrm{d}}(k+1,P\,|\,k)\end{aligned}\tag{7-48}$$

所有控制器计算得到的系统整体反馈控制律可表示为

$$\boldsymbol{u}(k)=\boldsymbol{\Gamma}\mathbb{U}(k,M\,|\,k)\tag{7-49}$$

结合过程模型 (7-2)、反馈控制律 (7-49)、系统整体的预测方程 (7-43) 和系统整体控制方程 (7-48)，可得在分布式控制结构下系统整体的闭环状态空间表达式：

$$\begin{cases}\boldsymbol{x}(k)=\boldsymbol{A}\boldsymbol{x}(k-1)+\boldsymbol{B}\boldsymbol{\Gamma}\mathbb{U}(k-1,M\mid k-1)\\ \hat{\mathbb{X}}(k,P\mid k-1)=\boldsymbol{L}\bar{\boldsymbol{S}}[\bar{\boldsymbol{A}}\hat{x}(k-1)+\tilde{\boldsymbol{A}}\boldsymbol{\Omega}\hat{\mathbb{X}}(k-1,P\mid k-2)+\bar{\boldsymbol{B}}\mathbb{U}(k-1,\\ M\mid k-1)+\tilde{\boldsymbol{B}}\boldsymbol{\Pi}\mathbb{U}(k-2,M\mid k-2)]\\ \mathbb{U}(k,M\mid k)=\boldsymbol{\Theta}\hat{x}(k)+\boldsymbol{\Phi}\hat{\mathbb{X}}(k,P\mid k-1)+\boldsymbol{\Psi}\mathbb{U}(k-1,M\mid k-1)+\\ \boldsymbol{\Xi}\boldsymbol{Y}^{\mathrm{d}}(k+1,P\mid k)=\boldsymbol{\Theta}[\boldsymbol{A}\boldsymbol{x}(k-1)+\boldsymbol{B}\boldsymbol{\Gamma}\mathbb{U}(k-1,M\mid k-1)]+\\ \boldsymbol{\Phi}\boldsymbol{L}\bar{\boldsymbol{S}}[\bar{\boldsymbol{A}}\hat{x}(k-1)+\tilde{\boldsymbol{A}}\boldsymbol{\Omega}\hat{\mathbb{X}}(k-1,P\mid k-2)+\bar{\boldsymbol{B}}\mathbb{U}(k-1,M\mid k-1)+\\ \tilde{\boldsymbol{B}}\boldsymbol{\Pi}\mathbb{U}(k-2,M\mid k-2)]+\boldsymbol{\Psi}\mathbb{U}(k-1,M\mid k-1)+\boldsymbol{\Xi}\boldsymbol{Y}^{\mathrm{d}}(k+1,P\mid k)\\ \boldsymbol{y}(k)=\boldsymbol{C}\boldsymbol{x}(k)\end{cases} \tag{7-50}$$

其中，由于假设系统状态可达，式(7-43)、式(7-48)中的 $\hat{\boldsymbol{x}}(k\mid k)$ 由 $\boldsymbol{x}(k)$ 代替。

定义扩展状态：

$$\boldsymbol{X}_N(k)=[\boldsymbol{x}^{\mathrm{T}}(k)\quad \hat{\mathbb{X}}^{\mathrm{T}}(k,P\mid k-1)\quad \mathbb{U}^{\mathrm{T}}(k,M\mid k)\quad \mathbb{U}^{\mathrm{T}}(k-1,M\mid k-1)]^{\mathrm{T}} \tag{7-51}$$

则系统闭环状态空间表达有如下形式：

$$\begin{cases}\boldsymbol{X}_N(k)=\boldsymbol{A}_N\boldsymbol{X}_N(k-1)+\boldsymbol{B}_N\boldsymbol{Y}^{\mathrm{d}}(k+1,P\mid k)\\ \boldsymbol{y}(k)=\boldsymbol{C}_N\boldsymbol{X}_N(k)\end{cases} \tag{7-52}$$

其中

$$\boldsymbol{A}_N=\begin{bmatrix}\boldsymbol{A} & \boldsymbol{0} & \boldsymbol{B}\boldsymbol{\Gamma} & \boldsymbol{0}\\ \boldsymbol{L}\bar{\boldsymbol{S}}\bar{\boldsymbol{A}} & \boldsymbol{L}\bar{\boldsymbol{S}}\tilde{\boldsymbol{A}}\boldsymbol{\Omega} & \boldsymbol{L}\bar{\boldsymbol{S}}\bar{\boldsymbol{B}} & \boldsymbol{L}\bar{\boldsymbol{S}}\tilde{\boldsymbol{B}}\boldsymbol{\Pi}\\ \boldsymbol{\Theta}\boldsymbol{A}+\boldsymbol{\Phi}\boldsymbol{L}\bar{\boldsymbol{S}}\bar{\boldsymbol{A}} & \boldsymbol{\Phi}\boldsymbol{L}\bar{\boldsymbol{S}}\tilde{\boldsymbol{A}}\boldsymbol{\Omega} & \boldsymbol{\Theta}\boldsymbol{B}\boldsymbol{\Gamma}+\boldsymbol{\Phi}\boldsymbol{L}\bar{\boldsymbol{S}}\bar{\boldsymbol{B}}+\boldsymbol{\Psi} & \boldsymbol{\Phi}\boldsymbol{L}\bar{\boldsymbol{S}}\tilde{\boldsymbol{B}}\boldsymbol{\Pi}\\ \boldsymbol{0} & \boldsymbol{0} & \boldsymbol{I}_{Mn_u} & \boldsymbol{0}\end{bmatrix} \tag{7-53}$$

基于此，可以得到如下稳定性判据定理。

定理 7.2（稳定性判据） 由所有控制律为式(7-35)的控制器 $\mathcal{C}_i(i=1,\cdots,n)$ 及装置 $\mathcal{S}$ 组成的闭环系统渐近稳定，当且仅当

$$|\lambda_j\{\boldsymbol{A}_N\}|<1,\forall j=1,\cdots,n_N \tag{7-54}$$

其中，$n_N=Pn_x+n_x+2Mn_u$ 是整个闭环系统的阶数。

备注 7.2 式(7-53)中动态矩阵 $\boldsymbol{A}_N$ 的前两行由元素矩阵 $\boldsymbol{A}$（前两列）和元素矩阵 $\boldsymbol{B}$（后两列）决定，而第三行与矩阵 $\boldsymbol{A}$、$\boldsymbol{B}$、$\boldsymbol{C}$，权重矩阵 $\boldsymbol{Q}_i$、$\boldsymbol{R}_i$ 和预测时域 P 及控制时域 M 有关。这为设计生产全过程 MPC

提供了依据。因为权重矩阵 $\boldsymbol{Q}_i$、$\boldsymbol{R}_i$ 和预测时域 $\boldsymbol{P}$ 及控制时域 $\boldsymbol{M}$ 对稳定性判据（7-54）中矩阵 $\boldsymbol{A}_N$ 的第三行有显著影响，因此，可以通过合理选择这几个参数来设计控制器使闭环系统稳定。

7.2.3.2 优化性能分析

为了说明采用邻域优化性能指标的优化问题与采用局部性能指标的优化问题之间的本质区别，对控制器 $\mathcal{C}_i(i=1,\cdots,n)$，生产全过程 MPC 优化问题（7-13）可改写为如下形式：

$$\min_{\Delta U_i(k,M|k)} \sum_{i=1}^{n}\left[\sum_{l=1}^{P}\left\|\hat{\boldsymbol{y}}_i(k+l|k)-\boldsymbol{y}_i^{\mathrm{d}}(k+l|k)\right\|_{\boldsymbol{Q}_i}^2+\sum_{l=1}^{M}\left\|\Delta\boldsymbol{u}_i(k+l-1|k)\right\|_{\boldsymbol{R}_i}^2\right]$$

$$\text{s.t.}\quad \begin{bmatrix}\hat{\boldsymbol{x}}_i(k+l+1|k)\\ \hat{\boldsymbol{x}}_{i_1}(k+l+1|k)\\ \vdots\\ \hat{\boldsymbol{x}}_{i_m}(k+l+1|k)\end{bmatrix}=\begin{bmatrix}\boldsymbol{A}_{ii} & \boldsymbol{A}_{ii_1} & \cdots & \boldsymbol{A}_{ii_m}\\ \boldsymbol{A}_{i_1i} & \boldsymbol{A}_{i_1i_1} & \cdots & \boldsymbol{A}_{i_mi_m}\\ \vdots & \vdots & \ddots & \vdots\\ \boldsymbol{A}_{i_mi} & \boldsymbol{A}_{i_mi_1} & \cdots & \boldsymbol{A}_{i_mi_m}\end{bmatrix}\begin{bmatrix}\hat{\boldsymbol{x}}_i(k+l|k)\\ \hat{\boldsymbol{x}}_{i_1}(k+l|k)\\ \vdots\\ \hat{\boldsymbol{x}}_{i_m}(k+l|k)\end{bmatrix}+\begin{bmatrix}\boldsymbol{B}_{ii}\\ \boldsymbol{B}_{i_1i}\\ \vdots\\ \boldsymbol{B}_{i_mi}\end{bmatrix}\boldsymbol{u}_i(k+l|k)+\hat{\hat{\boldsymbol{w}}}_i(k+l|k-1) \tag{7-55}$$

$$\hat{\boldsymbol{x}}_j(k+l+1|k)=\hat{\boldsymbol{x}}_j(k+l+1|k-1),j\notin\mathcal{N}_i^{\text{out}};$$

$$\hat{\boldsymbol{y}}_i(k+l|k)=\boldsymbol{C}_i\hat{\boldsymbol{x}}_i(k+l|k)+\hat{\boldsymbol{v}}_i(k+l|k-1),i=1,\cdots,n;$$

$$\Delta\boldsymbol{u}_j(k+l-1|k)=\Delta\boldsymbol{u}_j(k+l-1|k-1),j\neq i \tag{7-56}$$

如果采用局部性能指标（7-4），对每个控制器 $\mathcal{C}_i(i=1,\cdots,n)$，分布式预测控制的优化问题可改写为

$$\min_{\Delta U_i(k,M|k)} \sum_{j=1}^{n}\left[\sum_{l=1}^{P}\left\|\hat{\boldsymbol{y}}_j(k+l|k)-\boldsymbol{y}_j^{\mathrm{d}}(k+l|k)\right\|_{\boldsymbol{Q}_j}^2+\sum_{l=1}^{M}\left\|\Delta\boldsymbol{u}_j(k+l-1|k)\right\|_{\boldsymbol{R}_j}^2\right] \tag{7-57}$$

$$\text{s.t.}\quad \hat{\boldsymbol{x}}_i(k+l+1|k)=\boldsymbol{A}_{ii}x_i(k+l|k)+\boldsymbol{B}_{ii}u_i(k+l|k)+\hat{\boldsymbol{w}}_i(k+l|k-1);$$

$$\hat{\boldsymbol{y}}_i(k+l|k)=\widehat{\boldsymbol{C}}_i\hat{\boldsymbol{x}}_i(k+l|k)+\hat{\boldsymbol{v}}_i(k+l|k-1);$$

$$\hat{\boldsymbol{y}}_j(k+l|k)=\hat{\boldsymbol{y}}_j(k+l|k-1),j\neq i;$$

$$\Delta \boldsymbol{u}_j(k+l-1|k)=\Delta \boldsymbol{u}_j(k+l-1|k-1), j\neq i \quad (7\text{-}58)$$

由式(7-55) 和式(7-57) 可以看出，两式的优化目标相同，但系统方程不同。在式(7-56) 中系统 $\mathcal{S}_i$ 与其输出相邻系统的状态演化是一同求解的。在系统状态演化过程中，控制增量序列 $\Delta \boldsymbol{U}_i(k,M|k)$对系统 $\mathcal{S}_i$ 和其输出相邻子系统都有影响，并且对相邻子系统产生的影响又会反过来影响系统 $\mathcal{S}_i$。由于一同求解，这部分耦合关系得到了充分考虑。然而在问题 (7-58) 中，只有系统 $\mathcal{S}_i$ 的状态是根据 $\Delta \boldsymbol{U}_i(k,M|k)$来计算的，其它子系统的状态演化过程都是用在 $k-1$ 时刻的估计值来代替。并且由模型形式可以很明显地看出，采用邻域优化性能指标的优化问题的模型相比采用局部性能指标的优化问题中的模型更接近于系统模型 (7-2)。

事实上，若干个控制周期后，控制增量序列 $\Delta \boldsymbol{U}_i(k, M|k)$ 不仅影响子系统 $\mathcal{S}_i$ 的输出相邻子系统，而且对其它子系统也有影响（例如输出相邻子系统的输出相邻子系统）。在生产全过程 MPC 中，对子系统 $\mathcal{S}_i$ 的输出相邻子系统以外的子系统的影响不作考虑。如果网络带宽足够，可以满足迭代算法的要求，那么，采用迭代算法，对输出相邻子系统以外的子系统的影响也将会被考虑进来。

值得注意的是，在基于邻域优化的 MPC 中，每个控制器只与其相邻子系统和相邻子系统的相邻子系统之间通信。另外，如果在一个控制周期内，每个控制器能够和其相邻子系统通信两次，那么完全可以通过其相邻子系统来获得其相邻子系统的相邻子系统的信息。这意味着每个控制器只需要与其相邻子系统之间进行通信，放松了对网络的要求，进而提高系统的容错性。

7.2.4 数值结果

以中厚板轧后加速冷却过程为例对基于作用域优化的分布式预测控制方法进行验证。加速冷却过程是由多个输入输出变量组成的大系统，各子系统之间通过能量流动和物质流动相互关联。如果采用集中式控制，会受到计算速度、装置规模的限制，当一个或几个子系统出现故障时集中式 MPC 还会出现工作失效的情况。因此，通常情况下对于由多个输入输出变量组成的大系统，一般采用全局性能稍弱的分布式控制结构，如图 7-1 所示，系统被分解为多个相互关联子系统，每个子系统由局部控制器控制，各局部控制器通过网络相互连接。

本章中根据系统本身空间布局把加速冷却过程自然地划分为 n 个子系统，每个喷头对应一个子系统，这样被控系统、各个局部控制器和网络一起构成了一个分布式的控制系统。

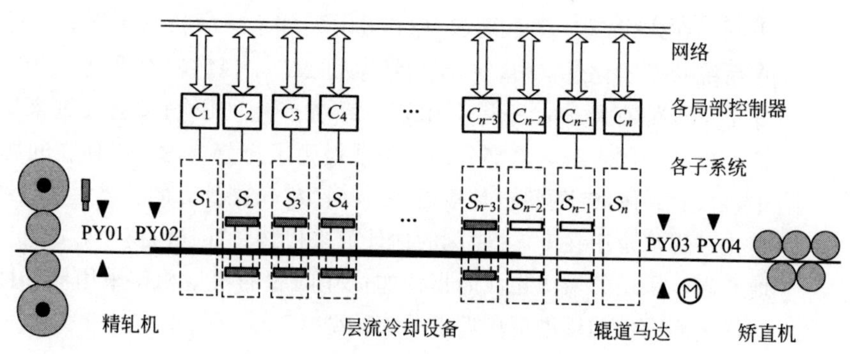

图 7-1 加速冷却过程和分布式控制框架

(1) 加速冷却过程系统模型

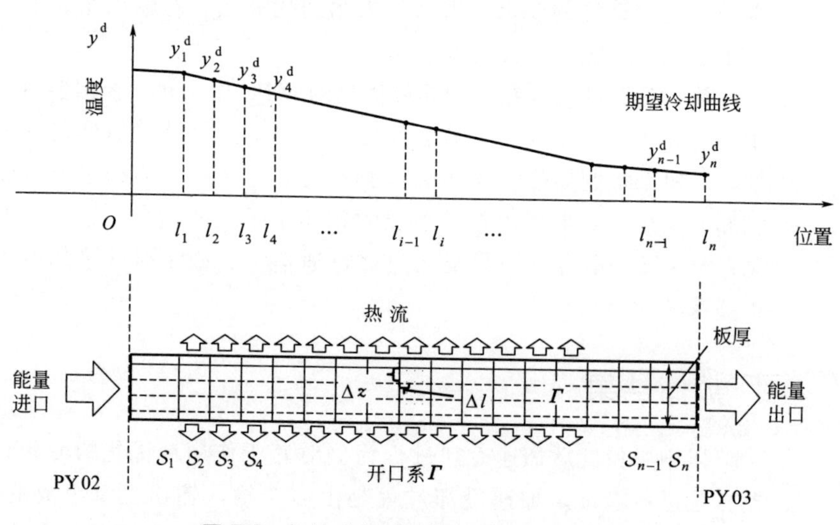

图 7-2 加速冷却过程的系统划分和设定值

如图 7-2 所示，把传感器 PY2 和 PY3 所在位置和钢板上下表面为边界组成的开口系 $\boldsymbol{\Gamma}$ 沿长度坐标方向划分为 n 个子系统。如图 7-2 所示，第 s 个子系统的范围是从 l_{i-1} 到 $l_i(s=1,2,\cdots,n)$，其中，l_0 为 T_{P2} 的坐标，$l_i(i=1,2,\cdots,15)$ 是第 i 组喷头组出口处的坐标，l_{n-1} 是水冷区出口处坐标，l_n 是 T_{P3} 的位置。输出为第 l_i 处钢板厚度方向上的平均温度，输入为对应喷头的水流量。为了方便进行数值计算，每个子系统沿厚度方向均匀划分为 m 层、长度方向上分为 n_s 列。定义子系统 $\mathcal{S}_s$ 的第 i 层第 j 列单元格的温度为 $x_s^{(i,j)}$。设系统采样间隔为 Δt 秒，根据前一章介绍可得到子系统在平衡点 $\mathcal{S}_s$ 附近的 Hammerstain 模型，形式如下：

$$\begin{cases} \boldsymbol{x}_s(k+1)=\boldsymbol{A}_{ss}\cdot\boldsymbol{x}_s(k)+\boldsymbol{B}_{ss}\cdot u_s(k)+\boldsymbol{D}_{s,s-1}\cdot\boldsymbol{x}_{s-1}(k) \\ y_s(k)=\boldsymbol{C}_{ss}\cdot\boldsymbol{x}_s(k) \end{cases},s=1,2,\cdots,N \tag{7-59}$$

$$\begin{cases} u_s=2186.7\times10^{-6}\times a(v/v_0)^b\times(F_s/F_0)^c,s\in\mathcal{C}_{\mathcal{W}} \\ u_s=1,s\in\mathcal{C}_{\mathcal{A}} \end{cases} \tag{7-60}$$

其中，$\boldsymbol{x}_s=[(\boldsymbol{x}_{s,1})^{\mathrm{T}}\quad(\boldsymbol{x}_{s,2})^{\mathrm{T}}\quad\cdots\quad(\boldsymbol{x}_{s,n_s})^{\mathrm{T}}]^{\mathrm{T}},\boldsymbol{x}_{s,j}=[x_s^{(1,j)}\quad x_s^{(2,j)}\quad\cdots\quad x_s^{(m,j)}]^{\mathrm{T}}$，$j=1,2,\cdots,n_s$ 是子系统 $\mathcal{S}_s$ 的状态向量，$\mathrm{y_s}$ 是子系统 $\mathcal{S}_s$ 最后一列单元格的平均温度，u_s 是子系统 $\mathcal{S}_s$ 的输入（且输入 u_s 与子系统 $\mathcal{S}_s$ 的喷头组水流量之间有固定的关系）。$\boldsymbol{A}_{ss}$、$\boldsymbol{B}_{ss}$、$\boldsymbol{D}_{s,s-1}$ 和 $\boldsymbol{C}_{ss}$ 是子系统 $\mathcal{S}_s$ 的系数矩阵

$$\boldsymbol{A}_{ss}=\begin{bmatrix}\boldsymbol{\Phi}_s^{(1)}\boldsymbol{\Lambda} & \boldsymbol{0} & \cdots & \boldsymbol{0} \\ \boldsymbol{0} & \boldsymbol{\Phi}_s^{(2)}\boldsymbol{\Lambda} & & \vdots \\ \vdots & & \ddots & \boldsymbol{0} \\ \boldsymbol{0} & \cdots & \boldsymbol{0} & \boldsymbol{\Phi}_s^{(n_s)}\boldsymbol{\Lambda}\end{bmatrix}+\begin{bmatrix}(1-\gamma)\boldsymbol{I}_m & \boldsymbol{0} & \cdots & \boldsymbol{0} \\ \gamma\boldsymbol{I}_m & (1-\gamma)I_m & \ddots & \vdots \\ \vdots & \ddots & \ddots & \boldsymbol{0} \\ \boldsymbol{0} & \cdots & \gamma\boldsymbol{I}_m & (1-\gamma)\boldsymbol{I}_m\end{bmatrix};$$

$$\boldsymbol{B}_{ss}=\begin{bmatrix}\boldsymbol{\Psi}_s^{(1)} \\ \vdots \\ \boldsymbol{\Psi}_s^{(n_s)}\end{bmatrix};\boldsymbol{C}_{ss}=m^{-1}[\boldsymbol{0}^{1\times m(n_s-1)}\quad\boldsymbol{1}^{1\times m}];\boldsymbol{D}_{s,s-1}=\begin{bmatrix}\boldsymbol{0}^{m\times m(n_s-1)} & \gamma\boldsymbol{I}_m \\ \boldsymbol{0}^{m(n_s-1)\times m(n_s-1)} & \boldsymbol{0}^{m(n_s-1)\times m}\end{bmatrix} \tag{7-61}$$

且

$$\boldsymbol{\Phi}_s^{(j)}=\begin{bmatrix}a(\breve{x}_s^{(1,j)}) & \cdots & 0 \\ \vdots & \ddots & \vdots \\ 0 & \cdots & a(\breve{x}_s^{(m,j)})\end{bmatrix};\boldsymbol{\Psi}_s^{(j)}(\boldsymbol{x}_s)=\begin{bmatrix}\theta_s^{(1,j)}(\breve{x}_s^{(1,j)}-x_\infty)\beta(\breve{x}_s^{(1,j)}) \\ \boldsymbol{0}^{(m-2)\times1} \\ \theta_s^{(m,j)}(\breve{x}_s^{(m,j)}-x_\infty)\beta(\breve{x}_s^{(m,j)})\end{bmatrix}; \tag{7-62}$$

$$\boldsymbol{\Lambda}=\begin{bmatrix}-1 & 1 & 0 & \cdots & 0 \\ 1 & -2 & 1 & \ddots & \vdots \\ 0 & \ddots & \ddots & \ddots & 0 \\ \vdots & \ddots & 1 & -2 & 1 \\ 0 & \cdots & 0 & 1 & -1\end{bmatrix};\boldsymbol{I}_m\in\mathbb{R}^{m\times m};\begin{cases}\theta_s^{(i,j)}=(\breve{x}_s^{(i,j)}/x)^a,s\in\mathcal{C}_{\mathcal{W}} \\ \theta_s^{(i,j)}=h_{\mathrm{air}}(\breve{x}_s^{(i,j)}),s\in\mathcal{C}_{\mathcal{A}}\end{cases}; \tag{7-63}$$

$$a[x_s^{(i,j)}]=-\Delta t\cdot\lambda[x_s^{(i,j)}]/\{\Delta z^2\rho[x_s^{(i,j)}]c_p[x_s^{(i,j)}]\} \tag{7-64}$$

$$\beta[x_s^{(i,j)}]=\Delta t\cdot a[x_s^{(i,j)}]/\lambda[x_s^{(i,j)}] \tag{7-65}$$

$$\gamma=\Delta t\cdot v/\Delta l, i=1,2,\cdots,m, j=1,2,\cdots,n_s \tag{7-66}$$

其中，Δl 和 Δz 分别是每个小单元格的长度和厚度，ρ 是钢板密度，c_p 是比热容，λ 是热传导系数，v 是板速，$\breve{x}_s^{(i,j)}$ 是子系统 $\mathcal{S}_s$ 的平衡温度，$\mathcal{C}_W$ 是用水冷方式冷却钢板的子系统的集合，$\mathcal{C}_A$ 是采用空冷方式冷却钢板的子系统的集合，F_s 是子系统 $\mathcal{S}_s$ 喷头的水流量，F_0、v_0、a、b 和 c 是常数，其具体数值详见第 2 章。

为了下面算法研究方便，取模型（7-59）和（7-60）的线性部分进行研究，另外为了使算法具有更强的通用性，把每个子系统的模型（7-59）的线性部分重写为如下状态空间形式：

$$\begin{cases}\boldsymbol{x}_i(k+1)=\boldsymbol{A}_{ii}\boldsymbol{x}_i(k)+\boldsymbol{B}_{ii}u_i(k)+\sum\limits_{j=1(j\neq i)}^{n}\boldsymbol{A}_{ij}\boldsymbol{x}_j(k)+\sum\limits_{j=1(j\neq i)}^{n}\boldsymbol{B}_{ij}u_j(k)\\ y_i(k)=\boldsymbol{C}_{ii}\boldsymbol{x}_i(k)+\sum\limits_{j=1(j\neq i)}^{n}\boldsymbol{C}_{ij}\boldsymbol{x}_j(k)\end{cases} \tag{7-67}$$

其中，$\boldsymbol{x}_i\in\mathbb{R}^{n_{x_i}}$、$\boldsymbol{u}_i\in\mathbb{R}^{n_{u_i}}$ 和 $\boldsymbol{y}_i\in\mathbb{R}^{n_{y_i}}$ 分别为局部子系统状态、控制输入和输出向量。当$\boldsymbol{A}_{ij}$、$\boldsymbol{B}_{ij}$ 和$\boldsymbol{C}_{ij}$ 中有一个矩阵不为零时，说明 $\mathcal{S}_j$ 与 $\mathcal{S}_i$ 相关联。

整个系统模型可以表示为

$$\begin{cases}\boldsymbol{x}(k+1)=\boldsymbol{A}\boldsymbol{x}(k)+\boldsymbol{B}\boldsymbol{u}(k)\\ \boldsymbol{y}(k)=\boldsymbol{C}\boldsymbol{x}(k)\end{cases} \tag{7-68}$$

其中，$\boldsymbol{x}\in\mathbb{R}^{n_x}$、$\boldsymbol{u}\in\mathbb{R}^{n_u}$ 和 $\boldsymbol{y}\in\mathbb{R}^{n_y}$ 分别是全系统状态、控制输入和输出。

（2）优化控制目标

整个控制系统的控制目标是获得一个全局的性能指标，要求钢板经过坐标点 l_1、l_2、…、l_n 处的温度与参考温度 $\boldsymbol{y}^{\mathrm{d}}=[y_1^{\mathrm{d}}\quad y_2^{\mathrm{d}}\quad\cdots\quad y_n^{\mathrm{d}}]^{\mathrm{T}}$ 的偏差最小。如果采用滚动优化的策略，在每个控制时刻 k，需要得到的全局性能指标 $J(k)$ 表示为

$$J(k)=\sum_{i=1}^{n}\left[\sum_{l=1}^{P}\left\|y_i(k+l)-\boldsymbol{y}_i^{\mathrm{d}}(k+l)\right\|_{\boldsymbol{Q}_i}^2+\sum_{l=1}^{M}\left\|\Delta u_i(k+l-1)\right\|_{\boldsymbol{R}_i}^2\right] \tag{7-69}$$

其中，$\boldsymbol{Q}_i$ 和$\boldsymbol{R}_i$ 是权重系数矩阵；自然数 P、$M\in\mathbb{N}$ 分别为预测周期和控制周期，且 $P\geqslant M$；$\boldsymbol{y}_i^{\mathrm{d}}$ 是子系统 $\mathcal{S}_i$ 的输出设定值；$\Delta\boldsymbol{u}_i(k)=$

$\boldsymbol{u}_i(k)-\Delta\boldsymbol{u}_i(k-1)$是子系统 S_i 的输入增量。

为了更好地说明本章所介绍的分布式预测控制算法的性能，这里省去了优化目标再计算过程。所有板点都按同一冷却曲线进行冷却。采用本章提出的生产全过程 MPC 方法，每个的子系统由一个局部控制器来控制。以厚度为 19.28mm，长度为 25m，宽为 5m 的 X70 管线钢为例来说明该方法性能的优越性。全开口系用厚为 3mm、长为 0.8m 的单元格覆盖，钢板速度为 1.6m/s。第 1～12 组冷却水喷头组为活动喷头组，用来调节钢板的板温。钢板的平衡温度的分布如图 7-3 所示。

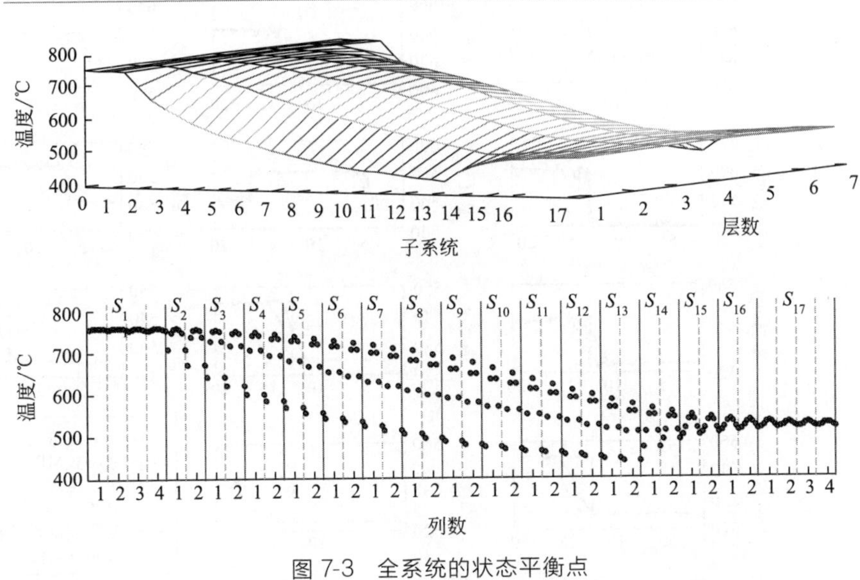

图 7-3　全系统的状态平衡点

设每个局部 MPC 的预测时域和控制时域都等于 10，也就是 $P=10$，$M=10$。设整个冷却过程开冷温度 T_{P2} 为 780℃。分别采用集中式 MPC、生产全过程 MPC 和采用局部性能指标的分布式 MPC 对系统进行控制，得到的闭环系统性能如图 7-4 所示。相应的操纵变量［单位：$\mathrm{L/(m^2 \cdot min)}$］如图 7-5 所示。由图 7-4 和图 7-5 可以看出，对于 ACC 过程，相比采用局部性能指标的分布式 MPC，采用基于邻域优化的生产全过程 MPC 后闭环系统的性能明显提高。生产全过程 MPC 的控制决策和闭环系统性能与集中式 MPC 十分接近。另外，生产全过程 MPC 的计算量要比集中式 MPC 少很多。因此，生产全过程 MPC 方法是一个高效的，能够在保证计算速度和网络负担的前提下显著提高系统性能的方法。

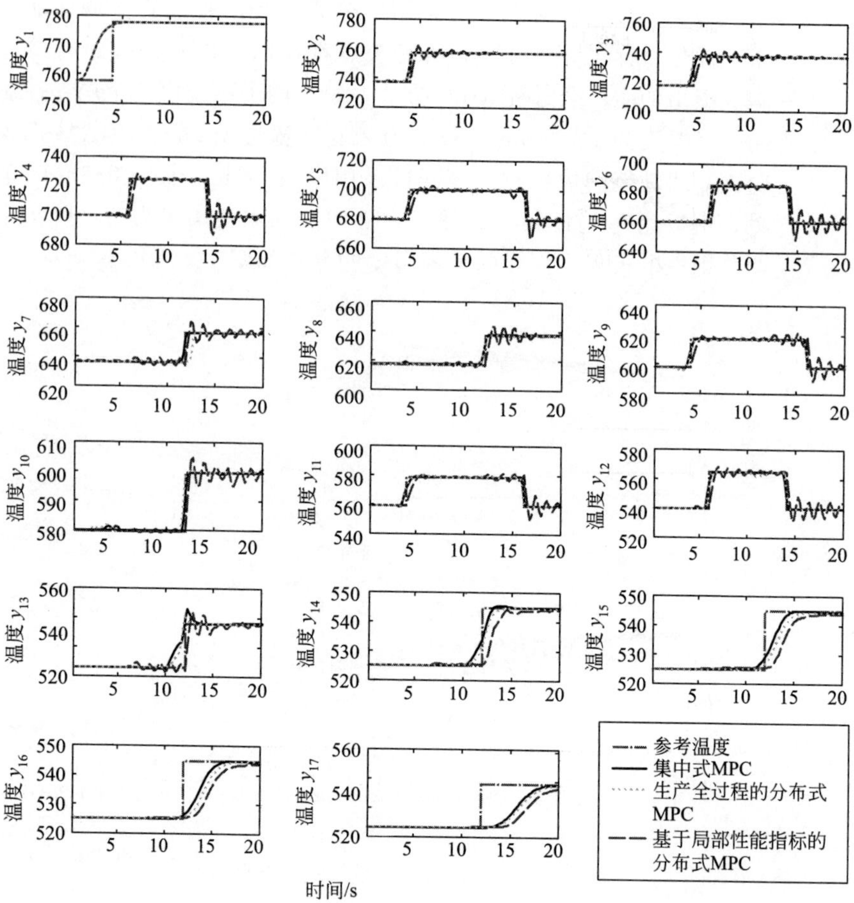

参考温度
集中式MPC
生产全过程的分布式MPC
基于局部性能指标的分布式MPC
时间/s

图 7-4　采用集中式 MPC、生产全过程 MPC 和局部性能指标的分布式 MPC 的闭环系统性能

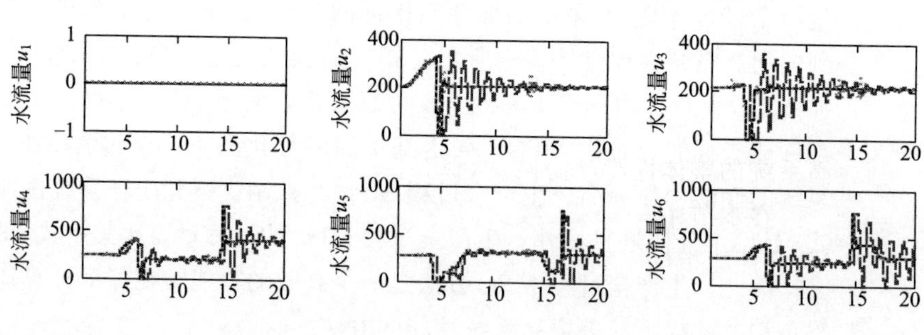

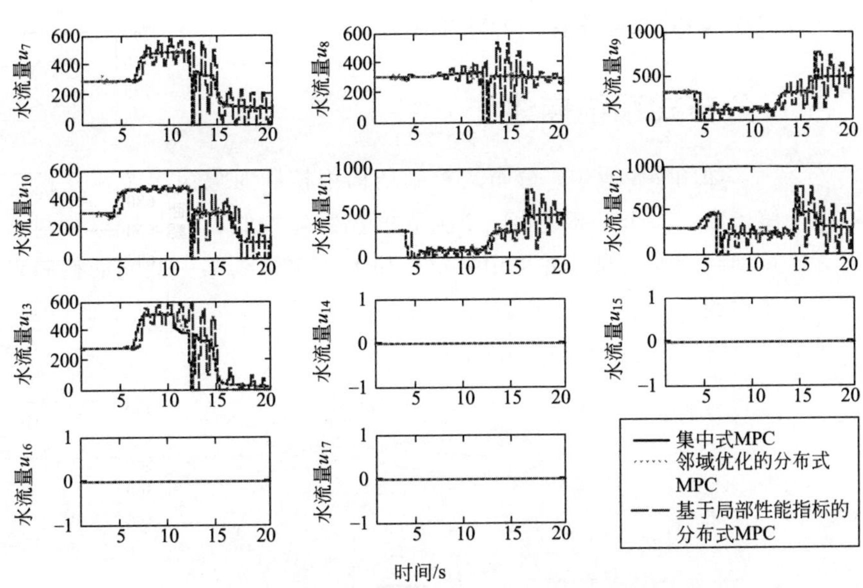

图 7-5 采用集中式 MPC、邻域优化的 MPC 和局部性能指标的分布式 MPC 的各阀门水流量

7.3 高灵活性的分布式模型预测控制

灵活性（或容错性）和全局性能是 DMPC 算法的两个重要特性。现有方法通常通过提高协同度（每个基于子系统的 MPC 优化的性能指标范围）来提升优化性能。协同度的增加，一方面使得系统整体性能得以提升，另一方面又会增加网络连接的复杂度，进一步降低系统的容错性和灵活性。这不是我们想要的结果。那么，能不能找到一种方法，既能提高系统的整体性能或协同度，同时又不增加网络连接的复杂度？

在本节中，将提出一种新的协同策略，在每个子系统下游邻居的 MPC 性能指标中加入该子系统此刻输入的二次函数，来提高系统整体的优化性能。该方法能在不增加网络连接复杂度的前提下，提升系统协同度。每个子系统 MPC 算法中加入一致性约束，用来限制上一时刻的预测状态和此时刻的预测状态误差值在一个事先定义的范围内。这些约束保证了每个子系统 MPC 算法的迭代可行性。同时，还加入了稳定性约束和双模 MPC 策略来保证 DMPC 的稳定性。

7.3.1 分布式系统描述

如图 7-6 所示，分布式控制结构中控制对象由多个相互耦合的子系统组成，每个子系统由一个独立的控制器控制，控制器与控制器之间通过网络交换信息，并采用一定的协调策略达到某一共同的控制目标或整体性能。

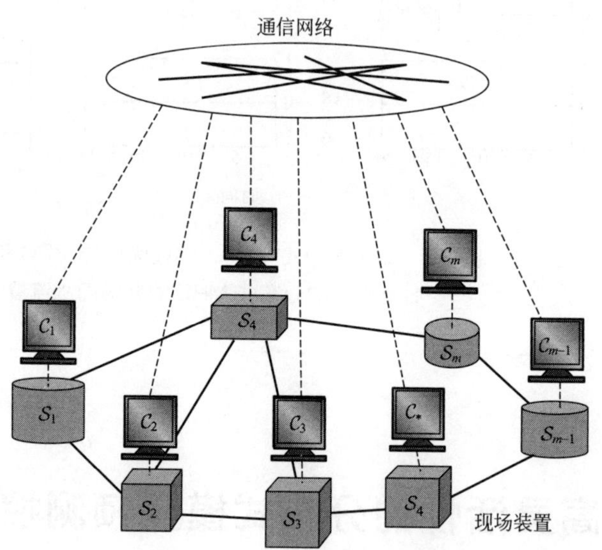

图 7-6 分布式预测控制示意图

假定控制系统 $\mathcal{S}$ 由 m 个离散时间线性子系统 $\mathcal{S}_i$，$i\in\mathcal{P}=\{1,2,\cdots,m\}$和 m 个控制器 $\mathcal{C}_i, i\in\mathcal{P}=\{1,2,\cdots,m\}$构成。令子系统间通过状态耦合，如果子系统 $\mathcal{S}_i$ 受 $\mathcal{S}_j$ 影响，$i\in\mathcal{P}$，$j\in\mathcal{P}$，那么则称 $\mathcal{S}_i$ 为 $\mathcal{S}_j$ 的下游系统，$\mathcal{S}_j$ 为 $\mathcal{S}_i$ 的上游系统。定义子系统 $\mathcal{S}_i$ 所有上游子系统的序号集合为 $\mathcal{P}_{+i}$，所有下游子系统的序号集合为 $\mathcal{P}_{-i}$，则各子系统动态可用如下方程描述：

$$\begin{cases}\boldsymbol{x}_{i,k+1}=\boldsymbol{A}_{ii}\boldsymbol{x}_{i,k}+\boldsymbol{B}_{ii}\boldsymbol{u}_{i,k}+\sum\limits_{j\in P_{+i}}\boldsymbol{A}_{ij}\boldsymbol{x}_{j,k}\\ \boldsymbol{y}_{i,k}=\boldsymbol{C}_{ii}\boldsymbol{x}_{i,k}\end{cases}\tag{7-70}$$

其中，$x_i \in \mathbb{R}^{n_{x_i}}$，$u_i \in \mathcal{U}_i \subset \mathbb{R}^{n_{u_i}}$，$y_i \in \mathbb{R}^{n_{y_i}}$ 分别是子系统状态、输入和输出矢量，$\mathcal{U}_i$ 为输入 u_i 的可行集，根据执行器的物理约束，控制要求或者被控对象的特性等对输入进行约束。一个非零矩阵A_{ij} 表示 $\mathcal{S}_i$ 受 $\mathcal{S}_j$ 影响。系统动态可写成如下紧凑形式：

$$\begin{cases} x_{k+1} = Ax_k + Bu_k \\ y_k = Cx_k \end{cases} \tag{7-71}$$

其中，$x = [x_1^T \, x_2^T \cdots x_m^T]^T \in \mathbb{R}^{n_x}$，$u = [u_1^T u_2^T \cdots u_m^T]^T \in \mathbb{R}^{n_u}$，$y = [y_1^T y_2^T \cdots y_m^T]^T \in \mathbb{R}^{n_y}$ 分别是全局系统 $\mathcal{S}$ 的状态、控制输入和输出矢量，A、B、C 分别是具有适当维数的常数矩阵。$u \in \mathcal{U} = \mathcal{U}_1 \times \mathcal{U}_2 \times \cdots \times \mathcal{U}_m$。

系统的控制目标是设计稳定的 DMPC 算法，在不增加网络连接复杂度的前提下，使得控制系统的全局性能尽可能地接近集中式控制算法的控制效果。

7.3.2 局部预测控制器设计

在本节中主要给出 $u \in \mathbb{R}^{n_u}$ 个子系统 MPC 的优化问题及求解算法。本节介绍的高灵活性 DMPC（Coordinated Flexible DMPC，CF-DMPC）在每个子系统下游邻居的 MPC 算法性能指标中加入了该子系统此刻输入的二次函数，来协调各个子系统。令所有子系统 MPC 采用相同的预测时域 N，$N \geqslant 1$，且同步运行。在每个控制周期，各子系统 MPC 在网络上获得对应子系统的上下游子系统的未来预估状态，并对各子系统 MPC 相应子系统和下游子系统的性能进行优化（加入当前输入对下游子系统影响的性能指标）。

7.3.1.1 局部控制器优化问题的数学描述

在介绍提出的控制方法前，首先，作如下在非全局信息条件下设计稳定化分布式预测控制中经常用到的假设。

假设 7.2 对于子系统 $\mathcal{S}_i$，$i \in \mathcal{P}$，存在反馈控制律 $u_i = K_i x_i$，使得 $A_{di} = A_{ii} + B_{ii} K_i$ 的特征值在单位圆内，且系统 $x_{k+1} = A_c x_k$ 渐近稳定。其中$A_c = A + BK$，$K = \text{block-diag}\{K_1, K_2, \cdots, K_m\}$。

这一假设通常用于设计稳定 DMPC 算法[7,8]，它假定每个子系统都可以由分散式控制$K_i x_i$，$i \in \mathcal{P}$ 镇定，计算过程中使用 LMI 方法求得系统的分散控制增益 K。

这里需要定义一些必要的符号标识，见表 7-2。

表 7-2 本节中一些标识符号意义

标识	注释
$\mathcal{P}$	所有子系统的集合
$\mathcal{P}_i$	所有不包含子系统 $\mathcal{S}_i$ 本身的子系统集合
$\boldsymbol{u}_i(k+l-1\|k)$	在 k 时刻 $\mathcal{C}_i$ 计算获得的子系统 $\mathcal{S}_i$ 的优化控制序列
$\hat{\boldsymbol{x}}_j(k+l\|k,i)$	在 k 时刻 $\mathcal{C}_i$ 计算获得的子系统 $\mathcal{S}_j$ 的预测状态序列
$\hat{\boldsymbol{x}}(k+l\|k,i)$	在 k 时刻计算获得的所有子系统的预测状态序列
$\boldsymbol{u}_i^{\mathrm{f}}(k+l-1\|k)$	在 $k+l-1$ 时刻 $\mathcal{C}_i$ 计算获得的子系统 $\mathcal{S}_i$ 的可行控制律
$\boldsymbol{x}_j^{\mathrm{f}}(k+l\|k,i)$	在 k 时刻 $\mathcal{C}_i$ 定义的子系统 $\mathcal{S}_j$ 可行的预测状态序列
$\boldsymbol{x}^{\mathrm{f}}(k+l\|k,i)$	在 k 时刻 $\mathcal{C}_i$ 计算获得的所有子系统的可行预测状态序列
$\boldsymbol{x}^{\mathrm{f}}(k+l\|k)$	在 k 时刻所有子系统的可行预测状态序列 $\boldsymbol{x}^{\mathrm{f}}(k+l\|k)=[\boldsymbol{x}_1^{\mathrm{f}}(k+l\|k),\boldsymbol{x}_2^{\mathrm{f}}(k+l\|k),\cdots,\boldsymbol{x}_m^{\mathrm{f}}(k+l\|k)]^{\mathrm{T}}$
$\\|\cdot\\|_{\boldsymbol{P}}$	$\boldsymbol{P}$ 范数，$\boldsymbol{P}$ 是任意的一个正矩阵，$\\|\boldsymbol{z}\\|_{P}=\sqrt{\boldsymbol{x}^{\mathrm{T}}(k)\boldsymbol{P}\boldsymbol{x}(k)}$

考虑到子系统 $\mathcal{S}_i$ 的控制律将对其下游邻域子系统 $\mathcal{S}_j$ 有影响，在 CF-DMPC 算法中，将 $\mathcal{S}_j$ 的性能指标添加到 $\mathcal{S}_i$ 的 MPC 性能指标中，使其可基于对 $\mathcal{S}_j$ 的状态更新估计计算自身的控制律。$\mathcal{S}_j$ 的状态更新估计序列等于假定的 $\mathcal{S}_j$ 状态序列加上 $\mathcal{S}_i$ 控制律变化对 $\mathcal{S}_j$ 状态的影响。因此，协同度无需借助增加网络连通度即可得到提升。

定义 $\boldsymbol{f}_{i,k+l|k}$ 为 $\boldsymbol{u}_{i,k:k+l-1|k}$ 到 $\boldsymbol{x}_{i,k+l|k}$ 的映射，从式(7-70) 可推得

$$\boldsymbol{f}_{i,k+l|k}=\boldsymbol{x}_{i,k+l|k}=\boldsymbol{A}_{ii}^{l}\boldsymbol{x}_{i,k}+\sum_{h=1}^{l}\boldsymbol{A}_{ii}^{l-h}\boldsymbol{B}_{ii}\boldsymbol{u}_{i,k+h-1|k}+\sum_{j\in P_{+i}}\sum_{h=1}^{l}\boldsymbol{A}_{ii}^{l-h}\boldsymbol{A}_{ij}\boldsymbol{x}_{j,k+h-1|k} \tag{7-72}$$

可得

$$\frac{\partial \boldsymbol{f}_{i,k+l|k}}{\partial \boldsymbol{x}_{j,k+h-1|k}}=\boldsymbol{A}_{ii}^{l-h}\boldsymbol{A}_{ij} \tag{7-73}$$

$$\frac{\partial \boldsymbol{x}_{i,k+l|k}}{\partial \boldsymbol{u}_{i,k+h-1|k}}=\boldsymbol{A}_{ii}^{l-h}\boldsymbol{B}_{ii} \tag{7-74}$$

然后，$\boldsymbol{f}_{i,k+l|k}$ 对 $\boldsymbol{u}_{j,k+h-1|k}$ 求偏导可得

$$\begin{aligned}\frac{\partial \boldsymbol{f}_{i,k+l|k}}{\partial \boldsymbol{u}_{j,k+h-1|k}}&=\sum_{p=h+1}^{l}\frac{\partial \boldsymbol{f}_{i,k+l|k}}{\partial \boldsymbol{x}_{j,k+p-1|k}}\times\frac{\partial \boldsymbol{x}_{j,k+p-1|k}}{\partial \boldsymbol{u}_{j,k+h-1|k}}\\&=\sum_{p=h+1}^{l}\boldsymbol{A}_{ii}^{l-p}\boldsymbol{A}_{ij}\boldsymbol{A}_{jj}^{p-h}\boldsymbol{B}_{jj}\end{aligned} \tag{7-75}$$

因为 $\mathcal{S}_i$ 的上游下游邻居系统的状态和输入序列对于 $\mathcal{S}_i$ 的控制器来

说都是未知量，设$\hat{\boldsymbol{x}}_{i,k+l|k}$ 和 $\hat{u}_{i,k+l|k}$ 为上一时刻计算得到的状态和输入的设定值。将 $\mathcal{S}_j$，$j\in P_{-i}$ 的性能指标添加到 S_i 的性能指标中，可得

$$\overline{J}_i(k)=\sum_{l=1}^{N}\left(\left\|\boldsymbol{x}_{i,k+l|k}^{\mathrm{p}}\right\|_{\boldsymbol{Q}_i}^2+\left\|\boldsymbol{u}_{i,k+l-1|k}\right\|_{\boldsymbol{R}_i}^2\right)+$$
$$\sum_{j\in P_{-i}}\sum_{l=1}^{N}\left\|(\hat{\boldsymbol{x}}_{j,k+l|k}+\omega_i\boldsymbol{S}_{ji,k+l|k})\right\|_{\boldsymbol{Q}_j}^2+\sum_{j\in P_{-i}}\sum_{l=1}^{N}\left\|\hat{\boldsymbol{u}}_{i,k+l-1|k}\right\|_{\boldsymbol{R}_j}^2 \tag{7-76}$$

其中 ω_i 是权重系数，可提高迭代算法的收敛速度。

$$\boldsymbol{S}_{ji,k+l|k}=\sum_{h=1}^{l}\sum_{p=h+1}^{l}\boldsymbol{A}_{jj}^{l-p}\boldsymbol{A}_{ji}\boldsymbol{A}_{ii}^{p-h}\boldsymbol{B}_{ii}(\boldsymbol{u}_{i,k+h-1|k}-\hat{\boldsymbol{u}}_{i,k+h-1|k}) \tag{7-77}$$
$$h=1,2,\cdots,l$$

其中，$\boldsymbol{Q}_i=\boldsymbol{Q}_i^{\mathrm{T}}>0$，$\boldsymbol{R}_i=\boldsymbol{R}_i^{\mathrm{T}}>0$，$\boldsymbol{P}_i=\boldsymbol{P}_i^{\mathrm{T}}>0$，并且矩阵 P_i 满足 Lyapunov 方程：

$$\boldsymbol{A}_{\mathrm{d}i}^{\mathrm{T}}\boldsymbol{P}_i\boldsymbol{A}_{\mathrm{d}i}-\boldsymbol{P}_i=-\hat{\boldsymbol{Q}}_i \tag{7-78}$$

其中，$\hat{\boldsymbol{Q}}_i=\boldsymbol{Q}_i+\boldsymbol{K}_i^{\mathrm{T}}\boldsymbol{R}_i\boldsymbol{K}_i$。定义

$$\boldsymbol{P}=\mathrm{diag}\{\boldsymbol{P}_1,\boldsymbol{P}_2,\cdots,\boldsymbol{P}_m\}$$
$$\boldsymbol{Q}=\mathrm{diag}\{\boldsymbol{Q}_1,\boldsymbol{Q}_2,\cdots,\boldsymbol{Q}_m\}$$
$$\boldsymbol{R}=\mathrm{diag}\{\boldsymbol{R}_1,\boldsymbol{R}_2,\cdots,\boldsymbol{R}_m\},$$
$$\boldsymbol{A}_{\mathrm{d}}=\mathrm{diag}\{\boldsymbol{A}_{\mathrm{d}1},\boldsymbol{A}_{\mathrm{d}2},\cdots,\boldsymbol{A}_{\mathrm{d}m}\}$$

可得

$$\boldsymbol{A}_{\mathrm{d}}^{\mathrm{T}}\boldsymbol{P}\boldsymbol{A}_{\mathrm{d}}-\boldsymbol{P}=-\hat{\boldsymbol{Q}} \tag{7-79}$$

其中，$\hat{\boldsymbol{Q}}=\boldsymbol{Q}+\boldsymbol{K}^{\mathrm{T}}\boldsymbol{R}\boldsymbol{K}>0$。

因为每个子系统控制器同步更新，其它子系统的状态和输入对于 $\mathcal{S}_i$ 来说都是未知的。因此，在 k 时刻，$\mathcal{S}_i$ 的预测模型用到了 $\mathcal{S}_j$ 的设定状态序列。

$$\boldsymbol{x}_{i,k+l|k}^{\mathrm{p}}=\boldsymbol{A}_{ii}^{l}\boldsymbol{x}_{i,k}^{\mathrm{p}}+\sum_{h=1}^{l}\boldsymbol{A}_{ii}^{l-h}\boldsymbol{B}_{ii}\boldsymbol{u}_{i,k+h-1|k}+$$
$$\sum_{j\in P_{+i}}\sum_{h=1}^{l}\boldsymbol{A}_{ii}^{l-h}\boldsymbol{A}_{ij}\hat{\boldsymbol{x}}_{j,k+h-1|k} \tag{7-80}$$

给定$\boldsymbol{x}_{i,k|k}^{\mathrm{p}}=\boldsymbol{x}_i(k\mid k)$，$\mathcal{S}_i$ 的设定控制序列为

$$\hat{\boldsymbol{u}}_{i,k+l-1|k}=\begin{cases}\boldsymbol{u}_{i,k+l-1|k-1}^{\mathrm{p}}, l=1,2,\cdots,N-1\\ \boldsymbol{K}_i\boldsymbol{x}_{i,k+N-1|k-1}^{\mathrm{p}}, l=N\end{cases} \tag{7-81}$$

设定每个子系统的状态序列 $\hat{\boldsymbol{x}}_i$ 与 $k-1$ 时刻的预测值，可得闭环系统在反馈控制下的响应：

$$\begin{cases}\hat{\boldsymbol{x}}_{i,k+l-1|k}=\boldsymbol{x}^{\mathrm{p}}_{i,k+l-1|k-1},l=1,2,\cdots,N\\ \hat{\boldsymbol{x}}_{i,k+l-1|k}=A_{di}\boldsymbol{x}^{\mathrm{p}}_{i,k+N-1|k-1}+\sum\limits_{j\in P_{+i}}A_{ij}\boldsymbol{x}^{\mathrm{p}}_{i,k+N-1|k-1}\end{cases}\tag{7-82}$$

在 MPC 系统中，后续可行性和稳定性是非常重要的性质，在 DMPC 中也一样。为扩大可行域，每个 MPC 中都包括一个终端状态约束来保证终端控制器能使系统稳定在一个终端集合中。为定义这样一个终端集合，需要作出一个假设并提出相应的引理。

假设 7.3 矩阵

$$\boldsymbol{A}_{\mathrm{d}}=\text{block-diag}\{\boldsymbol{A}_{\mathrm{d1}},\boldsymbol{A}_{\mathrm{d2}},\cdots,\boldsymbol{A}_{\mathrm{d}m}\}$$
$$\boldsymbol{A}_{\mathrm{o}}=\boldsymbol{A}_{\mathrm{c}}-\boldsymbol{A}_{\mathrm{d}}$$

满足不等式

$$\boldsymbol{A}_{\mathrm{o}}^{\mathrm{T}}\boldsymbol{P}\boldsymbol{A}_{\mathrm{o}}+\boldsymbol{A}_{\mathrm{o}}^{\mathrm{T}}\boldsymbol{P}\boldsymbol{A}_{\mathrm{d}}+\boldsymbol{A}_{\mathrm{d}}^{\mathrm{T}}\boldsymbol{P}\boldsymbol{A}_{\mathrm{o}}<\hat{\boldsymbol{Q}}/2$$

假设 7.3 与假设 7.2 的提出是为了辅助终端集的设计。假设 7.3 量化了子系统之间的耦合，它说明当子系统之间的耦合足够弱的时候，可如下进行子系统的算法设计。

引理 7.4 如果假设 7.2 和假设 7.3 成立，则对于任意标量 c，集合

$$\Omega(c)=\boldsymbol{x}\in\mathbb{R}^{n_x}:\|\boldsymbol{x}\|_{\boldsymbol{P}}\leqslant c$$

是闭环系统$\boldsymbol{x}_{k+1}=\boldsymbol{A}_{\mathrm{c}}\boldsymbol{x}_k$ 的正不变吸引域。且存在足够小的标量 ε，使得对任意 $\boldsymbol{x}\in\Omega(\varepsilon)$，$\boldsymbol{Kx}$ 为可行输入，即 $\boldsymbol{Kx}\in\mathcal{U}\subset\mathbb{R}_{n_u}$。

证明 定义 $V(k)=\left\|\boldsymbol{x}_k\right\|_{\boldsymbol{P}}^2$。沿闭环系统$\boldsymbol{x}_{k+1}=\boldsymbol{A}_{\mathrm{c}}\boldsymbol{x}_k$ 对 $V(k)$ 作差分，有

$$\begin{gathered}\Delta V_k=\boldsymbol{x}_k^{\mathrm{T}}\boldsymbol{A}_c^{\mathrm{T}}P\boldsymbol{A}_{\mathrm{c}}\boldsymbol{x}_k-\boldsymbol{x}_k^{\mathrm{T}}\boldsymbol{P}\boldsymbol{x}_k=\boldsymbol{x}_k^{\mathrm{T}}(\boldsymbol{A}_{\mathrm{d}}^{\mathrm{T}}\boldsymbol{P}\boldsymbol{A}_{\mathrm{d}}-\boldsymbol{P}+\boldsymbol{A}_{\mathrm{o}}^{\mathrm{T}}\boldsymbol{P}\boldsymbol{A}_{\mathrm{o}}+\\ \boldsymbol{A}_{\mathrm{o}}^{\mathrm{T}}\boldsymbol{P}\boldsymbol{A}_{\mathrm{d}}+\boldsymbol{A}_{\mathrm{d}}^{\mathrm{T}}\boldsymbol{P}\boldsymbol{A}_{\mathrm{o}})\boldsymbol{x}_k\leqslant-\boldsymbol{x}_k^{\mathrm{T}}\hat{\boldsymbol{Q}}\boldsymbol{x}_k+\frac{1}{2}\boldsymbol{x}_k^{\mathrm{T}}\hat{\boldsymbol{Q}}\boldsymbol{x}_k\leqslant0\end{gathered}$$

对所有状态 $\boldsymbol{x}(k)\in\Omega(c)\setminus\{0\}$成立，即所有起始于 $\Omega(c)$ 的状态轨迹会始终保持在 $\Omega(c)$ 内，并渐近趋于原点。由于 $\boldsymbol{P}$ 正定，$\Omega(\varepsilon)$ 可缩小至 0。因此，存在足够小的 $\varepsilon>0$，使得对于所有 $\boldsymbol{x}\in\Omega(\varepsilon)$，$\boldsymbol{Kx}\in\mathcal{U}$。

子系统 $\mathcal{S}_{\mathrm{i}}$ 的 *MPC* 终端约束可以定义为

$$\Omega_{\mathrm{i}}(\varepsilon)=\{\boldsymbol{x}_i\in\mathbb{R}^{n_{x_i}}:\|\boldsymbol{x}_i\|_{\boldsymbol{P}_i}\leqslant\varepsilon/\sqrt{m}\}$$

显然，如果 $\boldsymbol{x}\in\Omega_1(\varepsilon)\times\cdots\times\Omega_m(\varepsilon)$，那么系统将渐近稳定，这是因为

$$\left\|\boldsymbol{x}_i\right\|_{\boldsymbol{P}_i}^2\leqslant\frac{\varepsilon^2}{m},\forall i\in\mathcal{P}$$

说明

$$\sum_{i \in \mathcal{P}} \left\| \boldsymbol{x}_i \right\|_{\boldsymbol{P}_i}^2 \leqslant \varepsilon^2 \tag{7-83}$$

因此，$\boldsymbol{x} \in \Omega(\varepsilon)$。假设在 k_0 时刻，所有子系统的状态都满足 $\boldsymbol{x}_{i,k_0} \in \Omega_i(\varepsilon)$，并且 $\mathcal{C}_i$ 采用控制律 $K_i \boldsymbol{x}_{i,k}$，那么，根据引理 7.3，系统渐近稳定。

由上可知，只要设计的 MPC 能够把相应子系统 $\mathcal{S}_i$ 的状态转移到集合 $\Omega_i(\varepsilon)$ 中，那么就可以通过反馈控制律使得系统稳定地趋于原点。一旦状态到达原点的某个合适的邻域，就将 MPC 控制切换到终端控制的方法就叫做双模 MPC[9]。因此，本章中提出的算法也叫双模 DMPC 算法。

问题 7.1 在子系统 $\mathcal{S}_i$ 中，令 ε 满足引理 7.4，$k>1$。已知 $\boldsymbol{x}_{i,k}$、$\boldsymbol{x}_{-i,k}$、$\boldsymbol{u}_{i,k+l-1|k-1}$、$\boldsymbol{x}_{+i,k+l|k-1}$ 和 $\boldsymbol{x}_{-i,k+l|k-1}$，$l=1,2,\cdots,N$。确定控制序列 $\boldsymbol{u}_{i,k+l-1|k}$ 以最小化性能指标：

$$\overline{J}_i(k) = \sum_{l=1}^{N} \left(\left\| \boldsymbol{x}_{i,k+l|k}^{\mathrm{p}} \right\|_{\boldsymbol{Q}_i}^2 + \left\| \boldsymbol{u}_{i,k+l-1|k} \right\|_{\boldsymbol{R}_i}^2 \right) + \sum_{j \in P_{-i}} \sum_{l=1}^{N} \left\| \hat{\boldsymbol{x}}_{j,k+l|k} + \omega_i \boldsymbol{S}_{ji,k+l|k} \right\|_{\boldsymbol{Q}_j}^2 + \sum_{j \in P_{-i}} \sum_{l=1}^{N} \left\| \hat{\boldsymbol{u}}_{i,k+l-1|k} \right\|_{\boldsymbol{R}_j}^2 \tag{7-84}$$

满足约束（7-80）。

$$\sum\nolimits_{s=1}^{l} \alpha_{l-s} \left\| \boldsymbol{x}_{i,k+s|k}^{\mathrm{p}} - \hat{\boldsymbol{x}}_{i,k+s|k-1} \right\|_2 \leqslant \frac{\xi \kappa \varepsilon}{2\sqrt{m m_1}}, l=1,2,\cdots,N-1 \tag{7-85}$$

$$\left\| \boldsymbol{x}_{i,k+N|k}^{\mathrm{p}} - \hat{\boldsymbol{x}}_{i,k+N|k-1} \right\|_{P_i} \leqslant \frac{\kappa \varepsilon}{2\sqrt{m}} \tag{7-86}$$

$$\left\| \boldsymbol{x}_{i,k+l|k} \right\|_{\boldsymbol{P}_i} \leqslant \left\| \widetilde{\boldsymbol{x}}_{i,k+l|k} \right\|_{\boldsymbol{P}_i} + \frac{\varepsilon}{\mu N \sqrt{m}}, l=1,2,\cdots,N \tag{7-87}$$

$$\boldsymbol{u}_{i,k+l-1|k} \in U_i, l=1,2,\cdots,N-1 \tag{7-88}$$

$$\boldsymbol{x}_{i,k+N|k} \in \Omega_i(\varepsilon/2) \tag{7-89}$$

在上面的约束中

$$m_1 = \max_{i \in P} \{P_{+i} \text{ 的元素个数}\} \tag{7-90}$$

$$\alpha_l = \max_{i \in P} \max_{j \in P_i} \left\{ \lambda_{\max^{\frac{1}{2}}} \left[(\boldsymbol{A}_{ii}^l \boldsymbol{A}_{ij})^{\mathrm{T}} \boldsymbol{P}_j \boldsymbol{A}_{ii}^l \boldsymbol{A}_{ij} \right] \right\}, l=0,1,\cdots,N-1 \tag{7-91}$$

常数 $0<\kappa<1$ 和 $0<\xi \leqslant 1$ 为设计参数，设计方法将在下面小节给出详细说明。

以上优化问题中约束（7-85）和约束（7-86）是一致性约束，主要是为了保证系统的迭代可行性。它确保了系统此刻的预测状态与上一时刻的预测状态相差不大。约束（7-87）是稳定性约束，证明系统稳定的必要条件。其中，$\mu>0$ 为设计参数，后文将会详细说明。$\boldsymbol{x}^{\mathrm{f}}_{i,k+l\mid k}$ 为可行状态序列，是在 $\boldsymbol{x}_{i,k}$ 初始条件下式（7-80）的解，可行控制序列 $\boldsymbol{u}^{\mathrm{f}}_{i,k+l-1\mid k}$ 定义如下：

$$\boldsymbol{u}^{\mathrm{f}}_{i,k+l-1|k}=\begin{cases}\boldsymbol{u}^{\mathrm{p}}_{i,k+l-1|k-1},l=1,2,\cdots,N-1\\ \boldsymbol{K}_i\boldsymbol{x}^{\mathrm{f}}_{i,k+N-1|k},l=N\end{cases} \tag{7-92}$$

值得一提的是，为了保证系统的可行性，这里定义的终端约束集是 $\Omega_i(\varepsilon/2)$ 而不是 $\Omega(\varepsilon)$。在下节的分析中将会说明，这样定义的终端约束集才能保证可行性。

7.3.2.2 局部控制器求解算法

在描述 CF-DMPC 算法之前，首先对初始化阶段作一个假设。

假设 7.4 在初始时刻 k_0，对所有子系统 $\mathcal{S}_i$，存在可行控制律 $\boldsymbol{u}_{i,k_0+l}\in U_i,l\in\{1,\cdots,N\}$，使得系统 $\boldsymbol{x}_{l+1+k_0}=\boldsymbol{A}\boldsymbol{x}_{l+k_0}+\boldsymbol{B}\boldsymbol{u}_{l+k_0}$ 的解，即 $\hat{\boldsymbol{x}}_{\cdot|k_0,i}$，满足 $\hat{\boldsymbol{x}}_{N+k_0|k_0,i}\in\Omega(\alpha\varepsilon)$，且 $\overline{J}_{i,k_0}$ 有界。

假设 7.4 能用分布式方法解决构造初始可行解的问题。实际上，对于许多优化问题，寻找初始可行解通常是一个难点问题，所以，许多集中式 MPC 也会假设存在初始可行解[7~9]。一种得到初始可行解的办法是在初始时刻解对应的集中式 MPC 问题。

任意子系统 $\mathcal{S}_i$ 的 CF-DMPC 算法如下，各控制器在每个更新时刻通信一次。

算法 7.1 （CF-DMPC 算法）

第一步：在 k_0 时刻初始化。

① 初始化 $\boldsymbol{x}_{k_0},\boldsymbol{u}_{i,k_0+l-1|k_0},l=1,2,\cdots,N$，使它们满足假设 7.4。

② 在 k_0 时刻，如果 $\boldsymbol{x}_{k_0}\in\Omega(\varepsilon)$，那么对所有 $k\geqslant k_0$，采用反馈控制 $\boldsymbol{u}_{i,k}=\boldsymbol{K}_i\boldsymbol{x}_{i,k}$；否则，计算 $\hat{\boldsymbol{x}}_{i,k_0+l+1\mid k_0+1}$ 并发送给下游子系统。

第二步：在 k 时刻通信。

测量 $\boldsymbol{x}_{i,k}$，将 $\boldsymbol{x}_{i,k}$ 和 $\hat{\boldsymbol{x}}_{i,k+l+1\mid k}$ 发送给 $\mathcal{S}_j$，$j\in\mathcal{P}_{-i}$，并从 S_j，$j\in\mathcal{P}_{+i}$ 接收 $\boldsymbol{x}_{j,k}$ 和 $\hat{\boldsymbol{x}}_{j,k}$。

第三步：在 k 时刻更新控制律。

如果 $\boldsymbol{x}_k\in\Omega(\varepsilon)$，那么应用终端控制 $\boldsymbol{u}_{i,k}=\boldsymbol{K}_i\boldsymbol{x}_{i,k}$；否则，解优化问题 7.1，得到 $\boldsymbol{u}_{i,k+l-1\mid k}$，并应用 $\boldsymbol{u}_{i,k\mid k}$ 到系统 $\mathcal{S}_i$。

第四步：在 $k+1$ 时刻更新控制律。

令 $k+1\to k$，重复第二步。

算法 7.1 假定所有局部控制器 $\mathcal{C}_i$，$i\in\mathcal{P}$ 可以获得系统所有的状态$\boldsymbol{x}_k$。之所以作这样的假定，仅仅是因为双模控制需要在$\boldsymbol{x}_k\in\Omega(\varepsilon)$ 时同步发生控制切换，其中 $\Omega(\varepsilon)$ 已在引理中给出定义。在下面的小节中将会说明采用 CF-DMPC 算法可以在有限次更新后驱使状态$\boldsymbol{x}_{k+l}$ 进入 $\Omega(\varepsilon)$。

算法 7.1 中，如果 $\Omega_i(\varepsilon)$ 足够小，可以一直采用 MPC 进行控制，而不需要局部控制器获得所有状态。此时，不能保证系统渐近稳定到原点，只能保证控制器可以把状态推进一个小的 $\Omega(\varepsilon)$ 集合中。

下一节中将详细分析该分布式控制算法的可行性和稳定性。

7.3.3 性能分析

本节首先分析可行性，然后分析稳定性。

7.3.3.1 递归可行性

这部分主要结果是：如果系统在初始时刻可行，假设 7.4 成立，那么对于任意系统 $\mathcal{S}_i$，任意时刻 $k\geqslant 1$，$\boldsymbol{u}^{\mathrm{p}}_{i,\cdot|k}=\boldsymbol{u}^{\mathrm{f}}_{i,\cdot|k}$ 是问题 7.1 的可行解，即 $(\boldsymbol{u}^{\mathrm{f}}_{i,\cdot|k},\boldsymbol{x}^{\mathrm{f}}_{i,\cdot|k})$ 满足系统一致性约束（7-85）和（7-86）、控制输入约束（7-88）和终端约束（7-89）。

图 7-7 表示的是设定状态序列 $\{\hat{\boldsymbol{x}}_{i,k+1|k},\hat{\boldsymbol{x}}_{i,k+2|k},\cdots\}$ 和预测状态序列$\{\boldsymbol{x}^{\mathrm{f}}_{i,k+1|k},\boldsymbol{x}^{\mathrm{f}}_{i,k+2|k},\cdots\}$，$j\in\mathcal{P}_i$ 间的偏差，及这些序列与终端集合 $\Omega_j(\varepsilon)$、$\Omega_j(\varepsilon/2)$、$\Omega_j(\varepsilon'/2)$之间的关系，其中 $0<\varepsilon'=(1-\kappa)\varepsilon<\varepsilon$。为保证可行性，必须建立参数条件使得 $\hat{\boldsymbol{x}}_{i,k+N|k}$ 和 $\boldsymbol{x}^{\mathrm{f}}_{i,k+N|k}$ 在 k 时刻保持在指定的椭圆内部，且在$[k+1,k+N]$时间间隔内，两者充分靠近。

引理 7.5 给出了保证 $\hat{\boldsymbol{x}}_{i,k+N|k}\in\Omega_i(\varepsilon'/2)$ 的充分条件，其中 $\varepsilon'=(1-\kappa)\varepsilon$。引理 7.6 给出了保证 $\|\boldsymbol{x}^{\mathrm{f}}_{i,l+k|k}-\hat{\boldsymbol{x}}_{i,s+k|k}\|_{\boldsymbol{P}_j}\leqslant\kappa\varepsilon/(2\sqrt{m})$，$i\in P$ 的充分条件。引理 7.7 保证能满足输入约束。最后，定理 7.3 结合引理 7.5～7.7 的结果，得出结论：对于 $i\in\mathcal{P}$，控制输入和状态对 $(\boldsymbol{u}^{\mathrm{f}}_{i,\cdot|k},\ \boldsymbol{x}^{\mathrm{f}}_{i,\cdot|k})$ 在任意 $k\geqslant 1$ 时刻是问题 7.1 的可行解。

引理 7.5 当假设 1～假设 3 都成立且在 $\boldsymbol{x}(k_0)\in\mathcal{X}$ 的前提下，对任意 $k\geqslant 0$ 时刻，如果问题 7.1 在 $k-1$ 时刻有可行解，且 $\hat{\boldsymbol{x}}_{i,k+N-1|k-1}\in\Omega_j(\varepsilon/2)$，$j\in\mathcal{P}_i$，$i\in\mathcal{P}$，那么

$$\hat{\boldsymbol{x}}_{i,k+N-1|k}\in\Omega_j(\varepsilon/2)$$

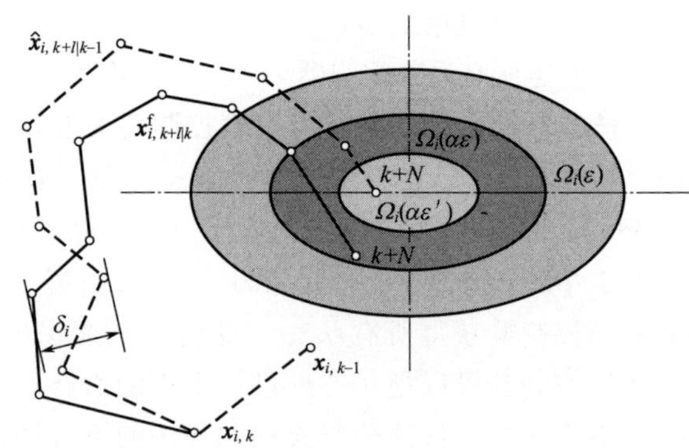

图 7-7 可行状态序列、假设状态序列和预测状态序列之间误差示意图

且

$$\hat{\boldsymbol{x}}_{i,k+N|k} \in \Omega_j(\varepsilon'/2)$$

其中，$\hat{\boldsymbol{Q}}_j$ 和$\boldsymbol{P}_j$ 满足

$$\max_{i\in P}(\rho_i) \leqslant 1-\kappa \tag{7-93}$$

且
$$\varepsilon' = (1-\kappa)\varepsilon$$

$$\rho = \lambda_{\max}\sqrt{(\hat{\boldsymbol{Q}}_i\boldsymbol{P}_i^{-1})^{\mathrm{T}}\hat{\boldsymbol{Q}}_i\boldsymbol{P}_i^{-1}}$$

证明 因为问题 7.1 在 $k-1$ 时刻有可行解，通过式(7-81) 和式(7-82)，可得

$$\|\hat{\boldsymbol{x}}_{i,k+N-1|k}\|_{\boldsymbol{P}_j} = \|\boldsymbol{x}^{\mathrm{p}}_{i,k+N-1|k-1}\|_{\boldsymbol{P}_i} \leqslant \frac{\varepsilon}{2\sqrt{m}} \tag{7-94}$$

并且

$$\begin{aligned}\hat{\boldsymbol{x}}_{i,k+N|k} &= \boldsymbol{A}_{\mathrm{d}i}\boldsymbol{x}^{\mathrm{p}}_{i,k+N-1|k-1} + \sum_{j\in P_{+i}}\boldsymbol{A}_{ij}\boldsymbol{x}^{\mathrm{p}}_{j,k+N-1|k-1}\\ &= \boldsymbol{A}_{\mathrm{d}i}\hat{\boldsymbol{x}}_{i,k+N-1|k} + \sum_{j\in P_{+i}}\boldsymbol{A}_{ij}\hat{\boldsymbol{x}}_{j,k+N-1|k}\end{aligned} \tag{7-95}$$

可得

$$\left\|\hat{\boldsymbol{x}}_{i,k+N|k}\right\|_{\boldsymbol{P}_i} = \left\|\boldsymbol{A}_{\mathrm{d}i}\hat{\boldsymbol{x}}_{i,k+N-1|k} + \sum_{j\in P_{+i}}\boldsymbol{A}_{ij}\hat{\boldsymbol{x}}_{j,k+N-1|k}\right\|_{\boldsymbol{P}_i} \tag{7-96}$$

结合假设 7.3，$\boldsymbol{A}_{\mathrm{o}}^{\mathrm{T}}\boldsymbol{P}\boldsymbol{A}_{\mathrm{o}} + \boldsymbol{A}_{\mathrm{o}}^{\mathrm{T}}\boldsymbol{P}\boldsymbol{A}_{\mathrm{d}} + \boldsymbol{A}_{\mathrm{d}}^{\mathrm{T}}\boldsymbol{P}\boldsymbol{A}_{\mathrm{o}} < \hat{\boldsymbol{Q}}/2$，可得

$$\begin{aligned}\|\hat{\boldsymbol{x}}_{i,k+N|k}\|_{\boldsymbol{P}_i} &\leqslant \|\hat{\boldsymbol{x}}_{i,k+N-1|k}\|_{\hat{\boldsymbol{Q}}/2}\\ &\leqslant \lambda_{\max}\sqrt{(\hat{\boldsymbol{Q}}_i\boldsymbol{P}_i^{-1})^{\mathrm{T}}\hat{\boldsymbol{Q}}_i\boldsymbol{P}_i^{-1}}\left\|\hat{\boldsymbol{x}}_{i,k+N-1|k}\right\|_{\boldsymbol{P}_i}\end{aligned} \tag{7-97}$$

$$\leqslant(1-\kappa)\frac{\varepsilon}{2\sqrt{m}}$$

证毕。

引理 7.6 若假设 7.2～假设 7.4 成立，且 $\boldsymbol{x}(k_0)\in\mathcal{X}$。对于任何 $k\geqslant 0$ 的时刻，如果问题 7.1 在每一个更新时刻 $l, l=0,\cdots,k-1$ 有解，那么

$$\|\boldsymbol{x}^{\mathrm{f}}_{i,k+l|k}-\hat{\boldsymbol{x}}_{i,k+l|k}\|_{\boldsymbol{P}_i}\leqslant\frac{\kappa\varepsilon}{2\sqrt{m}} \tag{7-98}$$

对于所有 $i\in\mathcal{P}_i$，在所有时刻 $l=1,2,\cdots,N$，假定式(7-93) 和下面的参数条件成立：

$$\frac{\sqrt{m_2}}{\xi\lambda_{\min}(P)}\sum_{l=0}^{N-2}\alpha_l\leqslant 1 \tag{7-99}$$

其中 α_l 定义见式(7-91)，并且，可行控制输入 $\boldsymbol{u}^{\mathrm{f}}_{i,k+s|k}$ 和状态 $\boldsymbol{x}^{\mathrm{f}}_{i,k+s|k}$ 满足约束 (7-85) 和约束 (7-86)。

证明 先证明式(7-98)。因为问题 7.1 在时刻 $1,2,\cdots,k-1$ 存在一个可行解，根据式(7-80)、式(7-81) 和式(7-92)，对于任意 $s=1,2,\cdots,N-1$，可行状态由下式给出：

$$\begin{aligned}\boldsymbol{x}^{\mathrm{f}}_{i,k+l|k}&=\boldsymbol{A}^{l}_{ii}\boldsymbol{x}^{\mathrm{f}}_{i,k|k}+\sum_{h=1}^{l}\boldsymbol{A}^{l-h}_{ii}\boldsymbol{B}_{ii}u^{\mathrm{f}}_{i,k+l|k}+\sum_{j\in P_{+i}}\sum_{h=1}^{l}\boldsymbol{A}^{l-h}_{ii}\boldsymbol{A}_{ij}\hat{\boldsymbol{x}}_{j,k+h-1|k}\\&=\boldsymbol{A}^{l}_{ii}\Big(\boldsymbol{A}^{l}_{ii}\boldsymbol{x}_{i,k-1|k-1}+\boldsymbol{B}_{ii}\boldsymbol{u}_{i,k-1|k-1}+\sum_{j\in P_{+i}}\boldsymbol{A}_{ij}\boldsymbol{x}_{j,k-1|k-1}\Big)+\\&\quad\sum_{h=1}^{l}\boldsymbol{A}^{l-h}_{ii}\boldsymbol{B}_{ii}\hat{\boldsymbol{u}}_{i,k+l|k}+\sum_{j\in P_{+i}}\sum_{h=1}^{l}\boldsymbol{A}^{l-h}_{ii}\boldsymbol{A}_{ij}\boldsymbol{x}^{\mathrm{p}}_{j,k+h-1|k-1}\end{aligned} \tag{7-100}$$

假定状态为

$$\begin{aligned}\hat{\boldsymbol{x}}_{i,k+l|k}&=\boldsymbol{A}^{l}_{ii}\boldsymbol{x}_{i,k|k-1}+\sum_{h=1}^{l}\boldsymbol{A}^{l-h}_{ii}\boldsymbol{B}_{ii}\boldsymbol{u}_{i,k+l|k-1}+\sum_{j\in P_{+i}}\sum_{h=1}^{l}\boldsymbol{A}^{l-h}_{ii}\boldsymbol{A}_{ij}\hat{\boldsymbol{x}}_{j,k+h-1|k-1}\\&=\boldsymbol{A}^{l}_{ii}\Big(\boldsymbol{A}^{l}_{ii}\boldsymbol{x}_{i,k-1|k-1}+\boldsymbol{B}_{ii}\boldsymbol{u}_{i,k-1|k-1}+\sum_{j\in P_{+i}}\boldsymbol{A}_{ij}\hat{\boldsymbol{x}}_{j,k-1|k-1}\Big)+\\&\quad\sum_{h=1}^{l}\boldsymbol{A}^{l-h}_{ii}\boldsymbol{B}_{ii}\hat{\boldsymbol{u}}_{i,k+l|k}+\sum_{j\in P_{+i}}\sum_{h=1}^{l}\boldsymbol{A}^{l-h}_{ii}\boldsymbol{A}_{ij}\hat{\boldsymbol{x}}_{j,k+h-1|k-1}\end{aligned} \tag{7-101}$$

式(7-100) 减去式(7-101)，结合式(7-91) 的定义，可得可行状态与假定状态序列之差：

$$\left\|\boldsymbol{x}^{\mathrm{f}}_{i,k+l|k}-\hat{\boldsymbol{x}}_{i,k+l|k}\right\|_{\boldsymbol{P}_i}=\left\|\sum_{j\in P_{+i}}\sum_{h=1}^{l}\boldsymbol{A}^{l-h}_{ii}\boldsymbol{A}_{ij}\left(\boldsymbol{x}^{\mathrm{p}}_{i,k+h-1|k-1}-\hat{\boldsymbol{x}}_{j,k+h-1|k-1}\right)\right\|_{\boldsymbol{P}_i}$$

$$\leqslant \sum_{j\in P_{+i}}\sum_{h=1}^{l}\boldsymbol{A}_{ii}^{l-h}\boldsymbol{A}_{ij}\left\|\boldsymbol{x}_{i,k+h-1|k-1}^{\mathrm{p}}-\hat{\boldsymbol{x}}_{j,k+h-1|k-1}\right\|_{\boldsymbol{P}_i}$$

$$\leqslant \sum_{s=1}^{l}\alpha_{l-s}\left\|\boldsymbol{x}_{i,k+s-1|k-1}^{\mathrm{p}}-\hat{\boldsymbol{x}}_{i,k+s-1|k-1}\right\|_2 \tag{7-102}$$

假定子系统 S_r 使得下式最大化：

$$\sum_{h=1}^{l}\alpha_{l-h}\left\|\boldsymbol{x}_{i,k-1+h|k-1}^{\mathrm{p}}-\hat{\boldsymbol{x}}_{i,k-1+h|k-1}\right\|_2, i\in P \tag{7-103}$$

则可得下式：

$$\left\|\boldsymbol{x}_{j,k+l|k}^{\mathrm{f}}-\hat{\boldsymbol{x}}_{j,k+l|k}\right\|_{\boldsymbol{P}_i}\leqslant\sqrt{m_1}\sum_{h=1}^{l}\alpha_{l-h}\left\|\boldsymbol{x}_{g,k+h-1|k-1}^{\mathrm{p}}-\hat{\boldsymbol{x}}_{g,k+h-1|k-1}\right\|_2 \tag{7-104}$$

因为$\boldsymbol{x}_{i,l|k-1}^{\mathrm{p}}$ 对于所有时刻 $l=1,2,\cdots,k-1$ 满足约束（7-85），则可得下式：

$$\left\|\boldsymbol{x}_{i,k+l|k}^{\mathrm{f}}-\hat{\boldsymbol{x}}_{i,k+l|k}\right\|_{\boldsymbol{P}_i}\leqslant\frac{(1-\xi)(1-\kappa)\varepsilon}{2\sqrt{m}}+\frac{\xi(1-\kappa)\varepsilon}{2\sqrt{m}}=\frac{\kappa\varepsilon}{2\sqrt{m}} \tag{7-105}$$

因此，对于所有 $l=1,2,\cdots,N-1$，式(7-98) 都成立。

当 $l=N$ 时，可得

$$\boldsymbol{x}_{i,k+N|k}^{\mathrm{f}}=\boldsymbol{A}_{\mathrm{d},i}\boldsymbol{x}_{i,k+N|k}^{\mathrm{f}}+\sum_{j\in P_{+i}}\boldsymbol{A}_{ij}\hat{\boldsymbol{x}}_{j,k+N-1|k} \tag{7-106}$$

$$\hat{\boldsymbol{x}}_{i,k+N|k}=\boldsymbol{A}_{\mathrm{d},i}\hat{\boldsymbol{x}}_{i,k+N-1|k}+\sum_{j\in P_{+i}}\boldsymbol{A}_{ij}\hat{\boldsymbol{x}}_{j,k+N-1|k}P \tag{7-107}$$

两式相减可得

$$\boldsymbol{x}_{i,k+N|k}^{\mathrm{f}}-\hat{\boldsymbol{x}}_{i,k+N|k}=\boldsymbol{A}_{\mathrm{d},i}(\boldsymbol{x}_{i,k+N-1|k}^{\mathrm{f}}-\hat{\boldsymbol{x}}_{i,k+N-1|k}) \tag{7-108}$$

因此，式(7-98) 对所有 $l=1,2,\cdots,N$ 都成立。

接下来将证明在式(7-98) 成立的前提下，可行解$\boldsymbol{x}_{i,(k+l)}^{\mathrm{f}}$ 满足约束(7-85) 和约束 (7-86)。

当 $l=1,2,\cdots,N-1$，将式(7-100) 中的$\boldsymbol{x}_{i,k+l|k}^{\mathrm{f}}$ 代入约束 (7-85)，可得

$$\sum_{h=1}^{l}\alpha_{l-h}\left\|\boldsymbol{x}_{i,k+h|k}^{\mathrm{f}}-\hat{\boldsymbol{x}}_{i,k+h|k}\right\|_2\leqslant\frac{1}{\lambda_{\min}(\boldsymbol{P}_i)}\sum_{l=1}^{s}\alpha_{l-h}\left\|\boldsymbol{x}_{i,k+h|k}^{\mathrm{f}}-\hat{\boldsymbol{x}}_{i,k+h|k}\right\|_{\boldsymbol{P}_i}$$

$$\leqslant\frac{1}{\lambda_{\min}(\boldsymbol{P})}\sum_{h=1}^{l}\alpha_{l-h}\frac{\sqrt{m_1}}{\xi}\times\frac{\xi\kappa\varepsilon}{2\sqrt{mm_1}} \tag{7-109}$$

因此，当

$$\frac{\sqrt{m_1}}{\xi\lambda_{\min}(\boldsymbol{P})}\sum_{h=1}^{l}\alpha_{l-h}\leqslant 1$$

时，状态$\boldsymbol{x}_{i,k+l|k}^{\mathrm{f}},l=1,2,\cdots,N-1$满足约束（7-85）。

最后，当 $l=N$ 时

$$\|\boldsymbol{x}_{i,k+N|k}^{\mathrm{f}}-\hat{\boldsymbol{x}}_{i,k+N|k}\|_{\boldsymbol{P}_i}\leqslant\frac{\kappa\varepsilon}{2\sqrt{m}} \tag{7-110}$$

即满足约束（7-86）。证毕。

引理 7.7 当假设 7.2～假设 7.4 成立，$\boldsymbol{x}_{k_0}\in\mathbb{R}^{n_x}$，且满足约束条件（7-98）和约束条件（7-99）。对于任何 $k\geqslant 0$ 时刻，如果问题 7.1 在每一个更新时刻 $t,t=1,2,\cdots,k-1$ 有解，那么对于所有的 $l=1,2,\cdots,N-1$，$\boldsymbol{u}_{i,k+l|k}^{\mathrm{f}}\in\mathcal{U}$。

证明 因为问题 7.1 在时刻 $t=1,2,\cdots,k-1$ 存在一个可行解，$\boldsymbol{u}_{i,k+s-1|k}^{\mathrm{f}}=\boldsymbol{u}_{i,k+s-1|k-1}^{\mathrm{p}}$，$l\in\{1,\cdots,N-1\}$，那么仅仅需要证明 $\boldsymbol{u}_{i,k+N-1|k}^{\mathrm{f}}$ 在集合 $\mathcal{U}$ 中。

由于 ε 满足引理 7.5 的条件，当 $\boldsymbol{x}\in\Omega(\varepsilon)$时，对于所有 $i\in\mathcal{P}$，存在 $\boldsymbol{K}_i\boldsymbol{x}\in\mathcal{U}$，所以 $\boldsymbol{u}_{i,k+N-1|k}^{\mathrm{f}}$ 在集合 $\mathcal{U}$ 中的一个充分条件是 $\boldsymbol{u}_{i,k+N-1|k}^{\mathrm{f}}\in\Omega(\varepsilon)$。

再加上引理 7.5 和引理 7.6，利用三角不等式关系得到：

$$\begin{aligned}\|\boldsymbol{u}_{i,k+N-1|k}^{\mathrm{f}}\|_{\boldsymbol{P}_i}&\leqslant\|\boldsymbol{x}_{i,k+N-1|k}^{\mathrm{f}}-\hat{\boldsymbol{x}}_{i,k+N-1|k}\|_{\boldsymbol{P}_i}+\|\hat{\boldsymbol{x}}(k+N-1|k-1)\|_{\boldsymbol{P}_i}\\&\leqslant\frac{\varepsilon}{2(q+1)\sqrt{m}}+\frac{\varepsilon}{2\sqrt{m}}\leqslant\frac{\varepsilon}{\sqrt{m}}\end{aligned}$$

由上可以得出，$\boldsymbol{x}_{k+N-1|k}^{\mathrm{f}}\in\Omega(\varepsilon)$。证毕。

引理 7.8 若假设 7.2 和假设 7.4 都成立，且$\boldsymbol{x}_{k_0}\in\mathcal{X}$，满足条件（7-98）和条件（7-99）。对于任何 $k\geqslant 0$ 时刻，如果问题 7.1 在每一个更新时刻 $t,t=0,\cdots,k-1$ 有解，那么对于所有 $i\in\mathcal{P}$，其终端状态约束 $\boldsymbol{x}_{i,k+N|k}^{\mathrm{f}}\in\Omega(\varepsilon/2)$都是满足的。

证明 因为问题 7.1 在更新时刻 $t=1,\cdots,k-1$ 存在解，引理 7.5～引理 7.7 成立，利用三角不等式，可以得到：

$$\begin{aligned}\|\boldsymbol{x}_{i,k+N|k}^{\mathrm{f}}\|_{\boldsymbol{P}_i}&\leqslant\|\boldsymbol{x}_{i,k+N|k}^{\mathrm{f}}-\hat{\boldsymbol{x}}_{i,k+N|k-1}\|_{\boldsymbol{P}_i}+\|\hat{\boldsymbol{x}}_{i,k+N|k-1,i}\|_{\boldsymbol{P}_i}\\&\leqslant\frac{\kappa\varepsilon}{2\sqrt{m}}+\frac{(1-\kappa)\varepsilon}{2\sqrt{m}}=\frac{\varepsilon}{2\sqrt{m}}\end{aligned} \tag{7-111}$$

对于所有的 $i\in\mathcal{P}$，上式说明了终端状态约束是得到满足的。引理得证。

定理 7.3 当假设 7.2～假设 7.4 都成立时，若 $\boldsymbol{x}(k_0)\in\mathcal{X}$，且约束(7-85)、约束（7-86）和约束（7-88）在 k_0 时刻都满足，那么对于任意的 $i\in\mathcal{P}$，由公式(7-92) 定义的控制律 $\boldsymbol{u}^{\mathrm{f}}_{i,\cdot|k}$ 和状态$\boldsymbol{x}^{\mathrm{f}}_{i,\cdot|k}$ 对于问题 7.1 在每一个 $k\geqslant1$ 时刻都是可行的。

证明 以下将用归纳法证明该定理。

首先，在 $k=1$ 的情况下，状态序列$\boldsymbol{x}^{\mathrm{p}}_{i,\cdot|1}=\boldsymbol{x}^{\mathrm{f}}_{i,\cdot|1}$ 满足动态方程(7-80)、稳定性约束（7-87）和一致性约束（7-85）、(7-86)。

显然

$$\hat{\boldsymbol{x}}_{i,1|1}=\boldsymbol{x}^{\mathrm{p}}_{i,1|0}=\boldsymbol{x}^{\mathrm{f}}_{i,1|1}=\boldsymbol{x}_{i,1},i\in P$$

$$\boldsymbol{x}^{\mathrm{f}}_{i,1+l|1}=\boldsymbol{x}^{\mathrm{p}}_{i,1+l|0},l=1,2,\cdots,N-1$$

因此，$x^{\mathrm{f}}_{i,N|1}\in\Omega_i(\varepsilon/2)$。由终端控制器作用下 $\Omega(\varepsilon)$ 的不变性和引理 7.4 可得，终端状态和控制输入约束也能得到满足，这样 $k=1$ 情况得证。

现在假设 $\boldsymbol{u}^{\mathrm{p}}_{i,\cdot|l}=\boldsymbol{u}^{\mathrm{f}}_{i,\cdot|l}$ 是一个可行解，$l=1,2,\cdots,k-1$。证明 $\boldsymbol{u}^{\mathrm{f}}_{i,\cdot|k}$ 是k 时刻的一个可行解。

同样，一致性约束（7-85）明显得到满足，$\boldsymbol{u}^{\mathrm{f}}_{i,\cdot|k}$ 是对应的状态序列，满足动态方程。因为在 $l=1,\cdots,k-1$ 时刻问题 7.1 有可行解，引理 7.5～7.7 成立，引理 7.7 保证了控制输入约束的可行性，引理 7.8 保证了终端状态约束得到满足，这样定理 7.3 得证。

7.3.3.2 渐近稳定性

下面将分析闭环系统的稳定性。

定理 7.4 当假设 7.2～假设 7.4 都成立时，$\boldsymbol{x}_{k_0}\in\mathbb{R}^{n_x}$，条件(7-85)～条件(7-88) 和下面参数条件也成立：

$$\kappa\frac{N-1}{2}+\frac{1}{\mu}<\frac{1}{2} \tag{7-112}$$

那么，运用算法 7.1，闭环系统（7-71）在原点渐近稳定。

证明 通过算法 7.1 和引理 7.5，如果 $\boldsymbol{x}(k)$进入 $\Omega(\varepsilon)$，那么终端控制器能够使系统稳定趋于原点。所以，只要证明当 $\boldsymbol{x}(k_0)\in\mathcal{X}\backslash\Omega(\varepsilon)$，应用算法 7.1 能够在有限时间内将系统（7-71）的状态转移到终端集合即可。

定义全局系统 $\mathcal{S}$ 的非负函数 V_k：

$$V_k=\sum_{l=1}^{N}\|\boldsymbol{x}^{\mathrm{p}}_{k+l|k}\|_{\boldsymbol{P}}$$

在后续内容中，将证明对于 $k\geqslant0$，如果满足 $\boldsymbol{x}(k)\in\mathcal{X}\backslash\Omega(\varepsilon)$，那么

存在一个常数 $\eta\in(0,\infty)$使得 $V_k\leqslant V_{k-1}-\eta$。由约束（7-87）可得

$$\|\boldsymbol{x}^{\mathrm{p}}_{k+l|k}\|_{\boldsymbol{P}}\leqslant\|\boldsymbol{x}^{\mathrm{f}}_{k+l|k}\|_{\boldsymbol{P}}+\frac{\varepsilon}{\mu N}$$

因此

$$V_k\leqslant\sum_{l=1}^{N}\|\boldsymbol{x}^{\mathrm{f}}_{k+l|k}\|_{\boldsymbol{P}}+\frac{\varepsilon}{\mu}$$

V_k 减去 V_{k-1}，代入$\boldsymbol{x}^{\mathrm{p}}_{k+l|k-1}=\hat{\boldsymbol{x}}_{k+l|k}$，可得

$$\begin{aligned}&V_k-V_{k-1}\\&\leqslant-\|\boldsymbol{x}^{\mathrm{p}}_{k|k-1}\|_{\boldsymbol{P}}+\frac{\varepsilon}{\mu}+\|\boldsymbol{x}^{\mathrm{f}}_{k+N|k}\|_{\boldsymbol{P}}+\\&\quad\sum_{l=1}^{N-1}\left(\left\|\boldsymbol{x}^{\mathrm{f}}_{k+l|k}\right\|_{\boldsymbol{P}}-\left\|\hat{\boldsymbol{x}}_{k+l|k}\right\|_{\boldsymbol{P}}\right)\end{aligned}\tag{7-113}$$

假设 $\boldsymbol{x}(k)\in\mathcal{X}\backslash\Omega(\varepsilon)$，即

$$\left\|\boldsymbol{x}^{\mathrm{p}}_{k|k-1}\right\|_{\boldsymbol{P}}>\varepsilon\tag{7-114}$$

运用定理 7.3 可得

$$\left\|\boldsymbol{x}^{\mathrm{f}}_{k+N|k)}\right\|_{\boldsymbol{P}}\leqslant\varepsilon/2\tag{7-115}$$

同时，运用引理 7.6，可得

$$\sum_{l=1}^{N-1}\left(\left\|\boldsymbol{x}^{\mathrm{f}}(k+l\mid k)\right\|_{\boldsymbol{P}}-\left\|\hat{\boldsymbol{x}}_{k+l|k}\right\|_{\boldsymbol{P}}\right)\leqslant\frac{(N-1)\kappa\varepsilon}{2}\tag{7-116}$$

由式(7-114)～式(7-116)，可得

$$V_k-V_{k-1}<\varepsilon\left[-1+\frac{(N-1)\kappa}{2}+\frac{1}{2}+\frac{1}{\mu}\right]\tag{7-117}$$

从式(7-112) 可知 $V_k-V_{k-1}<0$。因此，对于任意的 $k\geqslant0$，如果 $\boldsymbol{x}(k)\in\mathcal{X}\backslash\Omega(\varepsilon)$，那么存在一个常数 $\eta\in(0,\infty)$ 使得 $V_k\leqslant V_{k-1}-\eta$ 成立。所以存在一个有限时间 k'使得 $\boldsymbol{x}(k')\in\Omega(\varepsilon)$。证毕。

至此，CF-DMPC 的可行性和稳定性的分析都已经给出。如果可以找到初始可行解，那么在每一步更新的时候都能保证算法的后续可行性，相对应的闭环系统也能够在原点渐近稳定。

7.3.4 仿真实例

如图 7-8 所示，多区域的建筑空间温度调节系统是一类典型的稀疏分布式系统。该系统由许多耦合关联的子系统（房间或区域）构成，分别在图中标识为 $\mathcal{S}_1,\mathcal{S}_2,\cdots$房间之间热量的相互影响是通过内部公用的墙（通常这些内部的墙独立性比较薄弱）或者门的开关实现的。每个区域都装有热

量测量仪表和加热器（或者空调），用来测量和调节多区域建筑的温度。

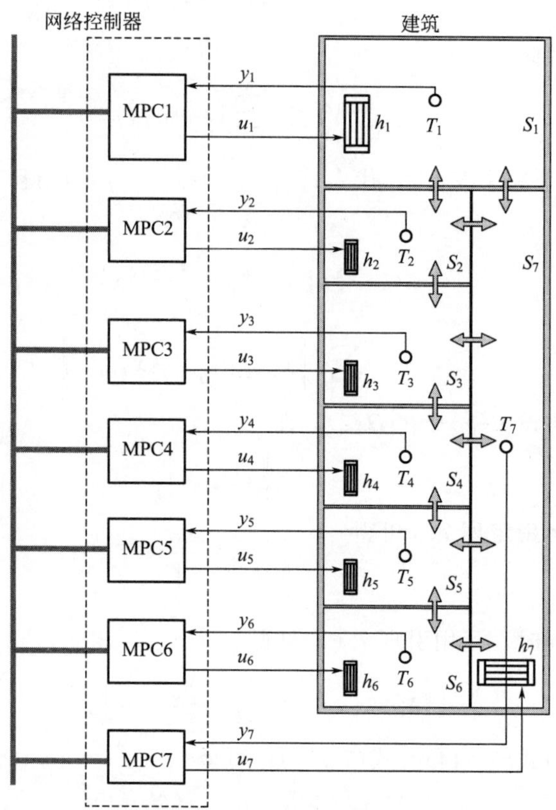

图 7-8 多区域建筑温度调节系统

为了简化分析，用一个具有 7 个区域的建筑作为仿真例子，7 个区域之间的关系见图 7-8。区域 $\mathcal{S}_1$ 被区域 $\mathcal{S}_2$ 和区域 $\mathcal{S}_7$ 影响，区域 $\mathcal{S}_2$ 被区域 $\mathcal{S}_1$、$\mathcal{S}_3$ 和区域 $\mathcal{S}_7$ 影响，区域 $\mathcal{S}_3$ 被区域 $\mathcal{S}_2$、$\mathcal{S}_4$ 和区域 $\mathcal{S}_7$ 影响，区域 $\mathcal{S}_4$ 被区域 $\mathcal{S}_3$、$\mathcal{S}_5$ 和区域 $\mathcal{S}_7$ 影响，区域 $\mathcal{S}_5$ 被区域 $\mathcal{S}_4$、$\mathcal{S}_6$ 和区域 $\mathcal{S}_7$ 影响，区域 $\mathcal{S}_6$ 被区域 $\mathcal{S}_5$ 和区域 $\mathcal{S}_7$ 影响，区域 $\mathcal{S}_7$ 被其它所有区域影响。

定义 $\mathcal{U}_i$ 为输入的约束 $u_i \in [u_{i,\mathrm{L}}, u_{i,\mathrm{U}}]$ 和输入变化量的约束 $\Delta u_i \in [\Delta u_{i,\mathrm{L}}, \Delta u_{i,\mathrm{U}}]$。7 个子系统的模型分别是：

$$\mathcal{S}_1 : x_1(k+1) = 0.574x_1(k) + 0.384u_1(k) + 0.029x_2(k) + 0.057x_7(k)$$

$$\mathcal{S}_2 : x_2(k+1) = 0.535x_2(k) + 0.372u_2(k) + 0.054x_1(k) + 0.054x_3(k) + 0.054x_7(k)$$

$$\mathcal{S}_3: x_3(k+1)=0.547x_3(k)+0.376u_3(k)+ 0.055x_2(k)+0.055x_4(k)+0.055x_7(k)$$

$$\mathcal{S}_4: x_4(k+1)=0.606x_4(k)+0.394u_4(k)+ 0.061x_3(k)+0.061x_5(k)+0.061x_7(k)$$

$$\mathcal{S}_5: x_5(k+1)=0.681x_5(k)+0.415u_5(k)+ 0.068x_4(k)+0.068x_6(k)+0.068x_7(k)$$

$$\mathcal{S}_6: x_6(k+1)=0.548x_6(k)+0.376u_6(k)+ 0.055x_5(k)+0.055x_7(k)$$

$$\mathcal{S}_7: x_7(k+1)=0.716x_7(k)+0.425u_7(k)+ 0.018x_1(k)+0.018x_2(k)+0.018x_3(k)+ 0.018x_4(k)+0.018x_5(k)+0.018x_6(k)$$

为了便于比较，在该系统上采用了集中式的 MPC 控制器、基于局部优化的 DMPC，这里称这种算法为基于局部性能指标优化的 DMPC (LCO-DMPC)[6~8] 以及本章的 CF-DMPC。

表 7-3 中是一些关于算法 CF-DMPC 的控制器的具体参数值。在这些参数中，P_i 是通过解 Lyapunov 函数得到的。在反馈控制条件下的每个闭环系统的特征值是 0.5。设置 $\varepsilon=0.15$，并将所有 MPC 控制器的控制时域设为 $N=10$，同时，设置在初始时刻 $k_0=0$ 的假设的初始状态和输入为 0。

在集中式的 MPC 和基于局部优化的 DMPC 算法中都采用了双模策略，初始状态和输入以及一些参数的设置都和 CF-DMPC 中相同。

表 7-3 CF-DMPC 参数

子系统	$\boldsymbol{K}_i$	$\boldsymbol{P}_i$	$\boldsymbol{Q}_i$	$\boldsymbol{R}_i$	$\Delta\boldsymbol{u}_{i,\mathrm{U}},\Delta\boldsymbol{u}_{i,\mathrm{L}}$
$\mathcal{S}_1$	−0.44	5.38	4	0.2	±1
$\mathcal{S}_2$	−0.34	5.36	4	0.2	±1
$\mathcal{S}_3$	−0.37	5.37	4	0.2	±1
$\mathcal{S}_4$	−0.52	5.40	4	0.2	±1
$\mathcal{S}_5$	−0.68	5.46	4	0.2	±1
$\mathcal{S}_6$	−0.37	5.37	4	0.2	±1
$\mathcal{S}_7$	−0.76	5.49	4	0.2	±1

如图 7-9 和图 7-10 所示分别为三种控制策略下的闭环系统状态响应和输入。CF-DMPC 的状态响应曲线与集中式 MPC 比较相似。在 CF-DMPC 策略下，当设定值发生变化时，系统的状态没有大的超调，但是在相关联的子系统的状态会有一些波动。相比之下，在 LCO-DMPC 策

略中，虽然所有的状态都能够收敛到设定值，但是超调比另外两种策略都大，其关联子系统状态的波动幅度也比 CF-DMPC 中大。

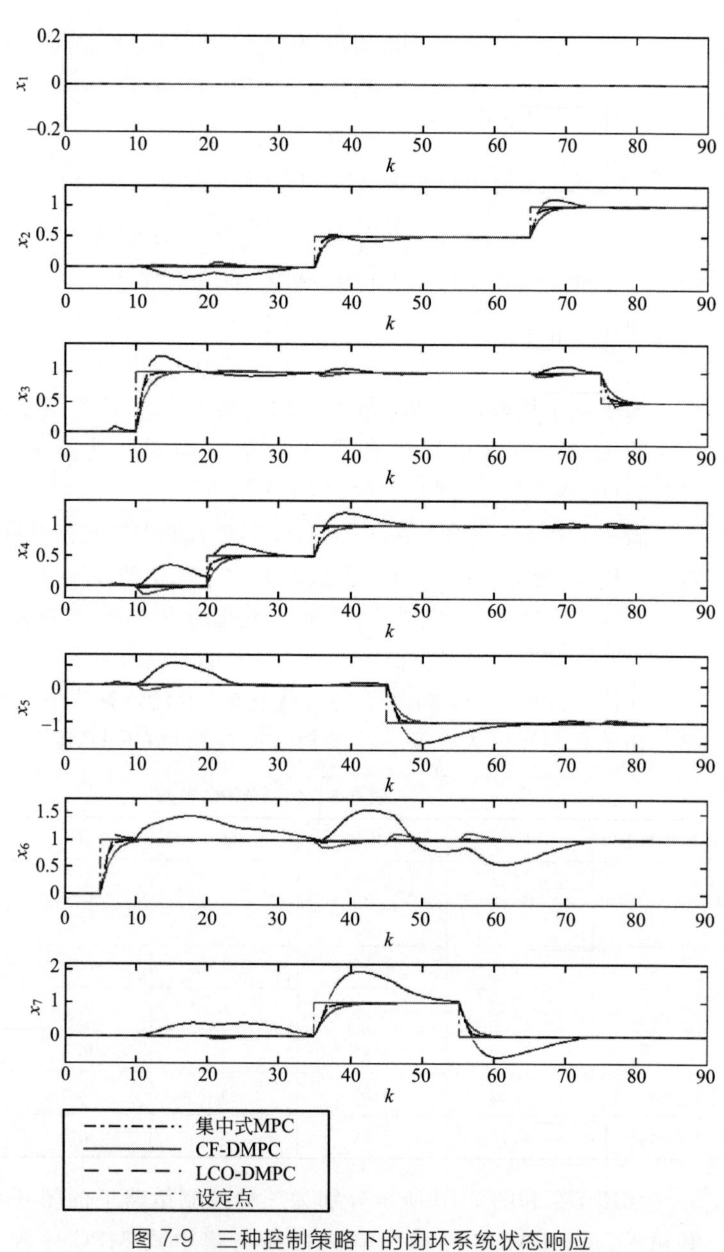

图 7-9 三种控制策略下的闭环系统状态响应
（集中式 MPC、 LCO-DMPC 和 CF-DMPC）

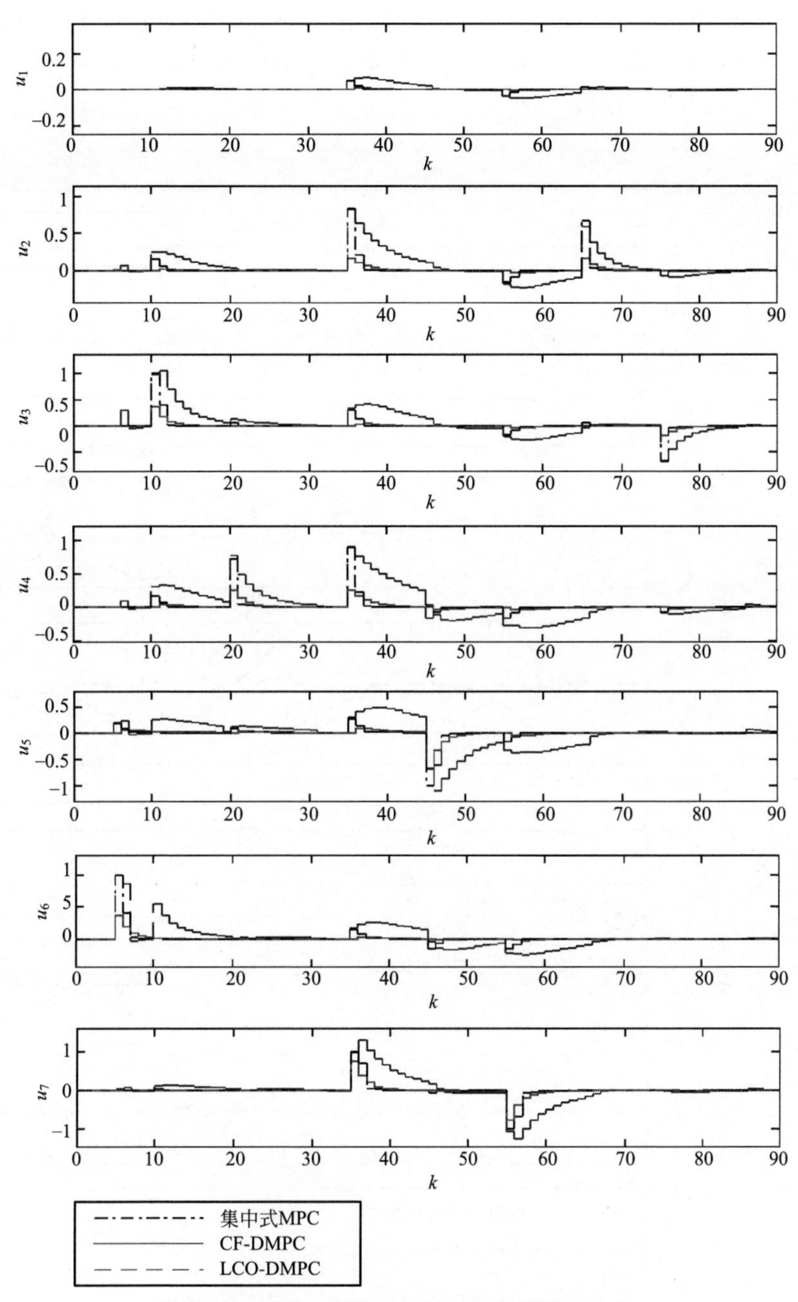

图 7-10　三种控制策略下的闭环系统输入变化

（集中式 MPC、 LCO-DMPC 和 CF-DMPC）

图 7-11 说明了 LCO-DMPC 与集中式 MPC 的每个子系统状态的绝对值差值，CF-DMPC 与集中式 MPC 的每个子系统状态的绝对值差值。图 7-12 说明了 LCO-DMPC 与集中式 MPC 的每个子系统输入的绝对值差值，CF-DMPC 与集中式 MPC 的每个子系统输入的绝对值差值。

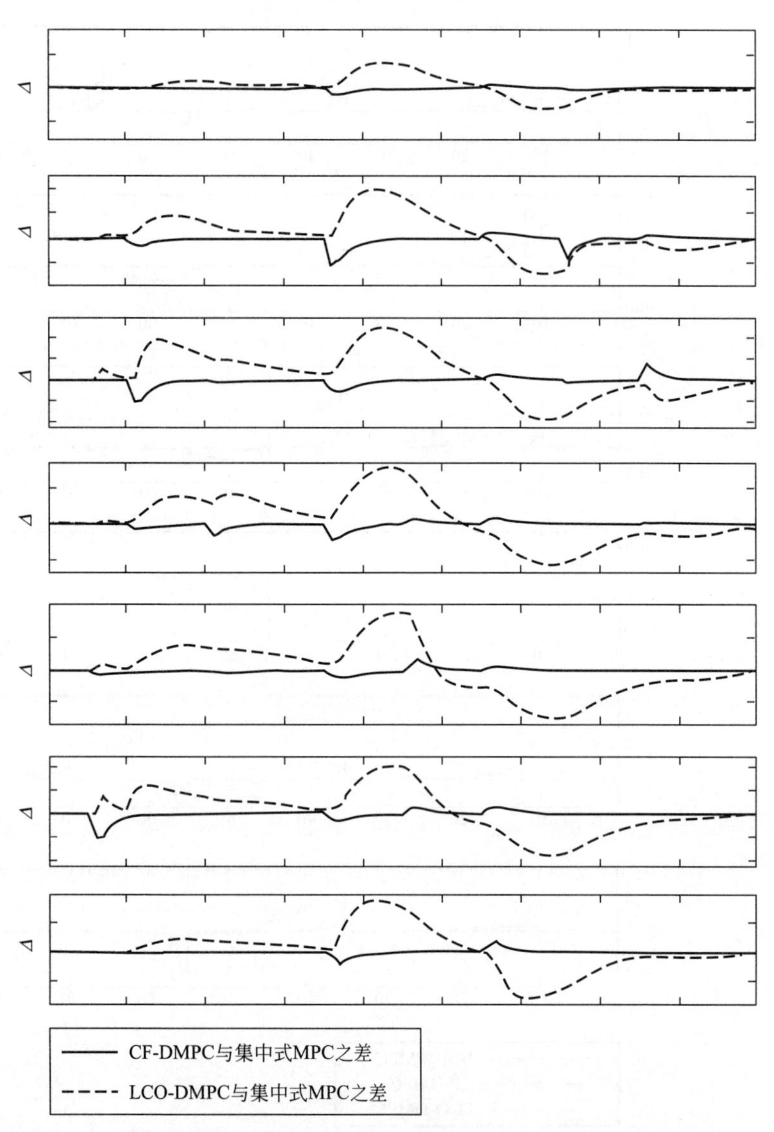

图 7-11 LCO-DMPC 与集中式 MPC 的每个子系统状态的绝对值差值，CF-DMPC 与集中式 MPC 的每个子系统状态的绝对值差值

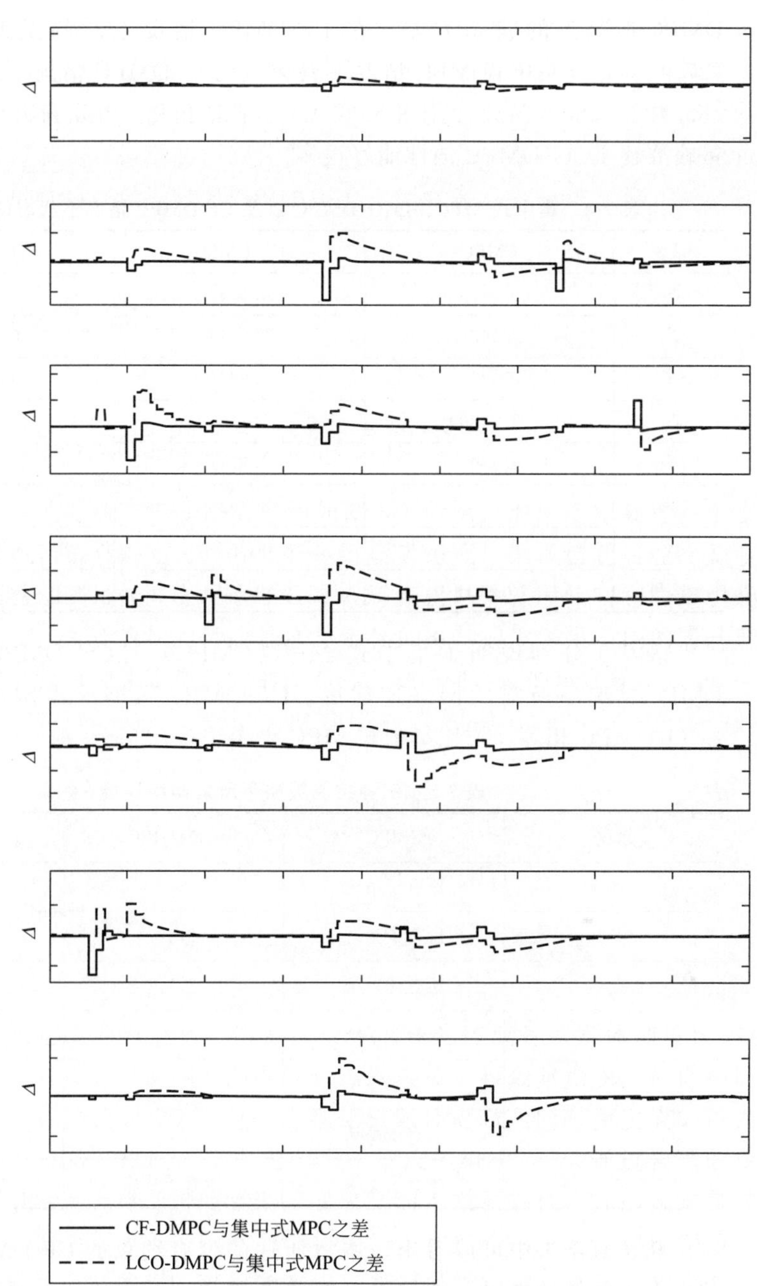

图 7-12 LCO-DMPC 与集中式 MPC 的每个子系统输入的绝对值差值，CF-DMPC 与集中式 MPC 的每个子系统输入的绝对值差值

表 7-4 分别说明了集中式 MPC（CMPC）、LCO-DMPC 以及 CF-DMPC 情况下的状态方差。在 CF-DMPC 情况下总的误差是 7.5844（27.1%），比集中式 MPC 情况下要大。LCO-DMPC 情况下的总误差是 78.5432（280.7%），也比集中式 MPC 情况下大。由此看出，CF-DMPC 策略要比 LCO-DMPC 的性能好很多。

表 7-4 集中式 MPC、LCO-DMPC 以及 CF-DMPC 情况下状态的方差

系统	CMPC	CF-DMPC	LCO-DMPC
$\mathcal{S}_1$	0.0109	0.1146	2.0891
$\mathcal{S}_2$	2.2038	3.0245	6.2892
$\mathcal{S}_3$	5.4350	6.9908	10.6391
$\mathcal{S}_4$	2.2480	3.2122	15.3015
$\mathcal{S}_5$	4.5307	5.6741	30.2392
$\mathcal{S}_6$	4.3403	5.4926	8.2768
$\mathcal{S}_7$	9.2132	11.0574	33.6902
总和	27.9819	35.5663	106.5251

表 7-5 分别说明了集中式 MPC（CMPC）、LCO-DMPC 以及 CF-DMPC 情况下所需的网络连通度。CF-DMPC 策略所需网络连通度与 LCO-DMPC 相等，均比集中式 MPC 少了很多。

表 7-5 三种控制策略下所需网络连接

系统	CMPC	CF-DMPC	LCO-DMPC
$\mathcal{S}_1$	所有子系统	2,7	2,7
$\mathcal{S}_2$	所有子系统	1,3,7	1,3,7
$\mathcal{S}_3$	所有子系统	2,4,7	2,4,7
$\mathcal{S}_4$	所有子系统	3,5,7	3,5,7
$\mathcal{S}_5$	所有子系统	4,6,7	4,6,7
$\mathcal{S}_6$	所有子系统	5,7	5,7
$\mathcal{S}_7$	所有子系统	所有子系统	所有子系统

从仿真结果中可以看出，本章所述的带有约束的 CF-DMPC 在初始状态有可行解的情况下能够将系统状态驱动到设定值，并且在同样的网络连通度的情况下，闭环系统的性能优于 LCO-DMPC。值得注意的是，闭环系统的全局性能通过弱化容错性和提高灵活性得以提升。

7.4 本章小结

本章主要讨论了基于作用域优化的分布式预测控制方法，该方法在求解过程中不仅考虑了本系统的性能指标，而且考虑了其相邻系统的性能指标，以期提高系统的全局性能。在求解过程中，每个子系统仅与其相邻子系统进行通信，对网络通信资源的要求很低。另外，本章给出了基于邻域优化的分布式 MPC 的稳定性证明和性能分析，并利用数值仿真实例说明了本方法可以提高系统的全局性能。除此之外，本章中还提出了针对有动态耦合和输入约束的分布式系统的保证稳定性的分布式 MPC 算法。该算法在不需要提高网络连通度的前提下，可提升闭环系统协调度。并且，如果可以找到一个初始可行解和满足要求的反馈控制律，其算法的后续可行性也能在每个更新时刻得到保证，其得到闭环系统也是渐近稳定的。最后数值仿真的结果表明了该方法的有效性。

参考文献

[1] Zheng Yi, Li Shaoyuan. Distributed Predictive Control for Building Temperature Regulation with Impact-Region Optimization. IFAC Procee-dings Volumes, 2014, 47 (3): 12074-12079.

[2] Zheng Yi, Li Shaoyuan, Li Ning. Distributed Model Predictive Control over Network Information Exchange for Large-Scale Systems. Control Engineering Practice, 2011, 19 (7): 757-769.

[3] Zheng Yi, Li Shaoyuan, Wang Xiaobo. Distributed Model Predictive Control for Plant-Wide Hot-Rolled Strip Laminar Cooling Process. Jo-urnal of Process Control, 2009, 19 (9): 1427-1437.

[4] Zheng Yi, Li Shaoyuan, Wu Jie, Zhang Xianxia. Stabilized Neighborhood Optimization Based Distributed Model Predictive Control for Distributed System. Proceedings of the 31st Chinese Control Conference. Hefei: IEEE, 2012.

[5] 郑毅，李少远. 网络信息模式下分布式系统协调预测控制. 自动化学报，2013，39 (11).

[6] Li Shaoyuan, Zhang Yan, Zhu Qu-anmin. Nash-Optimization Enhan-ced Distributed Model Predictive Control Applied to the Shell Benchmark Problem. Information Sciences, 2005, 170 (2-4): 329—349.

[7] Dunbar W B. Distributed Receding Horizon Control of Dynamically Coupled

Nonlinear Systems. IEEE Trans Automat Contr, 2007, 52(7): 1249-1263.

[8] Farina M, Scattolini R. Distributed Predictive Control: A Non-Cooperative Algorithm with Neighbor-to-Neighbor Communication for Linear Systems. Automatica, 2012, 48(6): 1088-1096.

[9] Mayne D Q, Rawlings J B, Rao C V, Scokaert P O M. Constrained Model Predictive Control: Stability and Optimality. Automatica, 2000, 36(6): 789-814.

第8章

应用实例：加速冷却过程的分布式模型预测控制

8.1 概述

加速冷却（Accelerated and Controlled Cooling，简称 ACC）是主要的控制冷却技术。在中厚板生产过程中，虽然控制轧制能有效地改善钢材的性能，但由于热变形因素的影响，促使变形奥氏体向铁素体转变温度（Ar3）提高，致使铁素体在较高温度下析出，冷却过程中铁素体晶粒长大，造成力学性能降低[1]。因而，钢板在控制轧制后一般配合控制冷却，充分利用钢板轧后余热，通过控制轧后钢材的冷却曲线达到改善钢材组织和性能的目的[2]。由于作者曾与国内某大型钢铁集团公司下属研究院合作，该公司下属厚板厂生产线采用了加速冷却技术，并且该加速冷却过程为柱状层流冷却，具有普遍代表性。因此，本章也将针对这条特定生产线进行研究。

随着新型材料的不断产生，人们对钢铁这种经典材料的要求越来越高。比如汽车工业需要重量轻、厚度薄，但性能又高的钢板用来生产汽车，石油运输需要能够具有良好低温韧性和焊接性能的管线钢来铺设石油管道，建筑业也需要高性能的结构钢作为建筑用料。面对这种需求，钢材生产厂商除了增加合金外，对控制冷却部分也提出了更高的要求，需要对冷却全过程冷却曲线进行控制。这就需要一种精度高、灵活性强(适合多种冷却曲线)、适合于批量生产的控制方法。

鉴于以上需求，传统的采用板速来控制单一冷却速率和终冷温度的方法已经不再适合，需要增加控制变量的维度来提高控制的灵活性和精确性，采用每组冷却喷头的冷却水流量作为控制量控制钢板冷却曲线。如果把从冷却区入口到冷却区出口之间的距离看作是一个开口系，那么系统控制问题的输入和输出就可以解析地表达出来，便于采用基于模型的优化控制方法来优化控制量冷却水流量。这样加速冷却过程即为一个带有多个输入和多个输出的大系统。

考虑到 ACC 过程是一个大系统，并且为了精确地控制钢板每个板点的“时间-温度”曲线，需要目标参考轨迹根据板点的开冷温度不断变化。为了加快运算速度，满足参考轨迹时变的要求，设计了目标时变的分布式预测控制算法。该方法各局部控制器的优化目标根据钢板的开冷温度动态设定；预测模型采用状态空间形式，每个控制周期在操作点附近进行线性化处理，避免非线性模型带来的大量计算。

本章内容如下：第二节介绍加速冷却过程工艺及装置仪表，加速冷却过程模拟平台及工艺控制要求；第三节设计加速冷却过程按空间位置分布的温度平衡方程；第四节详细介绍本章提出的基于目标设定值再计算的加速冷却过程的模型预测控制，包括如何对优化目标再计算、各子系统的状态空间模型的转化、扩展卡尔曼滤波的设计、各局部控制器的设计以及本章提出的预测控制迭代求解方法；第四节用数值结果说明该方法的优点。最后对本章内容作了一个小结。

8.2 加速冷却过程

8.2.1 加速冷却过程工艺及装置仪表

加速冷却工艺过程示意图如图 8-1 所示。加速冷却装置一般安装在精轧机与矫直机之间，由上下多组喷头组成，钢板精轧后经冷却装置被连续冷却到目标温度，返红后进入矫直机，平整因轧制和冷却引起的钢板形变。加速冷却的目的是选择最佳的冷却速度满足不同的热轧产品的需要，经过加速冷却后的钢板不再需要任何后续的热处理。

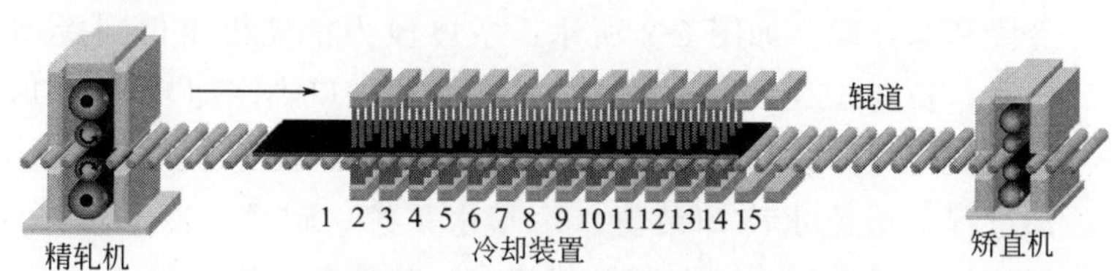

图 8-1 中厚板加速冷却工艺过程示意图

加速冷却的相变产物是铁素体加珠光体或者铁素体加贝氏体组织。加速冷却工艺可使相变温度降低，铁素体形核数量增多，从而抑制相变后铁素体晶粒的长大，进一步细化铁素体晶粒，同时使生成的珠光体更加均匀分布，并且可能生成细小的贝氏体组织[3,4]。通过合理的冷却工艺，轧后加速冷却可使厚板强度提高而不减弱韧性，并因含碳量或合金元素的减少而改善可塑性和焊接性能。加速冷却工艺在保证钢板要求的板形尺寸规格的同时可控制和提高板材的综合力学性能，改善车间的工作条件，减少冷床面积，还可有效利用轧后钢材余热节约能源，降低成本，提高生产能力，从而增加经济效益。

某钢厂中厚板加速冷却过程装置尺寸如图 8-2 所示。加速冷却装置安装在精轧机与矫直机之间，由多组喷头组成，每组喷头分为上下两部分。钢板精轧后经冷却装置被连续冷却到目标终冷温度，返红后进入矫直机，平整因轧制和冷却引起的钢板形变。

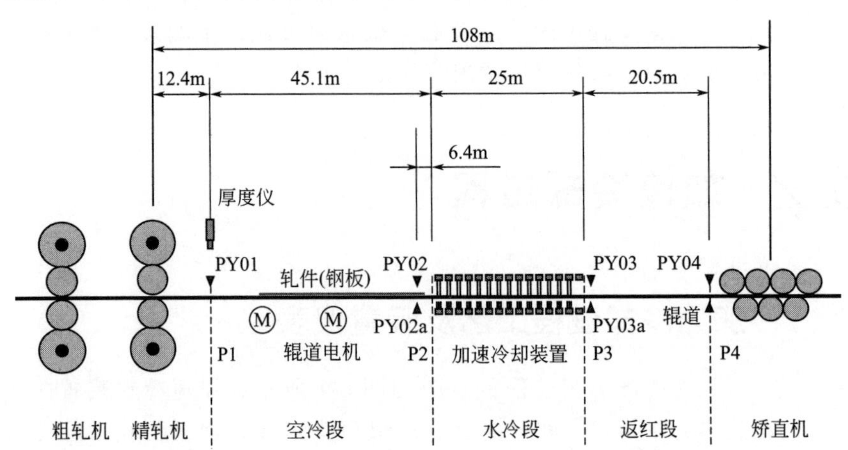

图 8-2 某钢厂中厚板加速冷却过程装置尺寸

该冷却装置冷却方式为连续冷却。装置分为三个区段：空冷段、水冷段和返红段。如图 8-2 所示：空冷段为精轧机出口到冷却装置之间的区段，长为 45.1m；水冷段为冷却装置入口到冷却装置出口，长为 25m；返红段为冷却装置出口到矫直机之间的区段，长为 20.5m。整个加速冷却过程由层流水冷却装置、冷却水系统、辊道、冷却水系统、高温仪、板型仪、速度仪和光栅跟踪仪组成。其基本参数如下：

① 冷却方式：连续冷却。

② 冷却装置尺寸：5500mm×25000mm。

③ 冷却钢板最大宽度：5000mm。

④ 开冷温度：750～900℃。

⑤ 终冷温度：500～600℃。

(1) 冷却水喷嘴

加速冷却装置共由 15 组喷嘴组成。每组喷嘴由上下两部分组成，上（下）喷嘴均匀地安装在上（下）喷嘴集水管上。上喷嘴采用层流冷却方式，下部集水管采用喷射冷却方式。

为了便于喷射冷却水，下部集水管被安装于辊道的两辊子之间。各集水管之间的间隔都为 1.6m，与轧辊的间隔一致。上部的集水管与下部集水管一一对应，具有相同的间隔。上部和下部的喷嘴集水管都是采用不锈钢制成，以避免被腐蚀。上部和下部喷嘴集水管都连接到一个管径为下水管 4～10 倍的公共集水管上。该公共集水管起缓冲作用，能吸收水压波动，并且还能达到使每个喷嘴集水管的配水均衡的目的。

每个喷嘴集水管由一调节阀控制水流量。在每个调节阀后 1m 左右安装有外剖式流量计，测量冷却水流量。上下集水管按一定上下水比分配水量，使得钢板上下冷却均匀。

（2）仪表系统

该加速冷却装置安装有多台点式测温仪、红外扫描仪、厚度仪和速度仪等检测仪表，具体如表 8-1 所示。

表 8-1　加速冷却装置检测仪表

测量仪器	安装位置	作用
点式测量仪 PY01	P1 点处，距离轧机 12.4m	检测钢板上表面终轧温度，供动态控制冷却参数和修正预设定模型使用
点式测量仪 PY02	P2 点处，距冷却区入口 6.4m	检测钢板上表面开冷温度
点式测量仪 PY02a	P2 点处，距冷却区入口 6.4m	检测钢板下表面开冷温度
点式测量仪 PY03	P3 点处，冷却区出口处	检测钢板上表面实际冷却温度，防止钢板表面过冷
点式测量仪 PY03a	P3 点处，冷却区出口处	检测钢板下表面实际冷却温度，防止钢板表面过冷
点式测量仪 PY04	P4 点处，距离冷却区出口 20.5m	检测钢板上表面返红温度
扫描式温度仪 S1	冷却区入口处	用于钢板宽度方向中心点温度数据的采集
扫描式温度仪 S2	冷却区出口处	用于钢板出冷却区温度数据的采集
热金属检测器	冷却区入口处(6 台)	检测钢板运行位置
冷金属检测器	冷却区出口处(2 台)	检测钢板运行位置
旋转编码器	每组辊道	跟踪钢板运行位置和速度
厚度仪	P1 点处	检测钢板厚度，提供启动信号

8.2.2 加速冷却过程模拟平台

（1）冷却装置模拟设备

加速冷却过程模拟实验装置及控制系统如图 8-3 所示，是由生产厂为了进行控制算法而设计开发的，该实验装置是根据上面介绍的钢厂中厚板加速冷却过程的实际参数，以 10∶1 的比例缩小设计的，实验装置一部分是采用实际物理元器件和机构，一部分是采用一些典型钢板的实验数据和过程模型。对于这些典型钢板的精度已被该生产厂家验证。

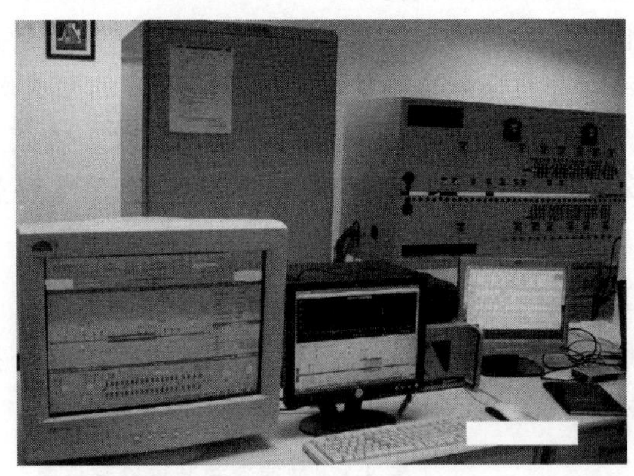

图 8-3 加速冷却过程模拟实验装置

（2）基础自动化系统

实验装置自动控制系统结构如图 8-4 所示，包括工业控制计算机（IPC0～IPC6）、一块 Siemens TDC 可编程控制器、一块 TCP/IP 网卡、一块 Profibus 通信卡、2MB 程序存储器和 8 块 ET200M 输入输出模块。

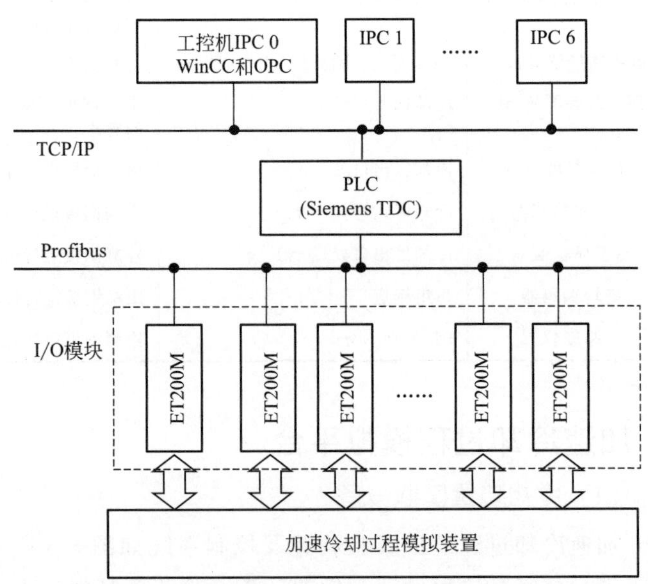

图 8-4 加速冷却过程实验装置自动控制系统结构

其中 IPC0 上安装有 WinCC 软件和 OPC 服务器。WinCC 用来监督加速冷却过程；OPC 服务器用来与其它组件交换信息，为其它工控机提供采集到的数据。IPC0～IPC6 为实现高级控制算法留用。本文的控制算法都是在 IPC0～IPC6 中实现的，采用的语言是 C＋＋和 MATLAB 混编。工控机中的上层控制算法得到的结果通过 OPC 服务器发送给 PLC，PLC 通过输入输出模块直接控制加速冷却过程模拟装置中的执行机构，并采集检测数据。IPC0～IPC6 之间相互交换信息，以及与 PLC 之间交换信息是通过 OPC 服务器实现的。通信协议为 TCP/IP 协议。PLC 与输入输出模块间的通信采用的是 Profibus 协议。

以上即为加速冷却过程模拟实验平台，该实验平台为研究先进的中厚板加速冷却过程控制方法提供了良好的调试和验证环境。

8.2.3 工艺控制要求

在中厚板生产中采用加速冷却控制的目的是控制不同的冷却曲线满足不同的热轧产品的需要，使经过加速冷却后的钢板不再需要任何后续的热处理。其工艺技术目标为：

① 控制钢板各点温度沿一条期望的冷却曲线冷却到终冷温度；

② 控制钢板终冷温度 T_{FT} 与设定值 T_{FT}^{o} 一致；

③ 钢板上下冷却均匀一致，宽度方向上温度一致，长度方向上温度一致。

控制变量为：

① 冷却水阀门开启组数 N_h^o；

② 每组冷却水喷头集水管的冷却水流量：$F_i(i=1,2,\cdots,N_h^o)$；

③ 边部遮蔽宽度；

④ 板速。

其中钢板宽度方向和厚度方向上的温度均匀性由边部遮蔽和上下水比来控制调节，与其它控制量无关，可通过实验数据根据板厚、板宽、板开冷温度等参数得到。因此，可假设上下喷头冷却水比和边部遮蔽配置合理，把一组上下喷嘴的冷却水流量看作一个量，不考虑钢板上下表面的冷却均匀性和宽度方向钢板冷却的均匀性。考虑到需要能够以较高自由度对整个冷却曲线控制。这样中厚板加速冷却过程的控制问题简化为固定钢板板速，采用各喷头冷却水流量 $F_i(k)$ 作为控制变量，控制钢板的冷却速率。

如图 8-5，同样把从 P2 到 P4 之间的距离看作一开口系统，把其中某一板点的冷却曲线转化为“温度-位置”曲线，选择位置 $l_1,l_2,\cdots,l_m$ 处的温度作为参考温度，并定义为

$$\boldsymbol{r}=[r_1 \quad r_2 \quad \cdots \quad r_m]^{\mathrm{T}} \tag{8-1}$$

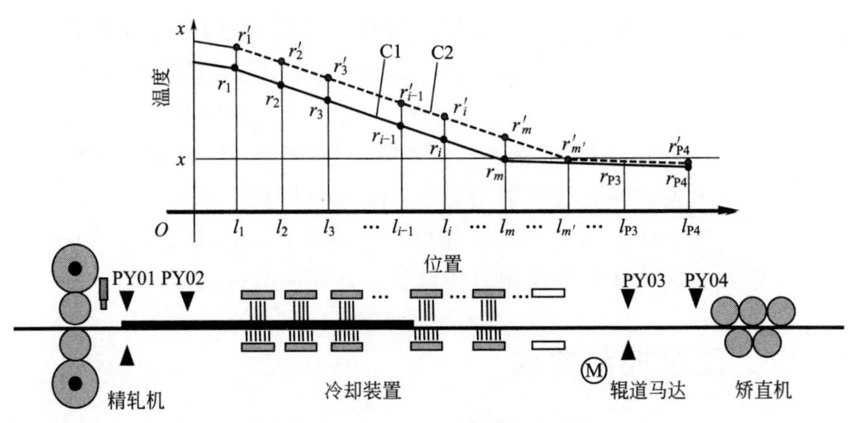

图 8-5 不同板点的位置-温度曲线

其中，在水冷区中 l_2，…，l_{N_h+1} 分别为对应每组喷头喷淋的右边界。由于钢板各板点的开冷温度不同，各板点的参考冷却“温度-位置”曲线也各不相同。如图所示，C1 和 C2 分别为对应于开冷温度为 x_{P2} 和 x'_{P2} 的“温度-位置”曲线。这就意味着，在位置 $l_1,l_2,\cdots,l_m$ 处的温度设定值是根据当时冷却的板点而相应变化的。另外，整个系统是非线性相对较快的大系统，所以控制器中控制算法的计算速度要相对较快。因此，对于这样一个采用喷嘴流量作为控制变量的加速冷却过程，其控制优化方法需要满足下面两点要求：

① 优化过程需要考虑到控制目标的变化；

② 满足在线计算的速度要求。

鉴于系统对控制器执行速度的要求，采用集中式 MPC 不太实际。故本章基于以上两点要求，设计一个基于设定值再计算、操作点线性化和邻域优化的分布式预测控制方法来控制加速冷却过程。

8.3 装置热平衡方程

以 P2～P4 以及钢板上下表面作为边界，可得到如图 8-6 所示的开口系 Γ。根据系统的能量交换，并结合一些学者和工业的研究成果，加速

冷却过程可以由笛卡尔坐标系下的能量平衡方程来表示：

$$\dot{x}=\frac{\lambda}{\rho \cdot c_p}\times\frac{\partial^2 x}{\partial z^2}-\dot{l}\frac{\partial x}{\partial l} \tag{8-2}$$

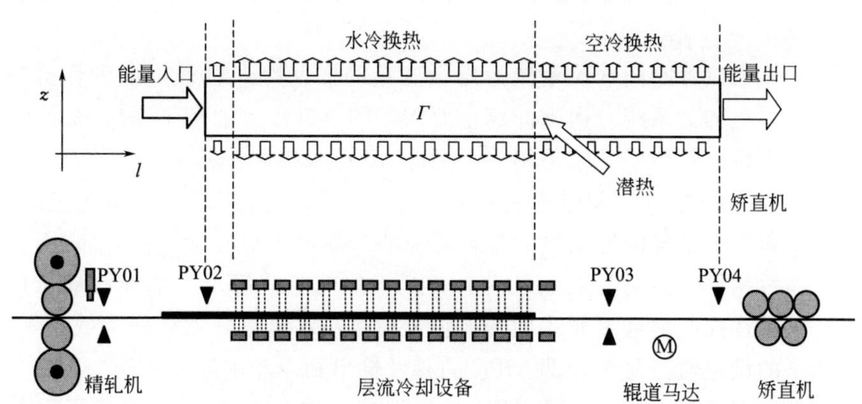

图 8-6 开口系Γ 能量交换

其中，$x(z,l,t)$是位置(z,l)处的板温；l 和 z 是钢板长度和厚度坐标位置；ρ 是钢材密度；c_p 是比热容；λ 是热传导系数，为标量，这里忽略长度方向和宽度方向的换热；对于模型（8-2），潜热在与温度有关的热物性参数中进行考虑。

方程（8-2）的边界条件为

$$\begin{cases}\mp\lambda\left.\dfrac{\partial T}{\partial z}\right|_{z=\pm d/2}=\pm h(T-T_{\infty})\\ -\lambda\left.\dfrac{\partial T}{\partial z}\right|_{z=0}=0\end{cases}$$

其中，h 为上下表面热交换系数；d 为厚度；T_{∞} 根据不同的换热条件分别为环境温度 T_m 或冷却水温度 T_W；空冷区热辐射换热系数 h_A、冷却水与钢板间的对流换热系数 h_W 和返红区辐射换热系数 h_R 分别为

$$h_A=k_A[\sigma_0\varepsilon(T^4-T_{\infty}^4)/(T-T_{\infty})]$$

$$h_W=\frac{2186.7}{10^6}\times k_W\alpha\left(\frac{T}{T_B}\right)^a\left(\frac{v}{v_B}\right)^b\left(\frac{F}{F_B}\right)^c\left(\frac{T_W}{T_{WB}}\right)^d$$

$$h_R=k_A[\sigma_0\varepsilon(T^4-T_{\infty}^4)/(T-T_{\infty})]$$

其中，ε 是辐射系数；σ_0 为 Stefan-Boltzmann 常数，等于 $5.67\times10^{-8}\mathrm{W/m^2K^4}$；$v$ 为辊道速度；F 为喷头水流量；v_B、F_B、T_B 和 T_{WB} 是常数，分别为建模时的基准速度、流量、板温和水温；a、b、c 和 d

为常数；k_A 和 k_W 是需要在线推导的修正系数。

8.4 基于优化目标再计算的分布式预测控制

以各阀门水流量作为操纵变量的加速冷却过程可以看作为一个多入多出的大系统。由于计算量原因，图 8-7 所示把整个系统划分为 N 个子系统，每个子系统采用一个局部 MPC 来控制。其中，第 s 个子系统的边界为位置 l_{s-1} 和位置 l_s $(s=1,2,\cdots,N)$，对应第 s 组喷头负责的区域。每个子系统的控制量为各自对应的冷却喷头水流量。各局部 MPC 之间通过网络交换对各系统之间的相互干扰信息。每个局部控制器求解得到的最优控制解通过非线性变换转化为冷却水流量，然后作为底层 PI 控制器的设定值。每个局部 MPC 的参考输出和冷却水喷头开阀个数在每个控制周期根据开冷温度测量值重新确定。对于没有冷却水的子系统，局部 MPC 蜕化为一个预测器。预测器的功能是估计相应子系统的未来状态序列，并通过网络广播给其它子系统。这样局部 MPCs、预测器和 PI 控制器通过网络通信协同对钢板温度冷却过程进行控制。

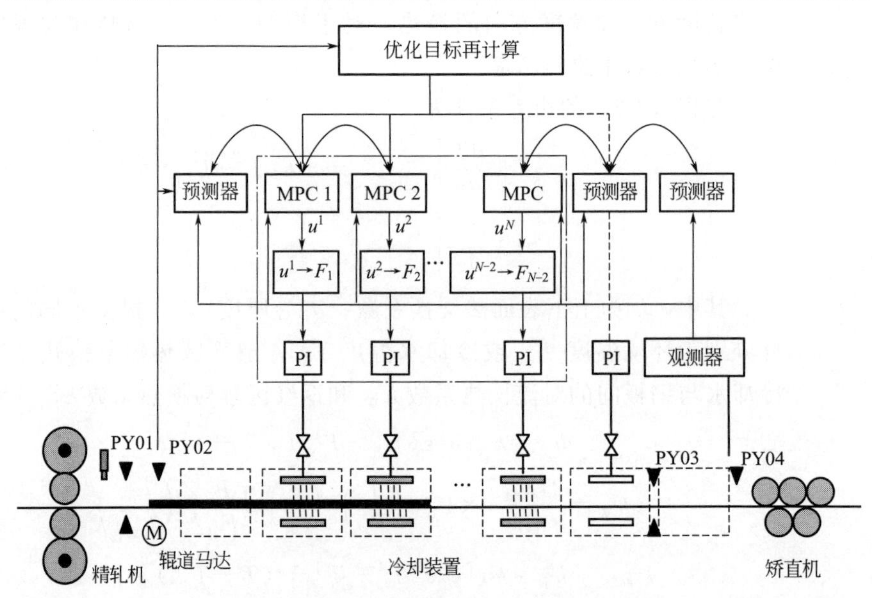

图 8-7 加速冷却过程的 DMPC 控制框架

8.4.1 子系统优化目标再计算

由于钢板各板点的开冷温度不同，其目标“时间-温度”冷却曲线也不相同。随着钢板的移动，在温度控制点 l_s 处的温度设定值在每个控制周期都是变化的。在这个小节主要是介绍如何计算每个子系统的优化目标。为了简单方便起见，仍以单冷却速率冷却曲线为例。

推导的详细过程见图 8-8，图中的坐标轴分别为：冷却装置位置、时间和温度。冷却过程从 P2 点开始算起。L1 为在 k 时刻进入冷却区的板点的“位置-温度”冷却曲线；L2 为钢板在 P2 点处的测量值序列。如果把钢板所有在冷却区内部分的期望温度连成曲线，则可以得到曲线在第 $k+h_i$ 时刻冷却区各位置处的温度设定值。把在 l_i 处的所有时刻的设定值连成曲线可得到曲线 L3，这样就得到了位置 l_i 处的二维设定值曲线。其它位置处的设定值曲线可按相同的方法推导。

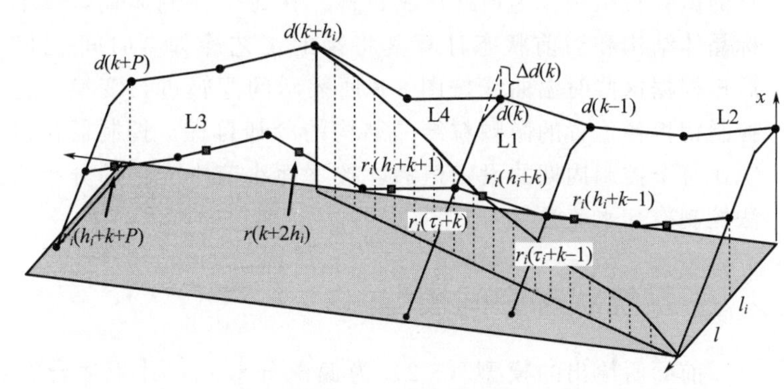

图 8-8 参考控制序列

在确定优化目标前，首先应该确定钢板速度，为了减少过程控制的“粒度”，钢板的板速可以通过下面方程计算：

$$v=l_h \times N_h \frac{R_C}{d_{max}-x_f} \tag{8-3}$$

其中，R_C 是冷却速率；d_{max} 是最大开冷温度（可以通过 PY01 的测量值来预测）；x_f 是终冷温度；N_h 是冷却区喷头个数。对于 k 时刻到达 P2 点的板点，假设其开冷温度为 $d(k)$，则该板点行进到第 i 个喷头下时，它的理想温度值可通过下式来计算：

$$r_i(\tau_i+k)=\max[d(k)+\Delta d(k)-R_C \times \tau_i, x_f] \tag{8-4}$$

其中，$\tau_i=x_i/v$；$\Delta d(k)$为在冷却速率为 R_C 情况下达到冷却水底第一个喷头的温降与采用空冷的温降之差，且 $\Delta d(k)=l_1/v\times(R_C-R_A)$；$R_A$ 为空冷冷却速率。

由于式(8-4) 中的 τ_i 是实数，也就是所得到的设定值并不一定在控制周期上。因此，令 $h_i=\mathrm{int}(\tau_i)$，则在 h_i 时刻的设定值可以通过插值算法（比如二次样条函数）求得。这里采用线性插值算法，具体如下：

$$r_i(h_i+k)=r_i(\tau_i+k)(1-\tau_i+h_i)+r_i(\tau_i-1+k)(\tau_i-h_i) \quad (8\text{-}5)$$

为了描述简便，令

$$r_i(k)=f[d(k-h_i),d(k-1-h_i)] \quad (8\text{-}6)$$

值得注意的是，当板速一定时，h_i 是一个常数，对所有板点其值都相同。

这样全系统的优化目标就变为

$$\min J(k)=\sum_{s=1}^{N}\left\{\sum_{i=1}^{P}\left[\left\|\boldsymbol{r}_s(k+i)-\hat{\boldsymbol{y}}^s(k+i|k)\right\|_{Q_s}^2+\left\|u^s(k+i-1|k)\right\|_{R_s}^2\right]\right\} \quad (8\text{-}7)$$

这里，采用了温度作为基本的目标变量。如果深一步，可以把各板点的微颗粒结构作为最终控制目标。在每个控制周期，每个板点根据目标晶体结构和当前状态计算其将来的工艺冷却“时间-温度”曲线。然后，根据这些时温曲线按图 8-8 所表示的逻辑进行变换，就得到了可以控制钢板各位置的微颗粒结晶结构的冷却目标。控制器在得到每个子系统在每个控制周期的设定值后，按下面小节中介绍的分布式预测控制方法控制冷却水流量。

8.4.2 子系统状态空间模型

前面所给出的模型（8-2）为偏微分形式，并不适合充当每个局部 MPC 的预测模型。因此，这里首先对分布参数模型进行集总化。

由于当采用有限容积方法对分布参数模型进行集总化时，只要网格划分得足够小，就能得到足够的近似精度，并且每个小格有着明确的物理意义。因此，本章中采用有限容积法对模型（8-2）进行集总化。如图 8-9 所示，第 s 个子系统在 l 方向上划分为 n_s 段，在厚度 z 方向上分为 m 层。每个网格的面积等于 $\Delta l\Delta z$，Δl 和 Δz 是每个单元格的长度和厚度。定义厚度方向上第 i^{th} 长度方向第 j^{th} 个单元格的温度为 $x_{i,j}^s$，把能量平衡方程（8-2）应用于上下表面的单元格有

$$\dot{x}_{1,j}^s=-\frac{\lambda(x_{1,j}^s)}{\rho(x_{1,j}^s)cp(x_{1,j}^s)}\left\{\frac{1}{\Delta z^2}\left[x_{2,j}^s-x_{1,j}^s-\Delta z\frac{h_{1,j}^s}{\lambda(x_{1,j}^s)}(x_{1,j}^s-x_\infty)\right]\right\}-\frac{1}{\Delta l}\cdot v(x_{1,j}^s-x_{1,j-1}^s) \quad (8\text{-}8)$$

$$\dot{x}^{s}_{m,j}=-\frac{\lambda(x^{s}_{m,j})}{\rho(x^{s}_{m,j})cp(x^{s}_{m,j})}\left\{\frac{1}{\Delta z^{2}}\left[x^{s}_{m-1,j}-x^{s}_{m,j}-\Delta z\frac{h^{s}_{m,j}}{\lambda(x^{s}_{m,j})}(x^{s}_{m,j}-x_{\infty})\right]\right\}-\frac{1}{\Delta l}\cdot v(x^{s}_{m,j+1}-x^{s}_{m,j-1}) \tag{8-9}$$

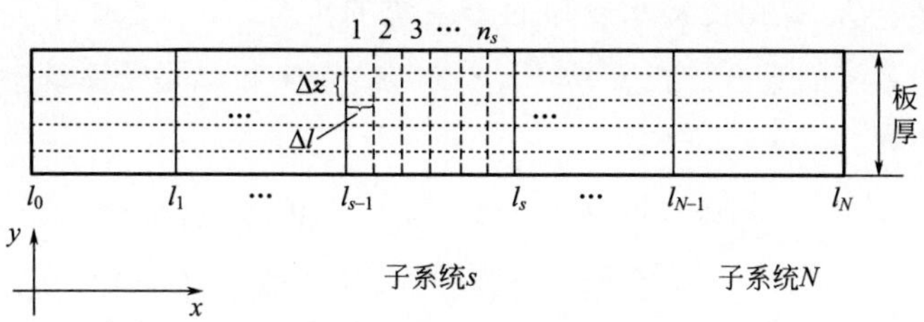

图 8-9 每个子系统的网格划分

对于内部单元格，则有

$$\dot{x}^{s}_{i,j}=-\frac{1}{\Delta z^{2}}\times\frac{\lambda(x^{s}_{i,j})}{\rho(x^{s}_{i,j})cp(x^{s}_{i,j})}(x^{s}_{i+1,j}-2x^{s}_{i,j}+x^{s}_{i-1,j})-\frac{1}{\Delta l}\cdot v(x^{s}_{i,j+1}-x^{s}_{i,j-1}) \tag{8-10}$$

其中，$v=\dot{l}$ 是板速，$x^{0}_{i,n_s}=x_{\mathrm{ST}}$，$x^{N}_{i,n_s}=x^{N}_{i,n_s-1}$，$x^{s}_{i,0}=x^{s-1}_{i,n_{s-1}}$，$x^{s}_{i,n_s+1}=x^{s+1}_{i,1}(i=1,2,\cdots,m)$。

在工业过程中，由于提供的测量值是采样时间为 Δt 的数字信号，所以，这里采用欧拉法对模型进行离散化。定义

$$\alpha(x^{s}_{i,j})=-\Delta t\cdot\lambda(x^{s}_{i,j})/[\Delta y^{2}\rho(x^{s}_{i,j})cp(x^{s}_{i,j})] \tag{8-11}$$

$$\beta(x^{s}_{i,j})=\Delta t\cdot\alpha(x^{s}_{i,j})/\lambda(x^{s}_{i,j}) \tag{8-12}$$

$$\gamma=\Delta t\cdot v/\Delta x \tag{8-13}$$

则由公式(8-8)～公式(8-10) 可推出第 s 个子系统的非线性状态空间表达式：

$$\begin{cases}\boldsymbol{x}^{s}(k+1)=\boldsymbol{f}[\boldsymbol{x}^{s}(k)]\cdot\boldsymbol{x}^{s}(k)+\boldsymbol{g}[\boldsymbol{x}^{s}(k)]\cdot u^{s}(k)+\boldsymbol{D}\cdot\boldsymbol{x}^{s-1}_{n_{s-1}}(k)\\ y^{s}(k)=\boldsymbol{C}\cdot\boldsymbol{x}^{s}(k)\end{cases},s=1,2,\cdots,N \tag{8-14}$$

$$\begin{cases}u^{s}(k)=2186.7\times10^{-6}\times k_{\mathrm{W}}\cdot\xi\cdot\left(\frac{v}{v_{\mathrm{B}}}\right)^{b}\left(\frac{F}{F_{\mathrm{B}}}\right)^{c}\left(\frac{T_{\mathrm{W}}}{T_{\mathrm{WB}}}\right)^{d},s\in\mathcal{C}_{\mathrm{W}}\\ u^{s}(k)=1,s\in\mathcal{C}_{\mathrm{A}}\end{cases} \tag{8-15}$$

其中

$$\boldsymbol{x}^s=[(\boldsymbol{x}_1^s)^{\mathrm{T}} \quad (\boldsymbol{x}_2^s)^{\mathrm{T}} \quad \cdots \quad (\boldsymbol{x}_{n_s}^s)^{\mathrm{T}}]^{\mathrm{T}}$$
$$\boldsymbol{x}_j^s=[x_{1,j}^s \quad x_{2,j}^s \quad \cdots \quad x_{m,j}^s]^{\mathrm{T}},(j=1,2,\cdots,n_s) \tag{8-16}$$

为子系统 s 的状态向量，y^s 是第 s 个子系统的最后一列单元格的平均温度；$\mathcal{C}_{\mathrm{W}}$ 是由冷却水冷却的子系统的集合，$\mathcal{C}_{\mathrm{A}}$ 是通过辐射换热来冷却的子系统的集合。$\boldsymbol{f}[\boldsymbol{x}^s(k)]$、$\boldsymbol{g}[\boldsymbol{x}^s(k)]$、$\boldsymbol{D}$ 和 $\boldsymbol{C}$ 是子系统 s 的系数矩阵，具体为

$$\boldsymbol{f}[\boldsymbol{x}^s(k)]=\begin{bmatrix}\boldsymbol{\Phi}_1[\boldsymbol{x}^s(k)]\cdot\boldsymbol{\Lambda} & \boldsymbol{0} & \cdots & \boldsymbol{0}\\ \boldsymbol{0} & \boldsymbol{\Phi}_2[\boldsymbol{x}^s(k)]\cdot\boldsymbol{\Lambda} & & \vdots\\ \vdots & & \ddots & \boldsymbol{0}\\ \boldsymbol{0} & \cdots & \boldsymbol{0} & \boldsymbol{\Phi}_{n_s}[\boldsymbol{x}^s(k)]\cdot\boldsymbol{\Lambda}\end{bmatrix}+\begin{bmatrix}(1-\gamma)\boldsymbol{I}_m & \boldsymbol{0} & \cdots & \boldsymbol{0}\\ \gamma\boldsymbol{I}_m & (1-\gamma)\boldsymbol{I}_m & \ddots & \vdots\\ \vdots & \ddots & \ddots & \boldsymbol{0}\\ \boldsymbol{0} & \cdots & \gamma\boldsymbol{I}_m & (1-\gamma)\boldsymbol{I}_m\end{bmatrix} \tag{8-17}$$

$$\boldsymbol{g}[\boldsymbol{x}^s(k)]=\left[(\boldsymbol{\psi}_1(\boldsymbol{x}^s(k)))^{\mathrm{T}} \quad \cdots \quad (\boldsymbol{\psi}_{n_s}(\boldsymbol{x}^s(k)))^{\mathrm{T}}\right]^{\mathrm{T}} \tag{8-18}$$

$$\boldsymbol{C}=m^{-1}\cdot[\boldsymbol{0}^{1\times m\cdot(n_s-1)} \quad \boldsymbol{1}^{1\times m}] \tag{8-19}$$

$$\boldsymbol{D}=\left[\gamma\boldsymbol{I}_m \quad \boldsymbol{0}^{m\times m\cdot(n_s-1)}\right]^{\mathrm{T}} \tag{8-20}$$

和

$$\boldsymbol{\Phi}_j(\boldsymbol{x}^s)=\begin{bmatrix}\alpha(x_{1,j}^s) & \cdots & 0\\ \vdots & \ddots & \vdots\\ 0 & \cdots & \alpha(x_{m,j}^s)\end{bmatrix};\boldsymbol{\psi}_j(\boldsymbol{x}^s)=\begin{bmatrix}\theta_{1,j}^s(x_{1,j}^s-x_\infty)\cdot\beta(x_{1,j}^s)\\ \boldsymbol{0}^{(m-2)\times 1}\\ \theta_{m,j}^s(x_{m,j}^s-x_\infty)\cdot\beta(x_{m,j}^s)\end{bmatrix};$$

$$\boldsymbol{\Lambda}=\begin{bmatrix}-1 & 1 & 0 & \cdots & 0\\ 1 & -2 & 1 & \ddots & \vdots\\ 0 & \ddots & \ddots & \ddots & 0\\ \vdots & \ddots & 1 & -2 & 1\\ 0 & \cdots & 0 & 1 & -1\end{bmatrix};\boldsymbol{I}_m\in R^{m\times m};$$

$$\begin{cases}\theta_{i,j}^s=(x_{i,j}^s/x_{\mathrm{B}})^a, s\in\mathcal{C}_{\mathrm{W}}\\ \theta_{i,j}^s=h_{\mathrm{A}}(x_{i,j}^s), s\in\mathcal{C}_{\mathrm{A}}\end{cases}, i=1,2,\cdots,m, j=1,2,\cdots,n_s$$

通过上面的变换，可得到各子系统的状态空间表达形式。本章的分布式预测控制的各个部分都是基于这个模型的。下面首先介绍如何检测钢板在水冷区内的温度分布。

8.4.3 扩展 Kalman 全局观测器

观测器，通常也称为软测量[5]，已经成为克服缺少在线传感器的常用方法。它们用来给出在线或离线仪表无法得到参数和不可测状态（见文献［6］）。在过程控制界，设计非线性观测器是一个很宽泛的课题。其中一类观测器为“经典观测器”，这类观测器假设过程模型及参数完全已知。其中最常见的是扩展 Kalman 滤波[7] 和扩展 Luenberger 观测器[8]，它们是通过线性化切线模型，由原始的适合线性系统的版本改进而来。除了这些“扩展”的解决办法外，其它的这类观测器可以归结为“高增益观测器”，是否可以采用“高增益观测器”，通常的标准是看能否把非线性系统转化为一个可观测的规范型。“经典观测器”相对应的另一类观测器用于参数不确定甚至结构不确定的模型表达系统，相关的观测器有渐近观测器、滑模观测器和自适应观测器等。

对于加速冷却过程，虽然模型（8-14）可以转化成标准观测器规范型，允许设计高增益观测器，然而，如果观看大量文献后会发现，高增益观测器很少用于含有高维状态空间的系统。其原因是系统的非线性和系统的阶数会增加算法的数学复杂度。由于采用有限容积法对热平衡方程集总化需要单元格划分得比较细密（这里至少 70 个单元格），系统阶数不可避免会很高，这会导致采用高增益观测器变得非常脆弱。基于这个原因，尽管 Kalman 滤波的回归速度比较难调节，为了方便设计，仍选用著名的扩展 Kalman 滤波（EKF）设计中厚板加速冷却过程的温度监督器。

整个系统的非线性模型可由式(8-14）很容易推导得到，其形式如下：

$$\begin{cases}\boldsymbol{x}(k+1)=\boldsymbol{F}[\boldsymbol{x}(k)]\boldsymbol{x}(k)+\boldsymbol{G}[\boldsymbol{x}(k)]\boldsymbol{u}(k)+\overline{\boldsymbol{D}}\boldsymbol{x}^{0}(k)\\ \overline{\boldsymbol{y}}(k)=\overline{\boldsymbol{C}}\boldsymbol{x}(k)\end{cases} \tag{8-21}$$

其中，$\boldsymbol{x}=[(\boldsymbol{x}^1)^{\mathrm{T}}\quad(\boldsymbol{x}^2)^{\mathrm{T}}\quad\cdots\quad(\boldsymbol{x}^N)^{\mathrm{T}}]^{\mathrm{T}}$；$\boldsymbol{u}=[u^1\quad u^2\quad\cdots\quad u^{n_s}]^{\mathrm{T}}$；$\boldsymbol{x}^0$ 是开冷温度平均值；$\overline{\boldsymbol{y}}$ 是输出矩阵，为 PY04 检测到的钢板上表面温度。表达式 $\boldsymbol{F}[\boldsymbol{x}(k)]$、$\boldsymbol{G}[\boldsymbol{x}(k)]$ 和 $\overline{\boldsymbol{D}}$ 可根据式(8-17)、式(8-18）和式(8-20）写出，系数 $\overline{\boldsymbol{C}}$ 定义如下：

$$\overline{\boldsymbol{C}}=\left[\boldsymbol{0}^{1\times(N-1)n_s m} \quad 1 \quad \boldsymbol{0}^{1\times(n_s m-1)}\right] \tag{8-22}$$

系统(8-21) 是可观测的。因为从物理原理上可以看出，每个单元格的温度（状态）都受到其上下单元格和左面单元格的影响。而温度检测点 PY04 在系统的最右面，所以其它所有单元格的温度经过一定时间后都会对 PY04 的测量值有影响，也就是输出 PY04 中包含所有状态的信息。参考文献［9］，观测器结构如下。

① 测量值更新

$$\begin{aligned}\hat{\boldsymbol{x}}(k+1)&=\hat{\boldsymbol{x}}(k+1|k)+\boldsymbol{K}_{k+1}[\boldsymbol{y}(k+1)-\overline{\boldsymbol{C}}\hat{\boldsymbol{x}}(k+1|k)]\\ \boldsymbol{K}_{k+1}&=\boldsymbol{P}_{k+1/k}\overline{\boldsymbol{C}}^{\mathrm{T}}(\overline{\boldsymbol{C}}\boldsymbol{P}_{k+1/k}\overline{\boldsymbol{C}}^{\mathrm{T}}+\boldsymbol{R}_{k+1})^{-1}\\ \boldsymbol{P}_{k+1}&=(\boldsymbol{I}-\boldsymbol{K}_{k+1}\overline{\boldsymbol{C}})\boldsymbol{P}_{k+1/k}\end{aligned} \tag{8-23}$$

② 时间更新

$$\begin{aligned}\boldsymbol{P}_{k+1/k}&=\boldsymbol{F}_k\boldsymbol{P}_k\boldsymbol{F}_k^{\mathrm{T}}+\boldsymbol{Q}_k\\ \hat{\boldsymbol{x}}(k+1|k)&=\boldsymbol{F}[\hat{\boldsymbol{x}}(k)]\hat{\boldsymbol{x}}(k)+\boldsymbol{G}[\hat{\boldsymbol{x}}(k)]\boldsymbol{u}(k)+\overline{\boldsymbol{D}}\boldsymbol{x}^0(k)\\ \boldsymbol{F}_k&=\left.\frac{\partial\{\boldsymbol{F}[\boldsymbol{x}(k)]\boldsymbol{x}(k)\}}{\partial\boldsymbol{x}(k)}\right|_{\boldsymbol{x}(k)=\hat{\boldsymbol{x}}(k)}+\left.\frac{\partial\boldsymbol{G}[\boldsymbol{x}(k)]\cdot\boldsymbol{u}(k)}{\partial\boldsymbol{x}(k)}\right|_{\boldsymbol{x}(k)=\hat{\boldsymbol{x}}(k)}\end{aligned} \tag{8-24}$$

当对线性确定性系统采用观测器时，$\boldsymbol{Q}_k$ 和$\boldsymbol{R}_k$ 可以任意选择，例如，可分别选 $\boldsymbol{0}_M(M=m\times\sum_{s=1}^{N}n_s)$ 和$\boldsymbol{I}_N$。在线性随机系统中，可以在最大似然角度分别获得系统噪声和测量噪声的协方差阵$\boldsymbol{Q}_k$ 和$\boldsymbol{R}_k$。然而，对于非线性系统，虽然其最优性没有被证明，但通常情况下，$\boldsymbol{Q}_k$ 和$\boldsymbol{R}_k$ 仍被认为是协方差阵。由于式(8-21) 是确定性系统，选择$\boldsymbol{Q}_k=0$。观测器在每个控制周期估计全系统状态并把测量值发送给所有其它子系统的控制器或预测器。

8.4.4 局部预测控制器

对于第 s 个子系统，如果 $s\in\mathcal{C}_{\mathrm{W}}$，需要采用局部 MPC 作为控制器优化钢板温度。本部分将详细介绍基于邻域优化和相继线性化的分布式 MPC 算法。对于加速冷却过程，按文献［10］所述方法，可以把全局性能指标(8-7) 分解为如下各子系统的局部性能指标：

$$J_s(k)=\sum_{i=1}^{P}\left(\left\|\boldsymbol{r}_s(k+i)-\hat{\boldsymbol{y}}^s(k+i|k)\right\|_{\boldsymbol{Q}_s}^2+\left\|u^s(k+i-1|k)\right\|_{R_s}^2\right) \tag{8-25}$$

$$\min J(k)=\sum_{s=1}^{N}J_s(k) \tag{8-26}$$

局部控制决策通过求解以最小化 $J_s(k)$ 为优化目标的局部优化问题得到。然而，针对局部系统性能指标求得的优化解却不等于全局问题的最优解。为了提高全局系统的性能，本章采用邻域优化目标作为局部控制器的性能指标。

定义 $\mathcal{N}_s^{\text{in}}$ 和 $\mathcal{N}_s^{\text{out}}$ 分别为第 s 个子系统的输入邻域和输出邻域。这里子系统 s 的输出邻域指的是其状态受到第 s 个子系统的状态影响的子系统的集合，且 $s\notin\mathcal{N}_s^{\text{out}}$。与之相反的是，子系统 s 的输入邻域是指影响第 s 个子系统状态的子系统的集合，且 $s\notin\mathcal{N}_s^{\text{in}}$。由于第 s 个子系统的输出邻域子系统的状态受到子系统 s 的控制决策的影响，参考文献[2,11～13]，每个子系统的性能可以通过在每个预测控制器中采用如下的性能指标来提高。

$$\min\overline{J}_s(k)=\sum_{j\in\{\pi_{+s},s\}}J_j(k) \tag{8-27}$$

值得注意的是，对于第 s 个子系统，新的性能指标 $\overline{J}_s(k)$ 不仅包括当前子系统的性能指标，还包含其输出邻域子系统的性能指标，称之为“邻域优化”。邻域优化是一种在大系统分布式预测控制中能够有效提高系统性能的协调策略。

子系统模型（8-14）是一个非线性模型。在模型预测控制中，如果将来的状态演化过程通过模型（8-14）来预测，那么优化过程就是一个非线性的优化问题。为了克服求解非线性优化问题可能带来的计算量，在求解局部 MPC 时采用相继线性化方法对预测模型进行处理。也就是在每个控制周期在当前工作点附近线性化系统模型。这样就可以根据这个线性时变（LTV）系统设计线性局部 MPC。虽然最近在过程控制领域采用时变模型刚刚被规范化，但其历史可以追溯到 20 世纪 70 年代。对线性参数时变的（LPV）MPC 的研究可以参考文献［14］，针对 LTV 模型的 MPC 方法已经在波音飞机中被成功验证。文献[14,15]中的内容最接近我们的方法。

在 ACC 过程中，在时刻 k 可以用下面的线性模型来近似模型（8-14），即

$$\begin{cases}\boldsymbol{x}^s(i+1|k)=\boldsymbol{A}_s(k)\cdot\boldsymbol{x}^s(i|k)+\boldsymbol{B}_s(k)\cdot u^s(i|k)+\boldsymbol{D}\cdot\boldsymbol{x}_{n_{s-1}}^{s-1}(i|k)\\ y^s(i|k)=\boldsymbol{C}\cdot\boldsymbol{x}^s(i|k)\end{cases}\quad s=1,2,\cdots,N \tag{8-28}$$

其中，$\boldsymbol{A}_s(k)=\boldsymbol{f}[\boldsymbol{x}^s(k)]$，$\boldsymbol{B}_s(k)=\boldsymbol{g}[\boldsymbol{x}^s(k)]$。式(8-15) 是一个静态非线性方程，这里保持不变。这样式(8-28) 和式(8-15) 组成了一个 Hammerstain 系统。对于这样一个系统，在 MPC 中一般只采用线性部分作为预测模型，而静态非线性部分在求解得到最优解后进行处理。

在加速冷却过程中，第 s 个子系统的输入邻域为第 $s-1$ 个子系统，输出子系统为第 $s+1$ 个子系统。假设状态 $x(k)$ 在 k 时刻已知，考虑操作变量、输出变量、操作变量增量约束，每个子系统在采样时刻 k 的局部优化问题如下：

$$
\begin{aligned}
&\min_{U_s(k)} \bar{J}_s(k)=\sum_{j\in\{s,s+1\}}\left[\sum_{i=1}^{P}\left(\left\|\boldsymbol{r}_j(k+i)-\hat{y}^j(k+i|k)\right\|_{\boldsymbol{Q}_j}^2+\left\|u^j(k+i-1|k)\right\|_{R_j}^2\right)\right]\\
&\text{s.t.}\ \boldsymbol{x}^j(i+1|k)=\boldsymbol{A}_j(k)\cdot\boldsymbol{x}^j(i|k)+\boldsymbol{B}_j(k)\cdot u^j(i|k)+\boldsymbol{D}\cdot\boldsymbol{x}_{n_{j-1}}^{j-1}(i|k),j\in\{s,s+1\}\\
&u_{\min}^s\leqslant u^s(k+i-1|k)\leqslant u_{\max}^s,\qquad i=1,\cdots,P\\
&\Delta u_{\min}^s\leqslant\Delta u^s(k+i-1|k)\leqslant\Delta u_{\max}^s,\qquad i=1,\cdots,P\\
&y_{\min}^j\leqslant y^j(k+i|k)\leqslant y_{\max}^j,\qquad i=1,\cdots,P,j\in\{s,s+1\}
\end{aligned}
\tag{8-29}
$$

其中，$\{u_{\min}^s,u_{\max}^s\}$、$\{\Delta u_{\min}^s,\Delta u_{\max}^s\}$和$\{y_{\min}^j,y_{\max}^j\}$，$j\in\{s,s+1\}$分别为操作变量、操作变量增量和状态的上下边界，且

$$\boldsymbol{U}_s=[u^s(k)\quad u^s(k+1)\quad\cdots\quad u^s(k+M)]^{\mathrm{T}}\tag{8-30}$$

定义

$$\boldsymbol{X}_{s,n_s}(k)=\left[\boldsymbol{x}_{n_s}^s(k+1)\quad\boldsymbol{x}_{n_s}^s(k+2)\quad\cdots\quad\boldsymbol{x}_{n_s}^s(k+P)\right]^{\mathrm{T}}\tag{8-31}$$

那么如果序列$\boldsymbol{X}_{s-1,n_{s-1}}(k)$ 和$\boldsymbol{U}_{s+1}$ 对于第 s 个子系统是已知的，则优化问题（8-29）可以转化为一个二次规划问题（Quadratic Problem，简称 QP）。在 k 时刻，通过求解这个二次规划问题就可得到第 s 个子系统在当前状态下的优化控制序列$\boldsymbol{U}_s^*(k)$。然后把$\boldsymbol{U}_s^*(k)$ 的第一个控制作用通过式(8-15) 进行非线性变换后得到冷却水流量的最优设定值。

值得注意的是式(8-28) 是在操作点附近进行线性化，通常情况下并不是平衡点。当衡量本章介绍的方法的在线计算量时，除了求解问题（8-29）所需的时间外还需要考虑计算线性模型（8-28）的系数和把优化问题（8-29）转化为二次规划问题所需要的时间。相对于直接采用非线性模型的 MPC，本章提出的方法会大大减少计算复杂度，并且采用相继线性化方法比直接采用一个线性模型更准确。

8.4.5 局部状态预估器

对于第 s 个子系统，如果其冷却方式为辐射换热，也就是说 $s\in\mathcal{C}_{\mathrm{A}}$，那么应用预测器来代替局部 MPC 预测未来状态序列 $\boldsymbol{X}_s(k)$：

$$\boldsymbol{X}_s(k)=\left[\boldsymbol{x}^s(k+1)\quad \boldsymbol{x}^s(k+2)\quad \cdots\quad \boldsymbol{x}^s(k+P)\right]^{\mathrm{T}} \tag{8-32}$$

预测模型为方程（8-14）、方程（8-15）。值得注意的是在式(8-14)、式(8-15）中系数 $\boldsymbol{g}^s(k)$ 和输入项 $u^s(k)$ 在空冷子系统和水冷子系统中的形式是不同的。对于第一个子系统，开冷温度作为可测干扰，并且其未来序列可以通过 PY01 的测量值来估计。

预测器在得到未来状态序列后把 $\boldsymbol{X}_s(k)$ 的估计值发送到其输出邻居，以利于其输出邻居求解其最优控制律。

8.4.6 局部控制器迭代求解算法

如果第 s 个子系统的输出邻居的优化序列和输入邻居的未来状态序列已知，那么，根据邻域优化，可以通过求解问题（8-29）得到当前子系统的优化解，也就是

$$\boldsymbol{U}_{s,M}^{*}(k)=\arg\left\{\text{优化问题}(8\text{-}29)\Big|_{\boldsymbol{U}_{j,M}^{*}(k)(j\in\mathcal{N}_s^{\text{out}},j\neq i),\boldsymbol{X}_{h,p}^{*}(k)(h\in\mathcal{N}_s^{\text{in}},h\neq i)}\right\},$$

$$s=1,\cdots,N \tag{8-33}$$

由此可以看出，当前子系统的优化解依赖于其输出邻居的未来输入序列和其输入邻居的未来状态序列。然而，当前子系统的邻域的局部优化解在 k 时刻是未知的，因此，每个子系统必须首先对其邻域子系统的未来状态和输入序列进行预估。那么这必然会存在一定的偏差。为了得到优化问题（8-29）更为精确的解，开发了下面在每个控制周期寻找问题（8-29）最优解的迭代算法。

基于邻域优化的 DMPC 迭代求解算法如下。

步骤 1 初始化和信息交换：在采样时刻 k，优化目标再计算部分重新设置各子系统的参考目标。第 s 个子系统从网络得到观测状态 $\hat{\boldsymbol{x}}^s(k)$，初始化局部优化控制序列，并通过网络把该优化序列发送给输出邻域子系统，令迭代次数 $l=0$。

$$\boldsymbol{U}_s^{(l)}(k)=\hat{\boldsymbol{U}}_s(k),s=1,2,\cdots,N$$

通过式(8-28）计算状态估计值 $\hat{\boldsymbol{x}}_{n_s}^{s(l)}(i|k)$，（$i=1,2,\cdots,P,s=1,2,\cdots,$

N)并通过网络发送给其输出子系统。

步骤 2 子系统优化：对于每个子系统 s，$s\in\mathcal{C}_{\mathrm{W}}$，同时求解其局部优化问题（8-29）得到优化控制律，也就是

$$\boldsymbol{U}_s^{(l+1)}(k)=\arg\left\{\text{problem}(8\text{-}29)\,|_{\boldsymbol{U}_j^{(l)}(k)(j\in\mathcal{N}_s^{\text{out}}),\boldsymbol{X}_h^{(l)}(k)(h\in\mathcal{N}_s^{\text{in}})}\right\},s\in\mathcal{C}_{\mathrm{W}}$$

定义系统 $s\in\mathcal{C}_{\mathrm{A}}$ 的优化解为

$$\boldsymbol{U}_s^{(l+1)}(k)=[1\quad 1\quad \cdots\quad 1]^{\mathrm{T}}(s\in\mathcal{C}_{\mathrm{A}})$$

每个子系统通过式(8-28)计算其未来状态序列估计值。

步骤 3 检查更新：每个子系统检查其迭代终止条件是否满足，也就是对于给出的误差精度 $\varepsilon_s\in\mathbb{R}(s=1,\cdots,N)$，是否存在

$$\|\boldsymbol{U}_s^{(l+1)}(k)-\boldsymbol{U}_s^{(l)}(k)\|\leqslant\varepsilon_s,s=1,\cdots,N$$

如果在 l^* 时刻，所有的迭代终止条件都满足，设局部优化控制序列为 $\boldsymbol{U}_s^{(l^*)}(k)$，跳转步骤 5；否则，令 $l=l+1$，每个子系统把其新的输入信息 $\boldsymbol{U}_s^{(l)}(k)$发送给其输入邻居，并把 $\hat{\boldsymbol{x}}_{n_s}^{s(l)}(i\,|\,k)$发送给其输出邻居，跳到步骤 2。

步骤 4 赋值并应用：计算即时控制律

$$u_s^*(k)=[1\quad 0\quad \cdots\quad 0]\boldsymbol{U}_s^*(k),s=1,\cdots,N$$

并应用到每个子系统。

步骤 5 重新赋值并初始化估计值：令下一采样时刻局部优化控制决策的初始值为

$$\hat{\boldsymbol{U}}_s(k+1)=\hat{\boldsymbol{U}}_s^*(k),s=1,\cdots,N$$

滚动时域，把时域移到下一采样周期，也就是 $k+1\rightarrow k$，跳转到步骤 1，重复上面步骤。

本节的分布式 MPC 控制方法把在线优化 ACC 这样一个大规模的非线性系统，转化为几个小的系统的分布式计算问题，大大减少了系统计算的复杂度。另外，通过在邻居子系统之间的信息交换可以提高系统的控制性能。为了验证本节提出的控制策略的有效性，下节中将在 ACC 实验装置中对该控制方法作验证。

8.5 模拟平台算法验证

(1) 分布式模型预测控制的求解时间

根据经验，当迭代次数 $l\geqslant 3$ 时，本章提出的 DMPC 方法性能变化不

大，和集中式 MPC 接近。集中式 MPC 和本章提出的 DMPC 方法在 CPU 频率为 1.8GHz、内存为 512MB 的计算机中的求解时间见表 8-2。可以看出，当 $l=3$ 时 DMPC 的最大求解时间仅为 0.1194s，满足在线求解的要求。

表 8-2　DMPC 和集中式 MPC 的运算时间

项目	最小时间/s	最大时间/s	平均时间/s
构建子系统状态空间模型	0.0008	0.0012	0.0009
DMPC(迭代次数：$l=1$)	0.0153	0.0484	0.0216
DMPC(迭代次数：$l=2$)	0.0268	0.0690	0.0452
DMPC(迭代次数：$l=3$)	0.0497	0.1194	0.0780
DMPC(迭代次数：$l=5$)	0.0895	0.3665	0.1205
构建全系统状态空间模型	0.0626	0.1871	0.0890
集中式 MPC	0.6535	1.8915	0.9831

(2) 带有优化目标再计算的 DMPC 方法的优点

为了进一步说明本章所提出的带有优化目标再计算的分布式 MPC 控制方法的优点，分别采用速度为输入的 MPC 方法，不带优化目标再计算的 DMPC 方法和带有优化目标再计算的 DMPC 方法对加速冷却过程进行控制。为了简单起见，仍采用单冷却速率的冷却曲线作为控制目标。以三块厚度为 19.28mm、长度为 25m、宽度为 5m 的 X70 管线钢为例。整个系统用 3mm 厚、0.8m 长的网格进行划分，目标冷却速率为 17℃/s，目标终冷温度为 560℃。

由图 8-10 可以看出采用速度控制的方法虽然可以保证平均冷却速率和终冷温度，但是每个板点的冷却速率并不一直是一个常数值。但采用冷却水流量作为控制变量对加速冷却过程进行控制时，如果采用不带优化目标再计算的 DMPC 方法，其控制结果见图 8-11，板点终冷温度的精度和冷却速率都可以保证，但是板点之间的温差主要是通过前几个喷嘴来消除，这样就使得每个板点的温降过程不一致，进而影响钢板最终产品质量。而采用本章所提出的带有优化目标再计算的 DMPC 方法（见图 8-12），每个板点的冷却“时间-温度”曲线与参考冷却曲线基本一致。

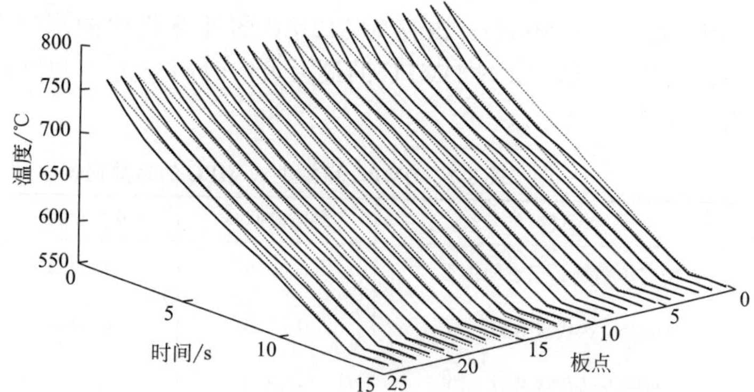

图 8-10 采用速度控制方法的冷却曲线和参考冷却曲线

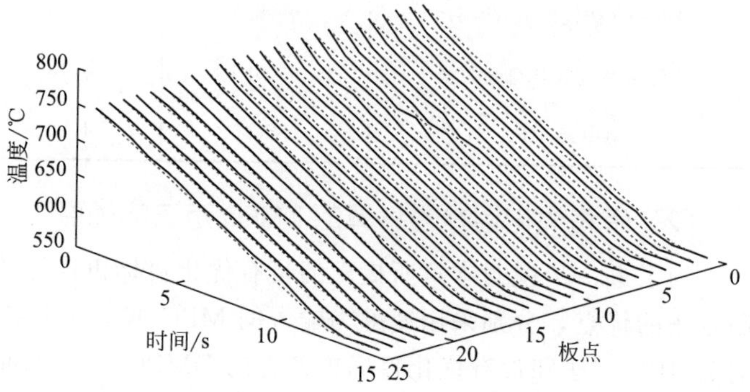

图 8-11 采用不带优化目标再计算的 DMPC 方法得到的冷却曲线和参考冷却曲线

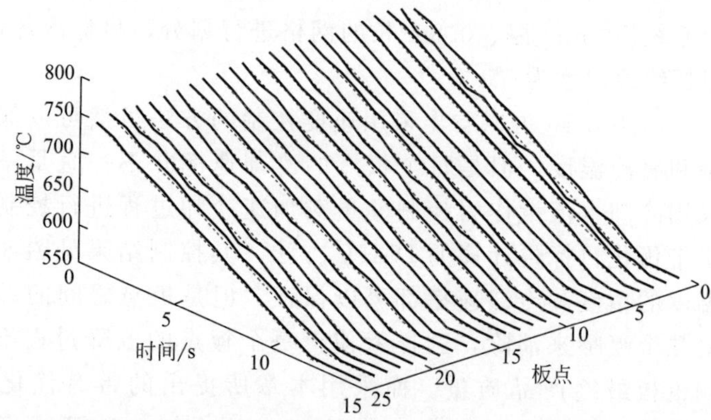

图 8-12 采用带有优化目标再计算的 DMPC 方法得到的冷却曲线和参考冷却曲线

（3）实验结果

下面仍以X70管线钢为例，模拟实验进一步说明本章所提出的方法的性能。图8-13为优化目标再计算部分得到的各局部控制器的设定曲线。图8-14和图8-15分别为闭环系统的性能和相应的操作变量。由图8-14可以看出，每个子系统能够良好地跟踪其参考轨迹，并且能够得到精度较高的终冷温度。钢板加速冷却过程的控制精度和控制的灵活性都得到了提高。

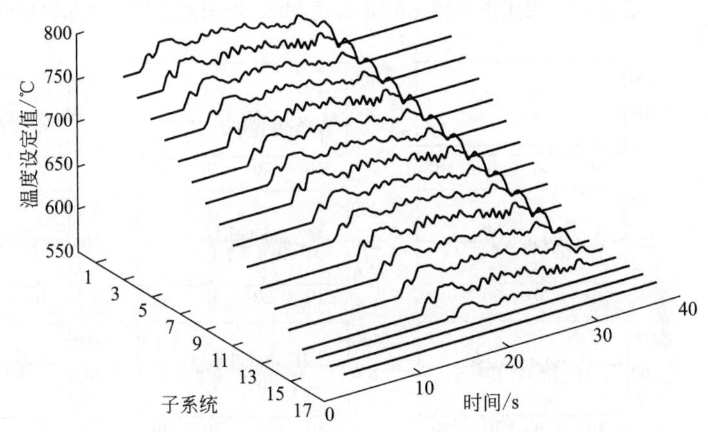

图8-13　各局部子系统的参考冷却曲线

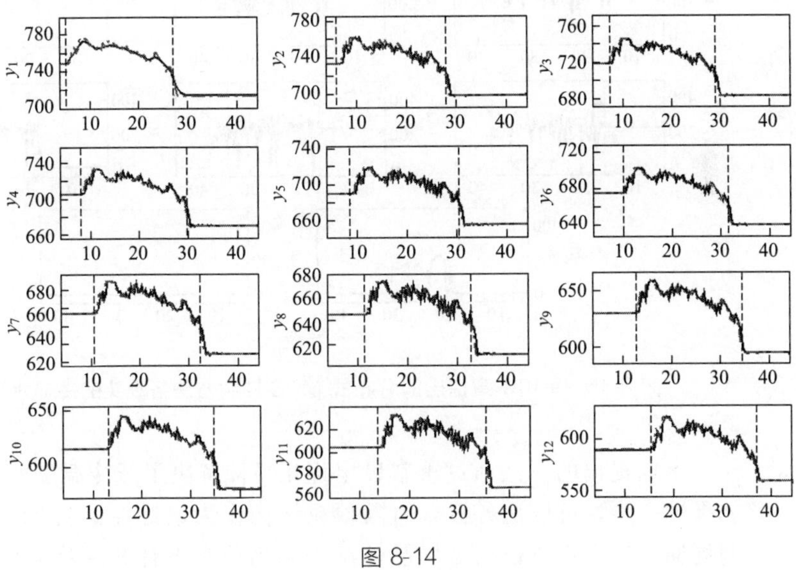

图8-14

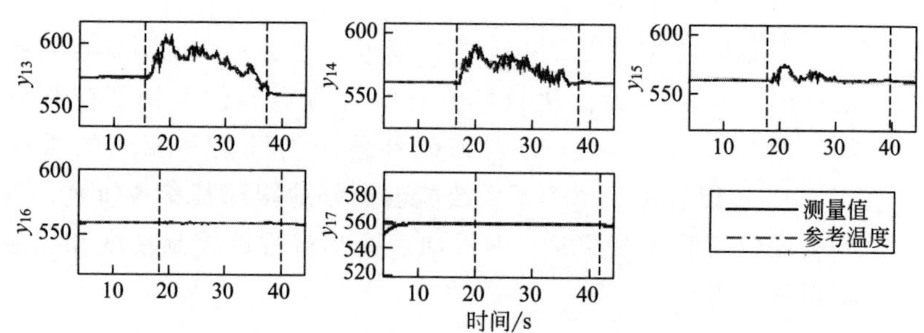

图 8-14 采用本章提出的分布式 MPC 控制方法加速冷却过程的闭环性能

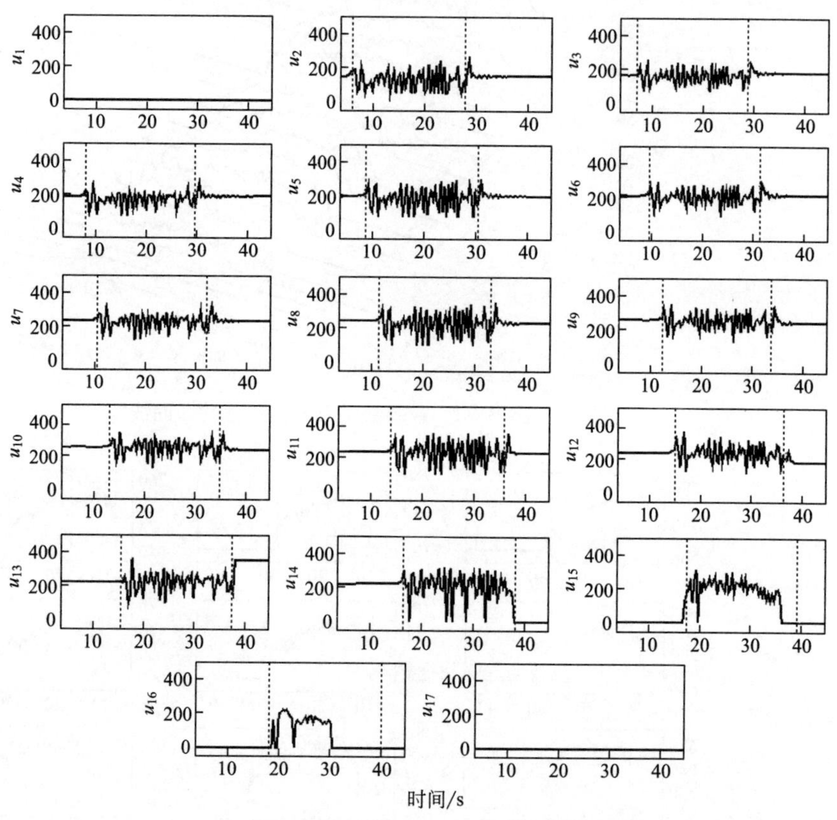

图 8-15 采用本章提出的分布式 MPC 控制方法各喷头的冷却水流速

本章提出的方法通过重新设定优化目标解决了开冷温度的变化问题。如果进一步，可以把各板点的微颗粒结构作为最终控制目标，在每个控制周期，每个板点根据目标晶体结构和当前状态计算其将来的工艺冷却“时间-温度”曲线。然后，根据这些时温曲线计算“位置-温度”曲线。

通过控制钢板结晶微颗粒结构，可以更好地控制钢板性能，因为其直接决定钢板的物理力学性能。与对简单冷却曲线控制相比，其工艺目标更严格也更精确。而对于控制方法和策略来讲，除了增加控制目标设定不同外，上面的控制方法对冷却曲线控制和钢板微颗粒控制都适用，因此，该方法有很大的潜在价值。

8.6 本章小结

在本章中，为了更精确、灵活地控制冷却曲线，采用了各冷却水喷头流量作为操纵变量。对于这样一个各部分相互关联的大系统，本章设计了基于设定值再计算和相继线性化的分布式 MPC 控制方法。这种控制方法把系统分为若干个子系统，每个子系统用一个局部 MPC 控制器来控制，在每个控制周期各局部 MPC 的优化目标根据开冷温度和当前钢板的冷却状态重新计算。在本章中首先采用有限容积法推导出系统方程的状态空间表达形式；然后设计扩展 Kalman 滤波器观测系统状态；在每个控制周期，局部 MPC 在当前工作点处线性化预测模型，使计算速度能够满足在线计算的要求，并通过优化目标再计算解决了各板点冷却曲线不同的问题；使得冷却过程各板点的冷却“时间-温度”曲线与要求的冷却曲线更接近。该方法可以提高加速冷却过程冷却曲线控制灵活性。另外，如果采用钢板的微结构作为最终的控制目标，通过每个控制周期重新计算工艺冷却曲线，可以不作变动地应用本章中的控制方法，进而得到所期望的钢板微结构，从而为生产出更高质量或要求更特殊的钢板提供控制算法。所以，该方法有很大的潜在应用价值。

参考文献

[1] 王笑波，王仲初，柴天佑. 中厚板轧后控制冷却技术的发展及现状. 轧钢，2000，17（03）：44-47.

[2] Zheng，Yi，Li Shaoyuan，Wang Xiaobo. Optimization Target Resetting Distributed Model Predictive Control for Accelerated Cooling Process. The 10th World Congress on in Intelligent Control and Automation （WCICA）. Beijing: IEEE，2012.

[3] Hawbolt E B，Chau B，Brimacom-be J K. Kinetics of Austenite-Pearlite Tansfor-

mation in Eutectoid Carbon Steel. Metallurgical & Materials Transactions A, 1983, 14(9): 1803-1815.

[4] Pham T T, Hawbolt E B, Brimacombe J K. Predicting the Onset of Transformation under Noncontinuous Cooling Conditions: Part I. Theory. Metallurgical & Materials Transactions A, 1995, 26(26): 1987-1992.

[5] Sotomayor O A Z, Song W P, Garcia C. Software Sensor for On-Line Estimation of the Microbial Activity in Activated Sludge Systems. Isa Transactions, 2002, 41(2): 127-143.

[6] Astorga C M, et al. Nonlinear Continuous-Discrete Observers: Application to Emulsion Polymerization Reactors. Control Engineering Practice, 2002, 10(1): 3-13.

[7] Dochain D. State and Parameter Estimation in Chemical and Biochemical Processes: a Tutorial. Journal of Process Control, 2003, 13(8): 801-818.

[8] Quinteromarmol E, Luyben W L, Georgakis C. Application of an Extended Luenberger Observer to the Control of Multicomponent Batch Distillation. Industrial & Engineering Ch-emistry Research, 1991, 30(8): 1870-1880.

[9] Boutayeb M, Rafaralahy H, Darouach M. Convergence Analysis of the Extended Kalman Filter Used as an Observer for Nonlinear Deterministic Discrete-Time Systems. IEEE Transactions on Automatic Control, 1997, 42(4): 581-586.

[10] Katebi M R, Johnson M A. Predictive Control Design for Large-Scale Systems. Automatica, 1997, 33(3): 421-425.

[11] Zheng Yi, Li Shaoyuan. Stabilized Neighborhood Optimization based Distributed Model Predictive Control for Distributed System. in Control Conference (CCC), 2012 31st Chinese. Hefei: IEEE, 2012.

[12] Zheng Yi, Li Shaoyuan, Li Ning. Distributed Model Predictive Control over Network Information Exchange for Large-Scale Systems. Control Engineering Practice, 2011, 19(7): 757-769.

[13] Zheng Yi, Li Shaoyuan Wang Xiaobo. Distributed Model Predictive Control for Plant-Wide Hot-Rolled Strip Laminar Cooling Process. Journal of Process Control, 2009, 19(9): 1427-1437.

[14] Keviczky T, Balas G J. Flight Test of a Receding Horizon Controller for Autonomous UAV Guidance. in Proceedings of the American Control Conference. 2005.

[15] Falcone P, et al. Predictive Active Steering Control for Autonomous Vehicle Systems. IEEE Transactions on Control Systems Technology, 2007, 15(3): 566-580.

索　引